中国民居建筑丛书

山东民居

仝晖 高宜生 等 编著

中国建筑工业出版社

图书在版编目（CIP）数据

山东民居 / 仝晖等编著. —北京：中国建筑工业
出版社，2022.11
（中国民居建筑丛书）
ISBN 978-7-112-28063-6

Ⅰ.①山… Ⅱ.①仝… Ⅲ.①民居—建筑艺术—山东
Ⅳ.①TU241.5

中国版本图书馆CIP数据核字（2022）第200965号

民居源于先民趋利避害、谋取生存空间的原生建造活动。从地理环境来看，山东全省地形包括有十四种基本类型，是我国地形地貌类别最丰富的省份之一。从历史与文化来看，齐鲁先民在创造古代灿烂文明的同时，也形成了丰厚的传统民居建筑文化积淀，"礼"成为山东传统民居及其人文内涵的核心。本书在乡土文化遗产保护国家文物局重点科研基地（山东建筑大学）基本厘清山东地域传统民居资源类型特点与区系分布的基础上，从城乡规划、建筑学专业视角入手，以地域空间、民居特色、营造技艺等内容作为重点，力求以多元文化交融视野去理解探究山东传统民居所蕴含的地域文化演进模式、地方历史记忆以及山东先民营建智慧。

责任编辑：唐　旭　吴　绫
文字编辑：吴人杰　李东禧
责任校对：董　楠

中国民居建筑丛书
山东民居
仝晖　高宜生　等　编著

*

中国建筑工业出版社出版、发行（北京海淀三里河路9号）
各地新华书店、建筑书店经销
北京锋尚制版有限公司制版
天津图文方嘉印刷有限公司印刷

*

开本：880毫米×1230毫米　1/16　印张：20　字数：523千字
2022年11月第一版　　2022年11月第一次印刷
定价：228.00元
ISBN 978-7-112-28063-6
（40172）

《中国民居建筑丛书》编委会

主　任：王珮云

副主任：沈元勤　陆元鼎

总主编：陆元鼎

编　委（按姓氏笔画排序）：

丁俊清　王　军　王金平　王莉慧　仝　晖　左满常

业祖润　曲吉建才　朱良文　齐卓彦　李东禧　李先逵

李晓峰　李乾朗　杨大禹　杨新平　张鹏举　陆　琦

陈震东　罗德启　周立军　单德启　徐　强　黄　浩

雷　翔　雍振华　谭刚毅　戴志坚

《中国民居建筑丛书　山东民居》编委会

组织委员会

主　任：傅明先

副主任：王润晓　刘　甦　唐　波

委　员：王守功　麻鹏飞　兰玉富　申作伟　赵继龙　许从宝　隋杰礼

赵　斌　孟令谦　宁　苡　刘寒芳　侯朝晖　刘卫东

编著委员会

主　任：仝　晖

副主任：高宜生　邓庆坦　赵　琳

前言及各章节撰稿人

前　言　仝　晖　高宜生

第一章　仝　晖　高宜生

第二章　陶　莎

第三章　隋杰礼　郝占鹏　徐　敏　刘馨蕻　杨　俊　贾　超　温亚斌

成　帅　韩　玉　赵　琳　许从宝

第四章　陈　林　张　菁　赵　康

第五章　谷健辉　常　玮　王　晓　刘　强

第六章　张文波　赵鹏飞　徐雅冰　尹　新

第七章　李　朝　刘清越

第八章　陶　斌　高宜生

第九章　高宜生　孟令谦

总序——中国民居建筑的分布与形成

陆元鼎

秦以前，相传中华大地上主要生存着华夏、东夷、苗蛮三大文化集团，经过连年不断的战争，最终华夏集团取得了胜利，上古三大文化集团基本融为一体，形成一个强大的部族，历史上称为夏族或华夏族。

春秋战国时期，在东南地区还有一个古老的部族称为"越"或"於越"，以后，越族逐渐为夏族兼并而融入华夏族之中。

秦统一各国后，到汉代，我国都用汉人、汉民的称呼，当时，它还不是作为一个民族的称呼。直到隋唐，汉族这个名称才基本固定下来。

历史上的汉族与我国现代的汉族的含义不尽相同。历史上的汉族，实际上从大部族来说它是综合了华夏、东夷、苗蛮、百越各部族而以中原地区华夏文化为主的一个民族。其后，魏晋南北朝时期，西北地带又出现乌桓、匈奴、鲜卑、羯、氐、羌等族，南方又有山越、蛮、俚、僚、爨等族，各民族之间经过不断的战争和迁徙、交往达到了大融合，成为统一的汉民族。

汉族地区的发展与分布

汉族祖先长时间来一直居住在以长安京都为中心的中原地带，即今陕、甘、晋、豫地区。东汉—两晋时期，黄河流域地区长期战乱和自然灾害，使人民生活困苦不堪。永嘉之乱后，大批汉人纷纷南迁，这是历史上第一次规模较大的人口迁徙。当时大量人口从黄河流域迁移到长江流域，他们以宗族、部落、宾客和乡里等关系结队迁移。大部分东移到江淮地区，因为当时秦岭以南、淮河和汉水流域的一片土地还是相对比较稳定。也有部分人民南迁到太湖以南的吴、吴兴、会稽三郡，也有一些迁入金衢盆地和抚河流域。再有部分则沿汉水流域西迁到四川盆地。

隋唐统一中原，人民生活渐趋稳定和改善，但周边民族之间的战争和交往仍较频繁。周边民族人民不断迁入中原，与中原汉人杂居、融合，如北方的一些民族迁入长安、洛阳和开封、太原等地。也有少部分迁入陕北、甘肃、晋北、冀北等地。在西域的民族则东迁到长安、洛阳，东北的民族则向南入迁关内。通过移民、杂居、通婚，汉族和周边民族之间加强了经济、文化，包括农业、手工业、生活习俗、语言、服饰的交往，可以说已经融合在汉民族文化之内而没有什么区别。到北宋时期，中原文献中已没有突厥、胡人、吐蕃、沙陀等周边民族成员的记载了。

北方汉族人民，以农为本，大多安定本土，不愿轻易离开家乡。但是到了唐中叶，北方战乱频繁，土地荒芜，民不聊生。安史之乱后，北方出现了比西晋末年更大规模的汉民南迁。当时，在迁移的人群中，不但有大量的老百姓，还有官员和士大夫，而且大多是举家举族南迁。他们的迁移路线，根据史籍记载，当时南迁大致有东中西三条路线。

东线：自华北平原进入淮南、江南，再进入江西。其后再分两支，一支沿赣江翻越大庾岭进入岭南，一支翻越武夷山进入福建。

东线移民渡过长江后，大致经两条路线进入江西。一支经润州（今镇江市）到杭州，再经浙西婺州（今金华市）、衢州入江西信州（今上饶市）；另一条自润州上到升州（今南京市），沿长江西上，在九江入鄱阳湖，进入江西。到达江西境内的移民，有的迁往江州（今南昌市）、筠安（今高安）、抚州（今临川市）、袁州（今宜春市）。也有的移民，沿赣江向上到虔州（今赣州市）以南翻越大庾岭，进入浈昌（今广东省南雄县），经韶州（今韶关市）南行入广州。另一支从虔州向东折入章水河谷，进入福建汀州（今长汀县）。

中线：来自关中和华北平原西部的北方移民，一般都先汇集到邓州（今河南邓州市）和襄州（今湖北襄樊市）一带，然后再分水陆两路南下。陆路经过荆门和江陵，渡长江，从洞庭湖西岸进入湖南，有的再到岭南。水路经汉水，到汉中，有的再沿长江西上，进入蜀中。

西线：自关中越秦岭进入汉中地区和四川盆地，途中需经褒斜道、子午道等栈道，道路崎岖难行。由于它离长安较近，虽然，它与外界山脉重重阻隔，交通不便，但是，四川气候温和，土地肥沃，历史上包括唐代以来一直是经济、文化比较发达的地区，相比之下，蜀中就成为关中和河南人民避难之所。因此，每逢关中地区局势动荡，往往就有大批移民迁入蜀中。而每当局势稳定，除部分回迁外，仍有部分士民、官宦子弟和从属以及军队和家属留在本地。虽然移民不断增加但大量的还是下层人民，上层贵族官僚西迁的仍占少数。

从上述三线南迁的过程中，当时迁入最多的是三大地区，一是江南地区，包括长江以南的江苏、安徽地区和上海、浙江地区；二是江西地区；三是淮南地区，包括淮河以南、长江以北的江苏、安徽地带。福建是迁入的其次地区。

淮南为南下移民必经之地。由于它离黄河流域稍远，当时该地区还有一定的稳定安宁时期，因此，早期的移民在淮南能有留居的现象。但是随着战争的不断蔓延和持续，淮南地区的人民也不得不再次南迁。

在南方入迁地区中，由于江南比较安定，经济上相对富裕，如越州（今浙江绍兴）、苏州、杭州、升州（今南京）等地，因此导致这几个地区人口越来越密。其次是安徽的歙州（今歙县地区）、婺州（今浙江金华市）、衢州，由于这些地方是进入江西、福建的交通要道，北方南下的不少移民都在此先落脚暂居，也有不少就停留在当地落户成为移民。

当然，除了上述各州之外，在它附近诸州也有不少移民停留，如江南的常州、润州（今江苏镇江），淮南的扬州、寿州（今安徽寿县）、楚州（今江苏淮河以南盱眙以东地区），江西的吉州（今吉安市）、饶州（今景德镇市），福建的福州、泉州、建州（今建瓯市）等。这些移民长期居留在州内，促进了本地区的经济和文化的发展，因此，自唐代以来，全国的经济文化重心逐渐移向南方是毫无异议的。

北宋末年，金兵骚扰中原，中州百姓再一次南迁，史称靖康之乱。这次大迁移是历史以来规模最大的一次，估计达到三百万人南下。其中一些世代居住在开封、洛阳的高官贵族也陆续南迁。这次迁移的特点是迁徙面更广更长，从州府县镇，直到乡村，都有移民足迹。

历史上三次大规模的南迁对南方地区的发展具有重大意义。三次移民中，除了宗室、贵族、官僚地主、宗族乡里外，还有众多的士大夫、文人学者，他们的社会地位、文化水平和经济实力较高，到达南方后，无论在经济上、文化上，都使南方地区获得了明显的提高和发展。

南方地区民系族群的形成就是基于上述原因。它们既有同一民族的共性，但是，不同民系地域，虽然同样是汉族，由于南北地区人口构成的历史社会因素、地区人文、习俗、环境和自然条件的差异，都会给族群、给居住方式带来不同程度的影响，从而，也形成了各地区不同的居住模式和特色。

民系的形成不是一朝一夕或一次性形成的，而是南迁汉民到达南方不同的地域后，与当地土著人民融合、沟通、相互吸取优点而共同形成的。即使在同一民系内部，也因南迁人口的组成、家渊以及各自历史、社会和文化特质的不同而呈现出地域差别。在同一民系中，由于不同的历史层叠，形成较早的民系可能保留较多古老的历史遗存。如越海民系，它在社会文化形态上就会有更多的唐宋甚至明清各时期的特色呈现。也有较晚形成的民系，在各种表现形态上可能并不那么古老。也有的民系，所在区域僻处一隅，地理位置比较偏僻，长期以来与外界交往较少，因而，受北方文化影响相对较少。如闽海民系，在它的社会形态中会保留多一些地方土著特点。这就是南方各地区形态中保留下来的这种文化移入的持续性、文化特质的层叠性，同时又有文化形态的区域差异性。

历史上，移民每到一个地方都会存在着一个新生环境问题，即与土著社群人民的相处问题。实际上，这是两个文化形体总合力量的沟通和碰撞，一般会产生三种情况：一、如果移民的总体力量凌驾于本地社群之上，他们会选择建立第二家乡，即在当地附近地区另择新点定居；二、如果双方均势，则采用两种方式，一是避免冲撞而选择新址另建第二家乡，另一是采取中庸之道彼此相互渗入，和平地同化，共同建立新社群；三、如果移民总体力量较小，在长途跋涉和社会、政治、经济压力下，他们就会采取完全学习当地社群的模式，与当地社群融合、沟通，并共同生存、生活在一起。当然，也会产生另一情况，即双方互不沟通，在这种极端情况下，移民被迫为了保护自己而可能另建第二家乡。

在北方由于长期以来中原地区和周边民族的交往沟通，基本上在中原地区已融合成为以中原文化为主的汉民族，他们以北方官话为共同方言，崇尚汉族儒学礼仪，基本上已形成为一个广阔地带的北方民系族群。但是，如山西地区，由于众多山脉横贯其中，交通不便，当地方言比较悬殊，与外界交往沟通也比较困难，在这种特殊条件下，形成了在北方大民系之下的一个区域地带。

到了清末，由于我国唐宋以来的州和明清以来的府大部分保持稳定，虽然，明清年代还有"湖广填四川"和各地移民的情况，毕竟这是人口调整的小规模移民。但是，全国地域民系的格局和分布都已基本定型。

民族、民系、地域在形成和发展过程中，由稳定到定型，必然需要建造宅居。宅居建筑是人类满足生活、生存最基本的工具和场所。民居建筑形成的因素很多，有社会因素、经济物质因素、自然环境因素，还有人文条件因素等。在汉族南方各地区中，由于历史上的大规模的南迁，北方人民与南方土著社群人民经过长期来的碰撞、沟通和融合，对当地土著社群的人口构成，经济、文化和生产、生活方式，礼仪习俗、语言（方言），以及居住模式都产生了巨大的影响和变化。对民居建筑来说，由于自然条件、地理环境以及社会历史、文化、习俗和审美的不同，也导致了各地民居类型、居住模式既有共同特征的一面，也有明显的差异性，这就是我国民居建筑之所以呈现出丰富多彩、绚丽灿烂的根本原因。

少数民族地区的发展与分布

我国少数民族分布，基本上可以分为北方和南方两个地区。现代的少数民族与古代的少数民族不同，他们大多是从古代民族延伸、融合、发展而来。如北方的现代少数民族，他们与古代居住在北方的沙漠和山林地带的乌孙、突厥、回纥、契丹、肃慎等民族有着一定的渊源关系，而南方的现代少数民族则大多是由古代生活在南方的百越、三苗和从北方南迁而来的氐羌、东夷等民族发展演变而来。他们与汉族共同组成了中华民族，也共同创造了丰富灿烂的中华文化。

我国的西北部土地辽阔，山脉横贯，古代称为西域，现今为新疆维吾尔自治区。公元前2世纪，匈奴民族崛起，当时西域已归入汉代版图。唐代以后，漠北的回鹘族逐渐兴起，成为当时西域的主体民族，延续至今即成为现在的维吾尔族。

我国北方有广阔的草原，在秦汉时代是匈奴民族活动的地方。其后，乌桓、鲜卑、柔然民族曾在此地崛起，直至6世纪中叶柔然汗国灭亡。之后，又有突厥、回鹘、女真等在此活动。12～13世纪，女真族建立金朝。其后，与室韦—鞑靼族人有渊源关系的蒙古各部在此开始统一，延续至今，成为现代的蒙古族。

在我国西北地区分布面较广的还有一个民族叫回族。他们聚居的区域以宁夏回族自治区和甘肃、青海、新疆及河南、河北、山东、云南等省较多。

回族的主要来源是在13世纪初，由于成吉思汗的西征，被迫东迁的中亚各族人、波斯人、阿拉伯人以及一些自愿来的商人，来到中国后，定居下来，与蒙古、畏兀儿、唐兀、契丹等民族有所区别。他们与汉人、畏兀儿人、蒙古人，甚至犹太人等，以伊斯兰教为纽带，逐渐融合而成为一个新的民族，即回族。可见回族形成于元代，是非土著民族，长期定居下来延续至今。

在我国的东北地区，史前时期有肃慎民族，西汉称为挹娄，唐代称为女真，其后建立了后金政权。1635年，皇太极继承了后金皇位后，将族名正式定为满族，一直延续至今即现代的满族。

朝鲜族于19世纪中叶迁到我国吉林省后，延续至今。此外，东北地区还有赫哲族、鄂伦春族、达斡尔族等，他们人数较少，但是，他们民族的历史悠久可以追溯到古代的肃慎、契丹民族和北方的通古斯人。

在西南地区，据史书记载，古羌人是祖国大西北最早的开发者之一，战国时期部分羌人南下，向金沙江、雅砻江一带流徙，与当地原著族群交流融合逐渐发展演变为羌、彝、白、怒、普米、景颇、哈尼、纳西等民族的核心。苗、瑶族的先民与远古九寨、三苗有密切关系，经过长期频繁的辗转迁徙，逐步在湖南、湖北、四川、贵州等地区定居下来。畲族亦属苗瑶语族，六朝至唐宋，其先民已聚居在闽粤赣三省交界处。东南沿海地区的越部落集团，古代称为"百越"，它聚居在两广地区，其后，向西延伸，散及贵州、云南等地，逐渐发展演变为壮、傣、布依、侗等民族。"百濮"是我国西南地区的古老族群，其分布多与"百越"族群交错杂居，逐渐发展为现今的佤族等民族。

我国西南地区青藏高原有着举世闻名的高山流水，气象万千的林海雪原，更有着丰富的矿产资源，世界最高峰珠穆朗玛峰耸立在喜马拉雅山巅，从西藏先后发现旧石器到新石器时代遗址数十处，证明至少在5万年前，藏族的先民就繁衍生息在当今的世界屋脊之上。

据史书记载，藏族自称博巴，唐代译音为"吐蕃"。公元7世纪初建立王朝，唐代译为吐蕃王朝，族群大多居住在青藏高原，也有部分住在甘肃、四川、云南等省内，延续至今即为现在的藏族。

羌族是一个历史悠久的古老民族，分布广泛，支系繁多。古代羌族聚居在我国西部地区现甘肃、青海一带。春秋战国时期，羌人大批向西南迁徙，在迁徙中与其他民族同化，或与当地土著结合，其中一支部落迁徙到了岷江上游定居，发展而成为今日羌族。他们的聚居地区覆盖四川省西北部的汶川、理县、黑水、松潘、丹巴和北川等七个县。

彝族族源与古羌人有关，两千年前云南、四川已有彝族先民，其先民曾建立南诏国，曾一度是云南地区的文化中心。彝族分布在云、贵、川、桂等地区，大部分聚居在云南省内，几乎在各县都有分布，比较集中在楚雄、红河等自治州内。

白族在历史发展过程中，由大理地区的古代土著居民融合了多种民族，包括西北南下的氐羌人，历代不断移居大理地区的汉族和其他民族等，在宋代大理国时期已形成了稳定的白族共同体。其聚居地主要在云贵高原西部，即今云南大理地区。

纳西族历史文化悠久，它也渊源于南迁的古氐羌人。汉以前的文献把纳西族称为"牦牛种""旄牛夷"，晋代以后称为"摩沙夷""么些""么梭"。过去，汉族和白族也称纳西族为"么梭""么些"。"牦""旄""摩""么"是不同时期文献所记载的同一族名。建国后，统一称"纳西族"。现在的纳西族聚居地主要集中在云南的金沙江畔、玉龙山下的丽江坝、拉市坝、七河坝等坝区及江边河谷地区。

壮族具有悠久的历史，秦汉时期文献记载我国南方百越群中的西瓯、骆越部族就是今日壮族的先民。其聚居地主要在广西壮族自治区境内，宋代以后有不少壮族居民从广西迁滇，居住在今云南文山壮族苗族自治州。

傣族是云南的古老居民，与古代百越有族源关系。汉代其先民被称为"滇越""掸"，主要聚居地在今云南南部的西双版纳傣族自治州和西南部的德宏傣族景颇族自治州内。

布依族是一个古老的本土民族，先民古代泛称"僚"，主要分布在贵州南部、西南部和中部地区，在四川、云南也有少数人散居。

侗族是一个古老的民族，分布在湘、黔、桂毗连地区和鄂西南一带，其中一半以上居住在贵州境内。古代文献中有不少关于洞人（峒人）、洞蛮、洞苗的记载，至今还有不少地区保留"洞"的名称，后来"峒"或"洞"演变为对侗族的专称。

很早以前，在我国黄河流域下游和长江中下游地区就居住着许多原始人群，苗族先民就是其中的一部分。苗族的族属渊源和远古时代的"九黎""三苗"等有着密切的关系。据古文献记载，"三苗"等应该都是苗族的先民。早期的"三苗"由于不断遭到中原的进攻和战争，苗族不断被迫迁徙，先是由北而南，再而由东向西，如史书记载说"苗人，其先自湘窜黔，由黔入滇，其来久有"。西迁后就聚居在以沅江流域为中心的今湘、黔、川、鄂、桂五省毗邻地带，而后再由此迁居各地。现在，他们主要分布在以贵州为中心的贵州、云南、四川和湖南、湖北、广西等各省山区境内。

瑶族也是一个古老的民族，为蚩尤九黎集团、秦汉武陵蛮、长沙蛮的后裔，南北朝称"莫瑶"，这是瑶族最早的称谓。华夏族入中原后，瑶族就翻山越岭南下，与湘江、资江、沅江及洞庭湖地区的土著民族融合而成为当今的瑶族。现都分散居住在广西、广东、湖南、云南、贵州、江西等省区境内。

据考古发掘，鄂西清江流域十万年前就有古人类活动，相传就是土家族的先民栖息场所。清江、阿蓬江、酉水、溇水源头聚汇之区是巴人的发祥地，土家族是公认的巴人嫡裔。现今的土家族都聚居于湖南、湖北、四川、贵州四省交会的武陵山区。

我国除汉族外有少数民族55个。以上只是部分少数民族的历史、发展分布与聚居地区，由于这些少数民族各有自己的历史、文化、宗教信仰、生活习俗、民族审美爱好，又由于他们所处不同地区和不同的自然条件与环境，导致他们都有着各自的生活方式和居住模式，就形成了各民族的丰富灿烂的民居建筑。

为了更好地把我国各民族地区民居建筑的优秀文化遗产和最新研究成就贡献给大家，我们在前人编写的基础上进一步编写了一套更系统、更全面的综合介绍我国各地各民族的民居建筑丛书。

我们按下列原则进行编写：

1. 按地区编写。在同一地区有多民族者可综合写，也可分民族写。

2. 按地区写，可分大地区，也可按省写。可一个省写，也可合省写，主要考虑到民族、民居、类型是否有共同性。同时也考虑到要有理论、有实践，内容和篇幅的平衡。

为此，本丛书共分为21册，其中：

1. 按大地区编写的有：东北民居、西北民居2册。

2. 按省区编写的有：北京、山西、四川、两湖、安徽、江苏、浙江、江西、福建、广东、台湾、河南、山东共13册。

3. 按民族为主编写的有：新疆、西藏、云南、贵州、广西、内蒙古共6册。

本书编写还只是阶段性成果。学术研究，远无止境，继往开来，永远前进。

参考书目：

1. （汉）司马迁撰. 史记. 北京：中华书局，1982.

2. 辞海编辑委员会. 辞海. 上海：上海辞书出版社，1980.

3. 中国史稿编写组，中国史稿. 北京：人民出版社，1983.

4. 葛剑雄，吴松弟，曹树基. 中国移民史. 福建：福建人民出版社，1997.

5. 周振鹤，游汝杰. 方言与中国文化. 上海. 上海人民出版社，1986.

6. 田继周等. 少数民族与中华文化. 上海. 上海人民出版社，1996.

7. 侯幼彬. 中国建筑艺术全集第20卷宅第建筑（一）北方汉族. 北京：中国建筑工业出版社，1999.

8. 陆元鼎，陆琦. 中国建筑艺术全集第21卷宅第建筑（二）南方汉族. 北京：中国建筑工业出版社，1999.

9. 杨谷生. 中国建筑艺术全集第22卷宅第建筑（三）北方少数民族汉族. 北京：中国建筑工业出版社，2003.

10. 王翠兰. 中国建筑艺术全集第23卷宅第建筑（四）南方少数民族汉族. 北京：中国建筑工业出版社，1999.

11. 陆元鼎. 中国民居建筑（上中下三卷本）. 广州：华南理工大学出版社，2003.

前　言

民居源于先民趋利避害、谋取生存空间的原生建造活动。随着安居繁衍，在顺应环境、满足生活、衍生文化的历程中，先民的居住营建与自然环境相融会、与使用习性相契合、与经济技术相适应、与人文风物相承接，民居得以发展提升。尤其在长期的农耕文明进程中，民众的道德情感、社会习俗、理想追求、生态智慧、审美价值渗入民居营建与传承，传统民居成为社会历史文明的重要标识。

由于所处各地自然条件和人文环境的差异，传统民居以其因势利导的气候应对策略、因地成形的环境适应方法、因材致用的房屋建构经验、以意化形的文化审美表达，呈现出多样化的地域风貌。梳理山东传统民居资源与区系类型划分、剖析山东地域民居建筑技艺与艺术特点，彰显山东不同地域优秀的原生文化物象表达与人文景观特色，是当前社会发展背景下总结山东民居特点和填充该领域研究空缺的必然要求。

从地理环境来看，山东全省地形包括十四种基本类型，是我国地形地貌类别最丰富的省份之一。这使得根植于地域环境，深受本土建材、乡土民俗、地域经济、地方产业影响的山东传统民居，呈现出多样化的类型特征。胶东半岛的传统民居包括有世界上最具生态特色的胶东海草房、依托丘陵地貌错落有致的石头屋和布局规整的平地哈瓦屋。鲁中山区传统民居多为石砌、砖石垒砌的石屋，采用合院式布局，屋顶多为草顶和片岩板顶。受陶瓷业缘影响，在淄博的淄川、博山等地，形成了以红色缸砖、灰色匣钵为墙，檐口出挑深远、极具特色的布瓦屋顶民居。

以济南为代表，聚落的发生、发展以泉池、溢流水系为空间序列主线，形成了泉水相间、池旁溪畔的泉水聚落与民居；鲁西北区域地处黄河冲积平原，地势平缓，年降雨量多在400毫米以内，形成了实用简洁的用笆砖或灰土盖顶的囤形房，硬山瓦顶房以及黄河滩区生土房；鲁西南区域湖泊、平原、山地兼具，有仰合瓦房民居、石头民居、生土民居、船居多种类型。此外，受中国大运河、黄河下游和齐长城关隘的影响，波及区域传统民居虽同各所属区域总体风貌类似，但亦存在一定细部差异。

从历史与文化来看，齐鲁先民在创造古代灿烂文明的同时，也形成了丰厚的传统民居建筑文化积淀，随着孔孟学说的形成与儒学思想的传播，礼仪之邦成为齐鲁大地的整体形象。"礼"成为山东传统民居及其人文内涵的核心，在漫长的封建社会一直处于主导地位，"风近邹鲁"成为全国各地评价地域人文的标准。由东夷先民史前聚居呈点状发轫于今山东省内各地域靠近平缓水域的台地区域为始。随着东夷西进，山东地域栖居分布区域及分布区中栖居地数量不断增加，齐文化、鲁文化、莒文化、薛文化等山东诸多各地文化的不断发展，齐鲁文化由此奠立。在其后的数千年间，虽有泰山文化、海洋文化、运河文化、移民文化等诸多文化交融，但无论时代风云如何复杂多变，其精魂始终传承不变，成为山东地域传统栖居人文生态和地域文化传统之内核，不仅体现于以曲阜孔府、邹城孟府为典型代表的府邸，亦体现于以惠民魏氏庄园、栖霞牟氏庄园、文登李氏庄园等庄园，还体现于一村四祠的嘉祥岳家祠堂、烟台都家祠堂、济南莱芜区的南文子方城及散布山东巷陌的传统民居。

针对山东省境内丰厚的传统民居资源，为贯彻落实党中央和山东省委、省政府关于加强传统民居保护利用的指示精神，时任山东省委常委、烟台市委书记傅明先同志提出深入发掘山东传统民居特色价值、彰显山东地域文化特色，助力乡村振兴，促进山东传统民居保护与活化利用等主导性建议；由烟建集团有限公司与山东建筑大学牵头，汇集山东建筑大学、山东大学、青岛理工大学、烟台大学、济南大学等高校教师和山东省古建筑保护研究院、山东省乡土文化遗产保护工程有限公司等专业机构研究人员，于2021年仲夏正式启动了前期调查研究工作。

调研研究过程中，研究团队在乡土文化遗产保护国家文物局重点科研基地（山东建筑大学）基本厘清山东地域传统民居资源类型特点与区系分布的基础上，在山东省住房和城乡建设厅村镇处、山东省文化与旅游厅文物保护处、革命文物处的鼎力支持下，从城乡规划、建筑学专业视角入手，以地域空间、民居特色、营造技艺等内容作为重点，力求从多元文化交融视野去理解探究山东传统民居所蕴含的地域文化演进模式、地方历史记忆以及山东先民经验智慧。

对于山东传统民居的研究，本书首先立足对山东历史演进与地理环境特征的整体梳理，依据自然地理环境和地域文化环境差异，形成对山东传统民居建筑的区系划分；其次，依据山东地理区位，探讨传统民居地域分区、城乡居住聚落类型特点及聚居模式；在此基础上，依次对胶东半岛地区、鲁中南地区、鲁西北地区、鲁西南地区的民居展开研究。在自然和文化两方面探讨地区聚落与民居影响要因，研究地区聚落形态和民居类型，发掘地区民居资源和归纳民居类型特点，借助对代表性案例的分析，形成对该地区传统民居的类型特征的整体性理解和认识。近代民居的系统研究从胶济铁路沿线济南、潍坊、青岛、烟台、威海五地展开。进而，对山东传统民居装饰艺术，在装饰手段与手法、装饰题材与内容、装饰特点与文化三个方面进行总结。最后，借助对山东传统民居营造技艺研究，和对传统聚落与民居保护示范案例的解析，由此探讨并构建传统民居的当代保护与活化利用之道，以为全国地方传统民居研究，补全山东篇内容。

本书作为《中国民居建筑丛书》中的一卷，是在前期民居研究成果基础上完成的山东传统民居研究的阶段性成果。在写作过程中，遵循了整部丛书的写作要求与体例标准，但限于水平、时间、条件因素和疫情影响，书稿编著过程中尚有诸多缺憾之处。在此，恳请业内专家和读者不吝赐教，批评指正！

目　录

第一章 山东历史演进与地理环境

　　山东主要指崤山、华山或太行山以东的黄河流域广大地区，作为政区名称，肇于金代，延及至今。山东具有大海与高山辉映，半岛与内陆结合的鲜明地理特点，总体形成了山东半岛、泰沂山地、鲁西平原三大地貌区域。齐鲁先民创造了悠久的历史，以齐鲁文化为精魄的灿烂文明形成了多元、并蓄、交融的胶东半岛、鲁北、鲁中南区、鲁西四大文化区域。朴素的建造技术、因地制宜的环境意识、因材致用的构筑方式、因势利导的营建意匠形成了特色鲜明、类型多样的山东民居建筑。

山东是中华民族古老文明发祥地之一，海岱之域、齐鲁之邦。地处祖国大陆东部，北临渤海，与辽东半岛相对，扼京津海上门户；东隔黄海与朝鲜半岛，与日本列岛相望，为中日韩交通之大陆桥；西北与河北交界，距北京最近处仅300余公里，有首都南大门之称；西南与河南接壤；南与江苏、安徽相连。正所谓北望京津，南拥江淮，西依中原，东观大海，历来为中华形胜之地。根据2021年5月21日山东省第七次全国人口普查公报，山东人口总数计101527453人。民族以汉族为主，回族次之，兼有满族、朝鲜族、蒙古族等少数民族。

自然环境是山东传统民居建筑存在的基础，它决定了山东传统民居建筑的特色、风格和形态。山东省陆域东西长721.03公里，南北长437.28公里。全省陆域面积15.58万平方公里。其中，山地面积22726.80平方公里，占全省面积14.59%（相当于济南、淄博、泰安三市面积总和）；水域面积6988.92平方公里，占全省面积4.49%（相当于枣庄、莱芜两市面积总和）；林地面积24894.46平方公里，占全省面积15.98%（相当于临沂、泰安两市面积总和）；种植土地面积83845.42平方公里，占全省面积53.82%；自然湖泊面积1348.55平方公里，占全省面积0.87%。全省地表覆盖的自然地理要素占82.56%，人文地理要素占17.44%。①

综合而言，山东的地理特点鲜明地体现了大海与高山的辉映、半岛与内陆的结合，全省地形以泰、沂、鲁、蒙山地为中心向四周降低，向西、向北则逐步过渡为低山、丘陵、山前平原和鲁西北黄泛平原，向南过渡为临郯苍平原，向东过渡为胶莱平原和鲁东丘陵，由山东整体地形特点大致可分为山东半岛、泰沂山地、鲁西平原。山东整体气候受大陆和海洋的影响，基本上属于亚热带和暖温带湿热季风气候区，气候较为温和湿润，适宜人类的耕作居住。

从历史与文化来看，以先秦齐、鲁两国文化所奠定的文化特质、文化精神、文化传统的齐鲁文化，数千年间，无论时代风云如何复杂多变，其精魂始终传承不变，这是山东文化传统之内核，也是后代传承不息的文化之根，这也使得齐鲁地域传统民居建筑群落与单体建筑既存在注重中正、重"序"的鲁西、鲁中区域民居建筑；亦包括从法自然、因需因地而置的胶莱河以东区域传统民居建筑群落；还包括了如青岛里院、烟台朝阳街区、威海英租时期民居建筑、济南受西方文化影响发生变异的民居等诸多受外来殖民影响的近代民居建筑群落，随着历史的发展，这些传入的殖民文化，也逐渐演变为了山东地域历史文化传统的一部分。

第一节　山东的历史沿革

丰富的历史史籍资料与古代遗址考古资料为我们呈现了山东地域悠久的历史和灿烂的文明。

一、山东文明肇源

远在四五十万年前，山东地域就有人类繁衍生息。根据现有考古资料，山东迄今共发现旧石器时代文化遗址和地点120多处，其中古人类化石地点4处，包括地质年代为中更新世的沂源猿人化石地点；细石器文化100余处，主要分布于沂沭河、汶泗河流域，是一批具有时代特征和自身风格的文化遗存；新石器时代遗址1900多处。其中后李文化是新石器时代中期偏早的文化遗存，距今约8500～7700年，已发现13处。此后发展起来的新石器时代文化，有北辛文化和胶东地区的前大汶口文化（即白石村类型遗存）——其中北辛文化遗址已发现30处，绝对年代距今约7300～6100年；大汶口文化因泰安大汶口遗址发掘而得名，年代距今约6100～4600年，山东境内已发现遗址600余处。大名鼎鼎的龙山文化，因1928年最初发现、发掘龙山镇（今济南市章丘辖

---

① 本段数据资料与相关信息源自山东省国土资源厅、省统计局在2017年8月3日联合发布的《山东省第一次全国地理国情普查公报》。

区）城子崖遗址而得名，是中国最早的现代田野考古实例。其绝对年代距今约4600~4000年，下限已经进入夏代纪年，是中国古代文明形成的重要时期，在山东境内已发现的龙山文化遗址有1500余处。岳石文化年代大约在公元前2000年至前1500年，其主要因素源于山东龙山文化，又具有自身独特的文化特征，山东境内已发现的该类文化遗址有300余处。①

山东商时期的文化面貌比较复杂，至少包含商人文化系统遗存和山东本地的夷人文化系统遗存两个系统的文化因素。山东境内已发现的商时期文化遗存有1300余处（含不能明确区分而笼统称为商周时期的遗存800多处）。山东商时期，一般认为年代界限为公元前1600年至公元前1046年。两周时期，山东地区诸侯国林立，据史书文献记载和考古发掘资料研究，至少存在齐、鲁、逄、薛、莒、滕、郯、鄅、纪、莱、邾、郳、向、邿、徐、杞、费、谭等国。山东省内已发现的两周时期遗址约有2300余处，全省十七地市均有分布，其中临沂、潍坊、济宁等市最多，均超过300处。这一时期的城址发现有70余座，除临淄齐国故城、曲阜鲁国故城、滕州薛国故城、龙口归城故城以及莒国、滕国、邾国、郯国、纪国、鄅国等二三十座都城外，尚有即墨、曲成、费县、安平、邿城、卞城、阿城等封国重邑故址。而秦汉以来，山东地区一直是经济、文化比较发达的区域之一，汉代以降，山东境内考古发现的古城址有140余处。②

通过以上史前至秦汉时期考古遗存数量、位置分布、遗址类型等信息，我们不难推断出今天山东境内先民栖居的大致状况：东夷先民史前聚落呈点状发轫于今山东省内各地域靠近平缓水域的台地区域；伴随着时代延展与发展，其栖居分布区域不断扩张，各地域单元中的栖居地数量不断增加，山东地域的早期文明与文化初具规模；夷商时期，商文化与夷人文化不断交融，至两

周时期已方国林立，随着齐文化、鲁文化、薛文化、莒文化等诸多各地文化的不断发展，齐鲁文化由此成型。因此，山东传统聚落既源于山东各地域固有土著先民所栖居的不同地理环境单元，亦受到多种早期文明不断交融与发展的影响。

二、山东地理省情

山东，最初作为一个地理概念，主要指崤山、华山或太行山以东的黄河流域广大地区。而通观山东省形成之历史，其政区设置对山东历史城镇聚落及其民居建筑的形成与文化传承产生过重大影响。历史上，自秦汉至宋元，是山东政区变化最纷繁复杂的时期，秦代设郡，正如汉代应劭《汉官仪》所说，"凡郡，或以列国……或以旧邑……或以山陵……或以川源"，即特别指出了历史文化传承和地理环境的选择。如有历史研究者指出，秦汉设郡大都是以现专区一级范围的古文化古国为基础。秦初设三十六郡，后增至四十八郡，山东居其八，这些都大致奠定了山东后代州府设置的基本格局。至金代设置山东东、西二路，"山东"始作为政区名称。清初设置山东省，"山东"才成为本省的专名。综合来看，明清已降，山东设省，政区逐渐相对稳定；中华人民共和国成立后，山东所辖区域小有变化。

山东古属《尚书·禹贡》所载"九州"中的青、徐、兖、豫四州之域。夏商时期，今山东地区存在着许多古国。仅文献上有记载且能查到地望的就达130多个，这些所谓的古国，大多是一些带有浓厚氏族部落特征的居民群体，同地域结合在一起，有各自的居住地和分布范围。西周、春秋时，属齐、鲁、曹、滕、薛、郯、魏、宋等诸侯封国地。战国后期大部分并于齐，南部属楚，西部一部分归赵。秦统一六国后，在山东境内置齐、薛、琅琊、东海四郡。汉代郡国并行，西汉时期设置十一郡六国。汉武帝元封五年（公元前106年），初置十三部州，山东分属青、兖、徐三州。东汉时期山东属青、徐、兖、豫四

---

① 本段遗址数据信息自山东省《文物志》《山东考古》等处所载述之山东省内相关考古出版资料。
② 同本页①.

州，西晋初，山东分属青、徐、兖、豫、冀五州。晋怀帝永嘉以后，山东先后为后越、前燕、前秦、南燕所据。东晋安帝义熙五年（公元409年），刘裕平南燕复置青、徐、兖三州。其后，山东地区为北魏所有。北魏亡，属北齐，后又为北周所并。南北朝时期，州郡数量大增，辖区相对变小。隋统一后，山东分属青、徐、兖、豫四州。唐贞观初，山东属河南、河北两道。北宋改道为路，山东分属京东东路、京东西路。金大定八年（1168年）置山东东西路军统司，"山东"一名始作为正式地方行政区划。元朝分置山东东西道肃政廉访司及山东东西道宣慰司，直隶中书省。明洪武元年（1368年），置山东行中书省，后改为山东承宣布政使司。

清初，分全国为18行省，后增至23省，山东省至此成为地区与政区相统一的专用名词。中华民国初期，划分为济南、济宁、胶东、东临4道，属县107个。1928年废道，各县直属省。1937年10月，日军侵占山东，国民党省政府流亡。1938年7月，中共苏鲁豫皖边区省委发出关于恢复县、区、乡政权的指示，到年底有12个县成立了抗日民主政府。1939年7月，中共山东分局将山东划分为3个区和2个特区：胶济路南、陇海路北、津浦路东为一区，津浦路西为二区，胶东为三区，湖西、清河为特区。1940年8月，山东省战时工作推行委员会成立，下辖16个专员公署，88个县。

中华人民共和国成立后，设立平原省，由中央直接领导，今山东的菏泽、聊城等地区划归平原省管辖。1952年撤销平原省，菏泽、聊城、湖西3专区划归山东省。1953年6月，滕县专区（今滕州）驻地迁往济宁，成立济宁专区。7月，撤销湖西专区和沂水专区，将其所属县市分别划归济宁、菏泽和临沂专区。1954年12月，撤销淄博工矿特区，设立淄博市。1958年，莱阳专区更名为烟台专区。1960年，撤销峄县，设立枣庄市。1963年，河南省东明县划归山东。1964年，范县划归河南。1965年1月，馆陶划归河北，河北省

的宁津县、庆云县划归山东。1967年，专区更名为地区，山东辖9个地区，4个省辖市，5个县级市，107个县。1981年5月，昌潍地区更名为潍坊地区。1982年11月，设立省辖东营市。1983年，撤销烟台地区、潍坊地区、济宁地区，设立地专级烟台市、潍坊市、济宁市。1985年，撤销泰安地区，设立地专级泰安市。1987年，威海升为地级市。1989年，日照升为地级市。1992年，惠民地区更名为滨州地区，莱芜升为地级市。1994年，撤销临沂地区、德州地区，设立地级临沂市、德州市。1997年，撤销聊城地区，设立地级聊城市；2000年，撤销滨州地区、菏泽地区，设立地级滨州市、菏泽市。2018年12月，撤销地级莱芜市，将其所辖区域划归济南市管辖，设立济南市莱芜区和钢城区。

三、山东省辖区演进变迁影响分析

通观山东省辖区域文化与历史演进，政区设置对山东当代不同地域文化的形成与文化传承产生过重大影响。历史上，自秦汉至宋元，是山东政区变化最纷繁复杂的时期，改朝换代必有变迁，一朝之中数变政区者亦不在少数。汉至西晋，封国与郡县并存，政区变化，多而复杂。东晋南北朝时期，战乱频仍，政区易迭更属变化无常。尽管历史上政区变化纷繁，但深入考察，就会发现，万变不离其宗——沿革路径基本以秦代郡县设置为基础。而秦代设郡，正如汉代应劭《汉官仪》所说，"凡郡，或以列国……或以旧邑……或以山陵……或以川源"，即特别注重了历史文化的传承和地理环境的选择。秦代初设三十六郡，后增至四十八郡，山东有其八，这大致奠定了山东后代州府设置的基本格局。明代设省之后，地方设六府十五州。清代虽有几次调整，但基本沿袭明制的基础。到乾隆年间，析地增至九府，即济南、东昌、泰安、武定、兖州、沂州、曹州、登州、青州（领临清济宁两直隶州）。这对今天市域文化历史面貌的形成有着直接的影响。

对照分析当今全省十七市与清代九府二州的

区域范围，大致归属如下：济南市、德州市、属济南府；聊城市属东昌府、临清州；泰安市、莱芜市属泰安府；滨州市、东营市属武定府；济宁市属兖州府、济宁州；临沂市、日照市属沂州府；菏泽市属曹州府；烟台市、威海市属登州府；潍坊市属青州府；青岛市为析登州、青州两府之地而立之新兴城市；淄博市为析青州、济南两府而立之新兴城市；枣庄市则为析兖州、沂州两府而立之新兴城市。

综合来看，当今山东省各市域历史文化演进传承，近承明清州府，远绍秦汉郡县，上溯先秦古国，形成数千年来山东省各地区域文化一脉相承的历史文化传统，当今山东各地区域文化之根、之源、之基，于此可稽。

第二节　自然地理环境条件下山东传统民居建筑区系划分

总体来看，山东地形地貌有三个突出的特征。首先，在地势上中间高、四周低，全省地形以泰、沂、鲁、蒙山地为中心向四周降低。全省最高点为泰山主峰玉皇顶，海拔1532米；其次，在地貌类型上丰富多样，平原面积较为广阔；根据《山东省第一次全国地理国情普查》等相关资料，山东地貌类型分中山、低山、丘陵、山前倾斜地、山间谷地、山前平原、湖沼平原、滨海低地、滩涂、河滩高地、决口扇形地、微斜平原、洼地和现代黄河三角洲等14个地貌类型。鲁西南、鲁西北平原，地势坦荡、开阔；最后，在地质上山东的山地丘陵切割较强烈，山东山地丘陵构造基础是断块山、断裂谷、断陷平原和盆地。由于流水侵蚀、切割，使山地丘陵呈现高度的破碎状态。由于分割强烈，沟谷众多，所以山东的山地丘陵被称为"破碎丘陵"。

依据山东整体地形特点，山东现辖省域大致可分为山东半岛、泰沂山地、鲁西平原三大地貌区域；对应于山东方位区域，山东半岛即鲁东半岛地区，泰沂山地区即鲁中南地区，鲁西平原进

一步可划分为鲁西南地区（包含部分衔接的低山丘陵及山前倾斜地区域）和鲁西北地区。

一、胶东半岛地区

胶东半岛，又称山东半岛。半岛三面环海，在3000多公里漫长曲折的海岸线上，形成了莱州湾、胶州湾等200余个大小不等的海湾；散布着长山列岛、田横岛、灵山岛等450多个近海岛屿，是中国海洋资源最丰富的区域之一。

（一）地理地貌特征

胶东丘陵区，主要包括烟台市、威海市、青岛市所辖地区，为山东半岛的主体部分。该区群山起伏、丘陵绵延，山丘基本由火成岩组成，除少数山峰海拔在700米以上，大部分为海拔200~300米的波状丘陵。坡缓谷宽，土层较厚，加之三面环海，气候温和湿润，自然条件优越。界于鲁中山丘区与胶东丘陵区之间的胶莱平原为山东省面积较大的第二平原，主要包括潍坊市大部与青岛市北部，系潍河、大沽河、胶莱河冲积而成，海拔多在50米左右，土层深厚，农耕发达。现代黄河三角洲呈扇形状，以宁海为顶端，东南至小清河口，西北到徒骇河入海处，前缘部分突出伸入渤海湾与莱州湾之中，面积5000多平方公里，三角洲资源丰富，也有很大的农耕潜力。

半岛丘陵之间为地堑断陷平原带，主要有莱阳盆地、桃村盆地等。丘陵外缘，散布着沿海平原，宽度自数公里至10余公里不等，其中以蓬莱、龙口、莱州滨海平原面积最大，为胶东重要农作区之一。在半岛中北部，自西向东分布着大泽山、艾山、牙山、昆嵛山、伟德山等较大高山，它们成为半岛南北水系的分水岭，河流多由此发源，向南北分流。中部方圆300余里的昆嵛山，峰峦叠嶂，林深谷幽，是中国著名的道教名山。半岛山海之间尚有面积不等的沿海平原和近海滩涂，物产丰饶的地理环境，为半岛地区发展提供了优越条件。据考古资料证明，早在六七千年以前，在烟台的白石村遗址和渤海中的长山岛北庄遗址等地就有大量先民从事渔、牧、猎等生产活动，其文化发达程度，不仅可与内陆同期的

北辛文化、大汶口文化相比肩，而且独具特色、富于创造性。

（二）气候与降雨量

胶东半岛气候资源的突出特征表现为受海洋影响深刻，因而有气候湿润，春来迟级、夏无酷热、降水较多变率较小，但热量资源较少、风力资源丰富等特点。

胶东半岛是山东省年降雨量最丰沛的地区，多年平均年雨量多为700～900毫米，半岛和胶莱平原北部的少数地区小于700毫米，沭东地区的日照，莒南一带达950毫米。降水的年际变化较小，变率为20%左右，东南沿海因易受台风影响，变率稍大，可达25%。降水的季节分配是本省较均匀的一个地区，夏秋降水约占全年55%～60%，集中程度小于其他地区，春季降水量约占15%～18%，秋季降水约占20%～24%，冬季降水约占5%。降水的高值期与高温期相配合，利于作物生长。春季降水较少，但春温较低，蒸发弱，相对湿度较大，平均达63%以上（是省内较高值区），因此，土壤墒情较好，少春旱的出现。雨季雨势急，常有暴雨出现，东南部沿海为本省暴雨中心之一，平均强度在70～90毫米／日，半岛东部达到200毫米以上，石岛、牟平、威海等地均出现过最大日降水量超过300毫米的记录。

二、鲁中南地区

鲁中南山地又称泰沂山区。山地突起，大致为西北、东南走向，绵延至鲁南大部，泰沂山脉构成了山东省中部脊梁，脊部两侧，海拔500～600米，属古生代和中生代地层构成的丘陵，形成了山东地理环境的一大特点。

（一）地理地貌特征

泰沂山区自西向东，有泰山、蒙山、鲁山、沂山四大海拔千米以上的山系，其中，号称"五岳独尊"的东岳泰山最高峰海拔1532米。登上巍峨挺拔的泰山之巅，确有"一览众山小"的气势。这里是自上古传说中的炎帝、黄帝、尧、舜、禹、汤以迄秦皇、汉武等历代帝王的封禅之地，是一个上层宗教活动的文化中心，被联合国教科文组织列入世界自然、文化双遗产名录；蒙山是《诗经》中称为"东山"的文化名山；鲁山是著名的淄水、沂水的发源地，其南山坡石洞中发现了距今80万年的人类遗骨——"沂源人"；而沂山则是宋代以来中国山岳中号称"五镇"之首的"东镇"之山。在葱郁茂密的群山林海中，斑斑古迹随处可见。

在泰、鲁、沂等山脉构成的东西走向高山脊背群的北面，是一大片丘陵过渡带，蜿蜒起伏的丘陵外缘，是广袤的山麓堆积平原。呈南高北低、倾斜之状，淄水、潍水、弥河等数条大河，源自南山，呈网状滚滚北流，汇入渤海。

在这些河流发源的高山、丘陵地带，由于河流均源于山丘岭表，呈辐射状向四周分流，形成众多宽窄不等的河谷地带。区内石灰岩分布广泛，喀斯特地貌发育，地下裂隙溶洞水受阻后一部分涌现地表，形成诸多泉群，著名的有：济南趵突泉群、黑虎泉群、珍珠泉群、五龙潭泉群、章丘明水泉群、莱芜郭娘泉群、新泰楼德泉群、蒙阴柳沟泉群等。这里不仅生长着茂密的树林，而且矿产资源丰富；在河海交汇的浅海区，为水产养殖和渔业捕捞提供了理想条件；而山海之间的广阔地带，大多坡缓谷宽、地表平坦、田野肥沃，既有农桑之利，又是畜牧业和矿业生产的理想场所。这一广阔的地带，就是《禹贡》所载古青州之地。20世纪初，围绕中国文明起源的考古探查就首先从这里开始，并最先在这里发现了被称为"代表中国上古文化史的一个重要阶段"的龙山文化章丘城子崖遗址。此后，又在这片区域陆续发现了邹平丁公村、桐林田旺、寿光边线王、胶县三里河等大量龙山文化城址。这充分说明，这里优越的自然环境催生了中华最早的文明。

泰沂高山脊背群的南面是地势逐渐趋缓的丘陵地带，东部有蒙山及其他高低不等起伏绵延的山地，著名的沂蒙山区即在这个范围之内。鲁中南丘陵的特点是山地平缓，陵原相间，土地肥沃，河湖众多，灌溉便利，草丰林茂，是著名的农桑之区。

这里的河流主要有汶水、泗水、沂水、沭水等。这些河流大多发源于泰沂山脉，水量充沛，流域广阔，既有灌溉之利，又为交通要道。汶泗流域从上古时代就是人类活动聚居的政治文化中心：这里是距今5000年前大汶口文化的发祥地；传说中的太暤（昊）、少暤（昊）部落就主要活动在这一带；商民族曾先后在此建都。公元前11世纪，周天子分封齐、鲁于潍淄流域和汶泗流域，从此山东地区的文化发展进入了最为壮丽辉煌的历史阶段。

（二）气候与降雨量

鲁中地区热量资源为省内丰富的地区之一，北部济南附近受鲁中山地背风处焚风效应的影响，高达27℃以上，是全省高温中心。本区气候的大陆性明显大于鲁东区，加之山地众多，地形复杂，使区内气温的年较差较大，山区气候特征明显。

本区降水属省内较多的地区，年降水量多在700～850毫米之间，北部济潍平原较少，可在650毫米左右，南部枣庄、临沂以南最多可达900毫米以上，是省内降水丰富的地区。区内山地众多，较高山地的迎风坡往往成为多雨中心。如位于泰山南北两侧的泰安和济南两市，前者处于泰山水汽迎风坡，年降水量平均高出位于背风坡的济南市80毫米左右。区内年降水的集中程度高于鲁东地区，夏季降水可占全年降水总量的65%左右，旱涝灾害的发生几率增加，尤以石灰岩山地区旱灾危害十分突出。本区由于地形抬升作用明显，故为全省暴雨中心之一，以鲁中山区南部最为突出，每年平均暴雨日达3天以上，1日最大降水达300毫米左右，且年暴雨期可长达60～70天。每当暴雨，多形成山洪暴发，河床径流爆满，下游泄泄不及，往往形成洪涝灾害，如鲁南临郯苍平原，就是省内洪涝灾害发生较多的地区之一。

本区气候资源的又一突出特征表现为山地区气候的局部差异明显。受地形起伏的影响，形成山地与山前，山下与山上，迎风坡与背风坡，阳坡与阴坡等一系列水热条件的局部差异。通常随着地势的升高，降水增多，气温下降，山上比山下日照多，故在山区最明显的具有水、光、热的垂直变化，如泰山山顶与山下泰安城相比，二者水、光、热相差均很明显。

此外，山地的水汽迎风坡往往成为多雨中心，且易发生暴雨，而山地的阴坡多在湿度上明显高于阳坡，山上的风力明显大于谷地，谷地霜日多明显高于开阔平原区，这些均为"山地气候"特征。

三、鲁西平原地区

鲁西平原地区由鲁西南地区（包含部分衔接的低山丘陵及山前倾斜地区域）和鲁西北地区构成。

（一）地理地貌特征

由黄河泛滥冲积而成的鲁西南—鲁西北平原，东到渤海，包括菏泽、聊城、德州、滨州四市全部，济宁大部，泰安一部分。此平原面积约52100平方公里，占全省总面积的34%，海拔大多在50米以下，自西南向东北微倾，土壤肥沃，是山东省主要的粮食和农作物产地。由于黄河历次决口、改道和沉积，平原地表形成一系列高差不大的河道高地和河间洼地，彼此重叠，纵横交错。

该平原北接冀南，南达苏、皖，呈半圆形环抱着鲁中南山地，地势较低，是我国华北大平原的主要组成部分。黄河由其西南入境，斜贯东北滚滚而下，以"奔流到海不复回"之势，自东营注入渤海。沉沙所至，每年都会新增陆地数千公顷，千百年来形成黄河三角洲广袤的冲积平原。中南部是河湖交错的鲁西平原。著名的东平湖水面浩瀚、资源丰富，是古梁山泊的余部；南面由南阳湖、独山湖、昭阳湖和微山湖四湖相连，形成我国北方最大的淡水湖群——南四湖；京杭大运河自北向南纵贯鲁西平原，全长600余公里，明清时代为南北主要交通要道，舟楫往返，商贾云集，形成了德州、临清、聊城、张秋、济宁、枣庄等一条繁华的运河城市带，南北经济、文化交汇于此，使鲁西一度成为最发达的商业经济区和重要粮仓。

（二）鲁西南气候与降雨量

鲁西南地区属典型的大陆性季风气候，光、

热资源丰富,降水适中,雨热同期,但是,旱涝灾害发生频率较高。

区内年均降水量多在600～750毫米之间,南部明显多于北部,较为适中。降水期又主要分布在农耕期,其中89%以上降水是在日均温10℃以上的农作物活跃生长期,对多种作物的生长和发育十分有利。但降水的季节分配不均,夏季降水可占全年总量的65%,春季降水平均不足100毫米,仅占全年13%左右,春旱和夏涝的发生十分频繁。本区降水的又一特点,表现为强度较大。年均暴雨日虽不多(一般2～3天),但多有特大暴雨,1日最大降水量可达200毫米以上。降水的分布不均,是区内气候资源的主要不足。

（三）鲁西北气候与降雨量

鲁西北地区属省内大陆性气候最强的地区,大陆度达60%～65%,也是全省降水最少的地区。虽纬度偏高,热量资源有所减少,但与降水相比,仍属相对丰富,为省内光热资源较丰富的地区之一。

鲁西北地区是省内降雨量最少的地区,年降雨量仅550～650毫米,自东南向西北减少,德州附近低于550毫米,是全省最低值区。

第三节　山东地域文化传承演进与人文区系划分

山东文化,往往以齐鲁文化概之,齐鲁是中华文明的“重心”所在,傅斯年先生在《夷夏东西说》中说:“自春秋至王莽时,最上层的文化只有一个重心,这一个重心便是齐鲁。”细究而言,山东文化是一个区域清晰的空间文化概念,大致说,是从金元时期以来才有确指的一个区域文化范畴。而齐鲁文化,则是一个区域界限模糊而文化内涵清晰的概念,即指以先秦齐、鲁两国文化所奠定的文化特质、文化精神、文化传统的内核,数千年间,无论时代风云如何复杂多变,齐鲁文化为其精魂始终传承不变,这是山东文化传统之内核,也是后代传承不息的文化之根。

经两千余年而传承不息的历史文化精神。地域所在为齐鲁旧邦是其表,文化精神传承为其里。这反映出历代国人对这个礼仪之邦优良传统的尊崇、向往与怀恋。汉武帝有“生子当置之齐鲁礼义之乡”的文化向往。长期沐其风、浴其俗,崇德、重教、尊老,并由此形成山东人特殊的道德传统和有别于其他地域的特殊人格修养,著名国学大师钱穆先生曾说:“中国各地区的文化兴衰也时时在转动,比较上最能长期稳定的应首推山东省。若把代表中国正统文化的,譬如西方的希腊人,则在中国首推山东人。自古迄今,山东人比较上最有做中国标准人的资格。”

一、齐鲁文化演进及其特征

夏商时期,山东境内的方国至少有150余个,而方国多以氏族为纽带,成为众多不同氏族方国的聚居区域。从疆域变迁讲,周封齐、鲁,开启了从小国林立到以齐、鲁两大诸侯国为主体的疆域演变进程;从文化发展讲,虽胶东沿海较小范围内的土著方国还保持着原始东夷文化特色的原始地区,然则总体而言已进入了由东夷文化到齐鲁文化的形成、确立、发展的新阶段。据《左传》等史籍记载,直到西周末,山东地区的古国仍有55国之多。后世以“齐鲁之邦”指称的山东,在疆域范围上,春秋时已基本成型。在春秋时代,当今山东境内的大国除齐、鲁之外,还有莱、莒、曹及宋等。自西周至战国的800年间,在从邦国林立的东夷旧地到以齐、鲁为主体疆域的发展过程中,山东文化的主体——齐鲁文化也随之形成、发展和确立。山东世称“齐鲁”,不仅是地域空间的契合,也是文化精神主导与传承的结晶。

（一）鲁文化传统及其特征

鲁起黄帝,处内陆,宜桑麻五谷,尚王道,重农业,尊周礼,尊尊亲亲,终成儒家学派的摇篮。鲁学尚一统,笃信师说,严守古义,尊崇传统;鲁人重礼义,尚道德;鲁俗重俭约,淳朴拘谨;鲁重祖先崇拜,疑鬼神而重农事;鲁地礼乐文化仍盛,“弦歌之音不衰”;鲁都依礼规划,变

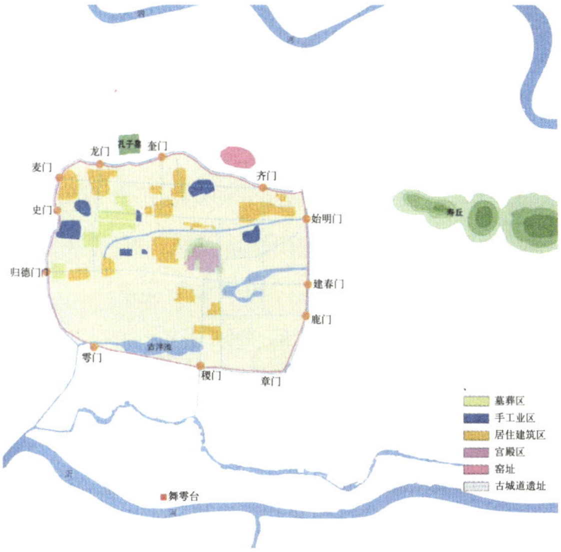

图 1-3-1　周代鲁城
（图片来源：引自刘甄、高宜生等编著《山东古建筑》）

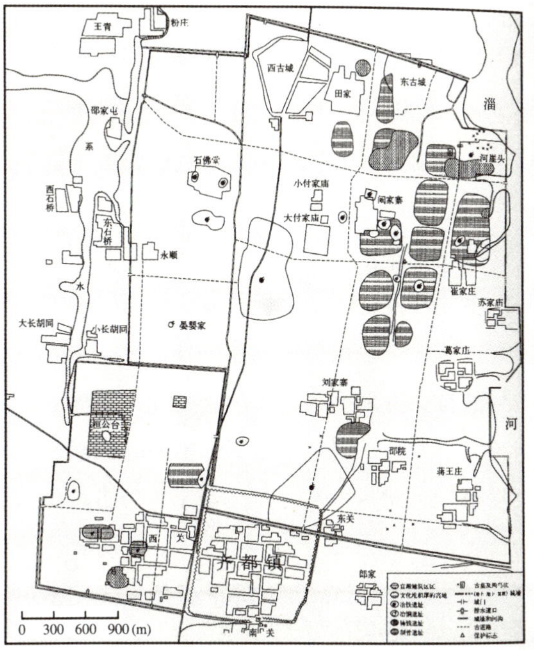

图 1-3-2　齐临淄遗址平面图（1964～1966年钻探）
（图片来源：引自刘甄、高宜生等编著《山东古建筑》）

更较少，为礼乐之都，这一点在鲁故城考古发掘资料中极为彰显（图1-3-1）。

（二）齐文化传统及其特征

齐起炎帝，地滨海，多鱼盐之利，尚霸道，齐重工商贸易，各业并举，齐重道学而尚多元，因俗简礼而有黄老之学、阴阳五行家的产生。齐学重兼容，百家并存，通权达变，趋时求合；齐人尚功利，重才智；齐俗尚奢侈，阔达放任；齐重自然崇拜，信海神而多方士，齐地黄老、方士之学盛行；齐都不断扩建，尽显霸业，为工商之城，这一点可从齐故城考古发掘资料得以彰显（图1-3-2）。

综合来看，齐、鲁两地各自保留着较为鲜明的个性。中国文化史上影响巨大的"汉家气象"，实际上有赖于齐鲁文化的推高和光扬。两千年来，齐鲁文化展现出遒劲的文化辐射力，西渐关中，南迁江浙，北上关东，东出日韩。由齐鲁文化重心拓展为东起齐鲁、横贯中原、西至关中的狭长文化带。

二、儒学文化的演进及其影响

齐鲁文化的融合，成就了孔子思想的博大精深，崇孔尊儒亦始于大一统的汉代，儒家经学，历经战国、秦汉而代代传授，在齐鲁之地形成丰厚的社会根柢和人才基础。

儒家思想集中见于《论语》中，思想体系的核心是礼制治国和道德教化。孔子的"礼"是指按纲常名教化的政治、社会秩序，"礼"是与"德政"相结合的。在《为政》中说："道之以政，齐之以刑，民免而无耻；道之以德，齐之以礼，有耻且格。"即主张礼治德化与政令刑罚相辅而行。仁：如《论语》中的"克己复礼为仁""仁者爱人"。"仁"既是孔子修己治人的根本原理，又是孔子实践道德的最高原理。"仁"作为一种精神品质，包含了多方面的伦理道德原则。除了是一种使人们自觉、主动地遵循礼的道德素养之外，还是一种处理人际关系的道德伦理准则。"人与天地合一"，可简称为"人和天地"的思想。人性天赋，人伦与天道的合一，"人伦者，天理也"。天人感应。阐述人与自然的关系，强调人与自然的和谐。他还阐述和弘扬了人不仅要"仁民"，也要"爱物"的道理。孔子坚决主张国家要实行"富之教之"的德政，使社会与文化得到发展。孔子认为文明的最高成就在于造就理想人格以创立理想社会，通过潜志躬行"内圣外王之道"，以达到"天下为公""大同世界"之境界。人与自然，人际关系，国之道要走不极端的尚中、贵和的"中庸之道"。

西汉初年，孔子所创立的儒家学说受到董仲舒的推崇和汉武帝的重视，成为治国化民的主导思想，儒家学说始为正统和主导，影响了此后中国封建社会发展的两千多年。此外，历史上中国与朝、日交往，山东半岛实为主要的往来通道和大陆桥，以此为纽带的文化交流，为儒学在东亚的传播，特别是公元7世纪以后，为朝鲜、日本兴起尊孔崇圣之风，形成东北亚儒家文化圈，作出了特殊贡献。

综合来看，以孔、孟为主体，以"三孔""四孟"为标志物，以仁爱礼乐文化教化人的儒学文化，在推动中华文明的发展、增强民族凝聚力、维护国家统一的过程中，发挥了其他地域无法比拟的文化影响力，而山东亦成为传统道德文明的示范之乡。

三、影响山东传统民居的其他文化传统

（一）山东地域运河文化

京杭大运河的开凿促进了南北的交流和文化交流，尽管对山东影响在元朝对运河改造取之前还不很明显，但为山东地区运河沿线的商业文化的发展和民族文化交流形成运河文化埋下了伏笔。元朝统治时期，由于京杭运河的重修和手工业、商业的发展，而出现于运河沿岸的商业文化的昌盛；由于海运和商业的发展，东部沿海地域传入的妈祖和商业文化的兴盛。元朝重修和改造了宋、金、元以来长期堵塞的京杭大运河，使大运河可以从杭州直经山东地域到达北京，不必再绕经洛阳。经过整修取直的大运河使南北交通更加便利，也直接促进了山东运河沿岸地域的商业文化和聚落的形成发展，出现了一批具有商业运河文化特征的繁荣的城市聚落，延续至清朝后期。随着清朝后期漕运的废止和运河的淤塞而衰落。如临清地处会通河咽喉，随着运河通航，元

时商业就发展迅速。史载："每届漕运时期，帆樯如林，百货山集，……当其盛时，北至塔湾，南至头闸，亘数千里，市肆栉比。"会通河开通后，位居南北水陆要冲的济宁一跃成为南北货运的集散地，济宁当时也是："高堰北行舟，市杂荆吴客，……人烟多似簇，聒耳厌喧啾。"元代以后至清朝后期，运河沿岸所发展起来的商业文化和聚落，也包括山东沿运河两岸的枣庄、济宁、聊城、德州、平阴等四十多个县市。

山东运河商业的发展也吸引了中、外很多民族地区的人来此经商居住，运河沿岸的商业城市，多有被称为色目人的外籍商人定居，他们也成为元统治下的中国人。域外人以信仰伊斯兰教为多，这是运河沿岸多有伊斯兰清真寺的缘故。元朝时期，也非常重视同其他国家的海上贸易往来，这时高句丽和日本同元朝的贸易密切，这一传统也一直延续至清朝后期。此时，随着海上贸易的发展，元、明、清时期，发端于北宋时期福建地域的海神文化和妈祖崇拜也逐渐随着福建商人来山东经商，在山东东部沿海兴盛。明、清持续和发展了元朝运河和海洋贸易的文化传统，使山东地域的手工业和商业文化有所发展。清后期，随着国运日下、漕运逐渐废置和外国侵略者的入侵，山东地区的运河商业文化的发展渐趋停滞，其政治、经济、文化地位迅速跌落。可以说，山东运河区域是中国封建社会晚期黄河流域农耕社会向近代工商业社会转型的一个典型。

（二）移民与抗倭

魏晋南北朝时期随着南北地域的人民的迁移，山东地区先后被后赵（羯）、前燕（鲜卑）、前秦（氐）、后燕（鲜卑）和南燕（鲜卑）等少数民族政权占据，东晋也一度占据山东东南部，继刘宋之后，北魏、东魏、北齐、北周也先后占据山东，少数民族政权在山东的统治及此时由于战乱流入的大量辽东和河北一带的少数民族与山东滞留士族的交融，使山东文化呈现出了多元融汇的景象。经过长期的发展，这些少数民族的人民和文化，也逐渐融入了当地传统，很难再区分清楚。

明朝初期和中期，由于元末的战争和争夺王权的战争造成了山东人口的减少，为补充人口的不足，曾大规模地从山西和河北等地移民填充，这在一定程度上促进了山东与别的地区间文化的交融和发展。明永乐年间，菲律宾苏禄王访华病死于归途中，朱棣敕建的德州苏禄王墓，也丰富了山东地域的多元文化。齐鲁文化的北上，主要展现为历时最久、规模最大、影响最深的清代至民国时期的"闯关东"移民潮，数百年间，数以万计的山东人移居东北地区。这在文化上实系齐鲁民风、民俗的一次大转移、大传播。

明朝时期，随着航海贸易的发展，中国福建、浙江和山东沿海地区，屡有海盗勾结日本浪人侵城掠地、抢夺沿海地区百姓财物的事件发生，史称这些海盗和日本浪人为"倭寇"。山东东部沿海地区也是倭寇侵扰的主要地区，明朝朝廷曾派出生于山东登州地区的抗倭名将戚继光在山东沿海率军民修筑海防、抗击倭寇，发展成为山东东部沿海地区的抗倭文化。沿海城防工事的修筑和抗倭名将祭祀建筑和崇拜文化也持续发展至清末。

（三）外国殖民文化的传播

山东是中西文化冲突、交流、融合的前沿之地。一方面，清代以来，山东为最先开放之地，有烟台、青岛、龙口、威海四处沿海开口岸，又据京津门户要冲，成为西方列强觊觎之地。清末，青岛继港、澳之后，是最先成为殖民地的地区之一，在这种历史背景下，形成西方与齐鲁文化特殊的碰撞、交流。

明末清初时，由于东部沿海地区便利的交通，就有西学传入山东，鸦片战争后，外国传教士也以不平等条约为掩护，纷纷涌入山东建立教堂进行传教活动。其中以美国南浸礼会、北长老会、英国浸礼会及德国圣信会势力较大，影响范围较广。由于山东受传统文化影响较深，这些教会在山东的传播并不顺利。于是，大多数教会采取了用慈善、医疗、教育辅助传教的方式，而有些教会则采取了依靠不平等条约、挟持官府、横

行乡里的强力灌输的方式进行传教。因此，近代山东教堂大多有慈善机构、医院和学校的性质，是山东省这些近代建筑类型的前身。到19世纪末，山东共有大小教堂1300余所，遍布各州县。此后，随着各帝国主义国家先后完成工业化且国力发展水平的不平衡，以不平等条约和外国传教士被杀等为借口，或直接以武力侵略的方式对中国领土进行再划分和争夺。此时，德国强占了胶州湾，英国强租威海卫。德国占领胶州湾时期，为了把它建设成为远东殖民争夺的根据地和商贸桥头堡，对租借地进行了不遗余力的规划和建设，不仅大力从事青岛湾的城市规划和建设，甚至还修建了胶济铁路，将其势力扩展到山东内陆地区。英国占领威海卫期间，也修筑了大量的体育和文艺建筑和设施。1914年，日本取代德国侵占青岛后，城市建设在德国原规划基础上进一步发展，为青岛城市充填了东洋风格。租借地的发展和建设，也使这些地区成为展示西方和日本近代工业文明，传播其文化的窗口。此外，山东地区的人民也通过国外游历、出使、留学和考察的方式及西方殖民者也通过报纸、期刊的方式宣传外国文化。山东的文化呈现出多元杂陈的局面。山东地域既有发端于本地域的传统文化的持续存在和发展，也有各殖民国家的多元文化传入，文化总体上呈现出多元杂陈和相互交融的状态。

四、山东地域文化区系

综合地理环境与区域文化发展的历史考察，山东地域文化可大致分为四大区域：胶东半岛文化区，包括今青岛、烟台、威海、日照；鲁北文化区，以潍、淄流域为主，包括今潍坊、淄博等市的一部分、滨州、东营等市；鲁中南文化区，以汶泗、沂沭流域为主，包括今泰安、济宁、临沂、枣庄、济南等市；鲁西文化区，以明清运河沿岸为主，包括今德州，聊城，菏泽及济宁、枣庄之一部分。不同的地理环境对四大区域文化特色的形成产生了重大影响。

（一）胶东半岛文化区

该区由黄海、渤海环绕，海岸长而曲，港湾

众多，岛内山峦起伏，峰高林深，不仅在生产方式上形成山海结合的特点，渔、林、牧业发达，而且在文化上，海洋特色鲜明而突出：民俗多表现对大海的敬畏、崇拜，海仙传说盛行；民风尚勤、刻苦耐劳、不避艰险、勇于探索，历史上齐人的诸多典型特点，胶东人大多具备。

（二）鲁北文化区

鲁北潍、淄流域，是当年齐国的腹心之地。这里北濒大海，南依泰沂山脉，经济上既有林果矿产之饶，又有鱼盐农牧之利，《战国策》所称"齐带山海，膏壤千里"正是以此地为中心。在文化上，齐人的许多典型特点，如汉代人所描述的齐地"人民多文采布帛鱼盐""其俗宽缓阔达，而足智，好议论""其士多好经术，矜功名"等，都是以这一带为典型代表的。这里还是中原内陆与半岛及日、韩海外交流的必经之地，工商业自春秋战国以来即号称发达。明清以后，尤其近代以来，这一地区商埠云集，经贸发达，商品经济活跃，人民思想开放通达，都与这一文化传统有直接关系。

（三）鲁中南文化区

鲁中南文化区的汶泗流域，土地肥沃，河流交错，是一个"颇有桑麻之业"的农耕文化的典型区域。其东面的沂沭河流域，丘陵起伏，山地绵延，河谷纵横，也是典型的内陆河谷型农牧业文化区。这一带，是鲁文化的腹地，在文化特点上，有圣人孝文化，"俗好儒，备于礼……畏罪远邪"。民风淳朴、厚德、勤俭，是"孔孟之乡"人的典型代表。

（四）鲁西文化区

鲁西文化区平原广野，河流纵横，是农耕文明的重要区域之一。鲁西地接中原，自古以来是兵家争夺之地。在文化上具有齐鲁文化与中原文化交汇融合而多元的特点。这里的民风，既有齐鲁忠信之文气，又有中原古战之侠风。尤其宋代以后，由于黄河屡次泛滥、灾荒频发，是历史上农民起义和对统治者武力抗争的多发地区。

第四节　山东传统民居建筑营建影响要因

综合来看，齐鲁先民在创造灿烂古代文明的同时，也形成了丰厚的传统聚落与民居建筑文化。从距今6000年前大汶口文化时期的半地穴住宅和龙山文化时期的地面土坯建筑聚落，到战国时期齐国都城临淄的大型宫殿、住宅建筑群；从曲阜孔府、邹城孟府、兖州鲁王府、济南德王府、青州衡王府等贵族世家王公府邸，到烟台栖霞牟氏庄园、龙口丁氏故宅、滨州魏氏庄园等地方豪绅庄园，[①]再到全省各地丰富多样的乡间聚落与传统民居，均是齐鲁先民运用朴素的建造技术，顺应地形地貌、结合气候条件因地制宜、就地取材，在聚落形态、院落布局、建筑结构构造和细部装饰等方面形成鲜明地域特色的杰出实例。

一、交通条件的影响

交通条件对于传统聚落的形成发展有着极为重要的作用。齐鲁地域自古交通发达——从陆路来讲，自龙山文化时期开始，山东域内就有一条横贯鲁中山地北麓的东西大道，现今从济南东至荣成一线，两侧文化遗存众多，足见古代文化交流之频繁；就水路而言，齐鲁地域有漫长的海岸线，海上交通便利；内河交通则有黄河、汶水、淄水，更有京杭大运河自东南向西北纵贯鲁西平原，沟通南北——发达的交通条件为齐鲁文化与其他各地域文化的交流沟通提供了极为有利的条件，由此形成了齐鲁地域传统聚落与民居的多元化风貌。

---

① 上述案例详细背景信息参见：王志民. 山东省历史文化遗址调查与保护研究报告[M]. 济南：齐鲁书社，2008.

二、多样地貌与经济影响

受省内地貌类型多样与自给自足的自然经济影响，山东传统聚落在村落选址、空间形态以及院落布局等方面，均体现出丰富多彩的自然地形地貌特色和就地取材营造的特点。如山地型村落"筑台为基，随坡就势"，通过挖填土方将山坡整理成不同高度的台地。民居院落顺应地形、灵活布局，道路顺坡就势、蜿蜒曲折，形成层层叠叠、充满山野情趣的山地聚落形态。鲁西北平原地区地域开阔，耕地面积与宅基地面积较大，其滨州、惠民等地的传统聚落，民居院落南北进深一般都在20米以上（以22～25米为多），东西面阔18米左右，正房多为五间，厢房三间，且多见四合院。而胶东半岛以山地丘陵为主，海草房村落多选址于阳坡面海、地形较为平缓之处，村落沿山坡横向展开，呈条状布局。由于建设用地逼仄，村落房屋密度较大，院落狭小，街道狭窄。海草房民居布局虽多为合院式，但是一般以小三合院、小四合院为主，一进的小三合院或小四合院是其最为常见的形制。

就村落布局形态而言，鲁西北地区地处平原，其传统聚落布局形式以平原型梳式布局为主。为调节局部气候，村落常选址建造在前有河流或池塘的地点。村西北多种植层层树木，以抵挡冬季凛冽的西北风。如滨州市阳信县的牛王堂庄（图1-4-1），其村落布局具有鲜明的平原地区梳式布局特征，与胶东沿海和鲁中南山区的村落布局相比，更为松散、舒展。而威海、烟台一带的海草房民居，为了防御和抵制海风侵袭，加之沿海岸线可供选择的居住用地紧张，多采用以"团"为主的聚落形式。同时为节省有限的土地、减少热量损耗，建筑一般采用"借山"布局，即毗邻两家东西山墙共用，不留间距。沿街望去，一排排海草房连绵有伏、有曲有直，形成统一多变的聚落街道景观（图1-4-2）。而荣成地处山东半岛最东端，伸入黄海，雨频风多，冬季积雪较厚，为方便雨水排除、减少屋面雪荷载等考虑，海带草屋的进深都较小，屋面起坡大，屋顶又厚又高（图1-4-3）。

图1-4-2　海草房传统村落风貌之冬雪景致
（图片来源：胡雪飞　摄）

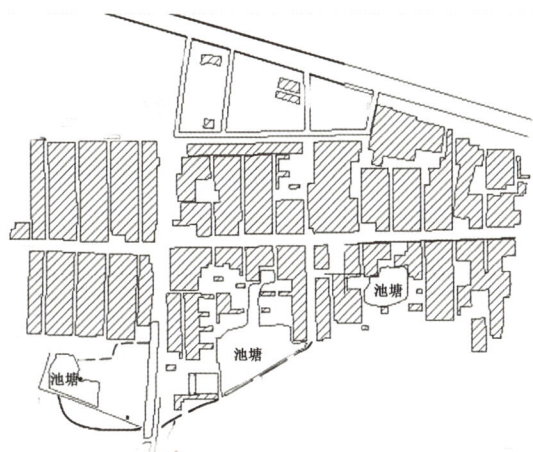

图1-4-1　滨州市阳信县的牛王堂庄村平面格局
（图片来源：王嘉霖　绘）

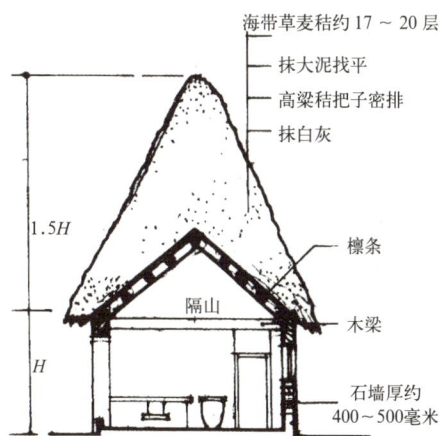

海带草麦秸约17～20层
抹大泥找平
高粱秸把子密排
抹白灰

檩条

隔山

木梁

石墙厚约400～500毫米

1.5H

H

图1-4-3　海草房传统村落风貌之冬雪景致剖面图
（图片来源：张云　绘）

三、营建用材

就营建用材而言，山东各地的传统聚落就地取材、因材致用，创造出丰富多样的适宜性建筑构造与建造传统工艺，体现了齐鲁先民高超的营造智慧与技艺。在经济并不发达的广大农村地区，不仅有效降低了民居的建造成本，同时也形成了山东省内风格各异的地域性乡土建筑特色。以济南朱家峪村的传统民居建筑为例，其承重外墙取材非常广泛，包括乱荒石、黏土砖、煤灰砖、土坯等，按照墙体构造工艺，一般可分为三类：第一类做工比较考究，使用加工精湛的条石作为外墙基座，基座上砌筑清水砖墙，上覆黏土小瓦双坡屋面；第二类以山石块或乱山石砌筑高外墙基座，基座上砌煤灰砖墙。煤灰砖为朱家峪本地特产，由烧成灰烬的煤灰掺和少量石灰制成，其色彩灰黄，尺寸与土坯砖相同，强度高于土坯而逊于青砖，是一种物廉价美的乡土建筑材料；第三类用乱山石做外墙基础，基础上砌外抹石灰的土坯墙，屋顶为山草或麦秆，此种民居建筑造价最为低廉。朱家峪古村民居建筑墙体多用土坯砖、煤灰砖和丁石混搭砌筑——煤灰砖多用于外墙外侧砌体，而外墙内侧仍用土坯，出于墙体结构整体性要求，通常夹砌条石将外层煤灰砖和内层土坯拉结，因条石与墙体成"丁"字形，故称"丁石"——丁石在外山墙上露出一端，形成朱家峪独特的乡土建筑风貌，在山东其他地域极为罕见。又如鲁西北地区位于黄河冲积平原，区域内缺山少石，其分布面积广阔的黄

土即成为该地区主要的建筑原材料。其传统民居从墙体到屋顶维护结构，几乎全部由生土建造。而鲁西北地区雨量较少，年降雨量在400～800毫米之间，囤顶房由此成为当地一种主要建筑形式（图1-4-4），其墙壁、屋顶厚实，冬暖夏凉，是当地人民就地取材、因地制宜的一类典型传统生态建筑。再如海草是一种生长在胶东半岛沿海浅海区域的天然材料，威海、荣成一带沿海渔民多将此类海带草用作屋面材料，这种别具一格的建筑材料结合传统营造技艺所形成的海草房村落，其紫灰色海草顶、斑驳的暗红色石墙和参差错落的石墙勾缝相映成趣，形成具有浓郁地域性特色的乡土建筑风格和人文景观。

四、安全防御

安全的生活环境是人类栖居的必要条件。在前现代社会，不安全因素主要是天灾和人祸两方面。前者多为水患，后者多为盗匪劫掠。为了抵御天灾人祸，山东许多传统聚落都筑有相应的防卫保护设施，通常是沿聚落外边筑围堰以防洪水，修围墙以御盗匪。例如黄河大堤内的滩区村庄，在村落外围另修堤堰，将村庄团团围住，习称堤圈、围堰、防堰等。为了防御盗匪抢掠骚扰，山东许多村庄四周都修筑有高大的围墙，俗称围子、圩子、寨子、围寨、围堡等，例如济南朱家峪就是一座兼具防卫性的山地型村落——其圩墙修筑于村北，西起雁落山顶，东至东山极顶，从两头连接南部群山崖壁，长约1000余米，全以石块砌成，形成了一道完整的防御体系。圩墙中间辟有西圩门、东圩门，称"礼门"，是两处通村的关口。据史料记载，当年庄长、社首组织庄丁，手持大刀、长矛，日夜轮流值守放哨，并布下土枪、土炮。又如滨州市惠民县的魏氏庄园，肇建于风雨飘摇、内忧外患的晚清时代，其鳞次栉比的住宅房屋与高耸的城垣融为一体，能攻易守、进退自如，军事防御功能尤其突出，因此成为中国现存最大、保存最完整的清代城堡式庄园。

五、移民活动

山东地区大规模的移民活动主要出现在明代

图1-4-4　鲁西囤顶民居
（图片来源：引自孙运久《山东民居》）

初期和清代至民国时期。由于元末鼎革和明初争夺王权的战争造成山东人口急剧减少，明朝从洪武初年至永乐十五年（1417年），曾大规模从山西、河北等地移民，以补充人口不足。这在一定程度上促进了山东与国内其他地区间文化的交融与发展。今天我们从山东滨州魏氏庄园民居彩绘、菏泽地方戏曲等实例中均可见到这方面的影响。齐鲁文化北上，其历时最久、规模最大、影响最深者，无疑是清代至民国时期的"闯关东"移民潮，集中反映了近现代时期中国省际移民的特色。数百年间，数以千万计的山东人由陆路、海路出关移居东北地区[1]，"彼土之人，于受生计压迫之余，挟其忍苦耐劳之精神，于东北新天地中大显身手，于是东北沃壤悉置于鲁人未锄之下"[2]。这在文化上实系齐鲁民风、民俗的一次大转移、大传播。

笔者通过近年来的实地考察研究发现，除了省外迁徙，山东元明时期的省内迁徙亦对山东传统聚落的形态演进产生过较大影响，如现存胶东地区海草房传统聚落，即大量建造于山东内陆区域民众迁徙至荣成等滨海区域时期，此外，山东目前所存有带轩室的传统民居，如山东临沂岱崮镇李氏民居、菏泽巨野苗氏祠堂等实例，则体现了江南区域民众迁至山东这类移民文化对山东传统民居形式特色的影响。

总体而言，山东地域这些在长期历史发展过程中运用适宜性建造技术、顺应地形地貌与气候条件、因地制宜、就地取材所逐步形成的传统聚落与民居，凝结着历史的记忆和齐鲁先民栖居的智慧，构成了独具特色的乡土文化景观，以其风情各异的文化面孔构成了山东省内完整的区域传统民居建筑文化遗产体系和空间记忆。

① 据相关研究统计，清代迁入东北的山东移民约在800万。整个民国时期山东移民高达1836.4万人。参见范立君，谭玉秀. 近代"闯关东"移民外在特征探析[J]. 北方文物，2010（1）：100–105.
② 吴希庸. 近代东北移民史略[J]. 东北集刊，1941（2）：52.

第二章　山东地理区位与民居类型划分

山东地区幅员辽阔，地貌多样，人口复杂，资源丰富，扼东部地区交通之要冲。山东民居的区位划分在自然环境和人文经济的基础上，结合传统民居资源特征，将其分为胶东半岛、鲁中南、鲁西南和鲁西北四大区系。

第一节 山东地理区位划分和民居地域分区

山东省地处我国东部,位于华北地区和华东地区的交接地带,分别与河北、河南、安徽、江苏四省为邻,山东半岛突出于渤海、黄海之间。山东省海陆兼备,风光绚丽多彩,是闻名世界的旅游胜地。同时资源丰富,扼东部地区交通之要冲,是全国的经济、人口、文化大省,在我国的经济发展中占据着举足轻重的地位。

一、山东地理区域综合划分

山东古代的地理区划在很早就已初步形成。从历史地理变迁的角度来看,古代地理区划的依据是水土条件和农耕经济特点。

山东省地理学界曾对山东省地貌、综合自然地理做过多次研究,其中,最有代表性的成果见于《山东省志·自然地理志》中的综合自然区划方案。《山东省志·自然地理志》中的自然区域划分系统主要考虑了全省自然环境与自然系统的差异,把全省分为两个大区:即鲁东—鲁中南自然区和鲁西—鲁北自然区。下面继续分为鲁东、鲁中南、鲁西南、鲁西北和鲁北5个自然亚区。[①]

《山东地理》(王有邦)著作中除了按照地理学相关原则之外,还考虑到了县级行政区划的完整性,将山东省分为5个综合地理区:鲁东区、鲁中南区、鲁西南区、鲁西北区、黄河三角洲区。[②]《山东地理》(张祖陆)著作中山东综合区划分为三个地理一级区和9个二级亚区,分别为鲁西北区:鲁北平原亚区、鲁北滨海平原亚区、鲁西平原亚区;鲁中南区:鲁中山地丘陵亚区、鲁中山前平原亚区、鲁南山前平原亚区;鲁东区:鲁东半岛低山丘陵亚区、胶莱平原亚区、鲁东南丘陵亚区。

从地理学的角度来看,影响山东民居区位划分的因素主要包括自然地理环境因素和经济社会发展因素,因此综合区划主要依据是不同区域的自然环境和经济社会发展的一致性和差异性。

人类生存、生产活动的方式根植于自然地理环境,山东民居的区域区划首先要考虑自然环境的差异性和相似性。山东省属暖温带大陆性季风气候,南北部年平均气温差别不大,年均降水量的差别也不大,因此山东省区域内的地势地貌、材料资源等非地带性因素对民居区域划分的影响占据主要地位。自然地理环境及自然资源的差异也影响着省内不同区域的经济发展方向,带来不同的产业模式和生产生活方式,不同地貌区的民居形式势必存在一定的差异。

山东民居区位划分的差异性体现在与其他区域之间的对比,而同一区域内是具有共同性的。共同性来源于区内各种地理要素的综合与联系,由于区域内的地形地貌和材料资源的雷同性,其外在表现是所划区域内的民居均具有区内相似性和区间差异性,在地域上呈现连片、完整分布的特点。

山东民居的区位划分以自然环境为基础,综合考虑人文经济因素。自然环境背景差异是区划的基本框架和基础。如果自然环境条件相近,当地的经济人文因素就成为区划的主导因素。山东民居发展的经济技术条件有限,因此自然因素的影响较为突出。但在个别地区,由于产业的发展和商业的兴盛,有些区域民居类型的主导因素则是经济人文因素。

二、山东民居地域分区

传统民居都是在特定的自然地理条件及人文历史发展的影响下逐渐形成的。人类科技发展越慢,社会因素影响越小,主要起影响作用的来自于自然因素。在封建社会小农经济条件下,人们改造自然的能力有限,因而自然地理因素的影响就格外突出。

本书以山东自然地理和人文地理为线索,依据山东民居的内部结构与外部表现特征,将其划分为四大区域(图2-1-1、表2-1-1)。

[①] 山东省地方史志编纂委员会. 山东省志·自然地理志[M]. 济南:山东人民出版社,1996,9.
[②] 王友邦. 山东地理[M]. 济南:山东省地图出版社,2000,7.

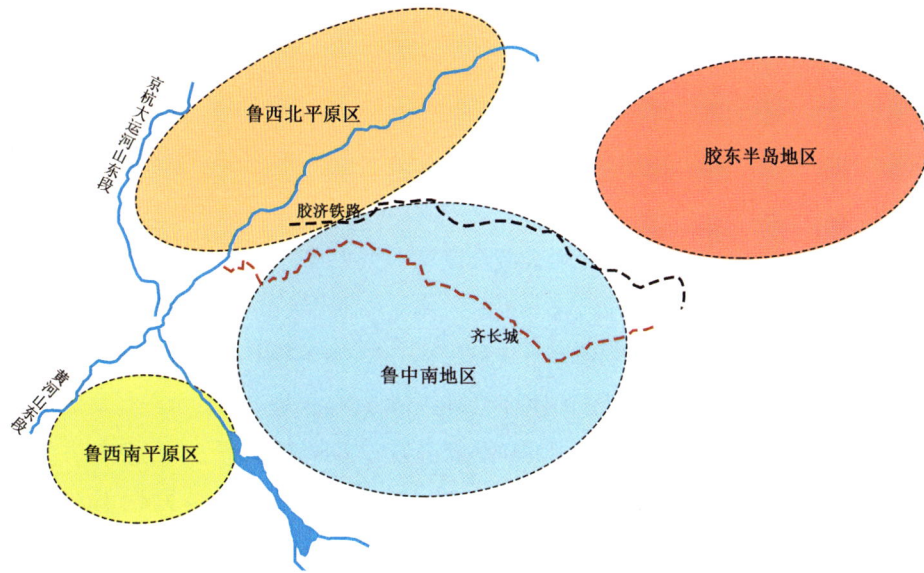

图 2-1-1　山东民居
地域分区示意图
（图片来源：陶莎 绘）

山东民居地域分区　　　　　　　　　　　　　　　表2-1-1

胶东半岛地区	胶莱平原区	
	胶南低山丘陵区	诸城山前平原区
		五莲山低山丘陵区
		崂山中低山丘陵区
	胶北低山丘陵区	黄掖平原区
		莱阳盆地区
		大泽山低山丘陵区
		艾山牙山低山丘陵区
		招虎山低山丘陵区
		昆仑山低山丘陵区
鲁中南地区	泰鲁沂山前倾斜平原区	
	鲁南丘陵平原区	沂怵河中游平原区
		尼枣丘陵盆地区
		汶泗平原区
		肥城丘陵盆地区
		沂蒙山低山丘陵区
		新蒙河谷平原区
		泰莱河谷平原区
	泰山地丘陵区	蒙山中山丘陵区
		徂徕山中山区
		沂山中低山丘陵区
		鲁山中低山区
		泰山中低山区
鲁西南平原区	湖带沼洼地区	
	湖西坡洼地区	
	湖西联合扇形高地区	
鲁西北平原区	黄河三角洲区	
	黄河联合扇形高地区	
	徒马河间坡洼地区	
	马颊河北河道高地区	

（一）胶东半岛地区

胶东半岛地区处于山东省最东端，大致包括现在的威海、烟台、潍坊、日照、青岛5市。北临渤海，与辽东半岛隔海相望，东、南临黄海，与朝鲜半岛、日本列岛遥遥相对，西与鲁中南区相接。本区主要包括鲁东半岛低山丘陵和胶莱平原两个亚区，海拔多在500米以下。

胶东半岛地区东部与西部，平原和山区，内陆和沿海，城市与乡村，由于地理气候、风俗习惯和建筑经济条件不同，民居建筑风格各有特色。

胶东半岛地区三面环海，海岸线曲折绵长，当地村落多依山临海而建，布局上保持了内地民居的基本形式，以三合院或四合院为主。但依坡就势，受地形限制，庭院与其他地区相比尺度偏小，形式更为多变。正房明间作厅堂，朝南全部打开作门，是人们日常主要活动场所。厢房多为单坡顶或四面坡的形式。

胶东半岛地区为温带海洋性季风气候。为了抵御冬季寒冷，胶东民居普遍使用火炕采暖，除了可供睡觉休憩以外，还成为人们日常家务劳作、接客待物的多功能空间。

胶东半岛地区民居营建因地制宜、就地取材。承重构架以木结构抬梁式构架为主，墙体多用砖石，屋面多为青瓦和海草两种屋面，依其营建制式、用材及地理环境，胶东半岛传统民居主要可分为海草房、哈瓦屋和丘陵石头房三种类型（图2-1-2）。

（二）鲁中南地区

鲁中南地区是指山东省的中部和南部地带，本区为山东省地势最高的地区，中部高四周低，同时是山东主要河流的发源地，山地地区周边形成环带状山前冲积平原。气候为温带大陆性季风气候，四季分明。地域上包括济南市（含莱芜区，不含商河县、济阳县）、泰安市、淄博市、临沂市、潍坊市、日照市。

泰沂山脉是我国鲁中南地区的重要山脉。山上石材主要品种为麻岩和花岗岩。当地居民用被山水冲掉棱角的石头来盖屋建村，形成极具山地风貌的鲁中南石头房。博山属南部山区，山的表面层层剥蚀，耕地面积小。博山县志载："博山地寡，民为生计多凿井穿洞以资其利。"煤层下的土可以制陶，陶业成为当地的支柱产业，渐渐形成以制陶作坊为核心的小集镇。当

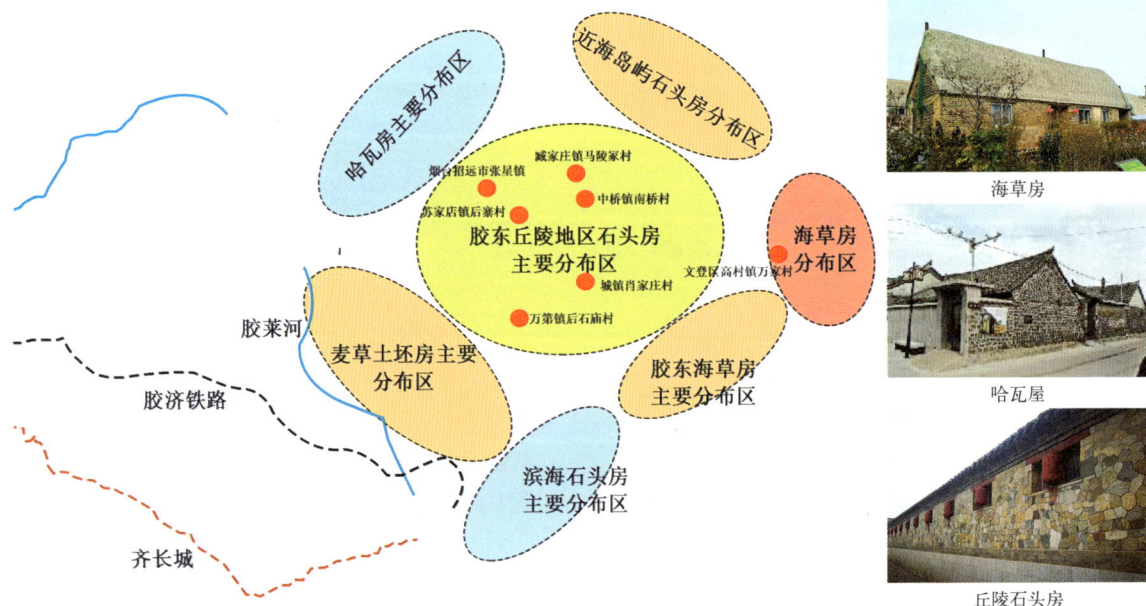

海草房

哈瓦屋

丘陵石头房

图 2-1-2　胶东半岛民居分布
（图片来源：陶莎 绘／摄）

图 2-1-3　鲁中南民居分布
（图片来源：陶莎　绘／摄）

地民居的修建与制陶工艺息息相关，形成自身鲜明特色，成为陶瓷业缘影响下的民居类型。鲁中南还拥有丰富的泉水资源，泉水周边的民居建筑受其影响，形成特有的泉水民居，风格独树一帜（图2-1-3）。

（三）鲁西南地区

鲁西南地区与苏、豫、皖三省接壤，位于山东省西南部的黄河冲积平原上。该地区广义上涵盖菏泽、济宁和枣庄三市。鲁西南地形以开阔的大平原为主，只在梁山和嘉祥境内分别有200米左右的山头和小片丘陵。鲁西南地区地势北高南低、东高西低，东部和东南部为低山丘陵地区，中西部为平原洼地，南部为微山湖湖泊湿地，是我国北方最大的天然湖泊。本区大地貌简单，微地貌比较复杂，黄泛平原上分布较多的岗、坡、洼。

鲁西南地区传统民居村落建造方式世代相传，形成了各地不同的传统民居村落特色。布局主要以北方四合院形式为主，选择宅基因地制宜。建筑材料注重实用，建造手法上因材而施。鲁西南民居以土木结构、砖木结构为主，屋顶用泥铺平以后再加上瓦，墙壁用沙灰、石灰来涂抹平整，具有淳朴自然的和谐之美感。济宁历史上是京杭大运河航运的重要水上通道，运河沿岸风光秀美、民俗民居独特（图2-1-4）。

（四）鲁西北地区

鲁西北地处冀、鲁、豫三省交界地带，包括德州市、聊城市、滨州市，以及东营市的河口区、利津县和济南市的商河县、济阳区。本区主要由黄河泛滥冲积而成，地势平坦，大致呈西南向东北缓缓倾斜，属华北大平原的组成部分。

鲁西北地区是温带大陆性季风性气候，雨

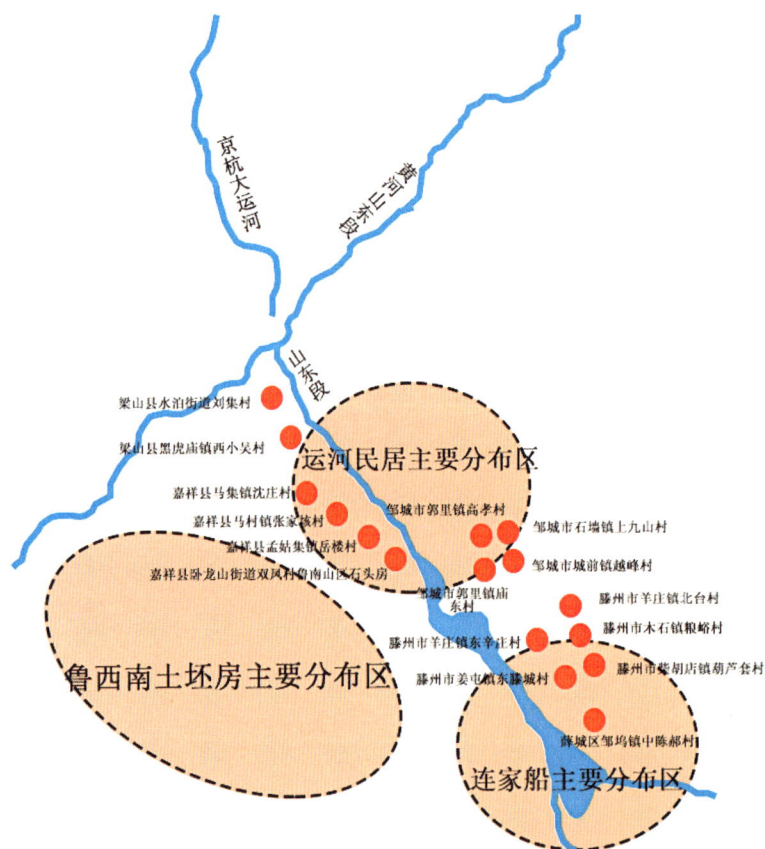

宅院民居

店铺民居

鲁西南仰合瓦民居

图2-1-4　鲁西南民居分布
（图片来源：陶莎绘／摄）

生土民居

石头房民居

连家船民居

热同期，主要考虑夏季防暑通风、冬季保暖御寒，南侧开窗、北侧少窗有利于通风防寒。当地院落形式以三合院、四合院为主，采光挡风，并能保证院内的私密性。鲁西北地区的平原地形对建筑空间、布局的制约较小。该地区的民居院落与其他地区相比占地面积较大，建筑空间分布自由，根据经济实力不同形成了从单进院到多跨院多种院落形式。鲁西北地区植被特点是以北温带针、阔叶树种为主，因此，建筑的承重结构多采用本地木材杨树、柳树和榆树等。当地山地、丘陵地形较少，石材缺乏。鲁西北人就地取材，利用得天独厚的黄土资源，制作土坯砖、烧制

青砖等，生土建筑也成为了当地建筑特色。墙基一般采用条石或是烧砖作为基础，作为防碱措施，规格较高的宅院采用临清贡砖。墙身部分采用泥土和麦秸搅拌做成土坯，使室内温度保持温度恒定。

鲁西北地区属于黄河水系，水网纵横，村落常常沿河流建设，具有"临水而居"的选址特点。为了避免涨水淹没房屋、农田，村落一般会选择在流量比较稳定的小河或大河支流附近。明清时期，聊城、德州是京杭运河沟通南北的重要水路交通枢纽，也因为发达的水路运输形成了许多商业街道和村落（图2-1-5）。

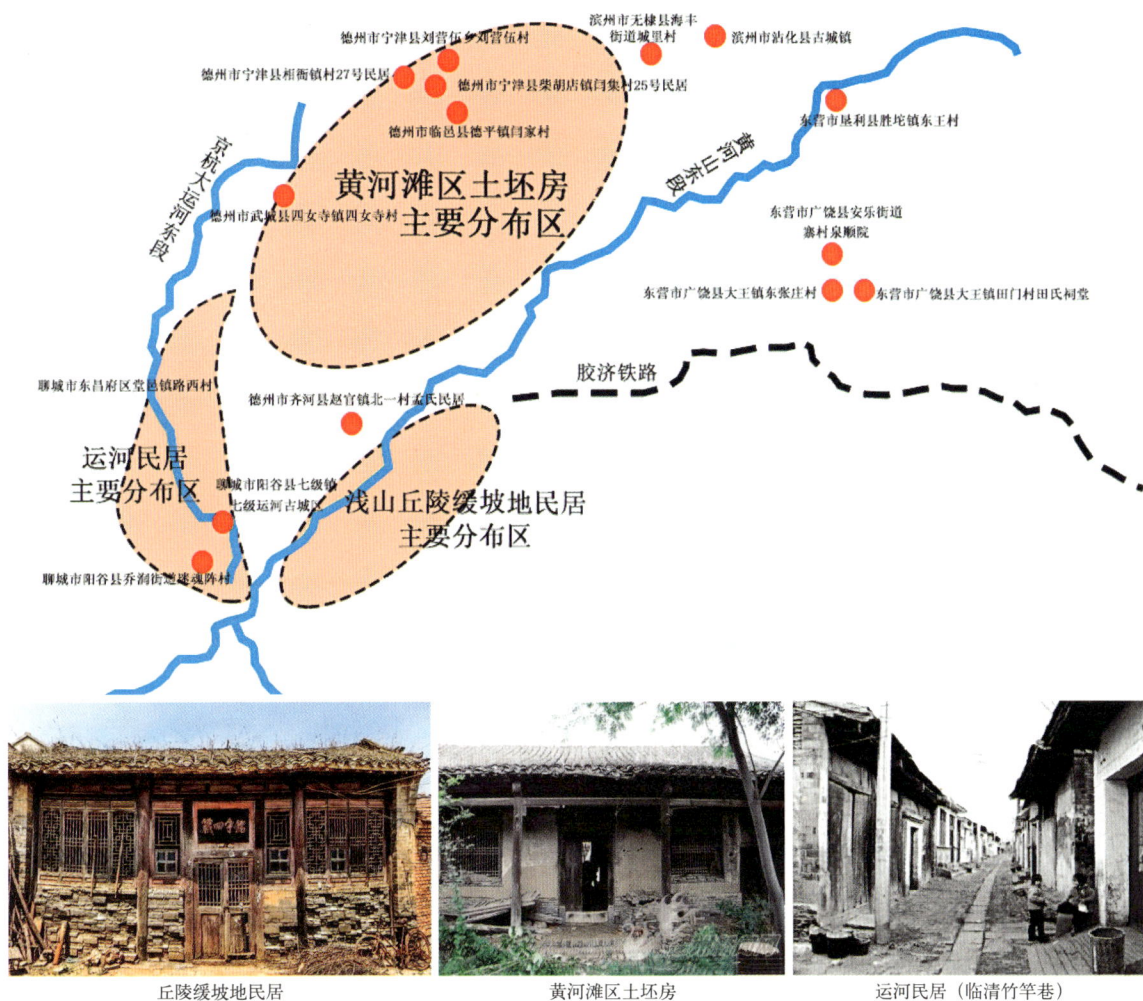

图 2-1-5　鲁西北民居分布
（图片来源：陶莎 绘／摄）

丘陵缓坡地民居　　　　黄河滩区土坯房　　　　运河民居（临清竹竿巷）

第二节　山东民居的聚落类型

一、山东民居的聚落类型

在关注于山东传统民居建筑的认识和分析中，聚落是必不可少的。山东地区幅员辽阔，地貌多样，人口复杂，因此根植于乡土文化的聚落类型呈现出丰富多样的特点。

（一）基于自然地理特征的聚落类型

山东省处于华北低平原的东南部，其西部、北部为平坦的黄河冲积平原，而中部、东部半岛为低山丘陵。这种西部高于东部的趋势，与河流在这一地区的流向相吻合，呈现出平原、山地、平原、丘陵间隔分布的分隔地貌特征。从气候上来看属于暖温带季风气候，四季分明，降水量从东南向西北逐渐减少，雨量分布不均衡。山东水系比较发达，水网交错，湖泊总面积达1496.6平方公里。这些山东地区特有的自然环境特征，对山东地区聚落的选址和布局产生一定的影响。

1. 平原聚落

地形是影响农村居民生产生活的重要因素，也是聚落空间分布格局形成的主导因素。山东平原面积占总面积的55%左右，地势平坦，生存条件优越，聚落选址限制较少，聚落发展较为均匀。交通便利是居民生产生活考虑的主要因素，因此平原聚落较多选址在主要道路附近，并沿道路扩展或新建。平原聚落一般街巷平直，多呈"一"字形或"十"字形布局。大型聚落呈鱼骨状或网格状展开。济宁市羊山镇小屯村地处中部平原，地形平坦，聚落空间呈网格型分布，街道和巷道十字交叉。平坦的地形和充足的土地给平原聚落的形成和发展提供了充足的条件（图2-2-1）。

2. 山地聚落

山东地区众多的山地为靠山而居提供了物质基础。山地聚落因对山地不同的适应方式而具有不同的形态：位于山脊或山嘴的外凸型聚落，位于山坳的内凹型聚落，位于山脚、山腰和山顶的聚落；平行于等高线和垂直于等高线的聚落。青州市井塘村被当地人称为"鞍子口"，三面环山，山脊分为东西两部分，"山高石头多，出门就爬坡"。石砌民居沿山脊而建，纵横交错，屋脊有高有低，参差不齐（图2-2-2）。

3. 丘陵聚落

山东丘陵地区与山地相比，地势起伏不大，坡度较缓，常见于山间溪间出口的冲积扇附近山坡地带。村民根据地形高差将相对平坦的土地开垦为梯田，而将不适合耕种的坡地沟坎用于建造房屋。村庄的建设在充分尊重山区特色的基础上，尽量不改变其原有特色，依山而建，减小施工面，降低土石方量。聚落根据形态特点可分为紧密排列式、分散筑台式和紧凑筑台式。沂南县常山庄村位于沂蒙山区中部，地貌特征主要为低山区和丘陵，三面环山，背山面水。村庄东部为低山区，西部为丘陵区，海拔在100～240米之间。常山庄村农耕生产用地分布在村落以东和南部山陵缓坡地上，村落分布在丘陵地上，平面曲折，高低错落，形成了典型的丘陵聚落构图（图2-2-3）。

4. 滨水聚落

山东水系主要分为两大体系，东南部属淮河水系（沂河），西北部则属黄河水系（徒骇河）。自然河流的平均密度约为每平方公里0.7公里。主要干流长度在10公里以上的河流有1552条。湖泊主要分布在鲁西平原和鲁中南丘陵区的接触地带上，总面积达1496.6平方公里。此间大量聚落依傍得天独厚的江河湖泊而建，成为具有独特形态的滨水聚落。菏泽古城的坑塘水系与其周边环境是古城开放空间的重要组成部分，有

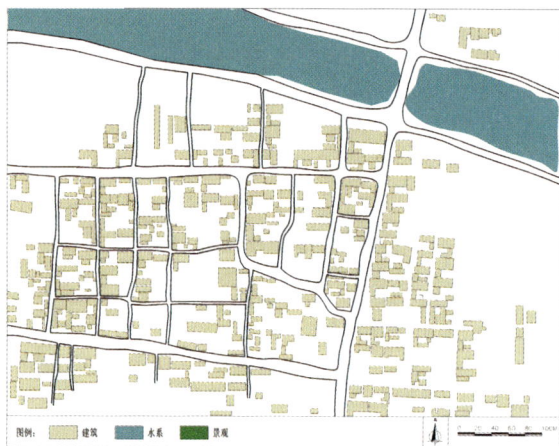

图 2-2-1 济宁市羊山镇小屯村网格型分布示意图
（图片来源：陶莎 绘）

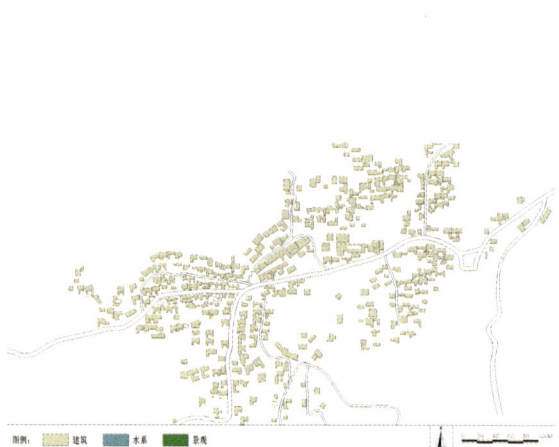

图 2-2-2 青州井塘村分布示意图
（图片来源：陶莎 绘）

图 2-2-3 临沂沂南常山庄村分布示意图
（图片来源：陶莎 绘）

"七十二坑塘"之说。坑塘以点状散布在各个街区之中。坑塘间有涵管连接，最终通向护城河，再通过沟渠与古城外水系相联系。内城呈鱼骨状的街巷肌理，街坊的典型形态是中间有一块水面，围水而居。

滨水聚落的形态往往因水系的形态而变化，如水岸的走向与线形，水位的高低变化，以及自然岸线的地质状况等，均对聚落的形态有直接影响。根据水体的不同形态，可将山东的滨水聚落分为运河聚落、沿海聚落、泉水聚落和水上聚落。

（1）运河聚落

史书记载，京杭大运河旧有河渠来源于秦代。北宋继续疏通黄河，提高了运河的航运能力。元朝定都大都，南粮北运的格局开始形成。会通河、济州河、通惠河等大河道逐渐开凿，大量的港口古镇如济宁等开始发展繁荣。自明迁都北京，京杭大运河成了南粮北运的咽喉要道。入清之后，航运业更为发达。运河沿岸气候、土壤、水文等自然环境的地域性差距，使得沿岸聚落呈现了不同的区域特征。

清代大运河在山东的流域包括兖州府、曹州府、东昌府、济宁、临清两直隶州全境及泰安府的西部与济南府的西北地带。在山东运河沿线，由于频繁的漕运及商品流通促进了沿线地区商品经济的活跃与发展，致使沿运河一带市镇大量兴起。不少村落逐渐形成市镇规模，临清和济宁在运河经济繁盛时期，聚落地域空间层次迅速由市镇提升为地方性的商业都会。水运的繁华带动了南北方经济、文化的交流，加快了沿岸地区经济贸易发展，一定程度上促进了建筑文化的相互融合，呈现了各地特色交融的特点，有江南徽派特色的汪家大院、晋派特色冀家大院、京津风格的王家大院等。

（2）沿海聚落

山东胶东半岛海岸线北起莱州太平湾，西至青岛胶州湾，全长1900多公里。由平原、丘陵和沿海山地组成的独特的地形地貌，造就了沿海民

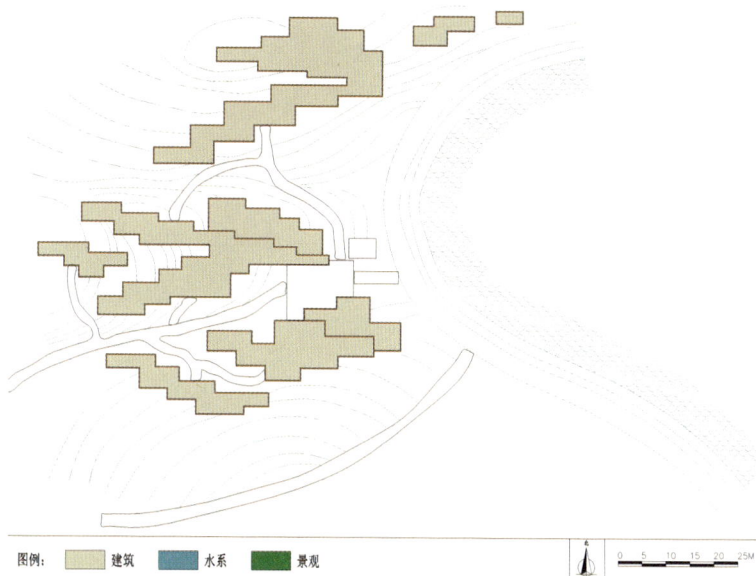

图2-2-4　威海孙家疃靖子村分布示意图
（图片来源：陶莎 绘）

居聚落的独特形态。

出于自然地貌和生产生活两方面原因，依山傍海成了沿海聚落的主要选址形式。村落通常建于近海的山脚下依山顺势建至山顶，三面环山，抵御海风，同时也处于稳定的安全氛围中。威海孙家疃靖子村是这类沿海聚落典型代表（图2-2-4）。聚落选址于海边的山地丘陵地带，便于出海捕鱼、海产养殖，同时借助山势，抬高住宅基地，防止潮气侵蚀和海水上涨淹没房屋。空间布局总体上呈现沿海岸线自然曲折的带状格局。

（3）泉水聚落

地表水渗入地下形成地下水，遇到合适的地形、地质和水文地质条件时，自动流出地表或喷涌而出形成泉水。鲁中南山区山势相对平缓且山体落差较小，地表植被覆盖率较高，汛期地表水在汇流过程中大量渗入地下。因此鲁中南山区的山峪谷底多有泉水聚落分布。

山东山区所涉及的山东济南、临沂、淄博、泰安、济宁、潍坊等六地市现存泉水聚落逾70处（表2-2-1）。其中以济南市历城区和章丘区内的南部山区分布尤为密集，在山区北麓3000余平方公里的山地丘陵地带散布了60余处具有泉水聚落特征的自然村落，且有多个泉水与建筑群落关联

山东省泉水分布   表2-2-1

县区		乡镇	数量
济南市	章丘区	曹范镇、垛庄镇、文祖镇、官庄镇、闫家峪乡	20
	平阴区	洪范池镇	4
	长清区	双泉乡、万德镇、五峰山镇、张夏镇	7
	历城区	彩石镇、港沟镇、柳埠镇、西营镇、十六里河镇、北高而乡，锦绣川乡	26
临沂市	沂南县	铜井镇	4
济宁市	泗水县	泉林镇	3
淄博市	淄川区		1
	博山区	池上镇	3
泰安市	岱岳区	满庄镇	3
	泰山区	泰前街道	1
	东平县	老湖镇、接山乡	2
潍坊市	临朐县	冶源镇	1

注：该表引自《北方地区泉水聚落形态研究》第50页，表2-4。

密切的"典型泉水聚落"。整体分布以历城区和章丘区为中心向东、南、北三个方向逐渐稀释，其北即现存仅有的城市类型的泉水聚落——济南老城区。

（4）水上聚落

山东济宁微山湖地区地处鲁西平原和鲁中南山地丘陵区的结合部，汇聚鲁豫苏皖四省26条河系，形成中国北方最大的淡水湖，总面积1266平方公里。当地有许多以水上作业为生的居民，专门从事捕捞渔业或水上交通运输。他们不建造房屋，以船为家，白天工作，晚上停泊在固定的位置。渔民在选址时综合考虑各种因素，如风浪大小，渔业资源丰富等。这些船民经常集聚停泊的港湾、河流，形成特有的水上聚落。水上聚落规模大小不一，小的三五条船，大的上百条。这些固定的港湾岸边衍生出相关生活服务设施，如商业店铺、摊贩等。船屋又称为"连家船"，小的长几尺，大的有两三丈。船屋分前舱、中舱和后舱，前舱储藏，中舱居住，后舱做饭。儿子结婚要造船分居，新船绑在自家住船后，如同配船。这种水上聚落是基于渔民特有的生产生活方式产生的，在山东聚落中是一个特殊

的存在方式。

（二）基于人口要素特征的聚落类型

明朝廷初建之期，朱元璋采取了一系列有利于人口增殖的政策，其中一项重要举措就是调整人口布局，从南方地区大量向北方移民。山东在明清时期地处边陲，一系列的戍边政策也带来了大量军队移民。进入山东的移民在定居过程中，移民文化与原住民文化在融合过程中重组，形成新的文化。

人文环境的多元交汇特点，使得山东地区民居类型也呈多样化特点。因此，从居住主体看，山东聚落又可分为以下类型。

1. 移民聚落

山东移民由于迁入时间不同，地域分布不同，移民内部组织形式不同，与土著社会有一个逐渐融合的过程，在移入地形成的移民聚落具有多种形态。从建村定居的过程和住居形式来看，具有析居性、防御性、地缘性和地域性四个特点。析居散住的移民们到了新的居住地以后落地生根，由最初的血缘聚落逐渐扩大形制规模，增加丁口，增补设施，发展成家族村落，带来了山东地区人口分布的新格局。大量移民的迁入造就

了文化重组，民居建筑也因此带上了明显的区域色彩。

移民聚落根据其防御强度又可分为普通移民聚落和民众防御性聚落。普通移民聚落主要是在明代人口大迁移活动中形成。移民迁移过来时通常选择平阔高爽、背风向阳的地段，功能上主要以居住为主。移民聚落社会成员大部分是由有血缘、地缘关系组合形成的一个相对稳定的共同群体，有共同的民俗心理意识和文化习俗，共同创造简单淳朴的建筑形式。移民成员为尽快融入当地环境尽量采用迁出地建房习俗与本土相结合的方法，形成明显的建筑文化交融特色。京杭大运河山东地段沿河造就了不少码头城镇，店铺、民居、园林都带有江南风韵，竹竿巷、江南茶馆比比皆是。济宁向称"小苏州"，临清、张秋被比作"上有苏杭，下有临张"。聊城阳谷七级古镇某店铺民居檐下结构做"飞栱"，檐口出挑深远，檐下斜撑做成曲木工艺，极具江南风格。

还有一类移民聚落是民众防御性聚落。有些移民地区位于荒郊旷野，为防御天灾人祸，许多村落都筑有相应的防御保卫设施，例如沿聚落外围修筑围埝以防洪水，修筑围墙以御盗匪等。这些防御性的建筑，构成了移民聚落的又一特色。东阿县牛角店镇朱家圈是明洪武年间迁至此处，因紧临黄河，修起堤坝将村落圈起来以防水患，故名朱家圈。沾化区的堤圈、小堤圈两个村落都在徒骇河边，明初建村时便筑有围堤以防河水淹没。据地方志记载，清初邹县共有大小村庄集镇百余个，清康熙年间环村筑墙，村口设立栅栏以策安全。各村还设铁钟或大锣，遇有危险鸣钟敲锣，邻村都会赶来接应救援。聊城旧城区光岳楼，是明洪武七年（1374年）利用建城剩余木材修建的"余木楼"，用来窥敌远望、报时报警。

2. 军民聚落

军民聚落相比较于其他移民聚落而言，具有独属于自身形式的防御性空间形态特点。明朝初

年开始沿海设立防御据点，制度分卫、所、堡、寨。南起广东，北至辽东，共设置卫所181处，下辖堡寨、墩、关隘等达到1622所。明代中期又增筑了不少，据《明太祖实录》记载，山东沿海原有宁海卫、莱州卫、登州卫、青州卫等11卫11所，而今残存的卫所遗址有威海卫城遗址、文登营遗址、宁津所城遗址、靖海卫城遗址、寻山所故城遗址、成山卫城址、奇山所城旧址、解宋营城和雄崖所城遗址，其中保存相对较好的仅有即墨雄崖所城遗址。明灭后，清政府裁撤了大部分卫所，在山东海疆建立了以绿营和八旗为主要力量的水陆结合海防体系（表2-2-2）。卫所随之成为历史遗迹并经历内部民化之后并入附近州县，成为村落。

山东地区的军民聚落根据其功能性和建造模式可以分为军事防御性聚落和军屯民屯两种。军事防御性聚落为朝廷组织修建，通常选址于沿海人口稀少地区，地势险要，补给方便，形成集中与分散相结合的完备防御体系。蓬莱丹崖山东麓的蓬莱水城建于明洪武九年（1376年），负山控海、地势险要。水城的城墙、护城河、城门、敌台、炮台、营房和水门、水闸、平浪台、防波堤、码头、烽火台组成严密的海上防御体系。

还有一类军民聚落是军屯民屯。军屯民屯通常建于卫所营、堡寨等军事防御性聚落的周边，建造主体为军户群体，功能是为卫所营提供军事所需的屯垦、演武场、养马场等或军户在此定居形成的村落。山东滨州的南、北颜武村和彭家屯位于即墨守御千户所城雄崖所西侧，南、北颜武村在明初有雄崖所驻军的演武场，彭家屯则是雄崖所军户被削职后迁居此地定居形成（图2-2-5）。

（三）基于社会结构特征的聚落类型

"社会结构"是社会学的基本范畴，指特定社会中的人通过各种关系网络形成的社会结构，主要构成单位是个人、群体与组织。中国传统社会群体根据维系组带通常可以划分为血

山东海防卫所建置时间和位置表　　　　　　　　　表2-2-2

防区	营	名称	城池级别	建置时间	位置	参考文献
山东	即墨营	安东卫	卫城	明洪武三十一年（1398年）	山东日照冈山区安东卫南村	《明实录》《明史·地理志》《读史方舆纪要》、清嘉庆《重修一统志》、明嘉靖《山东通志》、清乾隆《威海卫志》《宁海州志》《明代倭寇史略》《光绪增修登州府志》《洪武时期山东沿海卫所建置述论》《靖海卫志》、清乾隆《掖县志》
		石臼所	守御千户所城	明洪武三十一年（1398年）	山东日照石臼	
		灵山卫	卫城	明建文四年（1402年）	山东胶南灵山卫镇	
		夏河所	备御千户所城	明洪武三十一年（1398年）	山东青岛黄岛区琅琊镇	
		胶州所	守御千户所城	明洪武五年（1372年）	山东胶州	
		鳌山卫	卫城	明洪武三十一年（1398年）	山东即墨鳌山卫镇	
		浮山所	备御千户所城	明洪武二十一年（1388年）	山东青岛东	
		雄崖所	守御千户所城	明建文四年（1402年）	山东即墨雄崖所村	
	文登营	大嵩卫	卫城	明洪武三十一年（1398年）	山东海阳凤城镇	
		大山所	备御千户所城	明洪武三十一年（1398年）	山东海阳大山所村	
		靖海卫	卫城	明洪武三十一年（1398年）	山东荣成靖海卫村	
		海阳所	守御千户所城	明洪武三十一年（1398年）	山东乳山海洋所镇	
		宁津所	守御千户所城	明洪武三十一年（1398年）	山东荣成宁津镇	
		成山卫	卫城	明洪武三十一年（1398年）	山东荣成成山镇	
		寻山所	备御千户所城	明洪武三十一年（1398年）	山东荣成寻山所村	
		宁海卫	卫城	明洪武十年（1377年）	山东牟平	
		金山所	备御千户所城	明洪武十年（1377年）	山东牟平东北四十里	
		威海卫	卫城	明洪武三十一年（1398年）	山东威海环翠区	
		百尺崖所	备御千户所城	明洪武三十一年（1398年）	山东威海百尺所村	
	登州营	登州卫	卫城	明洪武九年（1376年）	山东蓬莱	
		福山所	备御千户所城	明洪武四年（1376年）	山东福山县城内	
		奇山所	守御千户所城	明洪武三十一年（1398年）	山东烟台奇山街道	
		莱州卫	卫城	明洪武九年（1376年）	山东莱州东	
		王徐寨所	备御千户所城	明洪武中	山东莱州东北八十里	
		青州左卫	卫城	明洪武元年（1368年）	山东益都东	

注：该表引自《山东沿海卫所建筑传统营造技艺研究》第8页，表2.1。

缘群体、地缘群体和业缘群体等。血缘群体是用婚姻和血缘关系结成的群体，基本形式是家庭、家族和宗族。地缘群体是因长期居住在一起而结成的邻里关系群体，其基本形式是不同姓氏且经济独立的家庭所组成的聚居群。业缘群体，是因社会分工从事某些共同或关联的职业而结成的群体。

在山东地区传统社会中，起主导地位的是血缘群体，其次是地缘群体，二者有时呈现出某种程度的合一，业缘群体也有相当程度的表现。不同社会群体的集聚形成相应的聚落类型。

1. 血缘型聚落

从社会结构角度看，血缘型聚落是山东地

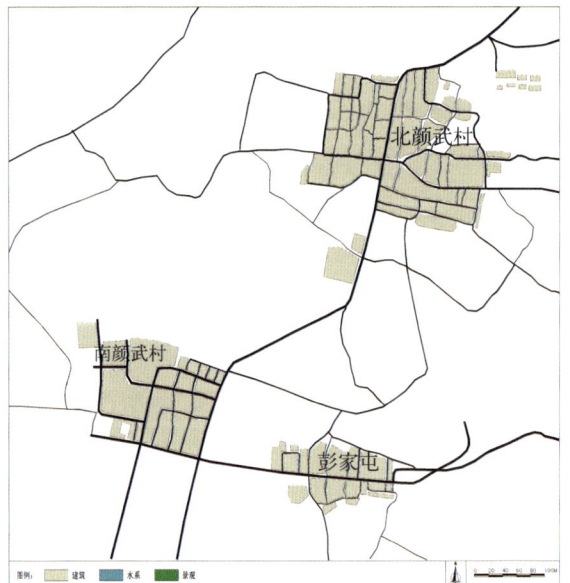

图2-2-5　滨州南北颜武村、彭家屯位置示意图
（图片来源：陶莎 绘）

区最大量的聚落类型。宗族或家族是以血缘关系为纽带，在宗法观念规范下形成的社会群体。由于血缘关系，个人和家庭均能在家族中获得稳定的地位，所以聚族而居是最常见的聚居方式。

在山东地区，大量乡村聚落为单一姓氏为主的村落，聚落中各家庭彼此皆为"亲戚"关系。村落社会组织主要为以族长为核心的家族组织。家族组织是以血缘关系为基础，由各房支派形成的"金字塔式"的组织形态。因此血缘型聚落呈现出"中心化"且"多层级"的空间组织。从聚落形态看，通常以祠堂为核心，建立相应清晰的空间结构系统。血缘型聚落具有内聚性、秩序性、稳定性和排他性等特征。宗族组织体系为"宗祠—支祠—家祠"的伦理格局，聚落布局对应形成"村—落—院"的组织结构形态。聚落的发展就在这样的结构系统下如细胞分裂般地生长。山东省济宁市嘉祥县孟姑集镇岳楼村明末时以已有东西主干道为轴线陆续建立四个支祠。随着民居不断拓展，聚落布局以宗祠建筑为轴心，向四周辐射，按不同分支，组团聚居（图2-2-6）。

2. 地缘型聚落

地缘型聚落，是指由地缘群体为主要成员组成的聚落。农业的发展兴盛，使土地成为谋取生活资料的纽带，不同姓氏的人们逐渐向某一地区聚集，共同展开生产生活活动，形成了因长期居住在一起而产生的地缘关系。山东地缘型聚落形成一般有以下几个原因。

第一，由血缘聚落演变。在一些特定地区，如乡村集市、集镇周围和交通集散地，宗族组织的权威作用逐渐弱化，不同姓氏的人群逐步向同一个具有某种生产或经济优势的地点集聚。这样，原有血缘型聚落长久稳定的特点逐渐弱化而被地缘型聚落特征所替代。

第二，受移民运动影响。在大规模的移民运动中，不同族姓的人群迁往同一地点也是常见的。移民有些迁入当地村落，有些集聚成新的聚

图 2-2-6　济宁孟姑集镇岳楼村分布示意图
（图片来源：陶莎 绘）

落。聚落组织系统已不可能是某一单姓家族可以维持的，新的地缘组织将起作用。

第三，由商业经济驱动。山东地区交通发达，水网纵横，主要道路交会点或靠近水路、码头的区域往往成为商贾首选的定居点。这样的聚落经济结构是商业、服务业、手工业等多种形态并存，也是典型的地缘型聚落。

地缘性聚落是多族群组合的社会单位，共享地方资源是其基本特征。各个族群共居一地，相互协调和制约，平衡发展。在山东省莘县樱桃园乡，相传明洪武年间，山西洪洞的李氏、岳氏、于氏三姓，迁至该地定居，分别立李村、岳村、于村。三姓白天一起开荒种植，共议谋生之道。随着三个村庄的扩展，共同商议，合三村为一村，取名"庄合"，有合村之意，后改名为"庄和"，包含着和睦相处的意思。山东省胶南七宝山村落是由张、柳、付、吕四姓在此定居，成为四个较小的自然村，并以各自的姓氏命名，形成地缘型聚落，和睦相处（图2-2-7）。

3. 业缘型聚落

在山东地区传统聚落中，血缘群体和地缘

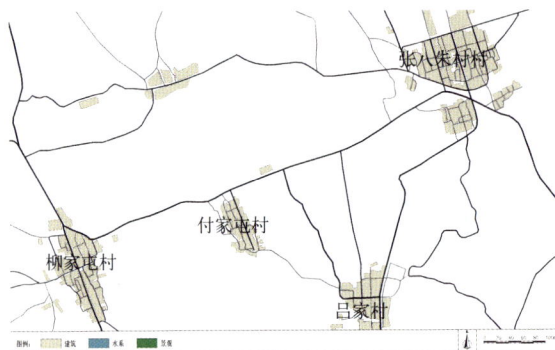

图2-2-7　胶南七宝山村落分布示意图
（图片来源：陶莎 绘）

群体一直占主导地位。随着社会经济的不断发展，另一种群体关系逐渐显露出来：共同从事某种职业或相关行业而形成的业缘群体。业缘群体是以就业圈为主体的跨血缘、地缘的组织形态。业缘组织产生的背景，是商业经济的发展、职业分化以及人口的流动。因此，与血缘型和地缘型聚落相比，业缘型聚落"外向性"特点非常明显。

业缘聚落空间构成体系通常包括生产空间、居住空间和集贸空间。业缘聚落中的居民以从事手工业生产或商业销售为主要活动，因此生产空间成为当地从业人员的主要活动空间。居住空间受到行业影响，与生产功能有效结合，形成区别于传统血缘聚落的空间形态。同时人们需要用产品去换取生活所需，这也就理所当然地促进了业缘聚落间交换贸易的发展，集贸空间在业缘聚落中也是必不可少的。

山东业缘聚落比较有代表性的当属陶瓷业缘聚落，类似的业缘聚落还有丁字湾制盐聚落、运河区域的竹竿巷、箍桶巷、纸马巷、柴市街、糖市街、盐店街、米市、马市、布市等都是此类业缘型聚落。建于明末的即墨侯家滩村是制盐聚落。明代侯家家族迁至此地以烧海煮盐为生。侯家滩村紧邻金家口港，村民在海滩晒盐之后可由主街直接运往港口。侯家滩村东西方向有两条主街，南北方向一条主街贯穿村庄，路网呈双"十"字形。

（四）基于形成内因特征的聚落类型

1. 集中规划型聚落

许多城镇从城址的选择、范围的划定到平面布局，都是经过事先精心策划和周密安排的。而左右城镇规划理念的就是其由上而下的社会结构。青州旗城虽然是为军事驻防而建，但从一开始，就充分考虑了八旗军民的日常生活、宗教信仰等一系列问题。青州旗城又称为"北城"，位于青州城东北部。其平面为方形，内十字大街将城分为方整的四部分。旗城有四门，又分内外两门，有月城。旗城按八旗布局，每旗又分前后两佐，成棋盘状布局，临街布置十字商业街（图2-2-8）。

2. 自由生长型聚落

另一类是自由生长型城镇，它们往往自发形成于水陆交界，交通便捷之处。这类聚落具有自下而上、自发偶成的特征。例如沿河聚落街道布局受河道地形和经济发展的双重影响，形成依河道自由布局的整体形态（图2-2-9）。交通线路

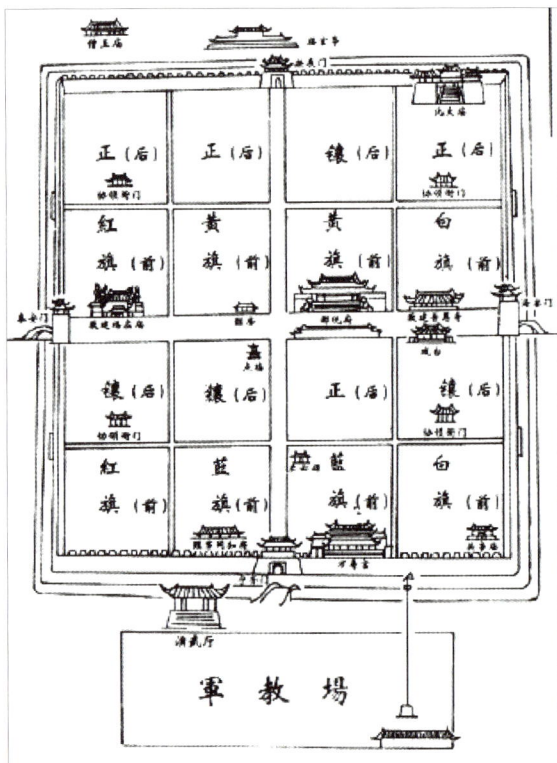

图2-2-8　青州旗城平面图
（图片来源：引自《山东传统堡寨式聚落研究》第58页，图4-2-4）

图 2-2-9　沿河线型聚落示意图
（图片来源：陶莎 绘）

主次分明，形成了丰富的道路交通网络。

二、山东民居的特色聚落

传统民居是民间由传统建造技艺保留下来的、主要功能以居住为主的建筑，表现为适宜生产生活和强烈的地域性特征。在不同的文化背景、生活方式和用地条件等各种因素影响下，形成了不同的聚落模式。山东地区民居极具地方特色的聚落主要有泉水聚落、卫所聚落和运河聚落等。

（一）泉水聚落

自然出漏的泉水涌量稳定且相对温和，是农耕时代最为理想的天然水源。泉水出露处周边通常会形成许多聚落，在全国各地到处可见。"泉城"济南以泉为名，是典型的泉水聚落。一般性泉水聚落中，居民以自取泉水为主，泉水的形式是泉井或独立泉池；典型泉水聚落中，泉水要素深入聚落空间形态、意识形态、社会组织和经济结构等各个层面，包括饮用水、日常用水活动、农田灌溉以及各种副业生产，甚至包括宗法族规、民间信仰和风俗民规，呈现出鲜明的聚落空间形态特征。

山区坡地环境下的泉水聚落主要呈带状布局，村落内的主要干道顺应地势平行于山体等高线，民居建筑于道路单侧或两侧布置，在不同标高顺地势纵深布局。地势平坦的泉水聚落多呈网格状布局，在靠近泉水水系的核心部位，聚落肌理呈现局部松散的自由型布局。如山东省济南市平阴书院村，坐落于山峪平坦地带，村内泉水系统有带状和点状等不同形态，村落格局总体呈较为规则的网格状，点状泉眼周边环绕的建筑群落布局则出现变化（图2-2-10）。

（二）卫所聚落

明朝初年消极防御，准备放弃海岛、撤民于岸时，山东巡抚郑汝璧提议"且耕且防，万亩之地即可资千军之食，有屯田之利，无海盗之害"。自此军民共同大面积开垦沿海荒蛮之地，成了山东卫所型传统村落发展的契机，也

图 2-2-10　山东省济南市平阴书院村分布示意图
（图片来源：陶莎 绘）

成为村落选址的决定性因素,山东地区卫所聚落分布。卫所聚落既有普通移民聚落的特点,也具有自身独特的防卫属性。

明代胶东地区依托各个卫所,在军垦并行的背景下,形成了独特的经济、文化及生产机制。胶东地区海防体系随着卫所被裁并,海防体系内部经济、文化的不断变迁,军、农两种属性不断融合汇聚,体现了卫所聚落"强兵"与"足食"的双向历史特征。

胶东沿海的卫所聚落是中国明代海防建筑的重要代表。以山东的雄崖所城为例,其城址西靠玉皇山,东临直通黄海的丁字湾。卫所城池中心十字大街贯通城门将城池划分为"田"字形四部分,距离城墙10米以内设环状道路。道路两侧主要以商业用途为主,农田区在城池南端,居住区规划整齐,集中紧凑而不分散(图2-2-11)。

(三)运河聚落

明清时期,京杭大运河是南北交通的大动脉。山东运河聚落整体布局呈现出自然式和规则式融合的区域特色,即主体街道的走向沿运河形态自由发展,附属街巷尽量做到规则式布局。这种建造模式,是服务于运河区域商业发展而自发形成的。根据聚落和运河之间的空间关系,山东运河聚落可以分为运河环绕形、穿镇而过形、切镇而过形和湖心岛形。运河水资源既能满足居民的生活、生产用水,改善村落生态环境。聊城阳谷七级古镇沿河分布,全镇有六门、四关、十四街,街又分六纵八横,形成棋盘式格局。

第三节　山东聚落居住模式

陆元鼎先生在《从传统民居建筑形成的规律探索民居研究的方法》中指出:"在普遍调查的基础上,能够发现本地区民居建筑存在的一种共同的或相似的居住方式,即一种典型的平面形式,我们称它是一种居住模式。这种居住模式具有普遍性、适用性、经济型、持续性,也就是具有典型性,从中还可以延伸出由这种模式所反映出来的居住行为和文化内涵,它就是我们称之为该民系某地民居的典型居住模式。"居住模式反应的居住行为、居住方式和居住习惯是长时间演化形成的。山东民居首先在宏观方面体现出来的是聚族而居的居住模式。无论是移民还是原生民住居形式,首要的联系组带就是宗族。聚落布局通常以家族祠堂为核心,民居院落呈向心式布局,向四周呈辐射状分布。这种布局模式在心理上给人们以安全感,在日常生活中便于防守,增加防御性。烟台招远高家庄子村地处近海平原地区,形成了以南北大街为主干的鱼骨型路网,街巷格局"一横五纵"。据史料记载,清同治元年(1862年),徐氏族人中的富裕大户为保财产和人身安全,筹资环村修建了防御性圩子墙。墙体由石灰、沙子、黄土浇灌而成,墙高6米,宽2米,总长2100米,墙外壕沟环绕。围墙上修建四座街门——东门"山屏"、西门"环溪"、南门"同义寨"、北门"海濠"。平时街门紧锁,村民进出时才打开。这道街门就成了整个宗族的族门,日常生活中为整个宗族作了空间上的限定。

在聚落内部,山东民居组合主要呈现院落的形式。在实际建造的过程中,由于受到经济

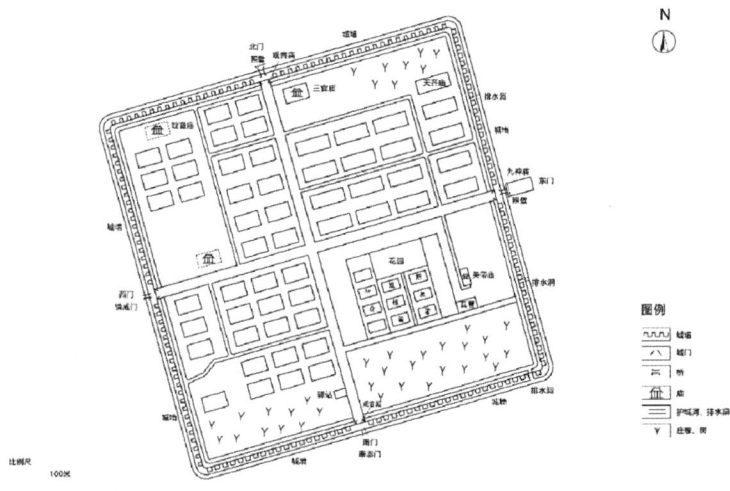

图 2-2-11　雄崖所
(图片来源:引自《胶东丁字湾地区传统聚落空间分布特征及影响因素研究》第73页,图4-10)

状况、家庭成员、居住环境、当地材料、用地形状等因素的限制，每户最终呈现出不同的布局形式。总的说来，山东民居院落有散屋、合院和多进多路组合形式。

散屋式住宅是指单体独立的民居建筑，不设院墙和大门，左邻右舍也不接山。虽无院墙，但一户一院，界限分明。墙基铺一二层乱石或三五层砖，上部土打或垒坯，草或石屋顶，布局自由。建筑最常见的平面形式是一明两暗的"一"字形，一般布局是中间为正堂，两旁为房间，各房间用檐廊贯通。当人丁增加时，可向左右扩建。

山东城镇和农村都普遍采用"合院"的住居形式，布局规整，中轴对称。其典型格局是由正房、厢房、院落、影壁、院墙和门楼等构成封闭的合院式格局。合院形制特征是以矩形或方形为主，山区人家依山就势形成不规则院落。院落布局有一合院、曲尺形、三合院和四合院。

一合院主要的建筑是正房，三间或五间一字排开，没有厢房和倒座房。院墙围合成院，厕所设置在南墙一侧，与宅门东西相对。院落空间开敞、可塑性强、植被种类丰富。

曲尺式也叫"伸手式"，多是由于地形限制形成。曲尺形合院的建筑格局为一正一厢，厢房多为坐西向东，与正房形成一个曲尺形的拐角，以适应宅基不规则的地段。正房坐北朝南，通常有三间。厢房建于一侧，是厨房和柴草间。

三合院是山东民居中最常见的布局形式，一正两厢，无倒座。院落大门根据道路地形的情况而定，不拘朝向。宅门内设影壁，保证院落的私密性。正房为三到五间，厢房一般二到三间，靠近宅门的厢房作为厨房和柴房，另一侧厢房用于居住或仓储。厕所位于庭院一角，私密性较好。

四合院是东西南北四面的建筑合围成一个"口"字形，平面多为长方形。正房坐北朝南，由长辈居住，三到五间；厢房低于正房，由晚辈居住；倒座与大门同侧。

组合式民居以合院为基础，通过拼接衍生出丰富的平面形态。常用的组合方式有串联式、并联式和单元式群体组合。串联式合院是顺着中轴线纵向扩展的院落，称为二进院、三进院或"二道院""三道院"等。两进院落为典型格局。院内建造"腰墙"将院落空间分成前院和后院，后院一般作为起居空间，尺度较大。并联式合院与串联式合院相比在于它是多轴线的建筑群体，主要为院落间的横向联合。并联式合院院落之间的内外主次和等级尊卑关系，通过院落形状、进深、比例及围合院落的建筑形制之间的差别来区分。大型院落群体组合则是融合了串联式合院和并联式合院，是空间层次更为丰富的一种组合庭院。由多个四合院共同组成套院，各院落之间通过连廊或侧门进行连通。

一、特色传统聚落中的典型民居形式

山东地区幅员辽阔，地势复杂，平原、山地、丘陵并存，水网纵横，海岸线漫长。由于各地自然条件不同，加上各地的历史发展、风俗习惯等人文因素的影响，山东民居从聚落宅院到房屋居室，在平面布局、结构体系和外部特征上，各地之间都有不同的地域差异，表现出山东民居多元化的特点。

（一）荣成海草房

威海荣成的海草房被认为是最具胶东特色和海洋味道的老房子。荣成当地盛产一种含大量卤和胶质的海带草，柔韧细长，居民将其晒干理顺后做成屋顶，耐腐耐燃、保温隔热，至今仍为渔民喜用。

荣成市地势南北高、中间低，西高东低，平均海拔25米，地形较为复杂，属低山丘陵区。大多数海草房依山傍水，选址于山脉间的平原地带。荣成海洋性气候特点突出，海岸线曲折，影响着海草房传统村落的布局。荣成独特的气候特征和水文环境，为海草植物（学名大叶藻）提供了适宜的生长环境，也为海草房民居提供了源源不断的建筑材料。荣成矿产资源特别丰富，花岗石和石英砂是首屈一指的建筑材料，成为建造海草房的重要材料。

烟台的长岛地带早在新石器时代就发现了早期的海草窝棚居所，殷商时代数量有所增加，后来经过秦汉、南北宋、元明清时代直至20世纪前叶，逐渐形成大规模海草房村落，以胶东地区最为密集。目前，荣成市现存的海草房村落群主要分布在俚岛镇、成山镇、港西镇、宁津街道、寻山街道，均位于荣成市沿海地区。目前，荣成市保存相对较完整的海草房传统村落有金角港、初家泊、东崮村、东烟墩村、陈冯庄、后神堂口村、大庄许家、瓦屋石村、烟墩角村、所东张家、所前王家、所东王家、渠隔村、巍巍村等；历史最久远的村落为留村，形成于元至元年间，始迁地位于今河南洛阳；最晚形成的村落为古里高家，形成于清道光年间，迁徙自荣成市夏庄镇。上述村落都是分布在距离海岸线较近或山地丘陵地区，整个村落的布局基本上与地形地势相结合，街巷空间简洁明了，具有明显的沿海渔村特征。

（二）陶瓷业缘影响下的民居

在山东的业缘聚落中，陶瓷业缘影响下的民居可以说是极具代表性的一类民居形式。淄博地区陶土和煤炭资源广布，陶瓷产业因其良好的资源组合而发展起来。淄博地区的陶器生产早在旧石器时代晚期便已出现，瓷器历史最早也可追溯至西周时期。宋代进入全盛时期，明清时期制瓷业仍保持相当的生产规模。中华人民共和国成立后陶瓷生产业得到了迅速恢复和发展。当地在兴盛陶瓷产业的同时，也促进了砖瓦材料及陶辅建材的烧制和发展。陶瓷业缘影响下的民居分布情况可见图2-3-1。

陶瓷业的成熟与发展对于淄博地区传统建筑营造技艺有着深远的影响，成为陶瓷业缘影响下的典型民居。陶业成为当地的支柱产业，百姓都以产煤和制陶赖以生存，渐渐形成以制陶作坊为核心的小集镇。

（三）鲁西南片岩石屋

枣庄位于山东省西南部，丘陵遍布，山峦起伏，翼云山位于鲁西南山地丘陵区东部，海拔624米，北依翼云湖水源，西靠城区，南连薛

图2-3-1 陶瓷业缘影响下的民居分布示意图
(图片来源：陶莎 绘)

河，东高西低。极具特色的鲁西南片岩石屋即落位于翼云山深处，当地称为"石板房"。

鲁西南片岩石屋的分布以兴隆庄为核心，包括周边花家泉村、高山后村、邢山顶村等十余个村落。根据村中老人口述，最早的石板房可追溯到清咸丰年间，当地匪乱较多，单姓和陈姓两户人家逃到翼云山区，定居耕种，繁衍生息。建房材料和生活用具均选用山中石材土法自制。翼云山区盛产薄层石灰页岩，厚度均匀，开采时找准石层间的缝隙用工具镐撬就可掀起一整片。用这种片状页岩代替茅草和瓦修建屋顶，更为坚固经济，因此片石屋顶成为了当地主要屋顶形式。

翼云山山势陡峭，平坡耕地面积稀少，兴隆庄村民尽可能利用不利于耕种的土地修建建筑，避免占用农耕用地，把相对平缓的土地留作农田和果园。在群山起伏的山地建院盖房，院落选址往往依崖就坎，院墙也随高就低地用石板或石块垒成。院落台地层层叠叠，呈阶梯形散落在山坡上。

（四）鲁西北囤顶屋

鲁西北囤顶屋的命名起因于该地区的屋顶形态，极像当地囤粮食的囤帽。囤顶屋首次出现在孙运久先生的《山东民居》一书中："夏津处于鲁西北和鲁西的边缘，也是黄泛冲积平原。它与临清相邻，但房屋的营造法却不同，临清市郊是微微起脊的做法，而夏津城关王庄镇的农舍却是呈弧形的囤顶屋。"（图2-3-2）。[1]

囤顶屋的形成有其地理及社会等多种原因。当地气候半湿润半干旱，年降水量在400毫米上下，所以房屋结构无须做成起脊顶，囤形屋顶足以应对自然环境。特有的屋顶形状可以提供晾晒粮食和储存粮食的平台。当地地处黄泛冲积平原，面积开阔，适宜合院式建筑。黄土层较厚，大量的黄土可以烧制红砖，土质肥沃、阳光充足，有利于各种作物及树木的生长，例如杨树、槐树、小麦、玉米等，为泥草房建筑提供结构和墙体材料。

鲁西北囤顶屋数量较少，分布面积小而集中。目前囤顶屋分布的地区除了夏津、临清之外，还在济南长清、济南平阴和聊城阳谷、冠县等地区有少量实例。不同地区的囤顶屋屋顶形态上略有区别：夏津城关的王庄镇囤顶屋用弯木做梁，或在直梁上加短瓜柱建成略带弧形的囤顶；临清市郊囤顶屋有微微起脊；济南市长清区孝里镇的囤顶屋脊也形成起翘，比较讲究的人家会在

图2-3-2　鲁西北囤顶屋图
（图片来源：引自《山东运河传统建筑综合研究》第55页，图3-11）

① 孙运久. 山东民居[M]. 济南：山东文化音像出版社，1999，9.

檐上筑一矮墙垛协助排水；聊城冠县有的囤顶屋在两山部分加筑高于屋面的女儿墙。

二、城镇居住模式

城镇往往是一个地区政治经济的中心，山东地区的城镇大体可分为政治中心型城镇和商品贸易型集镇。政治中心型城镇是由当地县府、州府所在地发展而来的，今日也还是当地的政治经济中心。商业贸易型城镇多是由集市发展而来，山东地区的运河和官道周边形成大量商贸型城镇。城镇中的居住模式可分成城镇街巷式和城镇商铺式两种。

（一）城镇街巷式

中国传统城镇中的居民区，在东魏、北齐之前以"里"相称，从东魏、北齐邺南城起以"坊"相称。唐以前里坊为封闭型，从宋代起成为开放型。尽管中国封建社会前后期城镇居住区的性质有差异，但形态一直呈方块式的居住单元，院落的形状也多为方形或矩形。

山东城镇留存的街巷民居多为明清时期所建，大多集中在过去各地的县府之中。山东城镇大多选址在平原地区，因此城镇街道基本呈现规整的网格型。在横平竖直的街巷限定下，山东的城镇街巷民居主要表现出中国北方地区典型四合院的形态。济南旧城民居多为三合院、四合院组成的二进院：前院为主，正房居中，坐北朝南，是家庭主要的会客活动房间及长辈住房；后院为辅，为厨厕、柴房、杂役之使的附属用房。构成要素一般包括宅门、影壁、倒座、正房和厢房等，是山东城镇街巷民居的典型代表。

（二）城镇商铺式

无论是城镇与农村，都会出现围绕商品经济而进行的各种社会活动。城镇商铺区域有的位于聚落内部起到中心集聚的功能，也有位于聚落之外为周边聚落共同服务的职能。这一区域的形成主要受交通条件和经济发展水平等方面的影响，自然环境因素对其影响相对较小。从西周到唐代城市建置的格局，一直是市坊分设，宋代以后市坊制度解体，取消对市场地域

和时间的限制，商店、货摊沿街而设，在交通枢纽处自由聚集。清朝中叶商业第三次飞跃带来商业建筑的繁荣，同行业的店铺民居往往聚集在一起，形成以行业命名的商业街道。例如山东临清素有三十二街、七十二巷之说。据各代地方志所记载的有草店街、茶叶店街、竹竿巷、锅市巷、大小白布巷等。

传统商业基本以家庭为单位展开。由于起步阶段经营规模不大，主要依靠家人或族人合力经营，因此经常利用原有的住宅加以改造形成商住结合的格局。随着规模的扩展与功能的细化，民居模式进一步发生改变。

城镇商铺都是根据自己的实际经营需要来布置房屋院落。由于经济实力和经营方式不同，商铺建筑从规模、质量到功能布局表现出众多的差异。多栋功能不同的建筑灵活组合、不拘一格，形成千变万化的院落空间。

1. 小型商铺

传统的商业型民居是以家庭式的小型零售和手工作坊为主，形成前店后宅、前店后坊两种格局。

前店后宅是将沿街的四合院住宅临街部分对外敞开门窗或将门板全部打开营业，后面或楼上空间继续留作居住使用。这种民居又分为两类：一种是以户为单位的长进深联排式商业民居，住宅与商铺的入口共用，沿街第一进作为店铺，后面居住（图2-3-3）。另一种是住宅与商铺入口分离，店铺单独对外（图2-3-4）。

前店后坊是店铺后设作坊。店铺大的可以做到五开间，小的一开间。青州东关街瓜子店是商铺作坊为一体的一进院落。沿街用作商铺，可供买家看货商谈。仓库在厢房，可用作堆放原料和货物。院落用作加工场地，在院里加工后直接拉到前面商铺贩卖（图2-3-5）。

2. 大型商号

随着商业的进一步发展，出现了一些大型商号。这种商业建筑功能分区更加细化，格局出现了不同的划分。

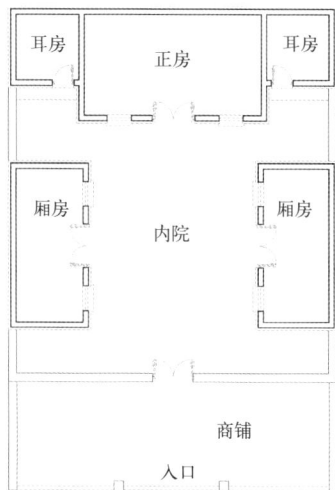

图 2-3-3　前店后宅
（图片来源：陶莎　绘）

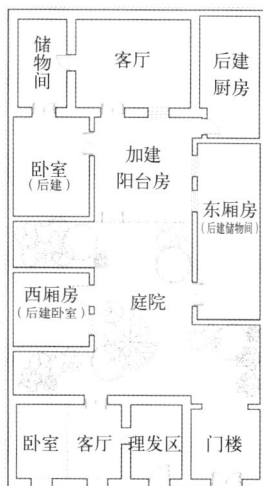

图 2-3-4　青州东关街理发店
（图片来源：引自《胶济铁路沿线传统民居空间构成研究》第 69 页，图 6.20）

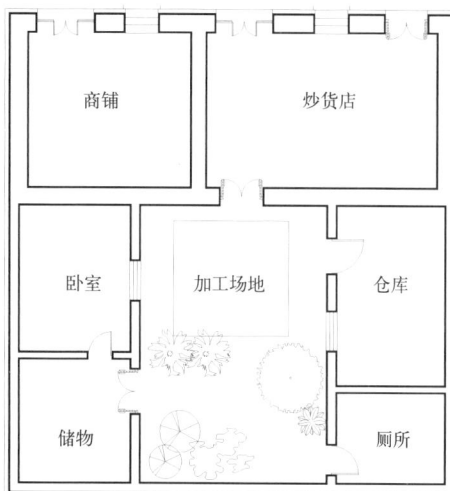

图 2-3-5　青州东关街瓜子店平面
（图片来源：引自《胶济铁路沿线传统民居空间构成研究》第 76 页，图 6.31）

　　有的前面是店铺，处理对外交易，中间为加工作坊，最后为居住空间。这些店铺通常是在商铺院落内加设仓库，仓库的进货流线与商铺的人流流线区分开，互不干扰。即墨金家口港金口村51～59号为四进院。第一进为商铺，第二进是商铺兼仓库，货物可从前后门进出。后两进为居住用房，院落侧面有一条直线过道通往后街，进货、核对、入库、出货均从此过道出入，很是方便（图2-3-6）。

三、乡村居住模式

　　山东乡村多是在交通相对便利、地势比较平坦、有利耕作、接近水源的地方形成，由家族聚居、人口繁衍而逐渐扩大。

　　乡村街巷式是在山东农村平原地区民居常见的一种院落模式。由于受地理环境、天气气候等影响，乡村村落的平面格局是自发形成的。地势平坦、用地宽松，人们受传统思想的影响，村落讲究四通八达，街道方正规整，院落形式以合院为主，院落较大，形制简单。

　　乡村街巷式与城镇街巷式最主要的区别在于对厢房的设置不同。乡村街巷居住者多为农民，习惯在家中圈养一些家畜家禽或者种菜种果树，因此将家畜的饲养空间或菜园果园与自家的居住空间统一规划，常见做法是用这部分

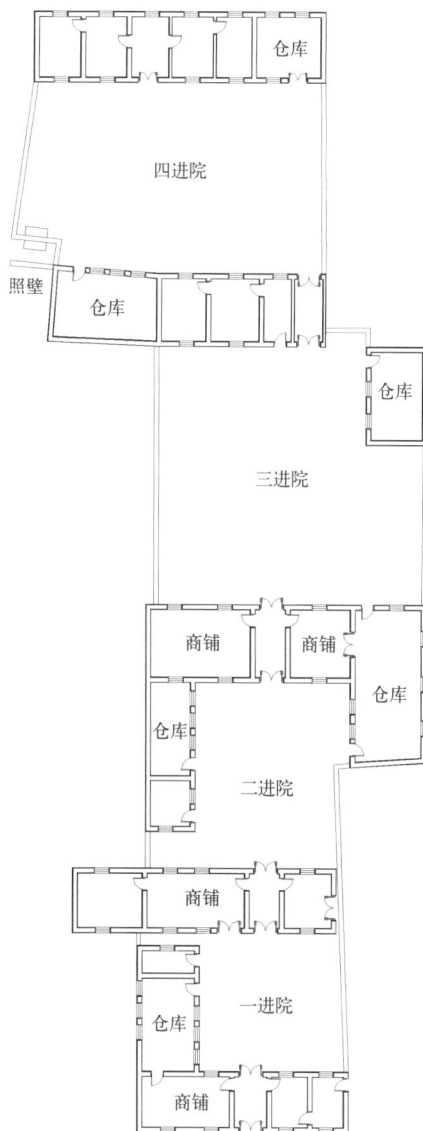

图 2-3-6　金家口四进院复原图
（图片来源：陶莎　绘）

空间取代一排厢房。有些地区受观念影响，认为厢房为帮工所住或库房，地位较低，在自家院落不建厢房。

明代居住制度规定"庶民庐舍不过三间五架"，清代与明代条款相同。作为最低等级的庶民住宅，无论是住宅规模还是住宅装饰都受到了极大的制约。但是经济条件较好的乡绅地主家庭，为炫耀自身的社会地位和财富，通常建成独立的庄园宅院式。从建造技术与建筑审美上，都能完整地体现出当时人们对居住环境的较高要求。通常以一个家族为单元，四周围合，功能完善，具有明显独立的建筑边界。无论是从形制还是装饰上来看，庄园宅院式都是比较讲究的。庄园宅院根据其功能和组成要素可以分为居住庄园、园林庄园和堡寨庄园三种类型。

居住庄园一般是由若干进院落纵横组成的合院式民居，包括大门、二门、月台、主房、配房、客厅、书房等要素，形制高者还配有花园庭院和其他附属性建筑。临清中洲古城的冀家大院为明清时期建筑，原为9个大院组成的建筑群，现存房屋剩60多间。整体院落是纵长方形的平面布局，空间紧凑，四周高墙封闭。主院存两进，南跨院存四进，北跨院存一进，穿厅、廊房、绣楼、耳房、厨室、影壁60余间（图2-3-7）。

园林庄园通常是官僚士夫和富商大贾修建。山东章丘杨官村袭氏大院整体呈现出一个正方形，东、西两侧分别为袭氏兄弟的住所，中间以花园相隔。花园设置在中间位置，面积较大，南北贯通。

在山东的部分地区，受复杂自然环境以及战乱匪患等因素的影响，存在着大量堡寨式院落。堡寨式院落从选址、布局到建筑空间和细部的处

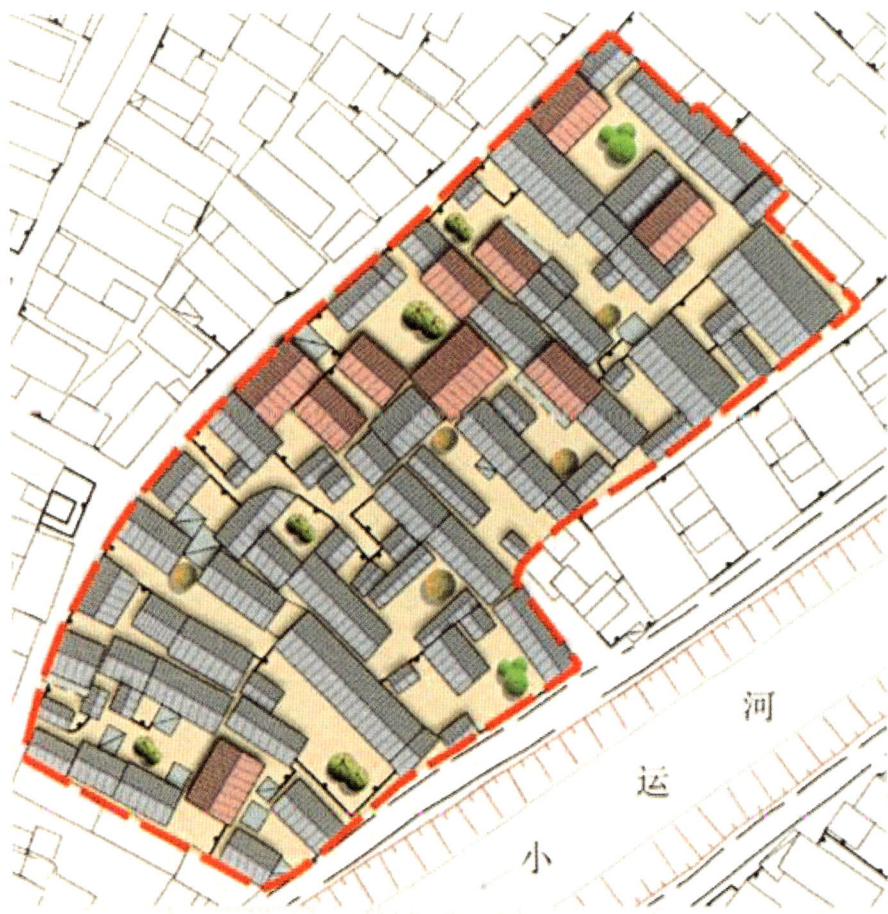

图 2-3-7　冀家大院平面
（图片来源：引自《山东运河传统建筑综合研究》第74页，图3-29）

理上都体现出突出的防御性特点。滨州魏氏庄园是一座以家族起居生活为主导的独立式寨堡院落，将具有军事防御功能的城垣建筑和北方四合院住宅融为一体，形成了独具特色的民居建筑形式。城堡坐西朝东，共设3进9座院落，分别由中路和东西跨院组成。城垣建筑雄伟高耸，墙垛相连，城墙高出地面10米。城垣基厚3.8米，顶部宽1.5米，外砌垛口，内设女儿墙，中间为宽窄不一的跑道。城垣墙体用土、石灰和砂子三合一掺匀夯筑，外表层以青砖包砌，还用3层石条进行内外拉接，坚固无比。城墙内侧四周设有12个拱券形壁盒，有两层对外射击孔。东南角、西北角分别设有碉堡，碉堡分三层，每层都设射击孔。在城墙北侧和西侧设外城墙，内外墙之间架有系风铃的安全网，用来防盗报警。城垣内城门两侧建有耳房，左侧是门卫所用，右侧供护院家丁居住，并用作武装库存放弹药（图2-3-8）。

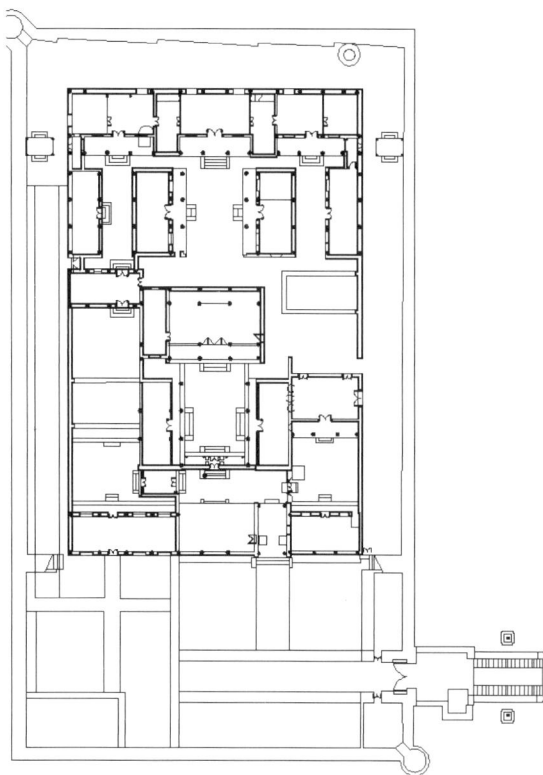

图 2-3-8　滨州魏氏庄园
（图片来源：引自《山东清代城堡式民居——魏氏庄园建筑特色探析》第 151 页，图 2）

第三章 胶东半岛地区民居类型与特征

胶东半岛民居是胶东地区民俗文化和特色的物质体现，其形成与发展，是自然、人文和历史等因素共同作用的结果。胶东半岛不仅拥有独特的自然环境，还具有多元丰富的海洋聚落文化特色。绵长的海岸线和广袤的丘陵腹地，构成依山傍海的自然地貌特征，其在地风土基因深刻影响着胶东传统聚落的规划、空间格局、建筑设计和细部构造。胶东地区民居因天材而就地利，其盛产的花岗岩、山草和海草，都成为当地传统建筑营造中典型的地方材料。作为多元文化的交融地，在农耕文化、海洋文化、商旅文化等多重文化影响下，造就了胶东地区丰富的民居类型，形成了别具一格的民居特色。

第一节　胶东半岛地区聚落与民居影响要因

胶东半岛地区被称为胶东道，大致包括现在的威海、烟台、潍坊、日照、青岛5市。胶东地区具有暖温带海洋性季风气候特点，气候温和湿润，适宜居住。平均气温约8℃，年降水量600～900毫米，空气质量较好，青岛、威海、日照三市均曾获得过联合国的"宜居城市"称号。在自然风貌维度上，胶东地区的地形主要为低山丘陵，其城市建设和山形地势紧密结合。同时胶东四市均为沿海城市，拥有较长的海岸线，海洋对于传统民居建筑的形成也起到了重要的作用。这种山海相傍的自然风貌使得胶东形成了别具一格的民居特色。

一、自然成因

自然因素方面，胶东地区的典型特点是拥有四季适宜的地方气候，地处温带地区加上海洋性的季风使得胶东地区冬暖夏凉。胶东地区自然环境的另一个值得称赞的特色就是拥有依山傍海的自然风貌，这个特色在传统民居的营造和当代城市的建设中都是一个独具特色的优势。另外，丰厚独特的自然资源也是胶东地区建筑地域性的自然成因之一。

（一）四季适宜的地方气候

胶东地区属暖温带季风气候区，雨热同期，夏季炎热多雨，冬季寒冷干燥。1月均温在0℃以上，7月均温25℃左右，全年无霜期约165～250天，年平均降水量约600～900毫米。半岛东侧南部沿海4～7月多海雾，年均雾日30～50天。

但由于受到来自海洋的东南季风及海流的影响，胶东地区同时具有明显的海洋性气候特点：空气湿润、雨量充沛、温度适中。夏半年，从太平洋吹来的东南季风，送来温暖湿润的空气，故胶东地区的夏天潮湿但气温不高。冬半年，则主要以北风为主，从西伯利亚刮来的寒流不断送来，但由于海洋的吸放热作用，胶东地区的冬天不太寒冷，形成了其"春迟、夏凉、秋爽、冬长"、冬暖夏凉的气候特点。

（二）依山傍海的自然风貌

依山傍海的自然风貌是影响胶东地区地域性建筑创作的要素。胶东地区的地形地貌以低山丘陵为主，海拔多在250米以上，500米以下，相对高度不超过200米，区域内最高峰为崂山，海拔1130米，中部有昆嵛山、艾山、大泽山等几座高山，东南沿海地势相对平坦。除低山丘陵外，胶东地区另一个重要的自然风貌特色便是绵长的海岸线，胶州湾的青岛、芝罘湾的烟台、石岛湾的石岛及龙口都是著名的港口，形成了"城傍海生，海滨绕城，城海相映"的融合景象。

传统民居根据本地环境特色，因地制宜建造民居，选择在近山靠海的位置建设村落具有明显的优势，首先，"负阴抱阳，背山面水"是风水理论中选择宅、村、城镇基址的基本原则和格局，这种风水选址理论在胶东地区得到了很好的体现，"背山"能够充分抵挡冬季的寒风，使村落处于稳定的空间态势中；"面水"可依靠夏季的主导风向带来凉爽的空气。山海相傍的这种自然风貌特点往往会对胶东地区传统村落的布局模式起到决定性作用（表3-1-1）。

（三）丰富独特的自然资源

胶东地区山地丘陵广袤，盛产石材，尤其是花岗石，质地坚硬，颜色优雅。同时因石材具有抗盐雾侵袭，抗风化等特性，且方便获得，价格低，是传统建筑营造中常用的地方材料。在胶东地区传统乡土建筑中，秸草也是一种常用的屋面材料，主要包括山草和海草。胶东地区最为著名的便是用海草为材料的屋顶形式，充分体现了胶东地区传统民居中苦作工艺。另外一种比较有特色的墙体为条石土坯墙体，是指以花岗石等石材作为外墙材料，再在岩石内侧加上一层土坯的做法。典型的代表便是胶东地区的特色民居海草房。

二、文化成因

在人文因素方面，有的专家学者从地理单元

胶东地区典型滨海临山村落风貌概述　　　　　　　　　表3-1-1

村庄名称	卫星地图	村落风貌	布局特点	评价
青岛 雄崖所村			雄崖所枕山瞰海，东临大海，西扼群峰。村落布局随地势起伏，与地形地貌环境完美结合	第四批中国历史文化名村，拥有600多年的历史。隔海与海阳、莱阳咫尺相望，有鸡鸣三县之美誉。雄崖所城遗址是青岛市重点文物保护单位
烟台 张星镇			地势东高西平，东部群山起伏、层峦叠嶂，西濒渤海，平面布局依山而成	全镇物产丰富。以果品为最，有果园面积2万亩，同时作为"粉丝之乡""石材重镇"和"机械强镇"远近闻名
威海 烟墩角村			依山傍海、景色秀丽的小渔村。东南方的海面上是彩石岛，东临黄海、南依石岛港。村东南有一座小山叫嵛山，依山傍海，景色优美	世界最大的大天鹅越冬乐园，已建成荣成大天鹅国家级自然保护区，民居以独特的斗坡屋顶著称，为山东最美古村落之一
威海 东楮岛村			全村聚落呈荷花形，地势东高西低。拥有7.5公里长的海岸线，5公里长天然优质沙滩，是鲁东地区典型的滨海生态民居村落	建于明万历年间，是胶东地区海草房保留最完整的村庄之一，被誉为生态民居的活标本。2012年，入选首批中国传统村落名录

注：表格由李晓菲绘制。

上把胶东文化分为"农耕文化、渔捕文化和商旅文化"三种[①]。并且这三种文化分别孕育出了四种不同类型的民居：首先渔捕文化根据自然地貌的不同又可分为东部山地民居和北部沿海民居，其中东部山地民居的地形地貌以低山丘陵为主，涵盖了荣成、文登、乳山等地区，以草构顶是东部山地民居的重要特色，海草房是其典型的房屋构建形式。商旅文化是西部的莱州、蓬莱、龙口一带的主导文化，建筑质量较高，"掖县粮、黄县房"的说法流传甚广，砖瓦房为其主要建筑类型；农耕文化是中部丘陵地区的主导文化，涵盖平度、莱西、莱阳和栖霞一带，丰富的石材资源为当地的石料加工业奠定了良好的基础，普通民居主体墙材料多用石材。

（一）多维构成的海洋文化

胶东地区北临渤海，南依黄海，海岸蜿蜒曲折，港湾岬角交错，是华北沿海良港集中地区，烟台、威海、青岛、日照四市均拥有绵长的海岸线。胶东地区的海洋文化是当地沿海的居民在社会生产、生活中逐步形成的，是物质文明和精神文明的总和。目前学术界普遍认同的一种对于海洋文化的定义是中国海洋大学海洋文化研究所的所长曲金良教授的观点："海洋文化，就是人类缘于海洋而生成的精神的、行为的、社会的和物质的文明化生活内涵。海洋文化的本质，就是人类与海洋的互动关系及其产物"。其内涵可分为

---

① 刘凤鸣. 胶东文化概要[M]. 北京：中国文史出版社，2006.

四个层面：物质层面，即与海洋有关的物质存在与物质生产，是一种海洋文化物质特征的呈现；精神层面，指的是与海有关的观念和意识形态，是对海洋精神气韵的表达；社会层面，包括因时因地制宜的生产方式、社会制度规范、组织方式、海事历史因素等；行为层面，指一切受海洋所限制和影响的行为方式和生产活动，如与海洋有关的祭祀活动和民俗风俗习惯。

（二）师法自然的道家思想

讲求"人法地，地法天，天法道，道法自然"的道家思想在胶东地区也拥有较强的生命力，"方士"编造出海上的蓬莱、方文、瀛洲三座神山中的蓬莱便位于烟台的蓬莱，为道教的发展起到了推波助澜的作用，此外，胶东地区还一直流传着八仙过海的仙道传说，可见道教对于胶东文化的重要影响。道家的典型代表庄子曾提出过"负阴而抱阳""天地与我并生，而万物与我为一"的观点，强调人与自然环境的融合，处世之道重在顺应自然，忘却情感，不为外物所滞。绵长的海岸线、大面积的低山丘陵群决定了胶东地区的建筑布局不可能完全按照《周礼·考工记》中的"九经九纬，经涂九轨，左祖右社"的标准模式布置，于是道家的顺应自然，适应自然而非改变自然的风水堪舆学说在胶东地区得到了很好的传承。

（三）开拓务实的齐文化

在春秋战国时期，胶东大部分地区属于齐国的范围，当时的齐国地区大致包括现在的青岛、烟台、威海、潍坊、淄博、东营、滨州、德州，"太公封齐，因其俗，简其礼，通工商之业，便鱼盐之利"，其注重功利、强调务实的思想具有极大的开放性和灵活性，与山东西部鲁文化的重理性、讲秩序、重伦理形成了鲜明的对比。齐文化开放、变通的文化特征，在建筑营建方面，表现为灵活自由、讲求实际的建筑风格。

第二节　胶东半岛地区聚落与民居类型

一、胶东半岛地区聚落形态

（一）海岛型自然聚落——荣成东楮岛

1. 海草房聚落空间分布

海草房渔村型村落分布在胶东的沿海地区，渔民为了满足生计，大多将村落围绕自然海港而建，世世代代便在这里扎根生存。渔村村落依海而建，所以一般渔村群落展现的形式也多种多样，但大部分还是以分布在沿海领域的"扇形""带状"为主。海草房的分布数量随与海距离的变大而减少，海草房村落多集中于荣成正东最靠近外海的沿海地区。村落一般分布于沿海15~20公里的带状范围内，这是古代通过车马运载海草作建房材料时，功效相当的一个地理范围。

选址并建置海草房民居的原因是：一方面由于独一无二的胶东沿海地理环境，渔村沿海岸线都是沙质土壤，并不适用于生活和农作物的种植，所以渔村村落大部分聚集在岛中心的位置。另一方面，为了降低胶东季风气候带来的破坏，渔村村落一般不会选择分散居住，而是将房屋紧密相连、聚集起来，可以增加村落抵抗灾害和风险的能力，具有居住的安全性。公共流通空间狭小也是为了削弱海风带来的影响。再次，渔村两面或三面环海，在古代起到了一定的海防作用，明朝时期，曾在此进行驻军屯兵来抵御倭寇，联排、紧凑、整齐的建筑排布也是当地村民们团结集中力量的体现。[①]

（1）分布区域自然环境

荣成属暖温带季风型湿润气候区，四季分明，冬无严寒，夏无酷暑。三面环海，海岸线长500公里，拥有20米等深线内的浅海水域达200多万亩，水质良好，适合于各类海洋藻类植物生

---

① 赵艳红. 地域文化视角下的胶东海草房研学基地环境设计研究[D]. 济南：山东建筑大学，2020.

长，为制作海草房民居提供了丰富的海草资源。

荣成地处胶东低山丘陵区的东端，有山地、丘陵、平原三种地貌类型，山脉大都呈东西走向，林木丰饶，为制作海草房民居提供了大量的石材及木材资源。

（2）分布区域人文环境

用海水里生长的海草作为材料铺苫房顶是我国胶东一带颇具特色的民居建筑方法。据专家考证，海草房的起源，当追溯到新石器时代，只是那时的民居建筑只是简陋的栖身之所，不是真正意义上的民居建筑。千百年来，胶东的海草房区域带逐渐形成，就是在这片海草房区域带里，蕴涵了丰富的地域文化，承载着当地人在建设家园时的风俗习惯、思维方式、行为规范、祭祀信仰等。

2．聚落空间形态特征

（1）聚落选址

荣成海草房古民居分布于沿海地区—山海之间的丘陵山地。村落地盘宽广，山脉连绵，林木茂盛，前面是一望无际的大海，旁边多低山丘陵环绕。环山起到半维护的作用，可以抵挡冬日的寒风，而茂密的树林有利于保持水土、涵养水源。同时，荣成地区为季风气候，风从海洋吹过，这样又降低了村子夏日的气温，整体上形成了一个良好的生态系统。而院落则就地势而建，庭院虽然小，但都能保持良好的采光与通风。因此，海草房古民居的选址最强调的就是人与环境的和谐一致。

（2）聚落组织

聚落大多位于山海之间的丘陵地带，地形起伏不大，因而多数聚落形成团状形态。一般情况下聚落由一条或几条主街作为聚落结构主要骨架，在主骨架上衍生出多条次街—巷道作为聚落的次骨架，聚落形态结构由此而成。在这一形态结构中由街巷围合形成单元，一般情况下由多个海草房院组成，由主街巷围合形成组团，因而聚落形态逻辑关系应为：院落形成单元，单元形成组团，组团形成聚落。

在传统海草房聚落，聚落形态往往会形成一个或多个聚落中心，这些中心多为私塾或祠堂等公共建筑。中华人民共和国成立后，中心改为村办或队办。改革开放以后村办、队办空间消失。近几年来为弘扬乡村文明、改善村落环境，有的村落又设置了社区服务中心。

（3）街巷空间

整个群落中的建筑并不是整齐划一地排列，而是依山就势，与地形很好地结合，俗称"接山"。数条宽度1.2～10米不等的支路将主要交通空间和各家各户连接起来。海草房的墙面一般都用天然石块或砖石混合砌成，显得朴素而别具风味。"接山"形成的门洞走廊，颇具农家大院特色。海草房的迎门正房一般为3间，山墙上还镶有"拴马石"。

（4）交通节点

海岛型聚落有一至两条主要对外交通道路，在聚落内形成有组织的一二级道路，在道路的交叉口处形成主要的交通节点，在这些交通节点上布置有村里的主要休闲活动场地。

（5）空间组织

海草房古民居建于山水之间，左邻右舍之间的错落有致，形成一种并联的聚落格局，把自己的住所和周围的环境视为一个统一的整体。而海草房古民居的石块墙体是青色或灰色，海草房顶则是褐色，与周围环境构成了和谐统一的整体。

海草房古民居这种真正生态意义上的居住环境，使人们更加贴近大地，有回归自然的感觉。总之，海草房古民居不论是形状、结构、布局、色彩等各方面，都与外界整体环境协调，达到符合人类生存的目的，体现了人与自然的和谐之美。

3．聚落景观特征

（1）景观构成要素

海草房古民居景观要素主要分为自然、人工两种。绵长的海岸线形成了独特的自然山海景观，村落中的休闲广场与"接山"成排的海草房屋面大小不一，形成层次感丰富的"蘑菇顶"群的人工风貌景观。

（2）景观形态特征

对于海草房古民居来说，田园乡土之情、家族血亲之情、邻里交往之情，除了古民居与大自然融合成一片始终是其基本特征外，往往是通过许多建筑小品和交往空间体现的，例如街巷、院场、邻里关系、建筑布局以及环境要素等。以海草房古民居为中心的古村落景观，构成了当地的地区景观和沿途景观。

4. 聚落案例解析——东楮岛

（1）东楮岛自然环境特征

东楮岛村位于荣成市石岛管理区宁津街道最东端，地理位置三面环海，海岸线长10公里，面积约为0.6平方公里，地势东高西低，拥有400多年的历史，是胶东地区最具代表性的海草房渔村。

（2）东楮岛人文环境特征

"人文气质受到自然地理环境的重要影响，并在这种自然地理环境中不断成长发展。由于东楮岛地理位置沿海，因此其人居环境拥有海洋特性，海洋渔业的发展使得居民建立适宜性住所，使东楮岛拥有独特的生产生活方式与民风习俗"[1]。东楮岛的人文环境因素反映到建筑环境设计中，呈现为不同的空间、色彩、装饰。

（3）东楮岛聚落空间结构

早期的东楮岛渔民沿着海岸建造海草房，在居住区东西两侧种植耕地，在海湾处形成渔业工作区。由于东楮岛地势东高西低，旧居民区地势较低，受台风等恶劣天气影响，引起的海水倒灌，给渔民带来损失，以及大部分村民不满足传统海草房的居住条件，后期在旧村东侧建造现代别墅区，形成新村，在东楮岛村入口处建造休闲广场与招待所，形成目前的村落布局（图3-2-1）。

（4）东楮岛聚落景观特征

东楮岛村三面环海，海岸线长10公里，树木成林，海产丰富，为制作海草房提供了必要的自然条件和丰富资源，是胶东地区最具代表性的海

图 3-2-1　东楮岛目前村落布局
（图片来源：代伦、陈聪 绘）

草房渔村。

（5）东楮岛海草民居特征

在东楮岛村的院落空间结构里，二进式院比较普遍，很少出现三进式院落，由于分家而形成的一进式院比较多。渔村的院落多以二合院、三合院为主，正房前或建厢房，或建院墙，形成独门独院。一般不选择正南正北的朝向，而选择偏东南或偏西南的朝向，大门一般开在东南向，西南角落为储藏和茅厕。辅助用房均做成平屋顶，顶上可以用来晾晒粮食，院内设露天楼梯，上下十分方便。

正房进深约4~4.5米，一般分为三至五个房间。正房的中间处开门，门洞宽约900毫米。一进门的明间，两边靠东西墙均是灶台，有"狗道"，即烟道通向两侧次间及梢间的火炕。有的人家的次间还有地瓜窖。

厢房比正房略窄，宽约3~3.3米，构造简单，一般都不做空间的划分。一般作仓储之用。旧时家庭人口多，也有用作卧室的。

（二）防御性规划聚落——雄崖所、所城里

为防御北方蒙古民族和东南沿海倭寇的频繁侵扰，明代在北方边境和东南沿海构建了完整的军事防卫体系。其中沿海地区更是细分为广东、福建、浙江、南直隶、山东等7个防区，进行分层次、有重点的分区防守，也因此出现了大量与

---

① 赵艳红. 地域文化视角下的胶东海草房研学基地环境设计研究[D]. 济南：山东建筑大学，2020.

军事防卫相关的海防城池和聚落，它们以海防卫所城市为主，间杂了大量的堡、寨、营等军事堡垒设施。其中的卫、所有相当一部分流传至今，成为富有特色的防御性聚落遗址、遗迹。

山东省是明代（尤洪武时期）受倭寇侵扰较严重的地区，明政府为维护海疆稳定在山东沿海成建制地设立了一批以海防卫所为主体的海防军事聚落，形成了山东沿海地区防御性规划聚落的前身。其中就包括雄崖所和奇山所。

从海防聚落的代表性和遗存完好性等角度出发，选取了山东半岛的雄崖所（今青岛市即墨区雄崖所村）和奇山所（又名所城里，今烟台市芝罘区所城里大街）为案例，来介绍胶东地区海防聚落的一些普遍或典型特征。

雄崖所城与奇山所城都是明代因海防需求修建的"新城"，在选址以及形制上具有很高的相似度，因此将两个所城的聚落形态与特征放在一起论述。

1. 胶东海防聚落的选址与布局

明初建置两座所城的目的很明确，即防御来自海上的威胁，因此所城的选址是紧紧围绕"军事防御"这一主题展开的。这些城址多位于小型半岛、岬角之上，襟海以控制海湾，枕山以居高临下[1]。

以雄崖所城的选址为例：宏观上，所城位于胶东半岛南部，属即墨营统辖，主要任务是与区域内其他卫所配合，防御来自黄海的海上威胁；中观上，丁字湾位于五龙河通向黄海的出海口，是一处易守难攻的天然屏障，雄崖所城位于丁字湾南岸，可与位于丁字湾北岸的大山所相配合，以达到控扼丁字湾的目的；微观上，雄崖所城西依玉皇山和柘条山，可大大减小来自西边陆地的

威胁，从而将主要精力放在海上。

在胶东地区海防聚落建设的长期实践中，当地形成了一套完整的选址逻辑——风水。风水体现的是古人朴素的生态观，即归纳总结过往的经验，并在新的实践中将其运用，以最大限度地满足生产生活的需要。

"风水"上城池的选址有几大要点："环山""汇水""缓坡"[2][3][4]。"环山"是指城池应当有山作为屏障，可抵御外敌，同时为城内居民提供丰富物资与精神寄托。"汇水"指城池应处于河川交汇或转弯之地，名为汇气聚财，实则因该地易形成较大的冲积平原，同时河流水量充足，能满足农业发展的需要。"缓坡"指在靠山之前需要有一块平坦且具有一定坡度的地块，称为"明堂"，平坦利于建造房屋，有坡度便于排水。

以雄崖所城为例，所城西靠玉皇山与柘条山，地势西高东低，水流自玉皇山与柘条山的两处水库自西向东汇入所城中，为所城居民提供了充足的用水。所城的东部为开阔的平原，土地肥沃，可种植玉米、地瓜等旱地作物。正是这样的自然环境，为军民长期驻守创造了条件。

2. 胶东海防聚落的形态特点

（1）方城棋盘式布局

自周代以来，古人从未停止过对"方城"的追求，"方城"是古人对"天圆地方"哲学思想的一再实践，是对礼制制度的最好诠释。明初所兴建的雄崖所城与奇山所城都采用了经典的方城形式，因规模较小所以四边城墙都只开一门。

与传统方城相对应的，所城的道路系统采用了传统的棋盘式道路网形式，道路网等级划分明确，有研究将其划分为"中心十字大街""环状路""长街""一般路""窄巷"五类[5]，或"主要

① 李嘎. 明代山东海疆卫所城市的选址与历史结局——兼论该类城市在山东半岛城市发展史上的地位[J]. 清华大学学报（哲学社会科学版），2020，35(4).
② 孔德静. 印迹与希冀：明清山东海防建筑遗存研究[D]. 青岛：青岛理工大学，2012.
③ 郑鲁飞. 胶东地区海防卫所型传统村落形态与保护研究[D]. 青岛：青岛理工大学，2020.
④ 王龙. 胶东地区传统村落空间形态研究[D]. 广州：华南理工大学，2015.
⑤ 孙倩倩. 山东沿海卫所研究[D]. 济南：山东建筑大学，2013.

道路""次街""巷道"三类[1]，亦有"大街""环路""巷道""窄巷"的分类方法。

目前的研究对所城的道路等级体系达成了以下几点共识：①十字大街是城内等级最高的道路，将所城划分成四个大街坊；②城墙内侧存在环路，自成一级；③存在解决街坊内居民需求的生活性巷道；④存在等级次于十字大街但高于生活性巷道的道路。但仍存在如下一些分歧：①连接环路与十字大街的道路是否自成一级；②是否因防御性需求而故意将道路规划得曲折。

本书认为连接环路与十字大街的街道不应自成一级，理由如下：道路的等级根据其功能与形态划分，十字大街、环路与生活性巷道的功能与形态明确，所以容易划分。而等级处于十字大街与生活性巷道之间的道路常因地形与街坊形态的限制而导致形态不规则，但其主要功能都是解决次级街坊交通问题，因此该类道路分为一级即可。依据道路的形态与功能，笔者将所城内道路分为以下四类：

①中心十字大街：由连接四个城门的两条大街组成，解决全城的交通问题，是所城内的主干道，宽约8米，十字大街交汇处常分布有大型公共设施。

②环城路：是在所城内靠近城墙的环路，宽约6米，在明代时是屯兵马道，可在战时进行兵马的快速运输。

③次干道：是解决四个大街坊交通需求的道路，宽3~6米，其形态常常根据地形与街坊组合而灵活规划，与中心十字大街、环城路组成所城的道路骨架。

④窄巷：是连接住宅的道路，因用地紧张所以宽度只有1~3米，形态多样。

概言之，卫所城池道路规划方正有序，等级严格，功能明确。虽规模较小，但五脏俱全，使所城布局紧凑但井井有条。

（2）街坊及院落形态

在方城棋盘式布局基础上，街坊及院落尺度得以进一步落实并延续至今。

以雄崖所城为例，其设立之初面积13.1公顷，配置1120员，人均占地面积117平方米，兵源主要有从征人员、归附人员、谪发人员、垛集人员四种[2]，上述人员都是军户，且世代相承，具有农业和军事的双重属性。之后因数百年无战事，雄崖所在清雍正年间被裁撤，所城内的住户也就逐渐变成了普通的农民，人口有所增长。现今，雄崖所村有居民共2868人，建设用地面积34.2公顷，人均占地面积基本保持不变，源于明朝海防卫所时期的街坊尺度得到了较好的延续（图3-2-2）。

那么，雄崖所的街坊尺度是怎么来的呢？有学者认为海防卫所的建设过程中必然会存在总体规模与内部布局两个层面模数化的思想，以满足明代海防卫所大批量建设的需求[3][4]。雄

图 3-2-2　雄崖所城航拍
（图片来源：徐敏 绘）

①　关赵淼. 山东沿海卫所建筑传统营造技艺研究[D]. 济南：山东建筑大学，2017.
②　张金奎. 明代卫所军户研究[M]. 北京：线装书局，2007.
③　尹泽凯. 明代海防聚落体系研究[D]. 天津：天津大学，2016.
④　尹泽凯，张玉坤，谭立峰. 中国古代城市规划"模数制"探析——以明代海防卫所聚落为例[J]. 城市规划学刊，2014(4)：111-117.

崖所城的十字大街将所城分为了四个大街坊，每部分均约为200×200m的方形。从古至今多数建筑已重建多次或者被毁，部分路网也已发生了改变，但是所城的整体格局得到了较好的保留。以一进院落为基本单位，可测得每个大街坊的南北纵深约为12进院落，东西向宽度为12～14户住宅面宽。大街坊内每4～5户设南北向次干道，每3～4进设东西向次干道，形成所城的道路骨架，将大街坊进行进一步的划分为1～2公顷的中级街坊，有的中级街坊完全由民居组成，有的则包含一些公共建筑。

在中级街坊的基础上，辅以垂直于干道的小巷进一步划分，即形成基本单位街坊。再以街坊为界，布局院落建设。

城内虽被十字大街划分成方正整齐的四个区域，但院落布局形式多样且丰富，如奇山所城的院落布局（图3-2-3）[1]，典型的如守御千户宅及小茶园（图3-2-4）。

（三）丘陵山地聚落

胶东丘陵地区，多见低山丘陵，山丘连绵，沟谷纵横。东北部的罗山山脉高为群首，景色秀丽壮观，巍峨壮观，但土地贫瘠。由于奇特的地形，一般选址在山丘高地，最常见的是冲积扇附近山坡地带，其耕地面积小且分布零散，从而导致乡村聚落分布零散、规模小。乡村聚落布局必在靠近水源的地方，河流的走向对聚落形态也具有重要影响。

1. 选址布局

（1）背山面水式

川里林家村为丘陵地形，四面环山，村落整

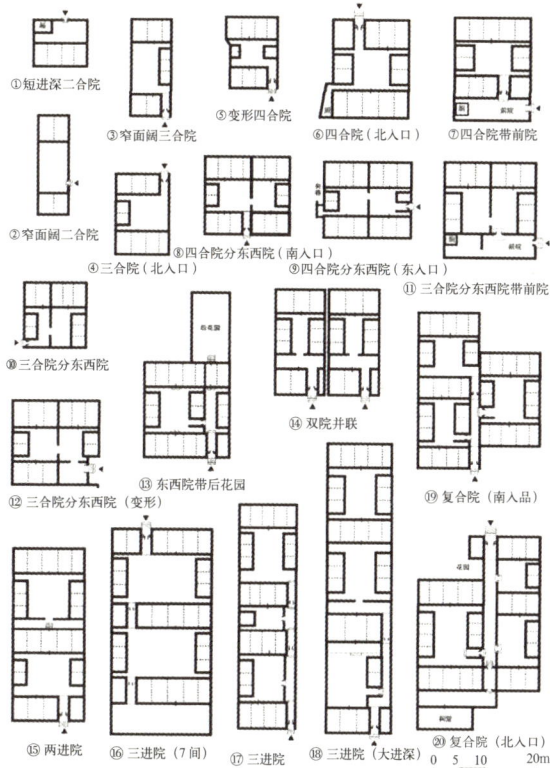

图 3-2-3　奇山所内的院落布局形态
（图片来源：参考文献［15］）

① 短进深二合院　③ 窄面阔三合院　⑤ 变形四合院　⑥ 四合院（北入口）　⑦ 四合院带前院
② 窄面阔二合院　④ 三合院（北入口）　⑧ 四合院分东西院（南入口）　⑩ 四合院分东西院（东入口）　⑪ 三合院分东西院带前院
⑨ 三合院分东院　⑭ 双院井联　⑲ 复合院（南入品）
⑫ 三合院分东西院（变形）　⑬ 东西院带后花园
⑮ 两进院　⑯ 三进院（7间）　⑰ 三进院　⑱ 三进院（大进深）　⑳ 复合院（北入口）

0　5　10　　20m

图 3-2-4　奇山所内典型院落布局示例（小茶园）
（图片来源：山东烟建集团　摄）

① 李桓. 关于烟台市所城里的保护性规划的基础研究[J]. 建筑学报，2016(S1)：71-76.

体似鱼状，东西较长南北较窄。村落形态自由，村中传统民居沿南面自东向西一条漫长水系成片分布，形成以中心为主的卫星式空间布局结构（图3-2-5）。

（2）四面环山式

莱阳市万第镇石庙村，该村四面环山（图3-2-6），人均占地3亩左右，为低山丘陵地貌类型，属温带大陆性半湿润季风气候，光照充足，四季分明，春季风多易旱，夏季炎热多雨，秋季昼暖夜凉，冬季寒冷干燥。

（3）水系穿村式

招远市仓口陈家村，村落位于群山环抱之中，形态自由，中间有一条自东向西的河流横穿在村落中，将村落分成南北两个部分。河流北侧有一条随着河流布置的主干道路，自西南向东北延伸，并分散出各支路，将村落串联起来。建筑顺应山势河流，一路延伸，形成村落狭长的轮廓，宛如"鲤鱼"的轴带式形状（图3-2-7）。

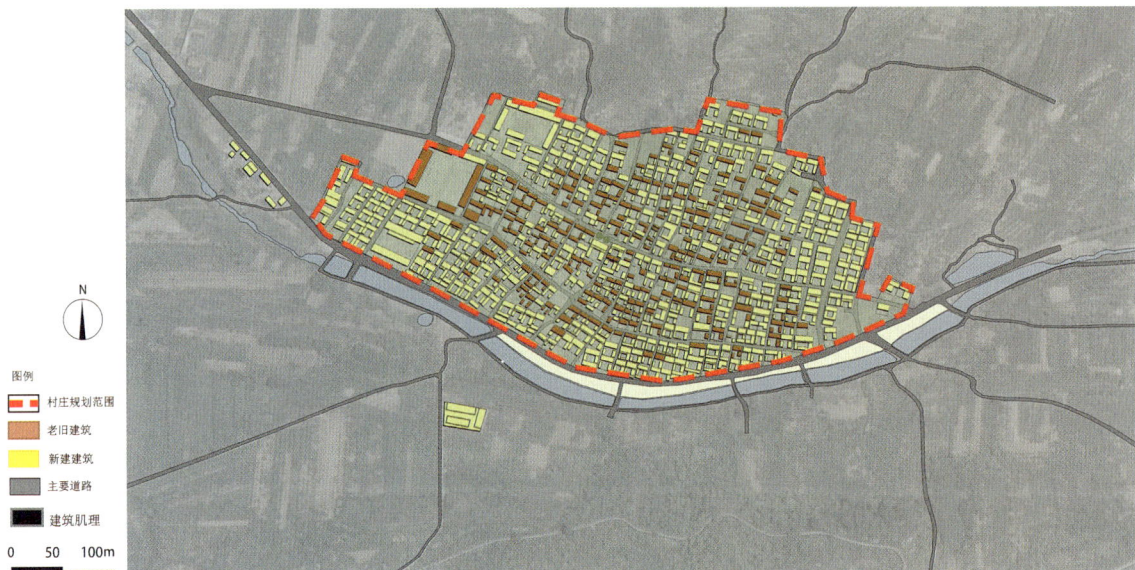

图 3-2-5　川里林家村背山面水式选址布局
（图片来源：邢梦茹、张琦 绘）

图 3-2-6　石庙村四面环山式
选址布局
（图片来源：邢梦茹 绘）

图 3-2-7 仓口陈家村水系穿村式选址布局
（图片来源：邢梦茹、张琦 绘）

2．空间结构

（1）街巷交通

对于背山面水式村落，街道形式以东西三条宽阔的长街为主导，沿街道南北两侧，分布有规划整齐狭窄的南北巷道，在巷道两侧布置民居，整体呈规则网状结构。

街道形式以东西三条宽阔的长街为主导，沿街道南北两侧，分布有规划整齐狭窄的南北巷道，在巷道两侧布置民居，整体呈规则网状结构。故而村落内部规划整齐有序，有助于村落的统一管理与后续的发展扩张，巷道南北两侧布置民居，保证以家庭为单元的向心性、封闭性、安全性以及私密性。

四面环山式聚落道路呈发散形式，民居沿地形错落有致。前、后石庙两村之间由一条南北向道路相连，两个村庄内主要道路均为东西向，连接南北向各个巷道。道路基本都有一定的坡度。田间小道沿农作物种植区域分布。

相较而言，水系穿村式聚落内部道路以自西南起一直延续到东北角的道路为主，路面平坦开阔，道路悠长绵延，顺应河流山势而修建。此类街巷结构有清晰平直贯通的主干道贯穿村落，有利于车辆同行，方便联系村路各处。

村落内部街巷层次分明，依势而建，使村落结构呈现出层层叠落之势。但不足的是缺少中心区段，全程沿线过长，对于村落内部道路延伸较少，容易形成尽头道路。

（2）空间肌理

丘陵聚落往往以种植果树为主要经济来源，果实均被彩纸包裹，以保证其不被蚊虫叮咬，抵御恶劣的天气，同时村民借助四面环山地势，大量种植树木。以川里林家村为典型，四面绿树成荫的环境风貌，沿河散布大量碎石，为村中建筑建成提供丰富原材料，村内街道整洁干净，有大量的空地散点分布于村落各地。

同时，聚落整体沿地势错落布置，民居以平缓地形为中心向四周发散，整体肌理与地形息息相关。根据修建时间的顺序，村中传统建筑主要聚集于村庄的中心，新建建筑分布于村庄四周。

此外，丘陵聚落往往四周景色良好，山坡高度较低坡度较缓，村民利用山势种植果树，开垦田地。以仓口陈家村为典型，村落内部因有一条贯穿错落的河流，因而村民充分利用水源广泛种植。绿化较集中的分布在村子中间部位，且距河流较近，西南东北端绿化面积较小，建筑分布集中，缺乏中央绿地村落内部高差较大，道路起起伏伏，建筑依势而建，高低错落的绿植伴随其中，形成"有山有水有人家"的层次丰富的风景。村落狭长，绿化沿河发展形成一条绿带。

（3）建筑风貌

聚落中传统建筑多以三合院和四合院为主（表3-2-1），一般在中心位置建以祠堂或寺庙，

聚落内部能完整保留的建筑数量较多。建筑以当地盛产的石头为材料，村中民居多为蛮石干垒墙体和院墙的石头房三合院或四合院，房子外墙多嵌有揽马石，以备拴马、拴骡子之用。胡同铺地也多不规则石块，与石砌建筑山墙相映照，整体具有鲜明的山区村落特色。房屋前后为用墙或栅栏围起来的空地。中国古代建筑庭院式空间的功能：①空间聚合；②气候调节：遮阳采光通风，改善小气候；③场所调试；④防御守卫；⑤伦理礼仪；⑥审美怡乐。在建筑物或房间出入口设置

聚落传统建筑风貌　　　　表3-2-1

三合院	四合院	祠堂

以石头垒叠，用瓦片遮挡，以木材支撑	门斗上方小洞为期盼故去的人回家的愿景	门斗形式相较于民居更加具有气势

小巧的院落空间划分了许多用来饲养储物的空间	院落空分成前后院两个部分，用来储物饲养等	院落整齐，内有一棵参天古树，院落用砖石堆砌

注：表中照片由张琦拍摄。

的一个必经的小厅间称为门斗。门斗起分隔、挡风、防寒、避光、隔声等缓冲作用。设置在房间外面的称外门斗；设置在房间内部的称内门斗。门斗是汉族在东北居住的民居，房门前安设的一种防寒设施，每到严冬，人们就将门斗安装在正房门前，与外门连接用它来挡住寒风吹入屋中，成为地方独特的一种冬季取暖方式。

建筑群体采用木框架承重（图3-2-8），即都采用木柱、木梁支撑起结构，且都运用了抬梁式的屋顶承重手法，但却有所区别，几乎所有的梁都并非笔直，有些许弯曲，由于就地取材，周围树木自然生长形式不一，所以体现在了建筑内木材的运用上。建筑的结构呈现出明确的差异化，但大体上是木框架承重、石墙维护的形式。充分体现当地居民在建筑的营造上随机应变的劳动智慧。民居为坡屋顶，起坡最高点距地面约3.6米最低点约2.1米，视线较宽敞，空间进深面宽比例符合2∶1的比例，尺度较为适宜。房屋内部以粗壮弯曲的天然木材为结构支撑，整齐排布有序搭接，且至今保存完好，其上用苇箔（芦苇、高粱等秸秆的农作物编织而成）覆盖，搭接紧密严实，能够抵御风寒雨雪，墙面以石材和黏土为主。就地取材，不仅节约造价，还解决了运输问题，兼顾经济与便利的原则。

3. 景观风貌

（1）景观节点

村落内部景观节点多利用村中历史要素，结合植被景观，形成相应的休憩、聚集空间。例如，川里林家村内部保存历史年代久远的有一个古井，两棵古树以及六合螳螂拳创始人故居林家拳房。其中，古井已经废弃停用，每户村民家中都已使用自来水而不再需要费力地在井口打水，而两棵古树至今仍屹立在村子中央，古树相邻均有三层房屋高，约有五百年历史，内部已经成空心状，但仍枝繁叶茂，供村民在此短暂停留或休憩纳凉之用。林家拳房为传统古建筑，得以完整保护，是典型的四合院式建筑，现为村民打拳练拳的场所。

同时，利用聚落内部绿植空地作为景观节点也比较常见，在石庙村中主要以乔木为主，没有经过精心规划管理，大部分都是随意生长，均可以灵活利用。后石庙村口有一处荷花池，成了村庄的一大特色，水池旁边设置了有趣的公共空间——亭子以及木质铺地，继续向村内延伸，有一处开阔的广场，广场上设置了体育锻炼器材，其余空间多被用来晾晒农作物，后石庙村内绿植以乔木为主，没有经过精心规划管理，大部分都是随意生长以仓口陈家村为典型，利用宅院附近

图 3-2-8 建筑结构形式
（图片来源：张琦 摄）

的绿地或空地形成景观节点。多数为村民种植的蔬菜果园，实现了村民在自家生活的自给自足。同时种植的果实，有一部分用来出售，这也成了村民收入来源的一部分。另外村民将雨水、灌溉水、废水、生活用水等循环利用，低碳环保促进绿色村落的发展。

（2）公共空间

丘陵聚落往往利用地势提供村民具有活动意义的公共空间，用于日常活动、休憩、祭祀等。公共空间往往紧密结合村落布局，与村落空间的朝向、布局或交通相联系。

以川里林家村为例，公共空间主要均匀地分布于村落街巷节点的交接处，与聚落轴线相呼应。村中老人时常在老槐树下，宅前路边围坐在一起闲聊，村落南北街道胡同的交叉口，多成为他们的聚集地。尚且有劳动力的老人多通过种植实获得收入，闲暇时间便会在村中广场处打牌下棋或坐在村口闲聊。还有些老人，其子女多已外出务工，由老人来代替看管孩子，每个月能收到子女固定的生活费，并加上自己的劳作，有较为充足的收入，这类老人多以女性为主，她们时常带孩子在广场等处活动。

（四）庄园家族式聚落

胶东庄园是从事农商活动的家主，因产业和聚居扩张而形成的建筑群以及环境。胶东乡土环境下的牟氏庄园、李氏庄园和梁氏庄园，与城市环境下的丁氏故居，在选址布局、空间结构和家族风貌上共同展现了胶东家族式聚落的特色。

1．选址布局

（1）科学合理的选址

胶东乡村环境下建成的牟氏庄园、梁氏庄园和李氏庄园，选址均遵循中国传统风水学，如梁氏庄园选定三面环山一面临水的椅子地，庄园建筑背山面水。北面靠山，抵御不良风向；南面汇水，日照充足，土壤肥沃利于耕种；北高南低之间的地势平坦，获得高敞的居住场地。选址充分利用自然环境，顺应自然规律，科学合理。李氏庄园与牟氏庄园的选址也具有相同特点，皆为背山面水、北高南低的地势特征。

丁氏故居位于清代黄县府城内（今龙口市），庄园选址受限于城市已有肌理，不像乡村庄园的选址倚重自然因素，而更多是出于对当铺生意的考虑。为便于商业运营，丁氏家族选址于城中多处临街地段。建筑群落纵向发展，院落轴线既有南北向又有东西向，不拘一格，每纵院落皆首尾临街，形成便捷的商业服务流线与城市衔接。

（2）规划横列式与增长发散式布局

胶东家族式聚落有两种布局方式。梁氏庄园的布局即属于规划横列式，形如《周礼·考工记》所记载的方城，外有围墙和护城河。古代封建社会下的家族聚居对防御皆有考虑，以城墙围合聚居，往往是规划先行。梁氏庄园也是胶东地区唯一一座先有规划而后建成的庄园建筑群，但不同于《考工记》以来的井字内街或十字大街，梁氏没有南北街，只有东西街，不强调庄园城内的中心感。

非规划先行的庄园聚落则呈现增长发散式布局，如牟氏庄园和李氏庄园。其中牟氏庄园，居住区在中心，周围散有作坊，向外为佃农、农田，再往外有山水等自然环境；李氏庄园也相似，居住部分与佃农混合，外围是作坊，最外围以农田围合。整个庄园的发展过程没有预先的规划，但也不同于一般村落随自然肌理生长，而是以家族血缘为核心，从老宅院发散生长。随着产业扩展和家族兴旺，功能布局不断完善，规模不断扩大，最终形成了庄园主居住区为核心，佃农、作坊围绕布置，外围是农田，不断增长的布局形式，并始终具备防御性。

（3）礼制空间融于家族核心生活空间

礼制空间是家族式聚落的重要空间，是家族祭祀、凝聚血缘以及处理重大事物的仪式性场所。胶东庄园的礼制空间主要是祠堂，常为独立的院落，也有以前院正房作为祠堂的。无论庄园建设是否先有规划，祠堂位置的选择都是被慎重考虑的，它不一定在建筑群平面的几何中心，但一定在家族、家庭生活的实质中心。如胶东梁氏庄园，祠堂院落独立，布置南大街东门口第一组院落，家人们日常交往的花园并列一侧，一个严肃，一个活泼，两种公共空间共同构成凝聚家族血缘的场所。体现胶东庄园以亲情相聚，礼俗共享的家族生活，使祠堂成为庄园精神的核心。

2. 空间结构

(1) 纵向院落空间展开

乡土环境下形成的胶东庄园体现出地域性家族聚居的空间结构特征，既不同于福建土楼以祠堂为圆心的居住单元，也不同于山西大院以主巷道划分两侧二到三进院落的居住模式。胶东家族式聚居的院落沿纵向展开，以五到六进院落为一组居住单元，随血脉延续院落并列扩展。

胶东庄园院落的纵向排布遵循中国传统民居的"前殿后寝"的基本特征，也因庄园主的身份各有特色。如牟氏庄园主人为富甲一方的大地主，为了便于经营管理，将第一进院落设为账房院。丁氏故居的主人为山东商富大户，以当铺生意发家，则其纵向院落一侧临街的第一进院落为当铺和账房，一侧临街设为家族生活院落的入口，将经营院落与生活院落完美地融合在纵向的长轴线院落中。

(2) 并列院落独立又联系

胶东庄园纵向发展的多进院落，通过巷道、门、墙等要素，形成既独立又联系的家族生活。如牟氏庄园的日新堂、西忠来和东忠来三列纵向院落通过巷弄联系，每纵的前两进院落为对外院落，保留巷弄两旁的围墙来体现两纵院落间的独立性；两纵的后三进院落为家庭生活院落，为了家族之间便于走动，会将巷弄两旁的围墙取消，体现两纵院落间的联系性（图3-2-9）。

丁氏故居爱福堂和履素堂的纵向院落间也以巷道联系，形成中间为内部通道，两侧为服务通道的格局。院落轴线上皆为正房明间开穿堂门，形成前后院落一线穿的格局，体现其院落的联系性；但每纵院落都会在第一进的礼仪性正堂设屏门，通过屏门来划分出第一进院落，以保证整纵院落礼仪空间的独立性。

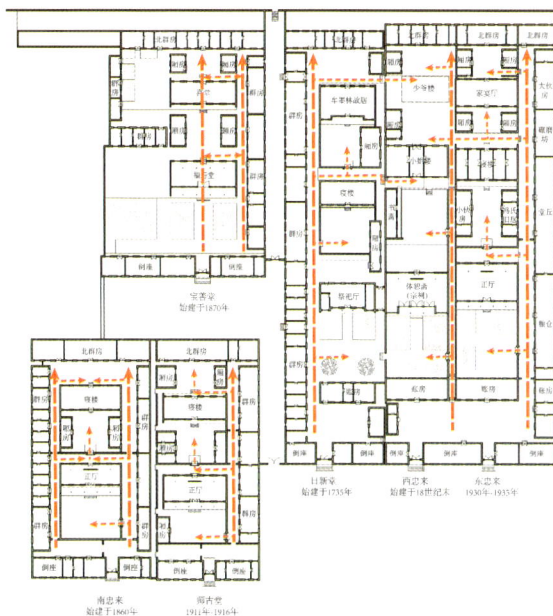

图3-2-9　并列院落独立又联系
（图片来源：周垚霖 绘）

(3) 核心生活院落高度提升

胶东庄园的核心生活院落一般位于轴线中段的第二、第三、第四进院落，主要建筑多为二层楼式，通过提升建筑高度突显庄园主的尊贵和家族地位。如梁氏庄园现存第二进院落的正房，檐口高4.3米，明间设为单层高敞厅堂式，左右尽间设为二层。牟氏庄园西忠来第三进院正房为二层小姐楼，地基被抬高用于地窖，整个建筑实际为"三层"，小姐楼因此成为纵向院落中最高敞的建筑。丁氏故居每纵的生活院落正房也有二层高，檐口高7米，但实际功能一层为居住空间，二层为储藏空间。一层室内不见楼梯，而是通过过道设梯子上二层。

3. 家族风貌

(1) 内聚外防

庄园家族多有面对战乱、匪徒之患，家族聚落和建筑层面皆有防御性设计。胶东庄园通过布局形成第一级防御，背山面水之间开辟农田，农田环绕佃农住房和作坊，中心布置家族居住的院落，梁氏庄园的院落外以围墙、护城河包围。牟氏庄园、李氏庄园，包括丁氏故居皆以群厢、围墙围合院落，形成内聚的核心。第二级防御体现在聚落内外建设防御性建筑，如梁氏庄园、李氏庄园均建有炮楼和岗亭，整体形成内聚外防的庄园风貌。

（2）耕读世家

胶东家族式聚落皆依靠商业或农业起家兴旺，演绎着一段段发愤图强的家族故事。乡土环境下的胶东庄园，其发展延绵都离不开"耕为家族生存之本，读为家族发展之根"的家训，展现儒学影响下耕读世业的乡土文化。牟氏庄园西忠来第三进院落内将厢房改为二层书斋以供院内子孙读书学习，也出资修建了栖霞地区第一个学堂——牟氏学堂。李氏庄园和梁氏庄园皆有为官经历，更是注重家族子弟的读书教育，如梁氏家族历代遵循"曰耕曰读"的祖训，其后人从政从商之人亦不在少数。在城市中以当铺发家的丁氏家族，也以"读书继世，忠厚传家"为家训。崇俭堂第二进院落也将厢房设为书斋，并专门建院墙为书斋开辟出独立空间，墙上花窗以竹、梅隐喻君子，院内一缕浓浓的书卷气息散发出来，沁人心脾（图3-2-10）。

（3）石砌意匠

胶东半岛地貌以低山丘陵为主，本土石材丰富，石材也成了胶东民居普遍使用的建筑材料。作为富甲一方的大家族，胶东庄园主为了展现财富和地位，在石材运用上力求精美新颖，造就了胶东民居丰富多彩的石砌建筑意匠。如在房屋地基上处以强度高的花岗石为主；在墙身下槛以龟背形石材砌筑以求寓意寿安，石材细致雕刻出匠道；还有以不规则多彩石材砌筑虎皮墙，每间拼

贴出吉祥意寓的图案；在铺地中使用海中卵石、碎石、方砖等拼贴蝙蝠、铜钱、万字纹等图案的大型石毯。这些建筑遗产体现了胶东工匠精益求精的石砌意匠。

二、胶东半岛地区民居类型

（一）哈瓦屋民居

1. 概况

"哈瓦房"是山东胶东地区一种独特的民居形式，主要分布在烟台市龙口市诸由观镇西河阳村。"哈瓦"一词源于屋顶瓦片排列方式，半弧形哈瓦俯仰交错，瓦片叩垅有阴有阳，瓦片图案极具胶东乡村的吉祥文化特色。建筑外墙采用当地特有的诸由观石（当地一种黑色砖石，学名火山岩）垒砌修建而成，内墙采用土坯砌砖。墙体厚度通常为一尺半到二尺，具有良好的保温效果。采用自摘式门窗，并配有红黑灰等冷暖颜色搭配，形式特征明显。哈瓦房为四梁八柱结构，建造时先立柱，架梁构成框架后砌石累砖，筑屋所累砖石皆精加琢磨平滑无隙，坚固华美，视之雄伟壮观，居之冬暖夏凉。

2. 建造特色

（1）空间布局

"哈瓦房"采用北方民居传统的四合院空间布局，具有典型的中轴对称、纵向串联的胶东民居特点。院落空间由倒厅、正房，东西厢房组合而成。倒厅房包括门楼、耳室、客厅，通常为三至五个开间。倒厅后为第一院落，通常设有照

图3-2-10 丁氏故居书斋梅兰竹菊花窗
（图片来源：丁立斌 摄）

壁，做工精细，砖上雕刻各种精美绝伦的图案，有的照壁正中竖一黑色福字，过年要挂一个正方的灯笼作为主要装饰。进街门后西边墙上建二门、设置前院，前院西边有花、树、竹园。客厅也在此院，待客、书房、祭祀神灵先祖、婚丧礼仪都在这里举行。前院北边有第三道门，靠南边叫仪门，里面的四扇门是屏门，屏门平时做屏风使用，遇有重大礼仪活动方才打开，家人平时经仪门出入。穿过正房后门便是夹道，过了夹道是后院，后院有大有小，大者称为园，是栽花植树种草的地方。房屋门楼的高度、宽度、地基高矮都是有严格要求的，门宽3.6尺的黑漆大门叫善门，是富贵的象征，还承担一定的社会责任。耳房除做传达外，还备有粮囤，遇有登门乞讨者守门人便要施舍，救济穷人，故有善门之说（图3-2-11）。

图3-2-11　哈瓦屋照片
（图片来源：贾超 摄）

（2）建筑材料及结构

哈瓦房墙体采用内外墙的双层结构，外墙采用诸由观石砌筑而成，内墙采用土坯砌砖，墙体内包有柱子，墙体只起隔断作用，没有承重要求。诸由观石强度高、保温、隔热、吸声、防水、防火、耐酸碱、耐玷污性、耐腐蚀、耐霉变，并具有无污染、无放射性的特性，且取材容易、造价低，是传统民居理想的环保节能墙面材料。另外，当地人认为诸由观青石具有辟邪的功效，具有良好的象征意义。

建筑采用木屋架形式，木材以松柏木、楸木、青白杨等为主。屋顶半弧形哈瓦俯仰交错，底瓦（仰瓦）在下，烧瓦（哈瓦）在上，底瓦烧瓦顺次连接。底瓦质地细腻，瓦片较大，造价较高，不渗不漏；烧瓦质地较粗，瓦片较小，造价低廉。屋面笆板上面还覆有三层材料，第一层为1厘米厚的白石灰，称护板灰；第二层用熬制的糯米汁、优质黄土和白灰三种材料搅拌而成，以2.5厘米厚抹上；第三层是抹草泥，最后覆瓦。这样不论如何刮风下雨，即使瓦片全部破碎，也不会漏雨。仰哈瓦兼具实用性和美观性，保温性能好，能够抵抗雨雪冰雹等，还起到装饰的作用。

（二）丘陵石头屋

1. 概况

石头屋体量较小，空间方正，是常见于胶东的民间建筑形式。其建筑围护结构的主要材料是石头。石头取自于村落胶东地区附近的丘陵或是村落附近的河流中。石头屋墙体厚重敦实，建筑朴素简洁，实用性很强。选用当地盛产的石材与木材建造，建筑采用木框架体系为承重结构，采用石材作为维护结构，是典型的木骨石墙结构。石块堆叠呈现出外立面形式，内部根据使用需求施以抹灰。硬山坡屋顶形式既方便施工，又有利于排水，表现出当地居民的建造智慧以及质朴真实的生活态度。

建筑空间沿水系展开，因海岛地势变化呈现出发散式的聚落空间形态。就单体建筑的空间严格遵循传统的等级制度，顺应中国东部沿海地区气候，建筑通常坐北朝南，并将空间以主次、长幼等序列展开。整体建筑空间有明确的中轴线，正房、厢房的空间序列以此向两端展开。对于合院式建筑，正房的规模和高度优于厢房，且正房的门窗、屋脊、滴水、瓦兽等建筑细部的精细程度也相对更佳。而建筑楼层通常为一至二层，规模较小的一层合院就可以满足人口需求，二层以上的石头屋往往家族规模较大且家庭经济实力相对雄厚。条件允许的情况下还会修建阁楼，通常用于储藏等辅助功能。

2. 类型

（1）海岛式

海岛型石头屋主要集中于胶东沿海地区，平面形制主要为合院式，是胶东地区地域性传统民居的典型（图3-2-12）。此类巧妙利用空间地势形成中轴对称、主次分明的合院形态，合院内部种植沿海植被用以日常休息娱乐，也起到调节微气候的作用。建筑层高多为一层，少数大户人家由于人口扩张会加盖至二至三层，或加建阁楼用以辅助生活空间。

例如崆峒岛民居就是此类海岛型石头屋的典型。建筑材料就地采用沿海海岛周边的石材形成四面围合的墙体砌筑形制，石材由于海水的冲刷虽大小不一但表面光滑，色泽饱满，故而建筑立面色彩由于石材的不同呈现出和谐而具有变化的自然肌理（图3-2-13）。加之沿海地区特殊的建材和建造形式，往往海岛型石头屋还利用海边的海草进行房屋构筑，形成典型的海草型石头屋，可以发现地方材料的不可分割性与在地性。同时，由于沿海的地域优势，受到近代现代化以及海外文化的合力作用，近代砖混材料、大型石材在胶东的海岛型石头屋中出现较早。由于沿海石头屋的砌筑还利用海水中的砂石，阳光照射下呈现出矿物凝结而成的金光辉映色彩，因此被地方居民亲切地称之为：黄金屋。建筑结构采用北方地区传统的抬梁式或其变体，主要受制于木材的大小与传统民居空间的功能定位，体现了传统

图 3-2-12　海岛式石头屋
（图片来源：山东烟建集团　摄）

图 3-2-13　崆峒岛海草与石头结合型石头屋形制
（图片来源：山东烟建集团　摄）

营造的灵活性与因地制宜的特色。建筑立面对称统一，开窗结合院落规模采用不同形制的木雕窗户，而门簪形制与之交相呼应，木雕形式体现海洋文化中鱼、水、阳光等自然纹样，从功能到艺术呈现出地方特有的文化内涵与传统技艺精神。

（2）合院式

受海洋文化、汉文化、儒家文化的合力作用，住宅以院落为出发点，布局凸显以中为尊，东西对称的形式。合院式的石头屋，是胶东地区地域性传统民居的典型建筑，主要以三合院、二合院的布局形式为主（表3-2-2）。合院依照地势，坐北朝南，以中轴对称的院落形式形成了形式方正、功能丰富的居住院落。合院院落内除居住功能外常在靠近院墙的位置留有绿化空间，为院落内提供了绿化装饰以及休憩荫蔽。建筑的材料主要采用建筑基地内流经的河流中的石头或是

附近山上开采的石头，石头颜色深浅大小不一，以颜色较浅形状方正的大块石材为主屋和厢房的主要建筑材料，建筑外观整洁，表面色彩均匀。建筑结构为抬梁式，受经济条件以及木材大小的限制，合院内建筑跨度较小，内部空间以通常为三开间，受儒家文化及海洋文化影响，明间较宽，突出中轴地位。院落内建筑立面形式简单，大门上通常装饰有不加雕琢的门簪，与屋檐处没有花纹的瓦当相互呼应，体现了合院中建筑在细节之处的追求。

（3）宗祠式

宗祠式石头屋是常见于北方传统村落的石头屋形式，是村落中文化与习俗聚集的公共性建筑。建筑空间方正，厚重敦实，朴素简洁，实用性很强。宗祠式石头屋的主要建筑与石墙围合构成院落式的平面形制，院门和建筑大门不直接对

海岛型石头屋院落形制			表3-2-2
四合院院落	三合院院落	"L"形合院院落	"一"字形合院院落

注：表中图片由刘馨蕴绘制。

开，形成了主次分明的空间布局。祠堂整体呈现与自然相融合的色彩与风格，选用当地盛产的石材与木材建造，石材作为石头屋最主要的承重墙体。所有材料经过精心打磨，表面纹路统一，砌筑仔细，严丝合缝，显现出的精致给祠堂塑造出庄严的气氛。建筑结构采用北方常见的抬梁式，以木为梁与檩，木料粗，受力性能好，跨度较大，创造出相对较大且无分隔的室内空间。屋面与立面色彩统一，整齐对称，开窗结合建筑与院落形式采用了传统的竖棂木窗，显现出传统营造因地制宜的特色。在屋檐、墙头等建筑细部有承载着人民美好愿望的石雕与木雕，以草木鸟兽、祥云瑞纹为主，做工精美，从功能与空间关系到习俗与艺术呈现都颇具地域文化内涵和传统文化特色。

（4）多跨堂屋式

堂屋式建筑组群，平面形制为多栋合院式建筑通过局部带屋顶的廊道组合连接而成，传统的坐北朝南的朝向有利于采光。廊道分为南北向与东西向，以方便到达各家各户。建筑组群的规模因地制宜，基于人口规模与用地条件可大可小。组群中各个合院的主房位于北边，厢房依据使用

需求及位置布置在东、西两侧，呈现中轴对称的平面形制。由于建筑群体中的各个合院规模大小相同，组群边界规整，以廊道为基准，整个堂屋式建筑组群也呈现中轴对称、方正规整的形式（图3-2-14）。

建筑材料遵循就地取材的原则，体现地域性。利用当地周边丰富的石头资源，其丰富的形状、颜色、大小，可用于不同尺度要求的建筑建造，颜色多为饱和度较低的淡黄色。建筑墙体采用石块堆砌的方式建造，石块之间的缝隙用砂浆、黏土或水泥填充。木材主要用作建筑承重结构，支撑起建筑框架。建筑材料都以其原始的色彩和质感展现出来，不仅有经济的原因，也体现出当地居民质朴真实的建筑态度。建筑立面对称统一，开窗结合院落规模采用不同形制的木雕窗户，而门簪形制与之交相呼应，从功能到艺术呈现出地方特有的文化内涵与传统技艺精神。

3.建筑技艺

（1）材料特征

石头屋均为就地取材所建，除大面积的石材外，还包含木材、砖材、瓦材、苇箔，是多种在

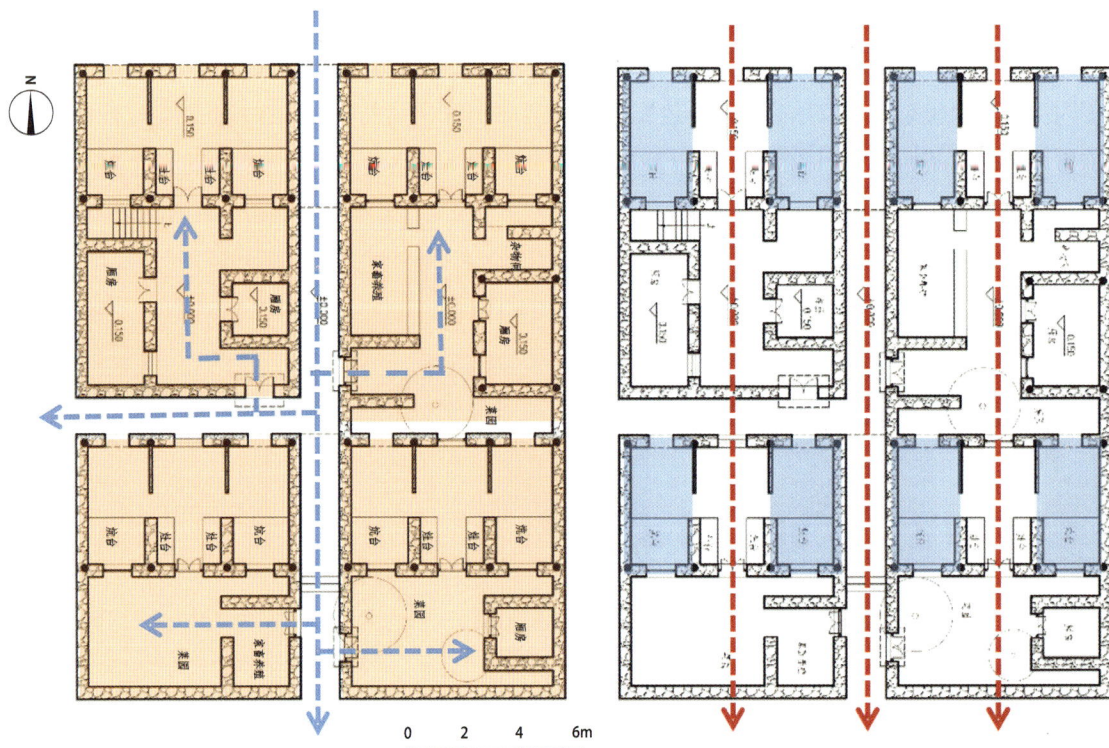

图3-2-14 堂屋式建筑组群平面组合关系
（图片来源：顾洁 绘）

地性材料的统一与融合。胶东丘陵地区石头资源丰富，取材便捷，且石头有大小不同的规格，平整度也或粗糙或光滑，可用于不同尺度要求的建筑建造，颜色多为饱和度较低的淡黄色。其次，丘陵地区树木丛生，村民就地取材建造，木材主要用作建筑承重结构，支撑起建筑框架。建造经历岁月的不同使得木材的颜色也有所不同，显现出或浅棕色或深褐色。丘陵地区的黏土资源也生产出了砖块、瓦片，皆为青砖、青瓦的颜色，相对石材显得细腻、顺滑。而苇箔主要由芦苇、高粱等农作物的秸秆编织而成，颜色较灰，以编织的方式制成，常用于辅助屋顶保温隔热等。

（2）空间布局

建筑以地方性石头为主，砖石等材质为辅，呈现出典型的石头屋风貌形式。建筑功能简单实用，主要以居住为主，农作、养殖为辅。选取坐北朝南的建筑为主房，起到分隔卧室与厨房的功能，其他厢房、正房空间根据使用需求既可以

作为卧室，也兼作着储藏、饲养家畜、存放农具等功能。剩余的院落空间主要用于道路、种植蔬菜、放养家畜。

第三节　胶东半岛民居资源与类型特点

一、胶东半岛府邸庄园

（一）丁氏故居（烟台龙口）

1. 概况

丁氏故居位于山东省龙口市黄县西大街21号，1996年11月20日，被列为第四批全国重点文物保护单位，是当年黄县"丁百万"家族的宅院部分，民国《黄县志》中记载丁氏以勤俭起家继时以当铺生意发家，直至清乾隆年间丁氏已经发展成山东商富大户，被称为"丁百万"。丁氏家族诚信经商，将儒、官、商有机结合，繁盛时期跨越整个清代。故其建筑风格具有浓厚的京城府第和胶东民居的神韵（图3-3-1）。

图 3-3-1　丁氏庄园航拍
（图片来源：郑徐魁 摄）

2. 聚落特征

（1）选址与布局

丁氏故居选址于清黄县城内，家族实力雄厚。现存房屋55栋243间，为丁氏族系"西悦来"的部分故宅，占地1.5万平方米，建筑面积4800平方米。现存建筑院落东、北两边临街，一条老街穿越其中，建筑院落布局随街巷呈南北、东西两种轴线，每组院落首尾皆临街开门，体现了丁氏故居商住结合，以当铺为主要经营活动的聚落布局特征。

丁氏故居现存院落由"两组四纵五院一园林"组成；"两组"分别指东区和西区两个部分，东区建筑坐西朝东，修建时间较早（1760年），由"爱福堂"和"履素堂"组成。西区建筑坐北朝南，修建时间较晚（1900年），由"保素堂"和"崇俭堂"组成。东区和西区夹持私园林淑芳园，形成"丁"字形的图底关系。每一个"堂"的建筑沿纵向轴线排开即"四纵"，每纵轴线上至少排布五进院落。以爱福堂为例：依次为倒座、正厅、大奶奶寝房、二奶奶寝房、私塾、当铺，即"五院"。

四个纵向院落以群厢房和院墙围合划分为两组，组内以巷道进行院落的区分与联系，形成了中轴穿堂、巷弄纵横联系的组织方式，既具有京城府邸民居强调中轴的特点，也具有胶东家族式聚居的特征（图3-3-2）。

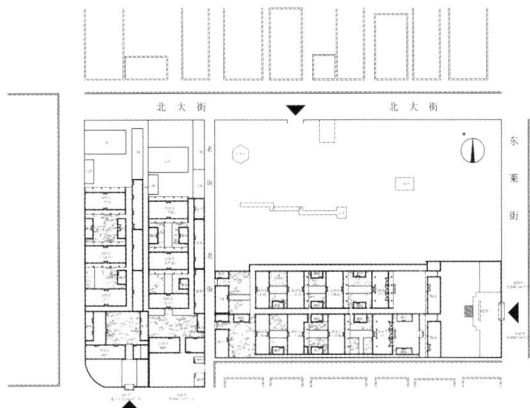

图3-3-2　丁氏庄园总平面图
（图片来源：烟台大学测绘资料）

（2）流线与空间

丁氏故居东区爱福堂和履素堂形成三级交通流线，第一级交通流线等级最高，位于院落轴线上，每纵五进院落轴线上的正房前后皆开门，形成穿堂式串联流线。第一进正厅后门设屏，非礼仪性重要活动不开此门，设定了此流线仪式性和等级性。第二级交通流线为爱福堂与履素堂所夹持的中间巷道，宽1.8米，与两侧庭院相连呈鱼骨状，这条流线主要联系丁宝典和丁法祖的生活院落，供主人通行，体现家族聚居的生活方式；第三级流线为两侧的巷道，宽1.5米，主要作为服务通道使用，联系每纵院落前院和后面的经营院落，不通向生活性院落。分级交通体现丁氏故居在空间等级和流线组织上的规划设计。

东区的流线设计还注重空间节点的转换，如第一级交通流线，在轴线尽端以雕饰吉祥图案的照壁为结束。第二级流线，巷道与院落之间以瓶门、月亮门转换，提示进入重要的生活庭院。

（3）排水组织

丁氏故居建筑群的排水系统由三部分组成：其一是由庭院向两侧巷道有组织排水，巷道将雨水从后院向前院引导，经倒座后檐的暗沟排入林淑芳园水池；其二是利用地面铺装自然渗水，巷道用黑色石块铺砌，庭院用青砖和卵石，每一进院落中央均有方形花园进行自然渗透排水，这样做不但可以作为景观，而且可成为天然雨水收集地。其三是利用厢房建筑的单坡屋面排水，将雨水引导排水进入内庭花园。

3. 现存建筑院落

（1）爱福堂与履素堂院落

爱福堂院落主人是丁宝典，履素堂创始人丁法祖，后由二孙子丁宝文承袭，两纵院落皆建于清乾隆二十五年（1760年）前后，建造年代相近，院落布局整体考虑，两纵建筑山墙相对，尺度对应。院落自东向西分为三类。第一种为礼仪性院落，爱福堂由倒座与正厅组成，空间最为宽敞；履素堂，由垂花门进入庭院，两侧有不等檐厢房，进深小出檐深，正厅出外廊，庭院轻敞，具有江南建筑特点。第二种为家庭生活院落，依次为三个庭院，正房皆带过堂，以四合院和三合院为主，空间相对私密，主要功能为私塾和卧室。第三种为经营性院落，分别由当铺和账房组成，有后门与院落外老街联系，体现家族聚居中的商业活动（表3-3-1）。

（2）保素堂与崇俭堂院落

西区的保素堂与崇俭堂院落的建造时间稍晚，保素堂，主人丁宝检，建于清道光二十年（1840年）左右。崇俭堂，主人丁寿佺，建于1900年左右。两纵院落的建造时间相距60年，随整体尺度相近，但建筑山墙并不对应。也不同于东区以中间的巷道构成两纵院落的交流联系，西区的保素堂与崇俭堂院落皆在东侧列群厢，围合独立的居住单元，隔离了两纵院落的生活。每纵

院落自南向北有四类院落类型：依次为服务性院落、礼仪性院落、生活性院落和经营性院落，其中服务性院落临街主要是杂物和车马院，礼仪性院落位于第二进，是重要的大门入口，经营性院落已损坏，推测为临街当铺和账房（表3-3-2、图3-3-3）。

（3）林漱芳园

丁氏故居北侧建有私家园林漱芳园，现存园林为根据记载原址重建。东西长110米，南北宽50米，占地约7000平方米。淑芳园亭台楼阁，曲径通幽，虽地处胶东但仍有江南园林的神韵。园内的松月亭统领全局，为园林的视觉核心，园林内除了松月厅还有假山、长廊、水池来丰富园内景观。园林虽小却空间体验丰富，体现设计的独具匠心。

丁氏庄园东区爱福堂与履素堂合院类型　　表3-3-1

功能分类	礼仪院落	生活院落			经营院落
爱福堂 合院形制	二合院	四合院	四合院	三合院	三合院
建筑	倒厅和正厅	正厅和大住房	大住房和二住房	二住房和私塾	私塾和当铺
厢房	不等檐厢房	两侧有厢房	不等檐厢房	两侧有厢房	不等檐厢房
空间特征	最为宽敞	相对开放	相对私密	更为私密	相对开放
图片	（第一进院落）	（第二进院落）	（第三进院落）	（第四进院落）	（第五进院落）
履素堂 合院形制	四合院	三合院	四合院	三合院	三合院
建筑	倒厅和正厅	正厅和大住房	大住房和二住房	二住房和三住房	三住房和账房
厢房	不等檐厢房	北侧有厢房	不等檐厢房	茅房猪圈	不等檐厢房
空间特征	最为宽敞	相对开放	相对私密	更为私密	相对开放
图片	（第一、第二进院落）	（第三进院落）	（第四进院落）	（第五进院落）	（第六进院落）

注：表中的图片来源于烟台大学测绘资料。

丁氏庄园西区保素堂与崇俭堂合院类型 表3-3-2

功能分类		服务院落	礼仪院落	生活院落		经营院落
保素堂	建筑厢房	杂物院	女主人老太太卧室	儿子儿媳住房	孙子孙媳住房	管家、账房先生用房
		单侧厢房	单侧厢房	单侧厢房	单侧厢房	两侧厢房
	空间特征	最为宽敞	相对宽敞	相对宽敞	相对私密	相对开放
	合院形制	一合院	三合院	三合院	四合院	三合院
	图片	（第一进院落）	（第二进院落）	（第三进院落两层）	（第四进院落两层）	（第五进院落两层）
崇俭堂	建筑厢房	马车院	女主人、老太太卧室	儿子、儿媳住房	孙子、孙媳住房	管家、账房先生用房
		无厢房	单侧厢房	单有厢房	单侧厢房	两侧厢房
	空间特征	最为宽敞	相对宽敞	相对开放	相对私密	相对开放
	合院形制	二合院	四合院	三合院	四合院	三合院
	图片	（第一进院落）	（第二进院落）	（第三进院落）	（第四进院落）	（第五进院落）

注：表中的图片来源于烟台大学测绘资料。

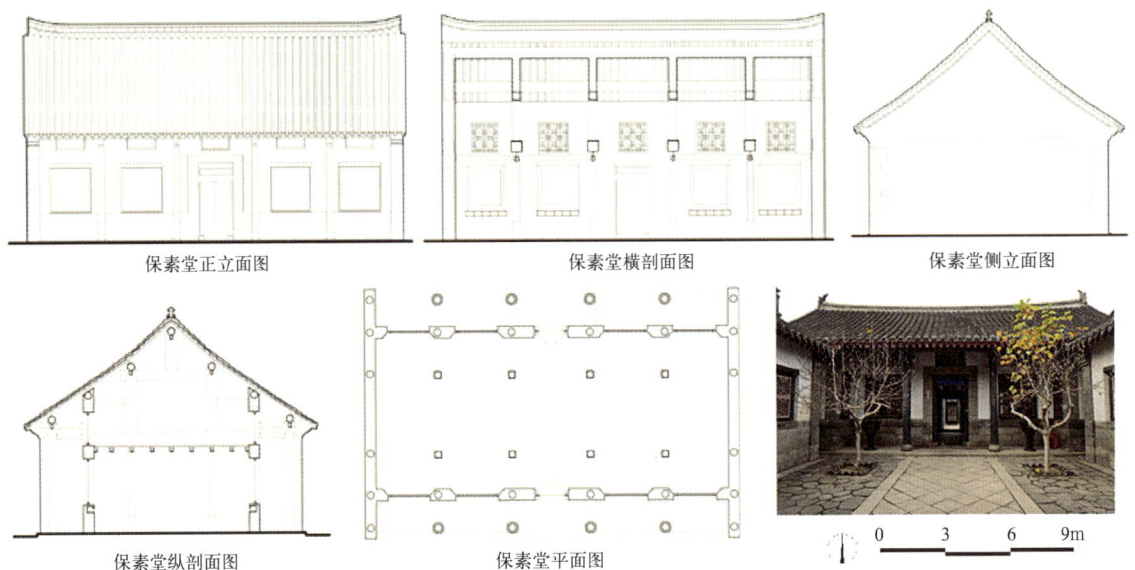

保素堂正立面图

保素堂横剖面图

保素堂侧立面图

图 3-3-3 保素堂小姐楼平面图、立面图、剖面图和实景（图片来源：烟台大学测绘资料）

保素堂纵剖面图

保素堂平面图

0   3   6   9m

（二）牟氏庄园（烟台栖霞）

1．概况

牟氏庄园，俗称"牟二黑子地主庄园"，是晚清胶东大地主牟墨林及其家族营建的建筑群，是胶东地区典型的封建地主庄园，坐落于山东省栖霞市北部的古镇都村。1977年成为第一批省级重点文物保护单位。1988年，被列为国家第三批文物保护单位。随着历史的发展，周围的建筑或被拆除或进行了改建，仅留下现在核心部分的六组院落。

2．聚落特征

（1）选址与布局

庄园选址地势东高西低、北高南低，背靠凤凰山顶，面朝文水河，形成背山面水、聚水藏风的风水佳地（图3-3-4）。庄园聚落以居住部分为核心、产业环绕布局。庄园以南，文水河以北大都是牟家的副业区，包括场院、油坊、粉房、花园、花房、石匠铺和木匠铺等。庄园以西是牟氏的佃户和农田。以水为界围合整个聚落，聚落内产业区围合居住区，居住部分则以高墙和群房围合内部院落，层层围合，体现了封建地主庄园布局的内向性和防御性（图3-3-5）。

（2）现存院落格局

牟氏庄园的院落延续聚落层层套合的方式，呈"三组六纵"的布局特点，在一进进的纵向院落外套群厢房，构成院中院的居住模式，庄园现存"三组"院中院（图3-3-6）。"六纵"即日

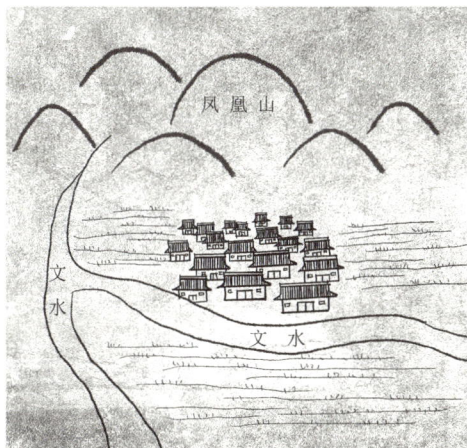

图3-3-4 牟氏庄园选址示意图
（图片来源：周垚霖 绘）

图3-3-5 牟氏庄园聚落布局图
（图片来源：周垚霖 绘）

图3-3-6 牟氏庄园鸟瞰
（图片来源：烟台大学测绘资料）

新堂、西忠来、东忠来、南忠来、宝善堂和师古堂。日新堂始建于清雍正十三年（1735年），为现存年代最早的一纵院落；1860年牟墨林从牟愿手中买入庄园后，用近40年的时间，逐步又为其四个儿子扩建了三处宅院，即后来的宝善堂、西忠来、南忠来；1911年在南忠来东面增建师古堂，后历时五年建成，1908年在西忠来旁增建东忠来，1935年修建完成，至此六组院落跨越清至民国时期最终完成建设。牟氏庄园建造过程是乡土聚落以血缘为纽带的生长方式，以日新堂为核心，向外生长，院落纵向并列排布，再以群房围合成套院，体现了庄园家族聚居的生活组织方式（图3-3-7）。

六个院落皆坐北朝南，遵循"居中为尊"思想，建筑沿院落中轴线依次排布，重要建筑位于轴线中段。六组院落中日新堂、东、西忠来有五进院落，以东忠来为例，从南到北依次为账房、

正厅、寝楼、家宴厅、后群房。布局符合中国传统建筑"前堂后寝"的布局（图3-3-8）。

（3）庄园流线

牟氏庄园的纵向院落间以巷道相隔，也是家族内重要的行走通道，不似江南将巷道作为辅助交通，六纵院落皆以南北巷道为主要交通联系，巷道上可设门楼进入院落，或连接东西向巷弄，从南侧门楼进入院落，通过空间转换，增加院落进入的私密性（图3-3-9）。通过在巷道上设门，形成院落在纵向空间上的开放与私密，如东忠来的巷道通过设置两道门洞来划分对外空间、半开放空间和私密空间（图3-3-10）。

（4）院落排水组织

牟氏庄园共有400多间房，庞大的建筑群落在排水组织上结合生活有许多巧妙的设计。庄园西北侧的日新堂、西忠来和东忠来组群的排水系统保存较好，可较为明确地表达庄园整体的排

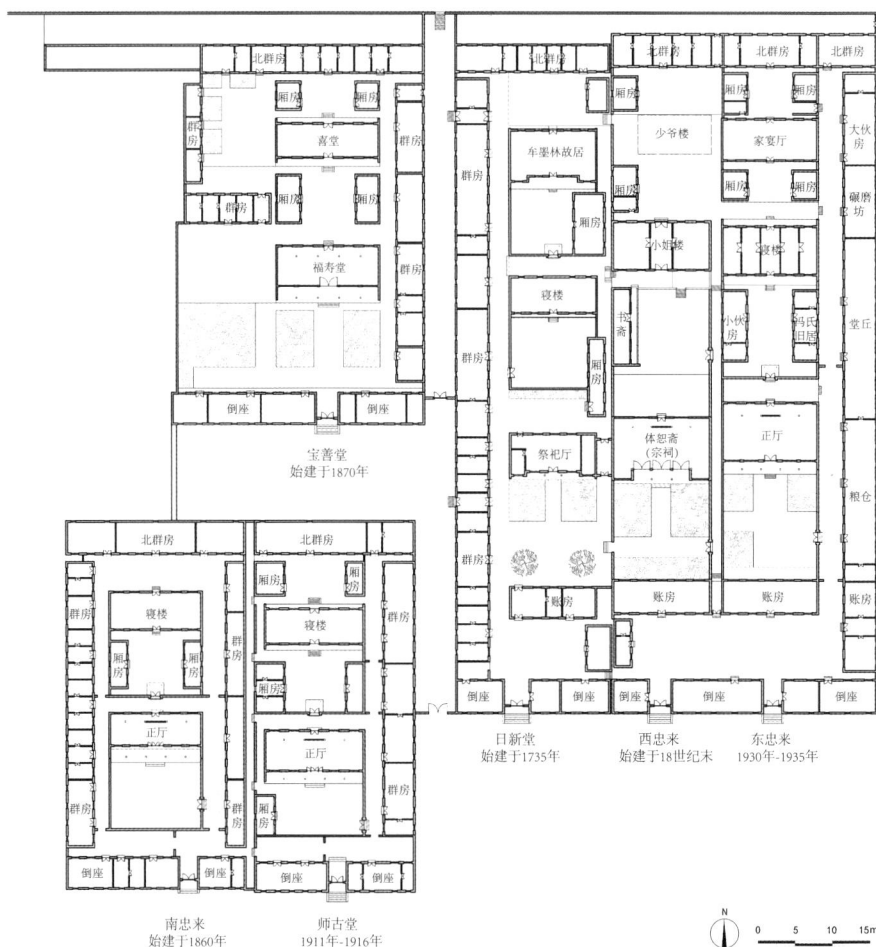

图 3-3-7　牟氏庄园总功能平面图
（图片来源：周垚霖　绘）

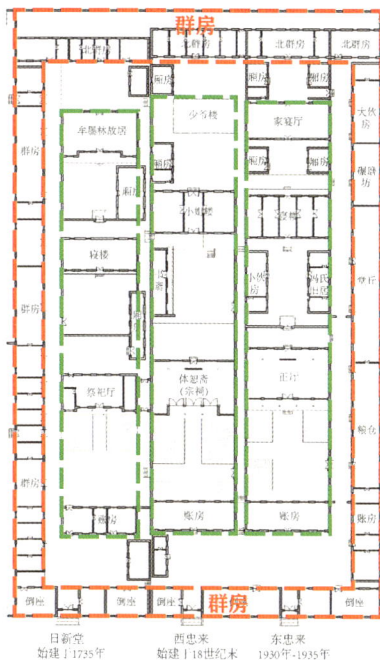

图 3-3-8　院中院单元示意图
（图片来源：周垚霖 绘）

图 3-3-9　穿堂门儿一线开
（图片来源：刘馨蕻 摄）

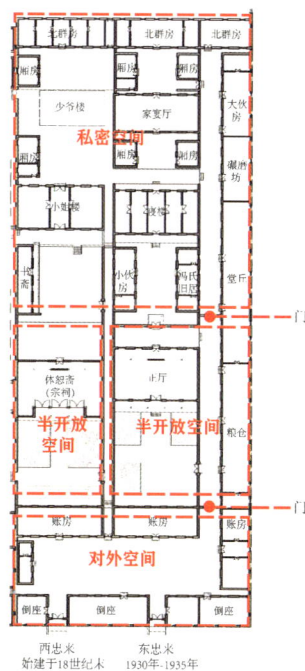

图 3-3-10　门洞划分空间
（图片来源：周垚霖 绘）

水设计。雨水排泄系统主要为两类，一为沟渠系统，每进院落沿后檐墙向东西两侧巷道排水，再沿巷道旁明沟依地势向南排水。二为"雨水花园"系统，每组第二进院落的正厅或祭厅是每纵院落中最大的庭院，庭院内皆留出方形空地种植花草植被，一方面作为院落景观，另一方面作为天然的雨水收集地，可称为中国古代的"雨水花园"系统。庄园生活院落的污水排泄主要是地漏接排水暗沟，再利用雨水沟渠向外排泄。另外，庭院铺地设计也将排水考虑其中，除中轴线上铺地用大块整石，庭院、巷道上用卵石、碎石铺地，便于渗水。

3. 现存建筑院落

(1) 院落分析

牟氏庄园每纵院落皆由多种合院类型纵向组合，其合院的布局设计也其巧思。以庄园的日新堂、西忠来和东忠来为例，每进院落的布局体现了其空间特性和功能。三纵院落的第一进院落皆为经营性院落，主要建筑是账房，建筑围合出四合院，结合门将外来人员包围在主人生活院落之外。东忠来、西忠来经营性院落

合并为一个大的四合院，倒座大门皆位于轴线上不做转换，体现对外的院落功能。第二进院落皆为礼仪院落，是祭祀厅或客厅，皆为一合院，院落北面是主要建筑，三面皆为矮墙，无服务性厢房，突显主体建筑在院落中的重要性和礼仪性功能。第三、第四进院落皆为家庭院落，是主人和妻妾子女居住处，有二合院、三合院和四合院，三合院为胶东地区民居典型院落，正房和厢房围合出私密性空间。第五进院落为服务院落，是药铺或材库等私密服务功能，多是三合院或四合院，南北两边高大正房围合出高度私密空间，最后一进院落也起防御保护作用。在尺度上，礼仪院落最为宽敞，服务性院落最紧凑私密（表3-3-3）。

庄园院落不仅通过平面布局来划分空间，亦在空间序列上通过竖向设计来强调重要的设计。庄园的西忠来和东忠来（图3-3-11）的第三进院落通过建筑地基的高低变化让寝楼地基成为整纵院落的最高处，建筑也设置二层楼式提升纵向轴线上建筑的层级，空间的高潮，也是大家庭的核心，彰显主人的地位。

牟氏庄园三堂合院类型　　　　　　　　　　　表3-3-3

功能分类		经营院落	礼仪院落	家庭院落		服务院落
日新堂	合院形制	四合院	一合院	二合院	二合院	四合院
	建筑	账房、倒座、群厢房	祭祀厅	寝楼、厢房	牟墨林故居、厢房	北群房、牟墨林故居、群厢房
	空间特征	相对开放	宽敞相对开放	相对私密	相对私密	私密
	图片	（第一进院落）	（第二进院落）	（第三进院落）	（第四进院落）	（第五进院落）
西忠来	合院形制	四合院	一合院	三合院	三合院	三合院
	建筑	账房、倒座、群厢房	宗祠	小姐楼、书斋	少爷楼、厢房	北群房、少爷楼、厢房
	空间特征	相对开放	宽敞相对开放	相对私密	相对私密	相对私密
	图片	（第一进院落）	（第二进院落）	（第三进院落）	（第四进院落）	（第五进院落）
东忠来	合院形制	四合院	一合院	三合院	四合院	四合院
	建筑厢房	账房、倒座、群厢房	正厅	寝楼、小伙房、冯氏故居	家宴厅、厢房	北群房、家宴厅、厢房
	空间特征	相对开放	宽敞相对开放	相对私密	私密	私密
	图片	（第一进院落）	（第二进院落）	（第三进院落）	（第四进院落）	（第五进院落）

注：表中图片由周垚霖绘制。

a 西忠来中轴线剖面图

b 东忠来中轴线剖面图

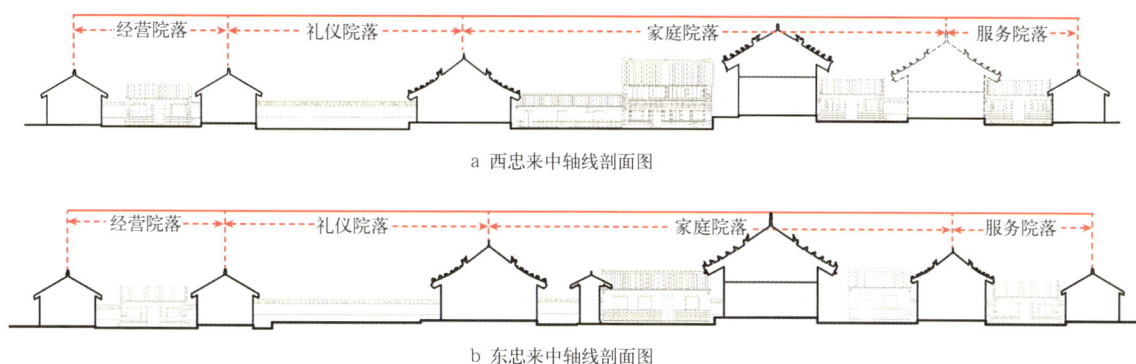

图 3-3-11　院落中轴线剖面图
（图片来源：周垚霖 绘）

（2）典型建筑——西忠来小姐楼

小姐楼为西忠来第三进院落正房，地基抬高1.5米，内设地窖，储藏蔬菜和鱼肉，具有冷藏保鲜作用，前后门有砖雕门楼。小姐楼为七开间三进深楼式结构，前后檐步进深尺寸小，仅0.8米，檐口高度7.1米，金柱与墙内檐柱有紧密的拉结，有利于增加前后檐墙的稳定性。

胶东传统民居采暖多用火炕，明间设灶台接火炕，烟道设于山墙，屋面出烟囱。牟氏庄园在采暖设计上独具特色，烟囱和炕洞皆被设置在墙外。前檐墙以石板探出设楼阁式烟道，烟囱自屋檐出，减少烟囱在室内对屋面带来损坏漏雨的隐患。外设炕洞也可避免室内产生烟雾，同时将服务流线外设保证了室内的私密性（图3-3-12）。

（3）典型建筑——西忠来书斋

书斋为牟氏庄园唯一的二层硬山单坡屋顶厢房。一层低矮，层高2.3米，为储藏空间。二层高敞，层高5.7米，为半楹抬梁式结构，四开间五檩带前廊，檐口高5.2米，学童置身廊下凭栏远眺俯望庭院。二层书斋设计为单坡屋顶，较小进深获得较高的屋顶形象，与北侧抬高的小姐楼在竖向尺度上相宜，也体现书斋并非一般的厢房，而是院落中的重要建筑，自东侧门楼进入，一眼望见书斋亭立院中，与小姐楼都位于平台高度之上，视觉焦点依次落在书斋廊子和小姐门楼，设计灵妙利用高差，组织建筑，形成空间上的层次和焦点，也体现主人对教育的重视（图3-3-13）。

4. 石材应用

牟氏庄园建筑石材应用丰富，工艺水平极高。在墙上使用方式有五种，一是建筑的台基，其选材是质地坚硬的花岗岩和玄武岩。二是墙体

图 3-3-12　外设烟囱、炕洞
（图片来源：杨俊 摄）

书斋一层平面图

书斋二层平面图

书斋南立面图

书斋剖面图

N

0 1 2 3m

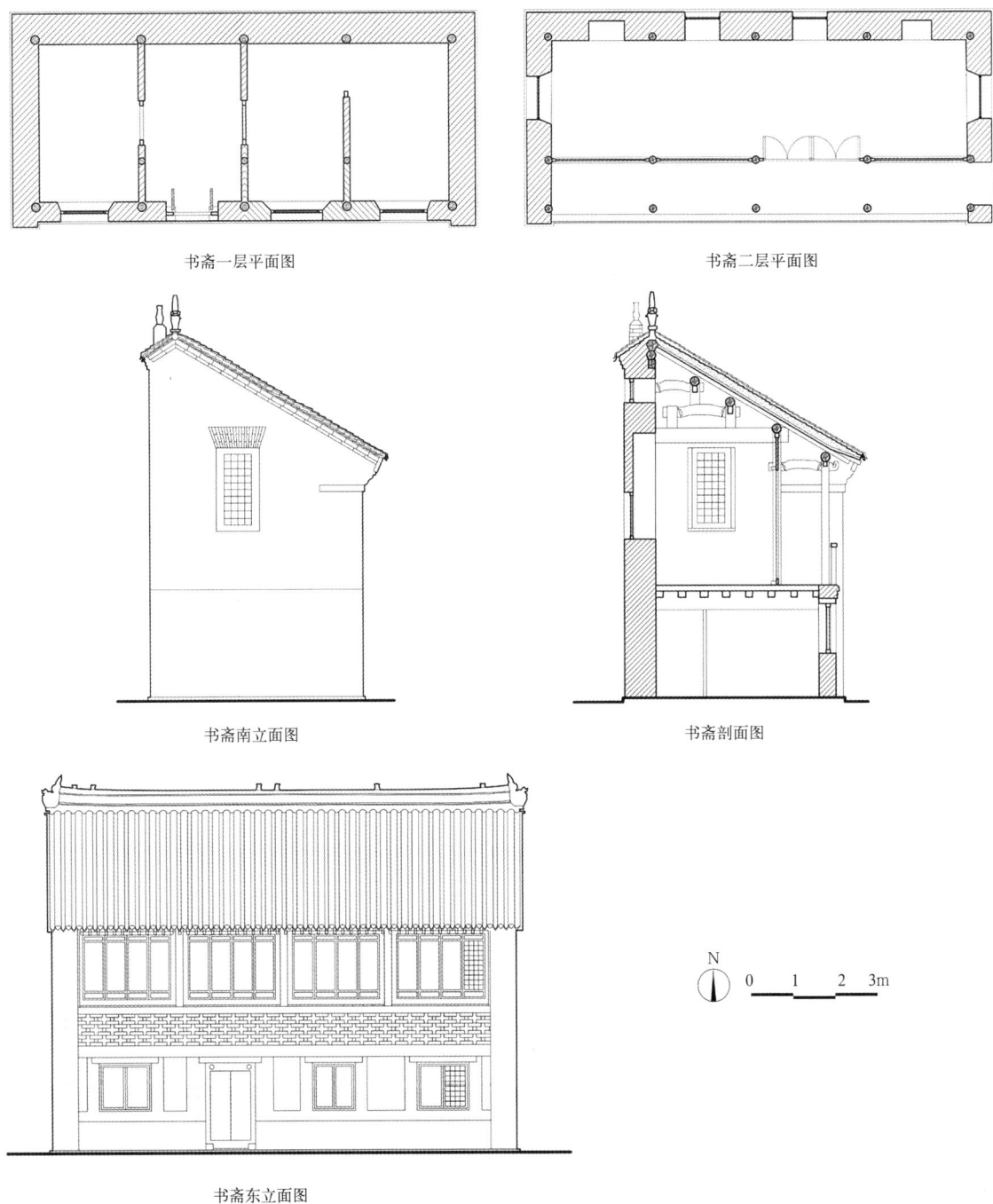

图 3-3-13 书斋平面、立面、剖面图（图片来源：烟台大学测绘资料）

书斋东立面图

台基以上腰线砖以下墙体即下槛，也采用同台基一样的质地坚硬的石材；与基础相比，下槛石材加工更为精细，这是人们在日常生活接触最多和观赏到的高度范围。其施工工艺强调牢固性和美观性，墙体石料打磨后，砌墙时以铜钱、锅铁坐垫，两石之间形成仅1~2毫米的一线缝，石缝之间不用灰浆等任何粘合剂，完全靠石头与石头相对来达到严丝合缝，样式多样。三是下槛以上墙体，有青砖、白色抹灰和虎皮墙，石材在砖墙上做石钉、挑檐石，其中虎皮墙是庄园的特色，是用从河边捡来的河卵石拼凑砌成的宽2米、长百米的花墙，这些河卵石通过其色彩和形状，拼凑出各式各样带有吉祥寓意的图案，既体现了当地的工艺和民俗文化，又展示了庄园主人的强大财力。四是墙体转角处，当墙体为青砖时，其山墙、墙体的转角处会用打磨好的石材来加固。五是在墙上出挑石板，为庄园又一特色，目的是在其上承接烟囱。

石铺地画是庄园西忠来入口处和日新堂祭祀厅前用石头铺砌的石毯，亦称"吉祥毯"。西忠来石毯四角嵌有石蝙蝠，居中铺设三枚石钱，正中石钱的四角上各有一"寿"字，寓意"踏福踩钱"，长寿不老。日新堂石毯为蝙蝠花纹中间内置石钱（表3-3-4）。

牟氏庄园石材应用　　　　　　　　　　表3-3-4

台基　　　　　下槛　　　　　转角　　　　　出挑

虎皮墙　　　　　　　　　墙上吉祥图案

净瓶莲花　　　宝瓶

莲花　　　梅花

石毯

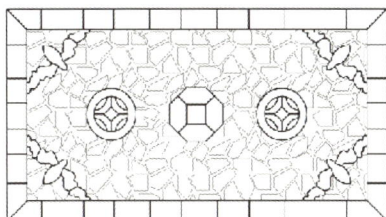

西忠来石毯　　　　　　　日新堂石毯

注：表中的图片均由丁立斌绘摄。

（三）李家庄园（烟台福山）

1. 概况

李氏庄园，坐落于山东省栖霞市臧家庄镇马陵冢村，省级重点文物保护单位。庄园具有胶东传统乡土聚落和商业家族聚居的双重特征。庄园由李绪尧、李绪埙、李绪田兄弟三人在海参崴经商发迹回家后营造。清末民初，李家鼎盛时期共有五组院落，房屋500间。五组院落中，李绪田占有三组院落，李绪尧、李绪埙分别占有一组院落，现存的李氏庄园主要为李绪尧的家院和李绪田西南院。李绪尧院落是目前保存最完整，始建于清光绪二十七年（1901年），历时6年时间，占地1380平方米，共计五进院75间房。

2. 聚落选址与布局

李氏庄园的选址北倚茅龙山，南邻白洋河，北高南低。庄园聚落以居住部分为核心，宗祠在西，作坊在南，周围有佃农包绕，形成以庄园主居住院落为核心，呈放射状分布的乡土庄园特点。李氏宗祠位于李绪尧主院落西侧，现已不存，但独立设置的宗祠院落地位重要，是家祭祖与经商议事的场所，也李氏家族凝聚力的象征。

3. 现存建筑院落

（1）平面功能布局

李氏庄园现存院落坐北朝南，布局规整，其主体部分为以南北轴线贯穿的五进院落，主次分明的空间序列。院落东侧设有群厢，与主体院落间通过巷弄联系，用于储藏，还具防御功能。

李氏庄园的平面布局体现了传统礼制思想与家族商业聚居的结合。庄园内的建筑物由厅、堂、楼、厢构成，居住分配是根据人物的地位、身份不同而对号入座的。以垂花门为界，垂花门以南包括倒座在内的是第一进院落，空间的功能是对外的，右侧有门洞进入巷道，巷道联系东侧的群厢，是服务通道也通向对外经营的库房；垂花门以北包括正厅以及两侧厢房在内是第二进院落，是家族接待客人商办大事，具有仪式感的重要场所。这里的铺地规整，主次分明，建筑体量最大，装饰也最为华丽；垂花门是连接内外院落的节点，起到了过渡的作用，垂花门以内是半私密空间；正厅以北至过堂为第三进院落；过堂到后罩房，以小姐楼为分隔，形成第四、第五进院落，是完全对内的家庭居住的私密空间（图3-3-14）。

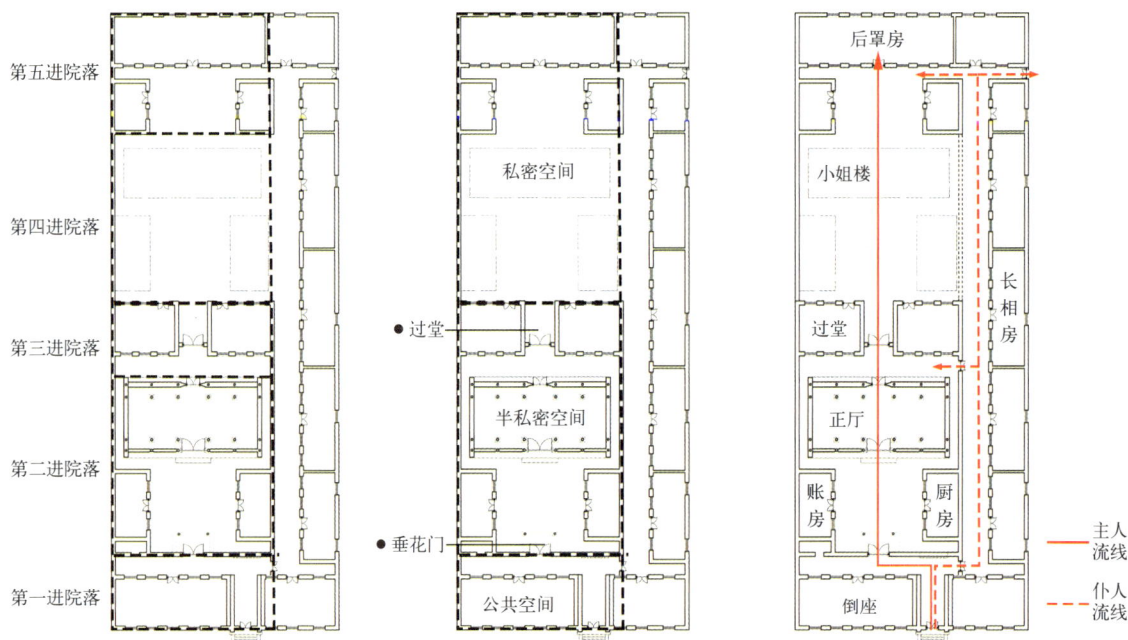

图3-3-14 李氏庄园院落空间与轴线分析图

（图片来源：卢悦 绘）

院落空间及轴线分析

（2）正厅

正厅位于院落的第二进，相当一组宅院中的客厅，无论是从建筑体量，形式还是装饰艺术上都体现了其核心的地位，建筑面阔五间，进深三间，为一层七檩木结构（图3-3-15）。

（3）垂花门

第一进院落照壁西侧设有垂花门，是北方多进四合院中的空间转换节点。垂花门为四柱五檩，前檐出三开间四根垂莲柱，后檐柱间有屏门的痕迹。垂花门为仰合瓦悬山屋面，进深1.36米，一间四步架，每步架0.45米，檐柱不直接支撑檐檩，檐柱内收与挂落形成垂花门的层次，又兼顾了垂花门在第二进院落中的空间尺度，减少垂花门对内院空间的压迫感，做法具有地方特色（图3-3-16）。

（4）独具特色的烟囱

胶东传统民居皆以火炕取暖，烟囱是必备的排烟设施。李氏庄园烟囱的设置方式独具特色，不同于胶东传统民居中烟囱从屋面探出，而是利用山墙边的围墙架设烟囱，解决了瓦屋面出烟囱经常毁坏漏水的问题。砖砌楼阁状烟囱，既美观又有实用价值。镂空的楼阁屋顶可以防止雨水、杂物等落到烟囱里，当烟尘随气流升起时，会被附在囱顶的焦油粘住，减轻烟尘飞扬。

（四）梁氏庄园（威海文登）

1. 概况

梁氏庄园位于威海市文登区高村镇万家村，2013年被公布为"山东省第四批省级文物保护单位"。庄园始建于清咸丰二年（1852年），历时73年，于民国14年（1925年）完成。整个庄园占地

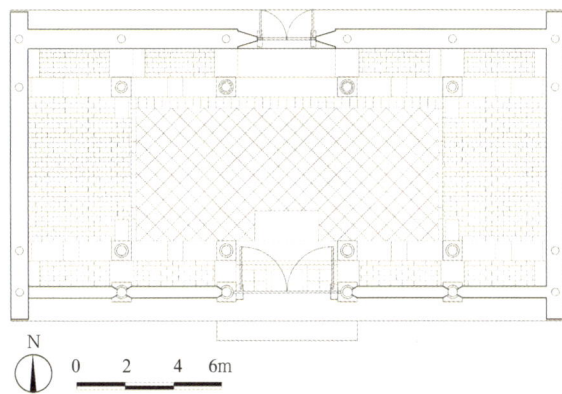

李氏庄园大堂平面图

N
0　2　4　6m

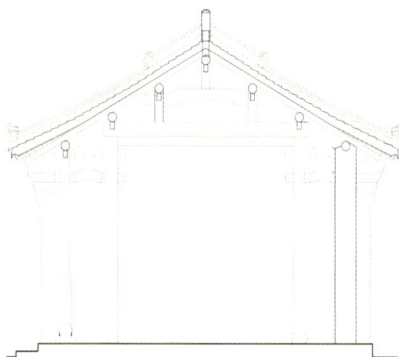

李氏庄园大堂剖面图

李氏庄园大堂立面图

李氏庄园大堂照片

图3-3-15　李氏庄园正厅平面、立面、剖面图
（图片来源：卢悦　绘）

李氏庄园垂花门平面图

李氏庄园垂花门剖面图

李氏庄园垂花门立面图

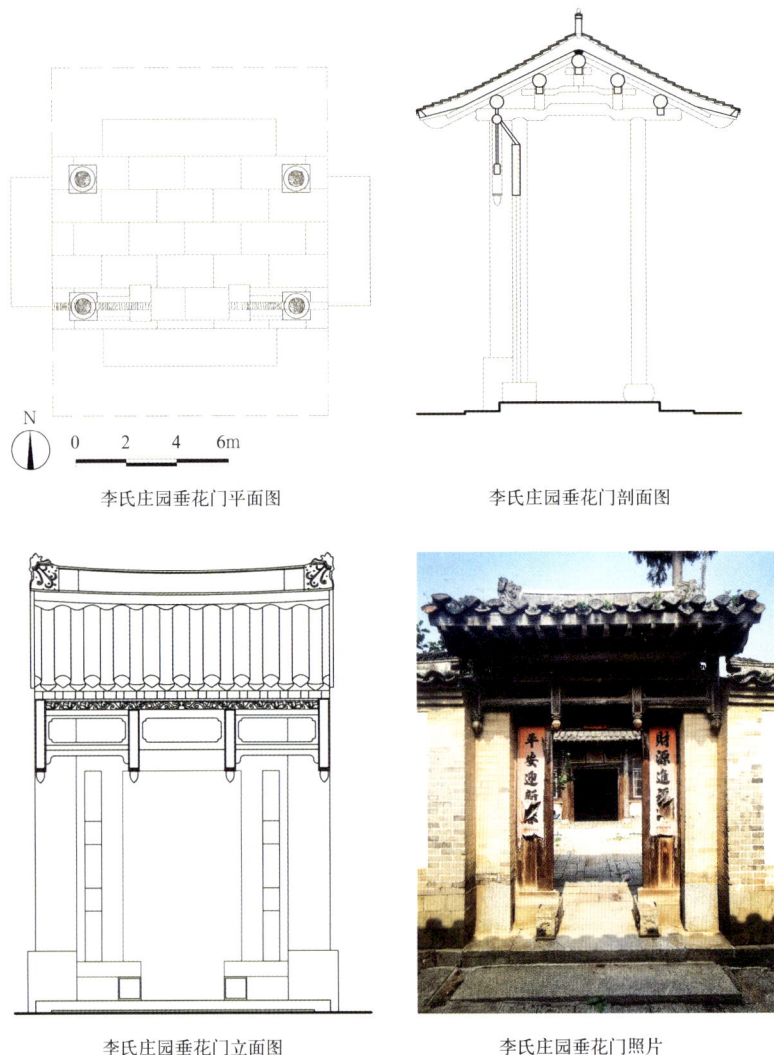

图 3-3-16　李氏庄园垂花门平面、立面、剖面图
（图片来源：卢悦 绘）

李氏庄园垂花门照片

100余亩，建有主房、配房1000余间，拥有土地28800余亩。现存庄园占地约17300平方米，建筑占地面积4000余平方米，有房屋建筑共计284间，现存建筑面积及其规模不足当时的五分之一。

梁氏庄园的创建人梁萼涵，是清代中期的进士，曾先后担任山西和云南两省的巡抚。梁氏家族世代遵循"曰耕曰读"的祖训，重视读书仕进，耕读传家。梁氏后人从政从商不在少数，仍重视耕作，庄园周边拥有大片耕地，故而梁氏庄园是胶东传统乡土聚落中，兼容官商，以地主庄园特色为主的建筑群落。

2. 庄园聚落

（1）选址与风水

庄园选址注重利用自然，形成三面环山一面向水的"椅子地"选址。北倚鹧鹕山，东靠青龙岭，西连卧龙山，南面一马平川的泊地，青龙河环绕大海。整体地势北高南低，居住在北，地势高便于排水，南面是大片农田，利用地势聚水灌溉（图3-3-17）。

梁氏庄园还建有文昌阁、魁星楼以及祠堂等风水建筑，现均已拆毁。据文献记载，祠堂位于庄园内祠堂街南，前有照壁墙，由厅堂、大殿、东西厢房和后房60余间房屋组成。庄园东侧外建有"文昌阁"和"魁星楼"。文昌阁在墙外东北角30米处，阁底座呈正方形，边长9米，高三层24米，四角飞檐，为保子孙文风昌盛、仕途旺达而建。魁星楼建于庄园墙外东南角30米处。楼高二层，八面八角，建筑精美。内供魁星像一尊。

图 3-3-17　万家村航拍
（图片来源：烟台大学测绘资料）

文昌阁与魁星楼自南而北连城一个轴线上，魁星楼楼门向北，文昌阁阁门朝南，两门相对遥相呼应，直正北鸺鹠山上的金岭寺，保梁氏家族世代平安富贵、繁荣昌盛之意。

（2）庄园格局

梁氏庄园属于乡土环境下的家族式聚落，聚落格局与血缘密切相关。庄园主梁荜涵育有两子，此二子又各生四子，按照梁家的家规，八大家析居各个方位且均有自己的堂号。庄园建设前有规划设计，营造出建筑规整、布局合理，没有明确的主次关系"八大家"格局（图3-3-18）。

梁氏庄园形制方正，外有围墙，东西两侧设有护庄河，用于排水、灌溉和防御。庄园在东西侧各开三座门，南北不开门，形成庄内三条平行的东西向内街，街道联系起六座大门。三条东西向内街将庄园分成四个块区，其中北区和中区较大，南区较小。每个块区内设有四条南北向的胡同，将庄园切割成20个单元，八大家每堂占两个单元。庄园东南设花园，占两个单元，东侧为祠堂，占一个单元。祠堂作为家族重要的仪式场

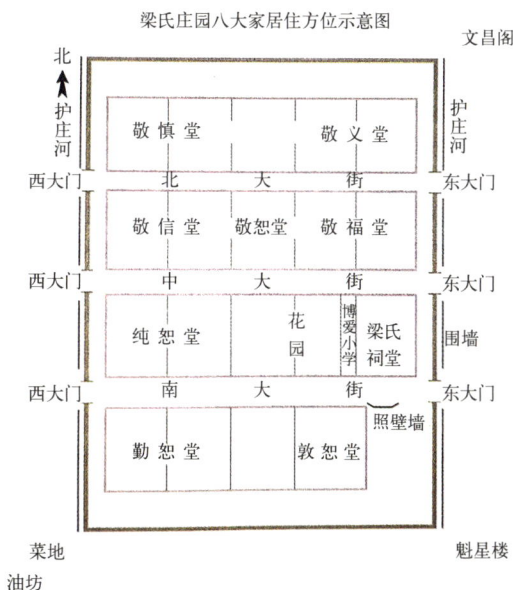

图 3-3-18　八大家居住方位示意图
（图片来源：《梁氏庄园》）

所，处于庄园的核心位置，紧邻庄园内的花园，家族的公共活动都在这里进行，成为维系家族关系的重要空间。每组内四合院纵向排列，中轴对称。沿街建筑后檐均设有排水沟，并与庄外护庄河连通，用作排水及引水灌溉。庄园外东南面各有两眼水井以供生活所需。

a北区晋中建筑风格　　　　　b中区胶东建筑风格　　　　　c南区滇西建筑风格

图3-3-19　各区建筑风格
（图片来源：程嘉城 摄及网络资源）

（3）聚落风貌

庄园建筑的整体风貌与庄园主人梁萼涵曾在山西、云南等地做官的仕途经历、所见所闻有很大关系，以山墙为特色，庄园北区的建筑群落为晋中建筑风格，中区大体为胶东风格，也散落着一些吏农住的海草房，偶有几座晋中风格的建筑，南区则是滇西的建筑风格。但是不同建筑风格的比重不同，有主次之分，总体以胶东、晋中建筑为主，滇西建筑为辅（图3-3-19）。

3．现存建筑院落

（1）平面特征

现存两进建筑院落，前院由过堂和东西厢房组成三合院，后院由过堂、东西厢房与正房围成四合院。院落南侧设门楼在轴线上，前院由过堂明间的门道进入后院。强调中轴对称的院落布局，具有北方官邸府宅的特点（图3-3-20）。

（2）建筑特征

正房建筑平面为五开间四进深，明间为单层厅堂式，左右尽间设二层，为楼式结构，东西向布置楼梯，因开间尺寸小而楼梯坡度较陡。前檐明次间有外廊。屋顶垂脊使用仰合瓦屋面做法，屋面采用"翻毛脊"，仅用底瓦和抹灰捉垄，是胶东常见的民居建筑做法。厢房为三开间，砖出檐，窗户样式是支摘窗。庄园建筑墙体局部采用南方空心斗子砖墙砌法，是庄园主人把地方特色融入庄园建筑中的表现之一（图3-3-21）。

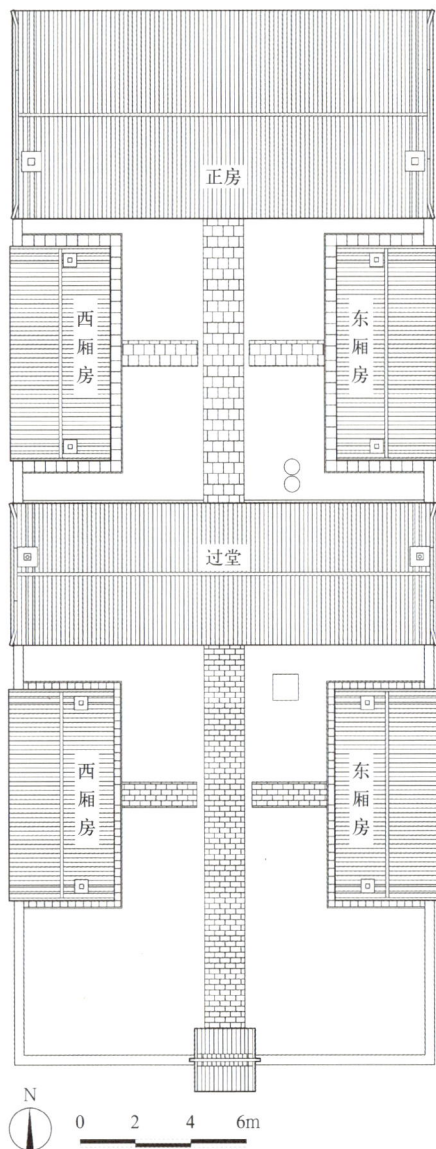

图3-3-20　总平面图
（图片来源：程嘉城 绘）

| a 第二院落 | b 正房北立面 | c 东厢房 |

图 3-3-21　院落实景
（图片来源：程嘉城 摄）

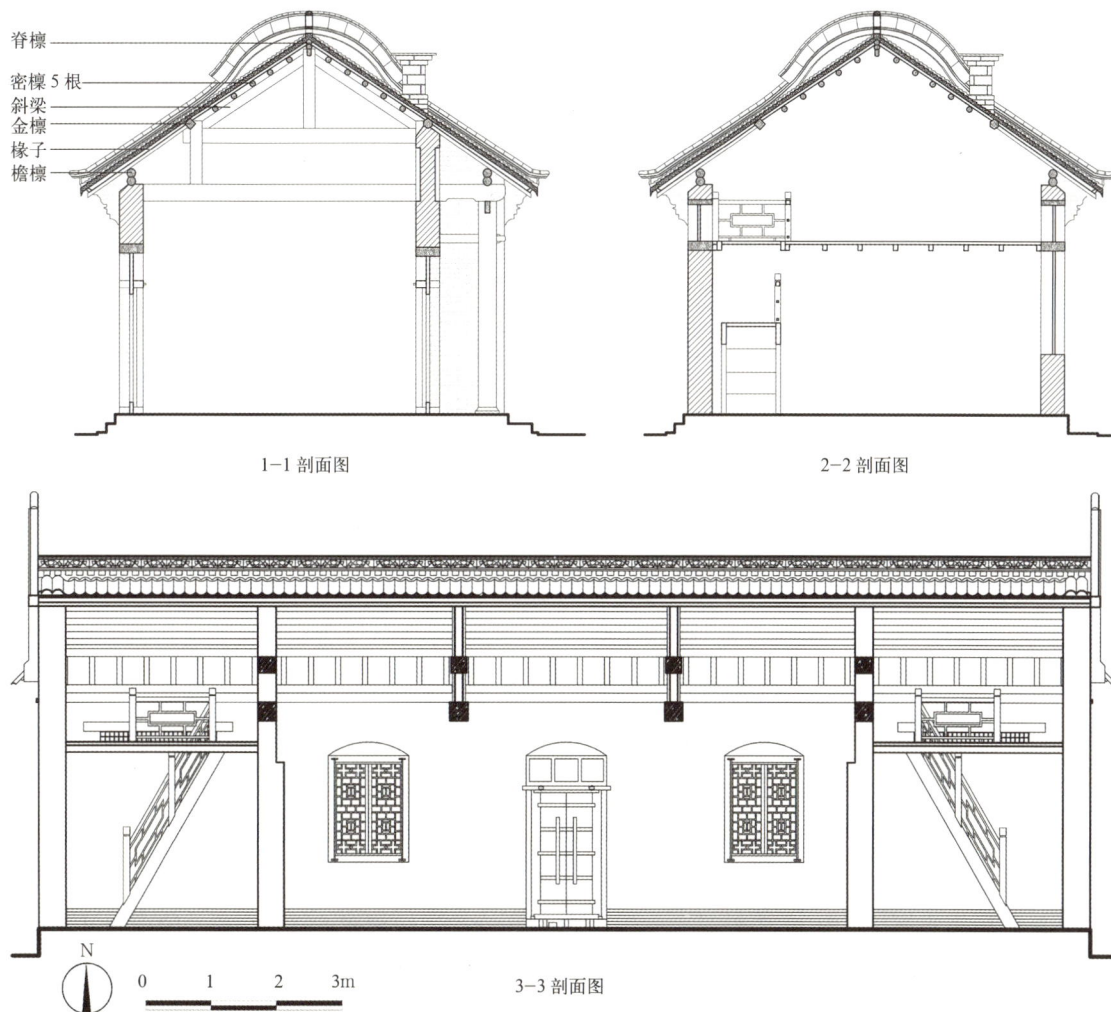

脊檩
密檩 5 根
斜梁
金檩
椽子
檐檩

1-1 剖面图　　　　　　　　　　　2-2 剖面图

3-3 剖面图

N

0　1　2　3m

图 3-3-22　剖面图
（图片来源：周垚霖、程嘉城 绘）

梁氏庄园建筑最独特的部分是正房的木结构，上金檩到脊檩步架2米，采用密檩代替椽子支撑屋面，金檩到檐檩步架深1米，用椽子支撑屋面，是抬梁式与斜梁式结合的一种地方做法（图3-3-22）。

二、海草房民居类型特点

（一）院落空间布局

1. 院落类型

正房前或建厢房，或建院墙，形成独门独院，有东厢或西厢，也有三合院或四合院，但比较少见。

2.院落组合

海草房属于合院式民居，以一正一厢、三合院最为普遍。院落出入口有东向、西向、北向、东南向四种方式。院落各幢房屋分离布置，紧凑灵活，呈长方形。整个海草房古民居的选址、规划、建筑等各个方面都蕴含着秩序之美，所有的建筑都是坐北朝南，整齐地排列在村间小路的两旁，这体现了传统民居建筑的整体秩序之美。

（二）院落营建技艺

1.材料选择要求

海草是一种约3～5毫米宽的海生植物，适宜生长在河流入海口附近的海域，冬季随海潮涌到岸边，人们收集起来、晒干用作苫海草房，经风吹日晒逐渐变白、变灰，最终成为褐色。海草中因含有大量的卤和胶质，用它粘成厚厚的房顶，可以持久耐腐，防漏吸潮。海草房用花岗石砌墙，大都采用未经打磨的毛石，石头的形状也很不规整。厚厚的石墙直砌到檐下，抹白灰，门窗及墙角用砖镶边，墙体一般都不高。东楮岛盛产花岗岩，色泽微红，是现代建筑装饰的好材料。与现代装饰多采用经抛光打磨、形状整齐的石材不同的是，大都采用未经打磨的毛石，石材的形状也很不规整，尺寸大约为300～600毫米。檐口处及部分墙体采用青砖，尺寸约为200～400毫米。在内墙上部采用宽约400毫米、高约100毫米的土坯砖。

2.结构体系构建

内外墙承重的结构体系，海草房屋面层次从上至下依次为海草、麦秆、黄土、苇帛、檩条，保温隔热，耐腐难燃。直接由墙承重的结构体系，檩条置于苇帛下层，直接插入在墙体内，檩条两端搭在山墙之上，由内墙与山墙共同承重。

外墙梁架承重的结构体系，由砖墙梁架承重，檩条搁置在梁架上，檩条之上依次为苇帛、黄土、麦秸、海草。

3.砌体砌筑工艺

海草房用花岗石砌墙，渔民大都采用未经打磨的毛石，石头的形状也很不规整。厚厚的石墙直砌到檐下，抹白灰，门窗及墙角用砖镶边，墙体一般都不高。

墙体分内墙、外墙，内墙宽约400毫米，一般底部为粗糙块石，上部为宽约400毫米、高约100毫米的土坯砖。外墙厚约500毫米，大致分为两种形式，一种是在外侧用宽约300毫米的块石砌筑，内侧为宽约200毫米的碎石砌筑，内侧表面再抹20毫米厚白灰；另一种是在外侧用石砖砌筑，内侧用碎石砌筑，内侧表面再抹20毫米厚白灰。立面石材的组合方式大致分两种形式：一种是全部采用青石砖砌筑；另一种是在下部采用块石，上部采用青石砖砌筑。

4.屋面构建工艺

海草房屋面构造层次由上至下为海草（厚度一般为50～150厘米）、麦秸、黄土、苇帛。

第一步是准备工作。扎"脚实"（脚手架）、理草、铡草、润草。第二步是做檐头。这是苫好房顶的基础，需要精心操作。即把小捆的贝草放在檐墙上，铺出二寸厚，出墙二寸，上要平，沿要齐，草要顺。在此基础上再向外出二寸，铺贝草形成檐角，再用海草铺面，以此做三层，叫"三层檐"。第三步是苫房坡。这是能否苫好房顶的重要环节，其面积大，还要整齐划一、内实外软，刹紧实称，保持整个屋顶的均匀走势一铺到顶。第四步是封顶。这是保证屋顶牢固、不漏、美观的关键。苫时要一层贝草一层海草，需要拔起1～2米高的屋顶。中心必须牢固结实，还要能顺出水来，技术要求特别严格。收顶时是用海草沫子堆集拢尖，再用草泥压住，使海草的胶质与草泥黏合在一起，达到能防风、防雨的目的。第五步是淋水拍平、剪檐。这是最后一道工序，把苫好的屋顶淋水，再从上到下用拍板梳理顺海草，拍平房坡，把房檐海草剪齐[①]。

5.门楼营建特征

大门的朝向大致分为以下四种：一是在南侧

---

① 刘彩云.胶东地区海草房营造技艺的发掘与保护研究[D]. 北京：北京服装学院，2017.

正中开门；二是在东南角开门；三是在东侧开门；四是在北侧一角开门。

（三）民居装饰特征

1．民居装饰符号

海草房在建立的过程中，海洋动物与植物形成了一种独特的房屋装饰手段，在许多的建筑物中，都能够发现水生动植物的身影，比如入口的门楼与照壁，山墙的檐口以及门窗等。鱼、藻类等，被广泛雕刻于房屋的梁、柱之上，同时运用不同的手段进行装饰，形成了令人印象深刻的形象。当地的普通居民会就地取材，将水草等纹路雕刻于房屋的物品之上，形成灵动的波浪状图案，使构建的物品更具地域和时代特点（图3-3-23）。

2．民居色彩特征

在地域的历史和文化的熏陶之下，胶东地区形成了淳朴的民风民俗，他们的房屋装饰手段也体现了这一点特点。从色彩方面分析来看，胶东地域的房屋外观上鲜有明亮鲜艳的装饰，大部分的房屋都是以建筑材料本来面貌为主。其室内的装饰风格受民俗文化、民间信仰、民间艺术的影响，装饰多为明快喜庆的色调。在这种装饰色调下，能够给胶东人们生活带来更舒适的感受。这种对装饰色彩的处理彰显胶东海洋文化的特性，形成了胶东地域独一无二的情感符号。

（四）院落案例解析

1．民居建筑

东楮岛海草房为二合院形式。正房进深约4000米，分为四个房间。正房的中间处开门，门洞宽约1200毫米。一进门的明间为客厅，两侧为卧室，最西间为厨房和杂物间，东厢房宽约3000毫米，作仓储之用，厕所位于西南角，院内有楼梯可达房顶。

结构为墙承重结构，檩条插入墙内，檩上铺棉帛和一层厚泥土，土上压一层层的麦秸和海草。海草苫完后，在屋脊用白灰黄泥调成的稀浆抹平，俗称压房脊。

大庄许家海草房原为四合院，由于历史原因，南侧倒座以及院内正中的影壁被拆除，形成了现在的三合院形式（图3-3-24、图3-3-25）。

图3-3-23 海草房门楼
（图片来源：郝占鹏 摄）

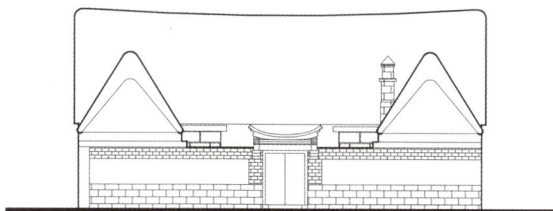

图3-3-24 大庄许家海草房立面图
（图片来源：代伦、陈聪 绘）

图3-3-25 大庄许家海草房外立面
（图片来源：代伦、陈聪 摄）

正房进深约4500毫米，分为四个房间。正房的中间处开门，门洞宽约1200毫米。一进门的明间为客厅，两侧为卧室，最西间为厨房，厢房比正房略窄，宽约3000毫米，一般作仓储之用，也可作卧室，厕所位于西南角，院内有楼梯可达房顶（图3-3-26、图3-3-27）。

结构为梁架承重结构，屋架之上只用檩，檩上铺棉帛和厚厚一层泥土，土上压一层层的麦秸和海草。用渔网将山墙上的海草网住，以避免大风吹散海草，从而延长海草房的使用寿命。

东烟墩海草房原为三合院形式，大门位于东南角，入口设影壁（图3-3-28）。正房进深约

4500毫米，分为两个房间。正房的中间处开门，门洞宽约1200毫米。一进门的明间为客厅，西侧为卧室。厢房宽约3000毫米，东厢房作仓储之用，西厢房为厨房，厕所位于西南角，院内有楼梯可达房顶（图3-3-29）。

正房结构为梁架承重结构，屋架之上搭檩条，檩上铺棉帛和厚厚一层泥土，土上压一层层的麦秸和海草。东西厢房为新建，采用砖混结构。

大庄许家祠堂，这座坐落于村子中央的祠堂有点与众不同。最惹人眼球的就是那黑砖砌墙，海草苫顶，古朴厚拙，做工精细的海草房外观。海草房本身就是非物资文化遗产，而海草房祠堂

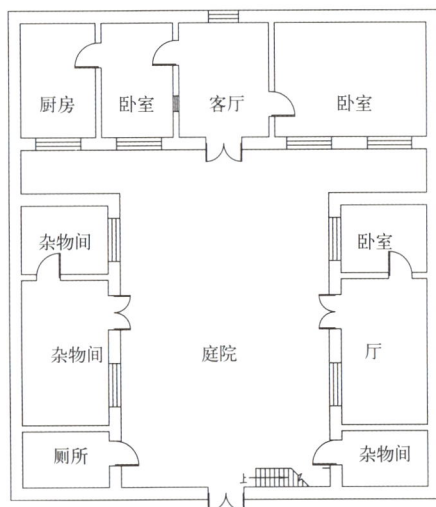

图3-3-26　大庄许家海草房平面图
（图片来源：代伦、陈聪 绘）

图3-3-27　大庄许家海草房俯视图
（图片来源：代伦、陈聪 摄）

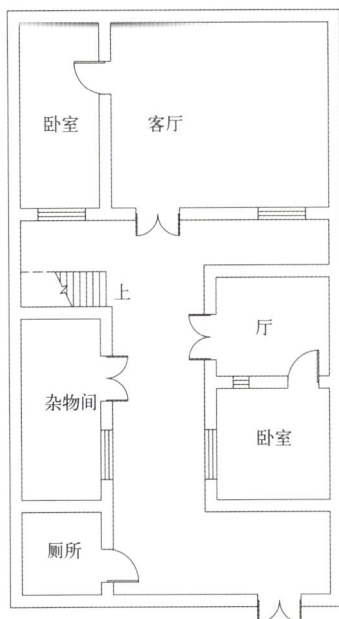

图3-3-28　东烟墩海草房平面图
（图片来源：代伦、陈聪 绘）

图3-3-29　东烟墩海草房院内
（图片来源：郝占鹏 摄）

就更让人感到其魅力所在。

许氏宗祠院落坐东朝西，前后两跨院结构，有北正厅，东、南两处厢房。北正厅正面悬挂有许氏宗谱，一世祖许光业和夫人许张氏的画像摆在正中，后人依次按照辈分排列，堂上挂着"奉先思考 明德惟馨"的牌匾。

从祠堂前的碑文可以看出，它已经被列为威海市级文物保护单位。从整个建筑状况可以看出，虽经过几个朝代的风风雨雨，但整体至今保存完好，如今已经成为可供游人参观的景点（图3-3-30、图3-3-31）。

三、哈瓦屋民居类型特点

（一）西河阳村

1. 概况

西河阳村位于山东省烟台市龙口市诸由观镇，南距南山旅游景区10公里，北距八仙过海之的蓬莱仙阁20公里。地理位置优越，风景优美，气候舒适，是度假旅游的宝地。西河阳村是由明代移民建立并逐步发展起来的村落，曾经先后被冠以"山东省生态文明村""山东省旅游特色村""山东省传统村落""山东省美丽宜居村庄""山东省乡村记忆工程村"的称号（图3-3-32）。

图 3-3-30　大庄许家祠堂
（图片来源：郝占鹏 摄）

图 3-3-31　大庄许家祠堂立面图
（图片来源：代伦、陈聪 绘）

图 3-3-32　西河村航拍图
（图片来源：山东烟建集团　摄）

2．保护现状

西河阳村现保存有200多处完好的哈瓦房。哈瓦房始建于清乾隆年间，建筑布局讲究，主从有序，功能齐全，体现了昔日的传统礼教习俗。尤其是代表建筑："吉元号""同德店""马氏故居""张氏故居"等，均见证了一段悠久的历史发展。村中残存的古圩墙见证了清咸丰年间全村上下一致对抗捻军的传奇历史。村中有一条贯穿南北略有弯曲的老街道，被村民们誉为龙街。龙街两旁的老房子不但做工精巧，而且气势恢宏。每座房屋均集砖雕、木雕、石雕于一身，看上去就是一座座露天艺术品。作为突出体现以"家"为本的民居，哈瓦房既显示着"贵精而不贵丽"，又有"贵实用而不贵侈华"的特色。胶东民间曾流传着一首民谣："黄县的房，栖霞的粮，蓬莱净出好姑娘。"民谣中的"黄县房"，就是西河阳村的哈瓦房。

近年来，由于村民陆续外出打工或搬迁，房屋大都闲置了下来。村里随即开始探索大村集体经济的新方法，策划发展了民俗风情文化游，依托村中的哈瓦房，重现建筑、村镇以及当地的风俗民情。

西河阳村民俗风情文化游始于2011年，包括胶东民俗文化游、古村落休闲体验游、自驾采摘游等休闲旅游项目。为了打造省级旅游特色村，村里首先投入大量资金对民居进行修缮，恢复故居原貌，然后开设了西河阳民俗博物馆，收集村内部分古农具进行展示，是胶东地区重要的乡土文化样本。博物馆以其独特的传统黄县房建筑为基础，内部展区包括西河阳村的历史变革、发展道路、人文情怀、民俗风情，充分向游客展现了黄县传统民居的独特历史文化内涵及发展历程。

3．代表建筑

吉元故居，位于村中西北，是王氏族人王成万发迹后所建居住建筑群，王成万曾在黄县创办商号"吉元"船行。故居四周院墙高耸，房屋采用木构梁架，内部空间布局合理、功能齐全。入门为精雕影壁，院内中轴石块铺地。整个布局中轴对称，院内套院，门内有门，方正统一。北为正房五间，设有两个花园，房间上设阁棚，屋面覆仰合鱼鳞青瓦，两侧为厢房，倒厅为客房和耳房，现为烟台市级文物保护单位（图3-3-33）。

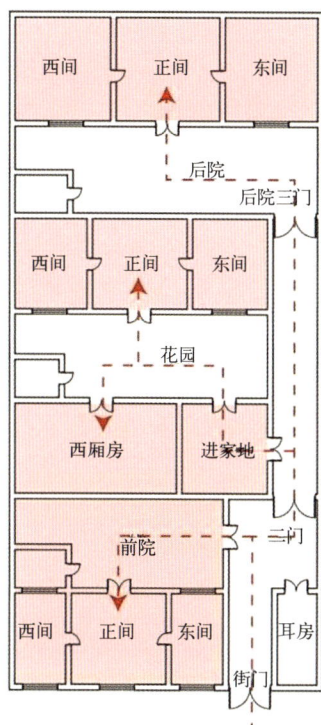

图 3-3-33 吉元号平面图
（图片来源：耿晓莹 绘）

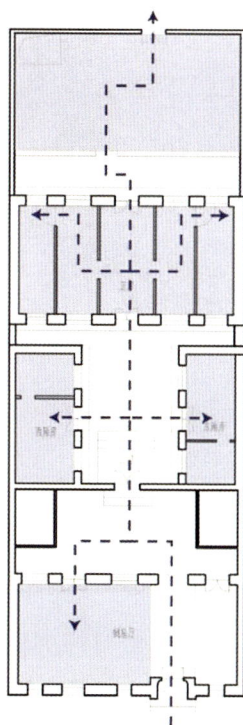

图 3-3-34 同德店平面图
（图片来源：耿晓莹 绘）

同德店故宅，位于村中西北，是王氏族人王大清发迹后回乡所建，王大清曾在淄博张店开设"同德店"杂货铺。故居建于清代道光年间，现存房屋10余栋。故居中轴对称，方正严谨，由前院、厢房、正屋、后花园组成。前院有砖雕照壁，倒座为客厅和耳房，正房五间，中为过道和东西火灶，两侧为卧室和套间。正房后有夹道，通后花园（图3-3-34）。

四、丘陵石头屋类型特点

（一）砣矶岛石头屋

1. 概况

沿海岛屿的石头屋工艺源自于早期生活在海边的族群（图3-3-35），由于建造房屋的石头可以直接从岛屿周边的水系获得，且常年受到水系的冲刷而变得光滑耐用，渔民就地利用石材建屋。石墙是沿海石头屋中最典型的空间呈现，居民建造房屋时按石材大小与形状打磨后堆砌而成，缝隙处以黏土或沙灰等材料衔接，石墙厚约40～60厘米不等，房屋内墙配合生土等材料，具有很好的保温隔热效果，能够充分适应沿海地区多变的气候特征，是地域文化影响下因地制宜建筑的典型表现。建筑屋顶以坡屋顶为主，少数为近代改建的平屋顶，倾斜的屋檐方便雨季时排水。利用的石材不仅构筑房屋，匠人还有意识地将石材利用于海岛村落中街道铺地中，一方面起到街巷空间防滑、防火之用，同时形成统一和谐的聚落空间肌理，呈现出独具一格的人居艺术形式。

2. 空间特征

（1）选址布局

石头屋受北方汉文化和海洋文化的共同影响，呈现出合院式的院落空间形式特征，建筑通常顺应聚落空间，形成坐北朝南之势。同时利用房屋或是围墙形成内向供人休息、农作、生活为一体的院落空间。加之房屋通常建于平坦的沿海区域，而石材与木材的形制也有利于形成围合的院落空间，通常院落内用于饲养牲畜或晾晒农作物，规模较大的院落中也会利用打磨过的石材铺地，并种植树木等景观，利用石墙隔断空间营造出小型的具有调节微气候环境的院落（图3-3-36）。

（2）平面功能

建筑空间沿水系展开，因海岛地势变化呈

图 3-3-35　砣矶岛石头屋
（图片来源：山东烟建集团　摄）

图 3-3-36　海岛型石头屋院落空间
（图片来源：山东烟建集团　摄）

现出发散式的聚落空间形态。就单体建筑的空间严格遵循传统的等级制度，顺应中国东部沿海地区气候，建筑通常坐北朝南，并将空间以主次、长幼等序列展开（图3-3-37）。整体建筑空间有明确的中轴线，正房、厢房的空间序列以此向两端展开。对于合院式建筑，正房的规模和高度优于厢房，且正房的门窗、屋脊、滴水、瓦兽等建筑细部的精细程度也相对更佳。而建筑楼层通常为一至二层，规模较小的一层合院就可以满足人口需求，二层以上的石头屋往往家族规模较大且家庭经济实力相对雄

厚。条件允许的情况下还会修建阁楼，通常用于储藏等辅助功能。

（3）立面肌理

在石头屋的外墙表现上，呈现出层次丰富的表达形式。匠人通过区分石材的大小，针对房屋屋主的个性，在满足基本住屋需求下，充分利用不同大小、形状、色彩的石材形成风格统一但形态万千的石头屋墙面（表3-3-5）。规则的石墙除传统的矩形石头组合外，条件允许的情况下将较小的石头经精心地打磨组合成钱币、龟壳等具有美好寓意的石墙形式，或是利用完整的石墙面进行石雕打磨，形成具有胶东符号的石墙语汇。不规则的石墙往往就地所得石材，利用不规则且大小不一的石材进行墙面的组合堆砌，再利用黏土或水泥等材料固定，通常在大小不一、色彩对比的墙面中形成古朴却精巧的艺术效应。由于沿海建房利用的石材中含有矿物的原因，在阳光的照射下会呈现出与众不同的金色光辉，因此原生居民将此类住屋赋予了另一种艺术称号"黄金屋"。

3. 细部结构

（1）室内结构

胶东地区虽属温带季风气候，但在冬季严寒时也会有季节性大雪，加之海岛地区有季节性降水的影响，故而造成相较于南方其他地区在冬季胶东冬季相对寒冷的特征。为了适应这种气候变化，一方面住屋需满足基本的生活需求，还需兼顾调节气候变化带来的外界侵扰。

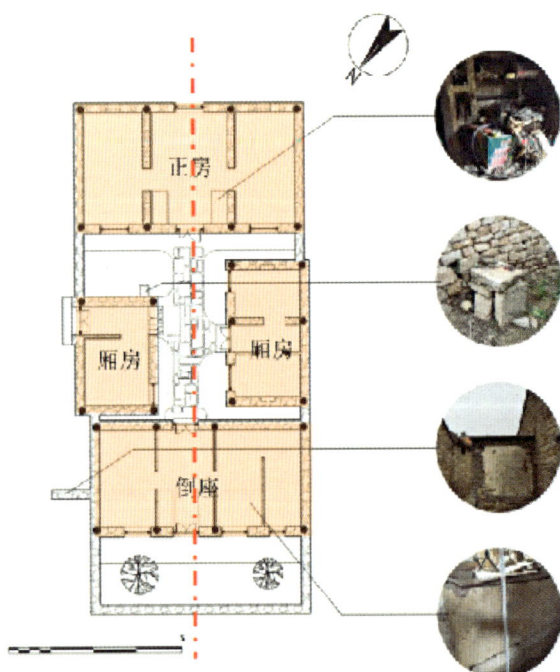

图 3-3-37　石头屋序列
（图片来源：郑徐魁、顾洁　绘）

海岛型石头屋外墙形式　　　　　　　　　　　表3-3-5

矩形式	纹样组合式	雕花纹理式	不规则式

注：表中照片由刘馨藻拍摄。

因此在正房中，正厅用于烹饪做饭的灶台与正房两侧的主屋卧室的炕台下端底部相通，尤其在季节变冷时，做饭烧火时的热量就会通过灶台下端传导到炕台，保证房屋内部的舒适度。石头屋这种布局结构的使用充分利用传统生产生活的热量传递效应，是传统住屋文化充分可持续循环的智慧表达。

（2）门窗装饰

海岛型石头屋门窗均为木质结构，用砖石等材料构成门洞、窗洞与过梁，内部与木结构结合形成木质门窗。窗户形制方正，用于屋内采光，且采用镂空的木制图案，图案简洁大方且具有当地文化中财富安康等美好寓意，体现木质门窗的古朴与优雅（图3-3-38）。正房大门面高且正，木制门框简约大方，而门扇上方有一外方内圆的大门构建——门簪。门簪如木构件中的木销钉，用于固定门框的相关构件，形如中国古代女子梳头装扮时青丝高髻上的发簪一般。随着中国传统住屋文化的发展，门簪从早期的功能性结构逐渐转变为具有艺术价值的建筑细部，所以在海岛型石头屋中，门簪还呈现出方形、六角形、八角形等多种空间类型，正面还雕刻草木鸟兽等具有美好寓意的木雕（图3-3-39），或用彩漆绘制花鸟鱼虫等具有海洋文化的图案，是传统功用结构与文化艺术融合的一种建筑结构代表。

4. 文化空间习俗

（1）空间布局

胶东地区受海洋文化、汉文化、孔儒文化等多重文化的影响，在石头屋建筑中，采用以中为正的文化空间形式，将房屋的主次用于表现过去的长幼嫡庶尊卑等。在正房的正厅中通常供奉天地、妈祖或祖辈，正房两侧以左为尊，左侧为家中长辈卧室，右侧为小辈住屋，厢房用于小辈居住或辅助空间用房等，体现了传统住屋文化的中正思想（图3-3-40）。

图3-3-38　传统木窗
（图片来源：山东烟建集团　摄）

图3-3-39　传统木雕
（图片来源：山东烟建集团　摄）

图 3-3-40　层次丰富的海岛民宅及组合形式
（图片来源：山东烟建集团 摄）

（2）文化纹样

胶东地区自古以水为生，其独特的地域特点和海洋文化使得当地建筑装饰的纹样类型十分丰富，组合使用非常灵活，题材多样化。在其建筑装饰题材中往往可以看到妈祖、八仙、龙王等海上神话作为装饰纹样（图3-3-41）。另外以海洋动植物为纹样的装饰题材也很常见，龙、鱼、蟹、水纹、水草等图纹不论是单独使用还是组合使用都极大地丰富了当地的装饰类型（图3-3-42）。其中，胶东民居中对水草的运用最为常见，原因是水草线条优美，构造手法多变，简单轻盈。

（二）川里林家村石头屋

1. 概况

川里林家村120号住宅位于村落中部偏西方向，毗邻村落主路（东西向）的北部，在住宅的西侧通过巷子到达入口。住宅较为方正规整，沿南北朝向展开，东西两侧为厢房及入口建筑，呈现四合院院落形式。建筑以石头、木为主要材料建造，呈现出石头房的形式。此120号四合院居住人口鼎盛时期多达12人，主人一家现居住在村落北边，此四合院如今无人居住，仅作储存用。其尺度相对村落里其他住宅较大。

图 3-3-41　神话纹样
（图片来源：山东烟建集团 摄）

图 3-3-42　草木纹样
（图片来源：山东烟建集团 摄）

2．空间特征

（1）选址布局

受海洋文化、汉文化、儒家文化的合力作用，此住宅以院落为出发点，布局凸显以中为尊，东西对称的形式。由北向南的两个院落分别为由四面皆为建筑组成的四合院落与由北面建筑及其他三面围墙组成的单独院落。然而受道路形式影响，整体布局没有按照严格的中轴对称布置，所围合而成的院落形式也并不规整，体现当地居民建造民居灵活多变的建筑态度。

（2）平面功能

相对于现代居住建筑集多功能于一体，川里林家村的民居建筑功能较单一，主要功能以居住为主，选取坐北朝南的建筑为主房解决卧室与厨房的功能，其他厢房、正房空间根据使用需求既可以作为卧室，也兼作储藏、饲养家畜、存放农具等功能（图3-3-43）。此住宅内的两个院落形式大不相同，由北向南分别为四合院落与单向院落。北面的院落由四面各坐落的一栋建筑及建筑之间的围墙围合而成，此院落的北面主房与南面主房尺寸较大，而四栋建筑之间皆有间隔，所以院落大致呈现"工"字形。由于建造材料为当地

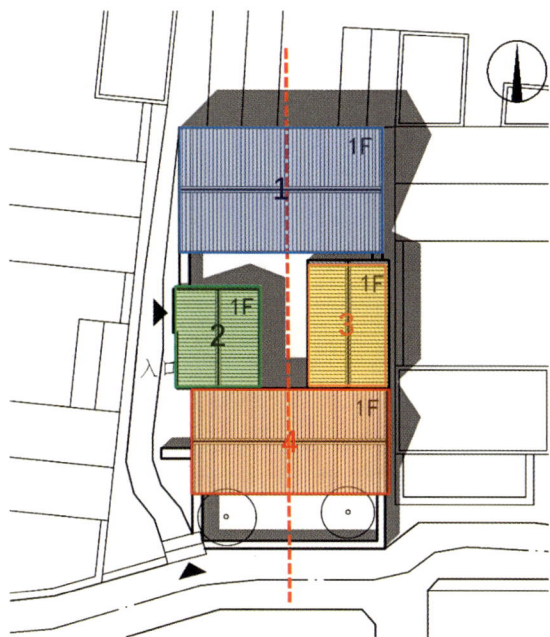

图 3-3-43　平面功能分割
（图片来源：顾洁 绘）

开采的石材、木材，尺寸各不相同，民居依此建造，规格尺寸也因此没有统一的标准，所以四栋建筑各不相同，体现了灵活建造的智慧。

（3）立面肌理

朝向院落内的立面，每开间皆有一个门或窗洞口。具体的呈现形式为：①若是三开间，则中间的开间开门洞，两边的开间开窗洞；②若是两开间，则一个开门洞，一个开窗洞；③若是四开间，则中间两个开间其中一个开门洞，其余开窗洞。

3．结构材料

（1）承重结构

此四合院的四栋建筑的结构呈现出明确的差异化，但大体上是木框架承重、石墙维护的形式。充分考虑材料的建构可能性，体现当地居民在建筑的营造上随机应变的劳动智慧。

1号与4号两栋主房与3号厢房都采用木框架承重，且都运用了抬梁式的屋顶承重手法，但却有所区别。1号的抬梁式是标准的抬梁式，每隔一开间设一组梁架。受力体系为椽子搭接在檩条上，檩条搭接在短柱上，短柱搭接在三架梁及五架梁上，梁搭接在每开间的四个角共八根柱子上。3号是抬梁式与穿斗式相结合的构架形式。没有五架梁只有三架梁，用穿坊代替五架梁，受力体系为屋脊的檩条搭接在短柱上，短柱搭接在三架梁上。2号建筑采用的是石墙承重结构，没有梁与柱。将檩条直接搭接在石头砌筑起来的墙上，椽子再搭接在檩条上。此房间功能并不为人所用，因此所需尺寸小从而选用了此种结构（表3-3-6）。

（2）围护结构

1、4号两个主房的围护结构为石—砖—土混合墙，并且为内外两层的双层墙，厚度共达400毫米。外墙由青砖与厚重的石块共同堆砌而成，内墙为夯土，为了整洁美观在夯土外侧涂了白色抹灰。3号厢房的墙体厚度、内外墙形式与主房皆相同，唯一的区别是外墙没有使用砖，仅使用石块堆砌。2号因其空间不供人使用居住，所以围护结构与承重结构统一，仅有石墙，并无内外墙

建筑承重结构　　　　　　　　　　　　　　　　　表3-3-6

1号屋架	4号屋架	3号屋架

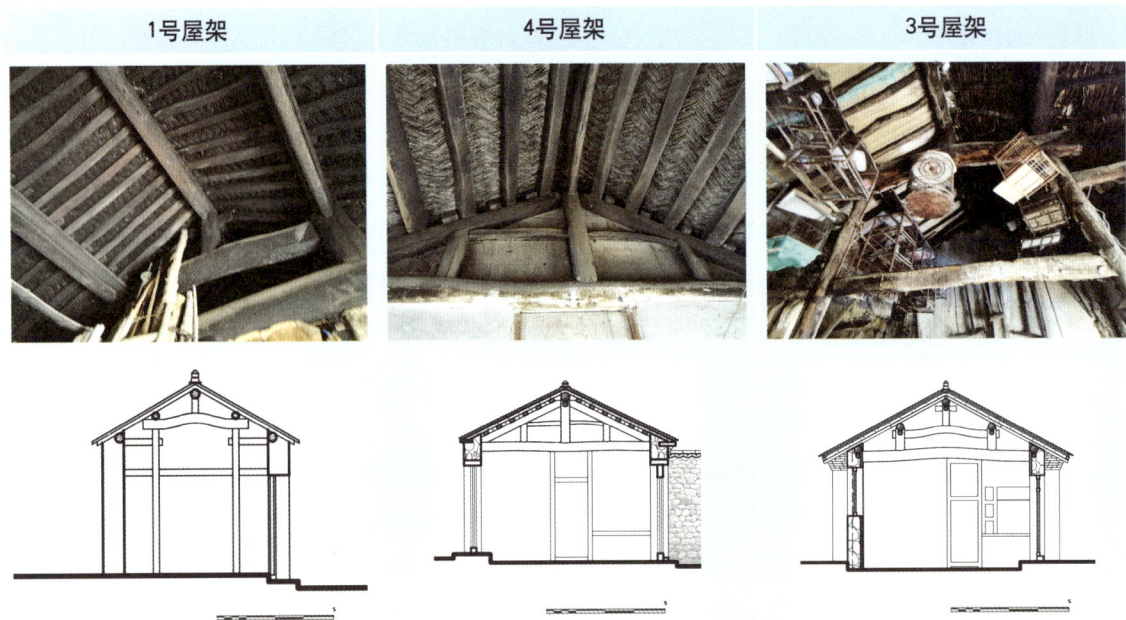

注：表中图片均由顾洁绘制。

之分，且无抹灰，直接将砌筑的石块裸露在外。

（3）材料运用

就地取材，体现地域性。当地居民充分利用当地材料，不仅节约造价，还解决了运输问题，兼顾经济与便利的原则。建筑材料都以其原始的色彩和质感展现出来，不仅有经济的原因，也体现出当地居民质朴真实的建筑态度。村落南部有河流临村而过，河边多碎石，资源丰富，取材便捷，且石头有大小不同的规格，平整度也或粗糙或光滑，可用于不同尺度要求的建筑建造，颜色多为饱和度较低的淡黄色。建筑墙体采用石块堆砌的方式建造，石块之间的缝隙用砂浆、黏土或水泥填充。

（三）川里林氏宗祠石头屋

1. 概况

该宗祠式石头屋地处烟台招远市宋家镇川里林家村524号，位于村中一条主干道"槐树胡同"中后段。该祠堂位处村中心位置，是附近规模较大的公共建筑，也是村中四个祠堂之一。祠堂的建筑做法、建筑材料与四周传统民居一脉相承，但相较于居住建筑而言更为精美。该祠堂主要承载祭祀功能，也是传承人们练习螳螂拳的活动空间。祠堂为二进式院落，占地面积约为118.6平

方米。祠堂本身功能与地位的特殊性是其区别于其他传统民居的根本原因。这种特性也在建筑上体现得淋漓尽致。

2. 空间特征

（1）选址布局

该村落以林氏为大姓，根据家谱建造先祠，村落的布局也以祠堂为中心展开，祠堂类建筑的存在与传承往往受到儒家文化和从古至今传统民间习俗的影响。将"礼"视为亲情关系的纽带，加之怀念先人，祈求保佑本是民间一项十分常见的活动，所以祠堂的存在印证祭祀是具有深刻意义的古老习俗。祭祖通常包括烧香、供奉茶酒、焚烧纸钱、叩拜等行为，是一种感染力很强的精神活动，祠堂不仅是为此类活动提供了适宜的场地，它也是村民精神寄托的场所（图3-3-44）。

（2）平面功能

①院落空间

受用地条件限制，祠堂与周边民居联结紧密，顺延村落道路走势布局。祠堂院落形态较为单一，主要由一栋建筑及四面砖石墙围合，形成了二进式院落。院内空间D/H约为8/3，空间开敞。但院落面积较小，无高差，无特殊构筑物。

③立面肌理

祠堂是由一栋建筑及三面砖石墙围合而成，院中有一线照壁墙构成二进院落。外围墙上不开窗洞，只在墙头稍做装饰。祠堂主厅短边不开窗，邻近内院的长边开两扇窗，临街界面仅开一扇高窗，有很好的防火防盗效果。

祠堂的主要立面可以分为三种类型：门楼立面、照壁立面和主厅立面。祠堂大门面无开窗，门楼顾名思义，是祠堂的主入口，其结构与主厅屋顶结构相同，也采用了硬山顶，设有瓦当滴水，与照壁相互呼应。门楼和照壁立面门洞的位置都不在立面中心位置，可引导人流转折进入内院；照壁墙立面有一扇以拱券为结构的门洞，不设门扇。而祠堂主厅立面以门为中心，两扇木质窗呈明显的对称性。

不同的材料赋予了立面不同的色彩。青砖、青瓦和石材的冷色调带来了坚固、严肃的感觉，木质的窗格呈棕黑色，与围护结构的颜色相呼应，整体呈现和谐统一的状态，而偶有红砖作为装饰，也使得祠堂不过于死板，庄严而富有活力。

3. 结构材料

（1）室内结构

联结屋架和青瓦的内部构造材料为苇箔、麦

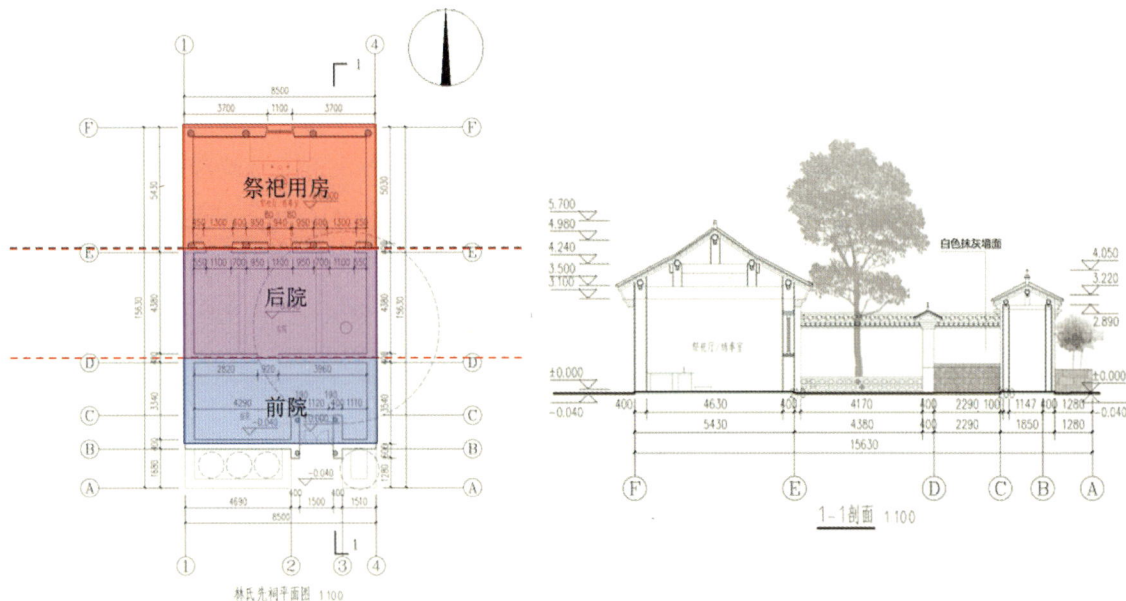

图 3-3-44　祠堂大门
（图片来源：刘纯汐 摄）

②功能用房

祠堂平面空间方正对称。户外小院和主建筑的体量都比较小，体现了川里林家村以适宜性、实用性为主的建筑文化。据推测，在过去院落作为组织氏族会议、展开户外活动的空间。主建筑平面空间较为单一，空间内无分隔，目前室内空间内有祭祀桌、烛台、火盆等用品，是跪拜行礼的主要空间。据实地调研采访可知，平日里村民也开放祠堂，邀请六合拳传人一起练习螳螂拳，这不仅是为了传承非物质文化，也是在农忙之余强身健体。林氏先祠变成了村民交流与活动、精神凝聚与融合的实用性空间（图3-3-45）。

林氏先祠平面图 1:100

1-1 剖面 1:100

图 3-3-45　林氏先祠
平面布局、剖面
（图片来源：刘纯汐 绘）

草泥。苇箔和麦草泥造价低廉，百年不腐，是常见的乡土建材。屋内梁柱等都采用木材作为支撑构件的材料。祠堂主屋采用传统"抬梁式"大木结构体系，共5根檩条，4根梁，6根瓜柱，构成二榀屋架。屋内的支撑结构全部暴露在外，没有吊顶空间。梁架以较粗的横梁承底，架于立柱和石墙之上，所以五架梁的直径为400毫米，三架梁直径为300毫米，檩条尺寸约为200毫米。

（2）门窗装饰

窗口尺寸为1250毫米×1350毫米，窗台离地面1250毫米，建筑前窗采用了有两面窗扇的木质平开窗，窗扇呈黑色，每个窗扇有7条窗棂。竖向的窗棂均匀布于窗框之间，有4根横木条贯穿其中。两扇门上并无过多装饰，简洁朴素。门扇利用支撑柱插在固定门框的方石上，可拆卸，安装维修都很方便。院门门头有一张写着"林氏先祠"的牌匾，门高2.4米；而主建筑门高不足1.8米，门上设有不镂空的亮子。

（3）建筑材料

招远地区石材资源比较丰富，该村所用石料都来源于本地开采，加工手法也较成熟。祠堂主要立面的石材都很规整，经过仔细打磨，表面有相同的纹路；砌筑也十分精细，石材间严丝合缝。这种做法充分体现了祠堂在村中的重要性。而受经济条件限制，围墙的砌筑手法较之相对简单，由多块不规则石料直接堆砌，不设填缝。同时，祠堂还采用了青、红两种不同颜色的砖，青砖单块砖尺寸约55毫米×270毫米×130毫米，红砖尺寸约为55毫米×240毫米×110毫米。传统砖材形式规整、颜色纯正，有耐高温、腐蚀等特性，并且制作技艺简单，成本很低，适用于传统村落建筑追求经济性、便捷性的特点。

4．文化空间习俗

（1）门楼屋脊

祠堂屋脊基本上由瓦片和青砖作为基本材料，以石灰黏土填缝。门楼屋脊稍为特殊，虽未做装饰，但它的起翘角度较大，侧边不与山墙平齐，脊头通过砖与瓦片的上下搭接表达出

明显的层次。

（2）院落影壁

正对祠堂门楼有一面"一"字形砖材照壁，是传统民间建筑的常用形式。古时风水讲究导气，气不能直冲厅堂，否则不吉，为了避免气冲，便是在房屋大门前面置照壁。而这堵墙也起到了挡风、遮挡视线的作用，使得主建筑并不直接暴露在外，拥有更好的使用环境。

（3）细部造型

该村建筑为了增加美观，门框上皆设有两枚门簪装饰。祠堂门簪尺寸约为120毫米×130毫米，整体方正，细看呈八边形。主厅的门簪较为朴素，而院门的门簪边角线条柔和，上有少量花卉动物等自然雕刻作为装饰，大概寓意为和谐美满、吉祥如意。

此外，瓦当和滴水本是为屋顶防水、排水，防止雨水流而侵蚀墙体，屋檐下边缘设置的细部构造，但随着技艺的发展和人民在建筑上寄托的审美与情感，使其也成了重要的装饰构件。门楼屋顶的瓦当和滴水覆盖住了瓦片的截面，瓦当呈扇形，滴水呈如意形，上有圆形和祥云纹样，蔽护建筑物檐头，也有着祥瑞如意的美好寓意。

（四）前石庙村石头屋

1．概况

前、后石庙村位于莱阳市万第镇，明朝洪武年间，由山西移民来此建村。前石庙村共有村民200多户、500人左右，人口以老年人为主。前石庙村269号住宅位于村落中部偏南方向，建筑朝向南偏东约10°，一层，为院落形式。

建筑北侧为入口广场，与道路相连，东侧紧邻另一条道路，南侧、西侧及西南角功能均为住宅。建筑所处地势较高，向南渐跌落。

2．空间特征

（1）选址布局

受海洋文化、汉文化、儒家文化的合力作用，此建筑群的布局凸显以中为尊，中轴对称的形式。每栋住宅的平面形式为：北边坐落着一栋坐北朝南的三开间的主屋，南面三面围合形成院

图 3-3-46　宅院选址及布局
（图片来源：顾洁、景榕 绘）

落，依据每户人家所在位置及使用需求的不同，在院落的东侧或西侧依墙而建厢房（图3-3-46）。

（2）平面功能

前石庙村作为历史悠久的传统村落，建筑以地方性石头为主，砖石等材质为辅，呈现出典型的石头屋风貌形式。建筑功能简单实用，主要以居住为主，农作、养殖为辅。选取坐北朝南的建筑为主房解决卧室与厨房的功能，其他厢房、正房空间根据使用需求既可以作为卧室，也兼作储藏、饲养家畜、存放农具等功能。剩余的院落空间主要用于道路、种植蔬菜、放养家畜。

（3）立面肌理

前石庙村地处北温带季风区，属温带大陆性半湿润季风气候。所在地具有光照充足，四季分明，春季风多易旱，夏季炎热多雨，秋季昼暖夜凉，冬季寒冷干燥的特点。立面形式以此地气候环境状况为依据，采用坡屋顶、外墙上下部分石块有所差别等形式以适应气候。

立面颜色通过不同种类的材料表达出来，石材、砖材以及瓦片，颜色为青、灰色，都较为朴素，木材做的门框、窗框经过时间的磨砺如今为浅棕色，外墙上半部分用白色抹灰装饰。几者结合，虽有对比，但整体呈现和谐统一的状态。南立面为主立面，根据平面对称的格局，立面也是左右对称的，外墙的砖与石的组织方式有一定的逻辑性（图3-3-47）。

3．结构材料

（1）承重结构

由于四栋建筑的建造年代相同，结构呈现出一致性，都为木框架承重、石墙维护的形式。充分考虑材料的建构可能性，体现当地居民在建筑营造的智慧。室内采用木框架承重，运用了抬梁式的屋顶承重手法。标准的抬梁式，每隔一开间设一组梁架。受力体系为椽子搭接在檩条上，檩条搭接在短柱上，短柱搭接在三架梁及五架梁上，梁搭接在每开间的四个角共八根柱子上。因此室内没有其他柱子，空间较开阔，可自由分隔。

围护结构为石—砖—土混合墙，并且为内外两层的双层墙，厚度共达500毫米。外墙由青砖与厚重的石块共同堆砌而成，厚度达200毫米，内墙为夯土，厚度达300毫米，为了整洁美观在夯土外侧涂了白色抹灰。柱子嵌入内墙中，所以墙中与柱中不重合，与传统意义上的建筑结构有所区别，体现了灵活建造的智慧（图3-3-48）。

（2）门窗装饰

四栋主屋皆为三开间，且面阔一致，门窗位置也全然相同，中间开间为门，两侧为窗。沿外部街巷空间而建或背向院落的另一面立面或开高

图 3-3-47　建筑立面
（图片来源：顾洁、景榕 绘）

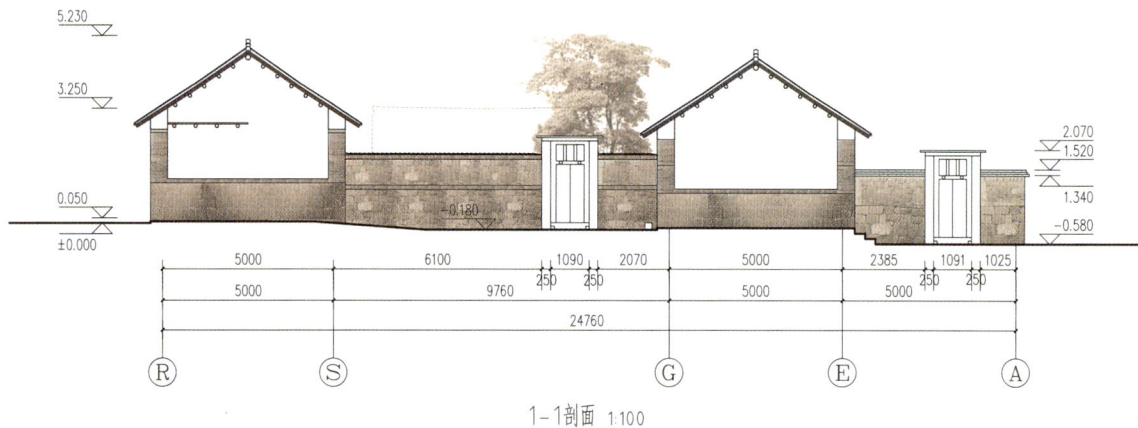

图 3-3-48 宅院承重结构图示
（图片来源：顾洁、景榕 绘）

而小的高窗，或不开窗，是出于防风、防火、防盗的考虑。四栋建筑的山墙皆不开任何洞口。整个院落呈现内向型。

（3）材料运用

就地取材，体现地域性。当地居民充分利用当地材料，不仅节约造价，还解决了运输问题，兼顾经济与便利的原则。建筑材料都以其原始的色彩和质感展现出来，不仅有经济的原因，也体现出当地居民质朴真实的建筑态度。村落位于丘陵低地势处，山上石头、树木等资源丰富，取材便捷，可用于不同尺度要求的建筑建造。石材颜色多为饱和度较低的淡黄色，木材主要用作建筑承重结构，支撑起建筑框架。建造经历岁月的不同使得木材的颜色也与有所不同，显现出或浅棕色或深褐色。胶东丘陵地区的黏土资源也生产出了砖块、瓦片，皆为青砖、青瓦的颜色，相对石材显得细腻、顺滑。砖材主要用于建筑墙体的围护，但只小范围运用。此外由芦苇、高粱等农作物的秸秆编织而成的苇箔，颜色较灰，以编织的方式呈现出温润的质地。

五、胶东祠堂

（一）蓬莱戚继光祠堂（烟台蓬莱）

1. 概述

戚继光故里位于山东省烟台市蓬莱区画河西路，包括戚府、戚府南侧的牌坊街以及位于戚府后花园处的戚继光祠堂，总占地面积19000平方米，总建筑面积2210平方米。牌坊街的东西两端各有一座石制牌坊，是明嘉靖四十四年（1565年）朝廷为旌表戚氏家族而建，东为"母子节孝坊"，西为"父子总督坊"，均为四柱三间五楼云檐多脊花岗岩石雕坊，气势雄伟，构图丰满，是迄今保存良好的明代古坊，1996年国务院公布戚继光牌坊为第四批全国重点文物保护单位。

戚继光为明朝时期著名的抗倭名将，民族英雄，依例袭父职为登州（今烟台蓬莱）卫指挥佥事，备倭山东。出生于明嘉靖七年闰十月初一（1528年11月12日），明万历十六年（1588年）病死于家中，时年六十一，谥号武毅。

明崇祯八年（1635年），朱明王朝为襄扬戚继光的功绩，下诏始建表功祠，赐额"表功"，又名"戚武毅公祠""戚庙"。总占地面积596.1平方米，总建筑面积131.38平方米，包括门房、过堂和正房三栋建筑物。清康熙四十六年（1707年）重修。爱国将军冯玉祥和著名文人郁达夫曾先后在此题联。1985年征为国有，并全面修复。2013年3月5日国务院公布，戚继光祠堂为第七批全国重点文物保护单位。

2. 戚继光祠堂与戚府的布局关系

戚府现状是公元2000年在其旧址上维修后的总体布局。戚府坐北朝南位于牌坊街的北侧，内有两条南北向的轴线并行，东侧轴线上从南向北串联四进院落，布置屋宇式大门—垂花门—横槊堂—止止堂—悠憩堂；西侧轴线串联两进院落，布置书房和孟诸书屋两座建筑。东西两条轴线之间为一条与轴线平行的更道，作为主要的交通要道，连接戚府的各个院落，更道的最北端正对着后花园和望云楼。

戚继光祠堂就位于戚府的后花园，与戚府保持着既独立又互相依赖的关系。

首先，为了遵循祠堂与居住建筑分设的原则，戚继光祠堂在戚府的西北角位置另辟院落建有家祠。戚府的大门对着牌坊街南向开门，祠堂的大门则单独对着磨盘街西向开门，牌坊街和磨盘街呈垂直的状态，二者互不干扰（图3-3-49）。

其次，二者又是互相依赖互相融合的。从祠堂的轴线上看，也有两条轴线，与戚府不同的是这两条轴线呈垂直的状态。因为戚府两条轴线均为南北向轴线，所以为了与戚府保持一致，祠堂的主要轴线也定为南北向的，在这条主要轴线上安排了正祠的位置。又因为家祠的大门对着磨盘街，所以安排了一条东西向的轴线，连接门房和过堂。

祠堂位于戚府后花园的西北角，朝着比较偏僻和安静的磨盘街开门，其环境非常适合祠堂的功能，而且正祠所在的院落中有一棵400年以上的银杏树，钻天挺拔，遮天蔽日，更加营造出幽静雅致的环境。另外为了日常的管理和打扫方便，祠堂在与戚府后花园相接的墙体上开一个小门洞，方便二者的联系。

3. 戚继光祠堂建筑群特征

戚继光祠堂建筑群的特征主要表现在两个方面，一是彰显皇帝赐造的荣耀，其建筑等级高于一般的民间祠堂；二是彰显戚继光家族世代为武将的特点。

（1）等级高于民间祠堂

首先门房、过道和正祠三座建筑均为三开间；出檐均较深远；三座建筑的正脊上均有吻兽，其样式为龙吻、垂脊上均有垂兽和五只小兽，民间祠堂一般设三个小兽，不设龙吻；山墙

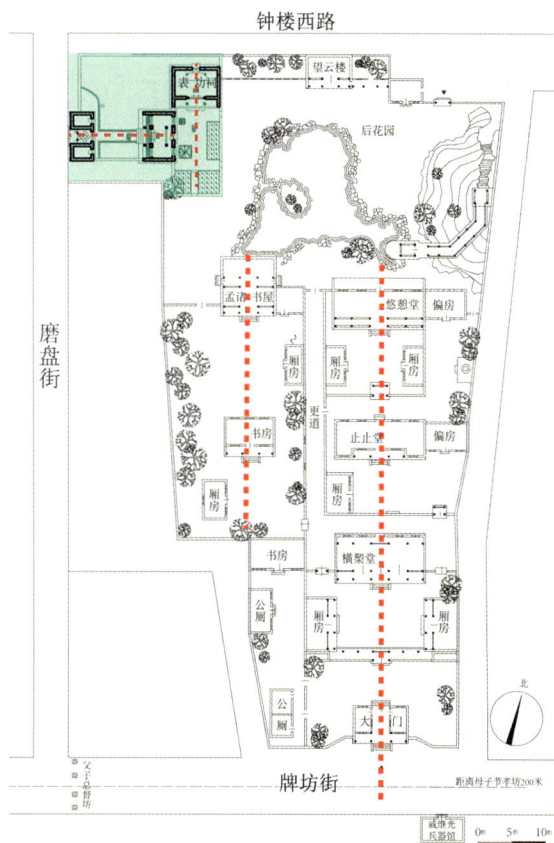

图 3-3-49　戚继光故居及戚继光祠堂总平面图
（来源：张继冉 绘）

均为铃铛排山脊；除正祠外，门房和过堂檐口还设有檐椽和飞椽；对于彩画的使用，建筑群的每一栋建筑的等级均较高，这在民间祠堂建筑中是不多见的。

其次建筑用料考究，用于建筑的基座和台阶等重要部位的红色石板条取自于乳山、石岛一带，砌筑整齐。而当地产的青石多用于墙体下部和山墙处，砌成排列不规则的"虎皮墙"。

（2）门房

门房三开间屋宇式大门，坐东面西，基座低矮，用一层红色长条形石板铺设，不设台阶。

明间为过道式，面宽稍宽于次间，大门门扇安装在明间的外金檩下，明崇祯八年（1635年）皇帝敕赐的"表功祠"匾额就悬挂在外金檩与檐檩下，匾额前面又悬挂有挂落，挂落上有彩画。为了突出明间，其内部梁架为五架梁，檩条下都有随檩枋，两侧次间内部梁架为三架梁（图3-3-50）。

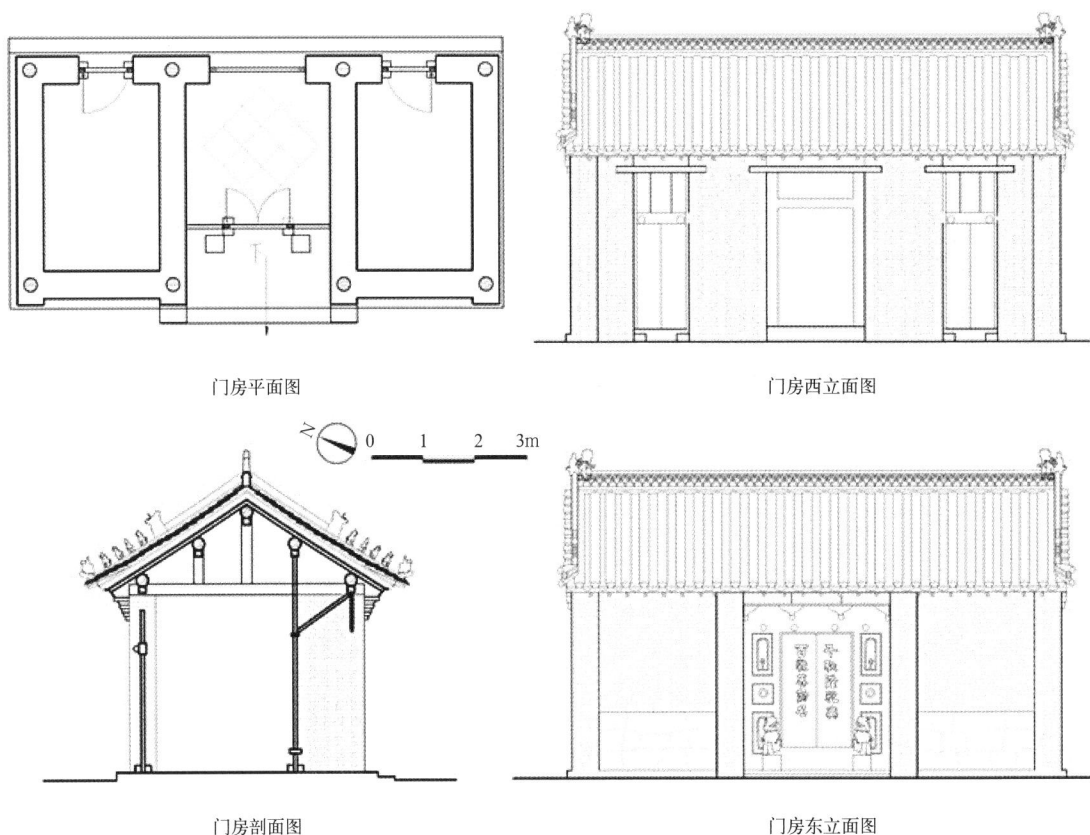

门房平面图　　　　　　　　门房西立面图

门房剖面图　　　　　　　　门房东立面图

图 3-3-50　戚继光
祠堂门房平面、立面、
剖面图
（图片来源：张继
冉 绘）

（3）过堂

在祠堂建筑群中，过堂的基座、檐口和正脊
的高度以及所选用的建筑材料都是最高等级的。

首先，过堂的基座共用三层长条形石板铺
设，下面两层用当地产的青色长条形石板，上面
一层用石岛产的红色长条形石板铺设，而在正祠
没有发现长条红石板的使用，可以推测，门房和
过堂修建于同一个时期，而正祠建造时间要晚于
二者。

其次，前檐廊处的柱础石也用红石凿成石鼓
形，而正祠前檐廊的柱础比较低矮，用料选取的
是当地的青石。

再次，过堂前檐有雕刻着花纹的额枋，额枋
下的阑板和雀替均施有彩画。

过堂梁架为五架前檐廊，但是用一断面较小
的穿枋代替三架梁，脊柱直接落在五架梁上，五
架梁下没有随梁枋，只在五根檩条下设有随檩
枋，椽子上方为木望板。

后金檩处安装木板墙，上挂祖宗画像，画
像前有条案，安放供奉祖先的香炉。在祖宗画
像的后面设一小门，可以绕行到第二进院子
（图3-3-51）。

（4）正祠

正祠与门房和过堂的方位不同，坐北朝南，
位于南北轴线上，因为是皇帝赐造的，所以是整
个祠堂建筑群中最重要的建筑物，其重要性主要
体现其面宽和进深在三座建筑中是最大的。但在
高度上，正祠的檐口高度低于过堂的檐口高度。

正祠内梁架为五架前檐廊，三架梁和五架梁
均有随檩枋，梁的用料比较粗大。正立面同过堂
的样式，中间明间为四扇木质格栅门，两侧次间
为槛窗，槛墙全部用青砖砌筑，槛窗下木窗抱框
下面没有使用长条的石板（图3-3-52）。

戚继光作为一名抗倭英雄，正一品武官，所
以戚继光祠堂建筑群处处显示出其武将官员的特
征和等级。

大门的门簪为四个，过堂的后门设门簪两
个，均雕刻成早期武器"矛"的尖头的形式。大

过堂平面图

过堂西立面图

过堂剖面图

过堂东立面图

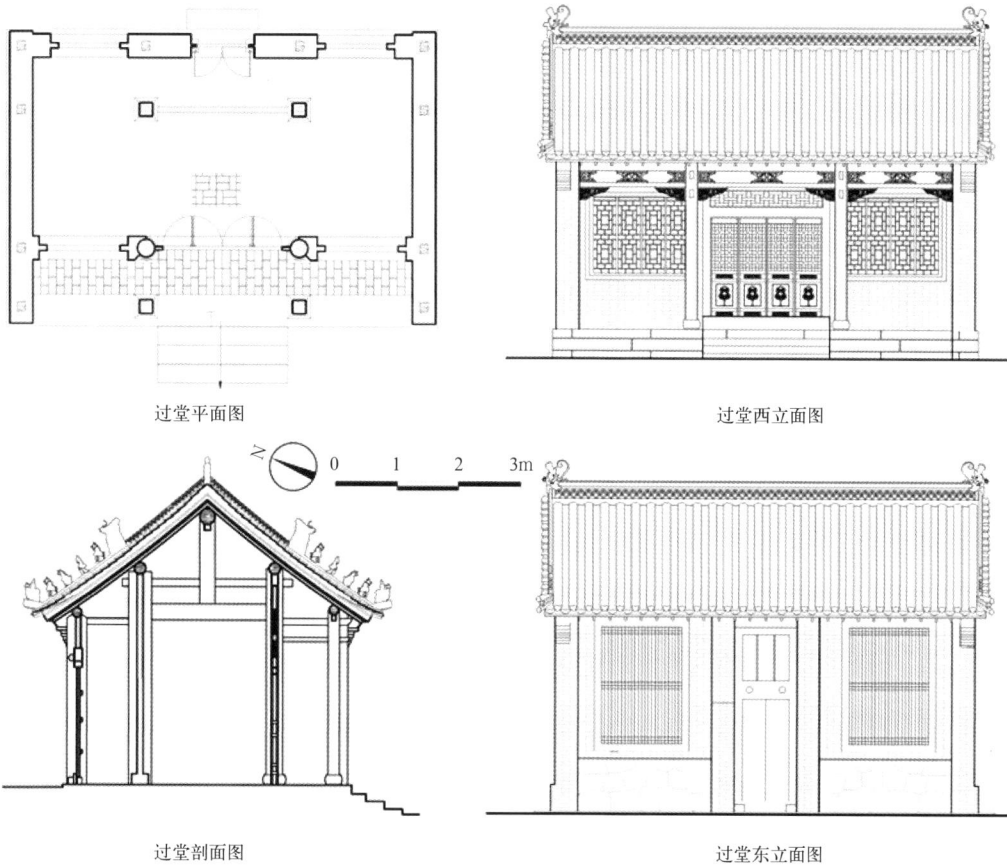

图 3-3-51　过堂平面、立面、剖面图
（图片来源：常慧 绘）

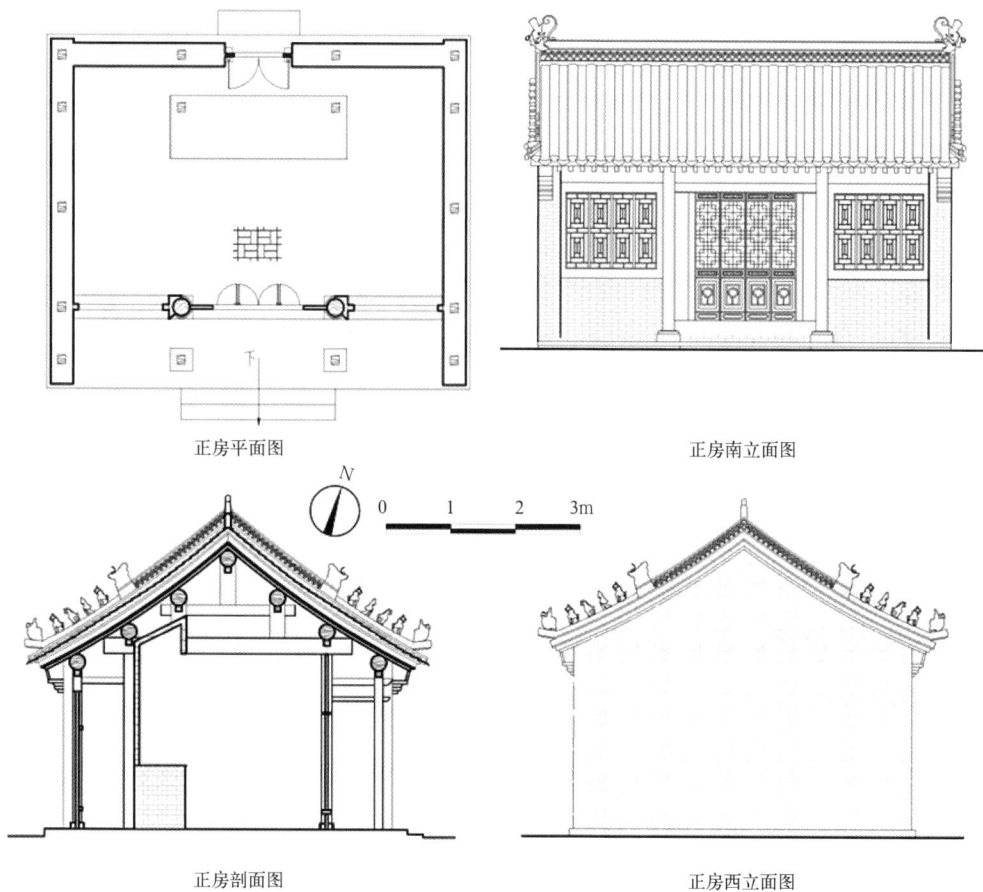

正房平面图

正房南立面图

正房剖面图

正房西立面图

图 3-3-52　正房平面、立面、剖面图
（图片来源：候荣婧 绘）

门前面的挂落垂下的小柱头也做成"矛"的尖头的形式。

祠堂建筑群共有两块匾额：一块悬挂在大门明间，上书"表功祠"；另一块匾额悬挂在正祠的大门上，上书皇帝赐予的"戚武毅公祠"。

对联共有四对：大门门扇上阴刻楹联"千秋隆祀典，百战著勋名"，横额"海上威风"；过堂明间的柱子上挂有楹联，为1934年5月冯玉祥将军所书："先哲捍宗邦民族光荣垂万世，后生驱劲敌愚忧惨淡继前贤"；正祠明间楹联为郁达夫所书"拔云手指天心月，拔剑光寒倭寇胆"；正殿中央暖宫塑戚继光座像，塑像后方两侧为隶书对联："封侯非我意，但愿海波平"。

（二）牟平都氏家祠（烟台牟平）

1. 概况

1271年，忽必烈建元朝，因元朝版图最大，为了保证对各征服地区的控制，在当地官员（路、府、州、县）之上，都派出一个蒙古族官员，名为达鲁花赤，本义是镇守者、制裁者、掌印者，对当地官员进行监督并掌握最后的裁夺权力。元代达鲁花赤品秩最高曾达正二品（大都、上都达鲁花赤，后降为正三品）。

都氏一世祖必里海公，以其卓越的功勋，被封为中书省益都路宁海州（辖今牟平、乳山、文登、荣成一带）军事、政治、经济的最高长官——都达鲁花赤，兼管本州诸军奥鲁劝农事，并具有世袭特权。元明鼎革，明太祖为其子孙取先祖官职"都达鲁花赤"之首字赐姓"都"，或曰"以官为姓"，"都"姓自此始。

到了明景泰年间，都氏家族中有三兄弟都镇、都亮、都宁合议离开牟平城里，迁到牟平城东北方向的黄海边居住，建立村庄，也就是现在的山东省烟台市牟平区姜格庄镇北头村，繁衍生息，至今有十七八代了，与当地汉民逐渐融合，养牛习耕，造船学渔，繁衍生息，渐成规模，清朝嘉庆七年（1802年）修建家祠。镶嵌在院内墙上的一块石碑记载着在清朝嘉庆年间曾被修缮过，距今有200多年了。2013年10月10日，被山

东省人民政府列为第四批省级文物保护单位。2015年，本着修旧如旧的原则，又进行了一次修缮。

2. 都氏家祠与村落的空间关系

早期的北头村规模较小，都氏家祠位于村落的西侧，符合民间家庙位于村西的风俗，其周围零零散散地分布着一些用石头砌筑的老房子。但由于此处地势低洼，原有居民陆续举家搬迁到家祠西侧地势较高的地方，就形成了都氏家祠位于现有村落东部的格局。

3. 都氏家祠建筑群特征

（1）吸取汉地建筑特征

都氏家族落户于汉地，吸取汉地的建筑特色，如坐北朝南、轴线运用、正房凹形平面、抬梁式结构、两坡硬山式屋面、重点突出等。

首先，从建筑高度上来说，重要的建筑高度高于次要的建筑。正房在屋脊高度和进深方向尺度都远远大于倒座；其次，倒座五开间，大门安装在明间，明间形成独立屋脊的单开间大门，其屋脊高度高于倒座两侧的屋脊高度（图3-3-53）。再次：重要建筑的构造做法也比较讲究。正房的屋脊和倒座明间的屋脊上都铺设两层带花纹的脊瓦，而其余部分只铺设两层平铺砖和一层盖瓦；正房和倒座明间两侧的山墙均做成铃铛排山脊，

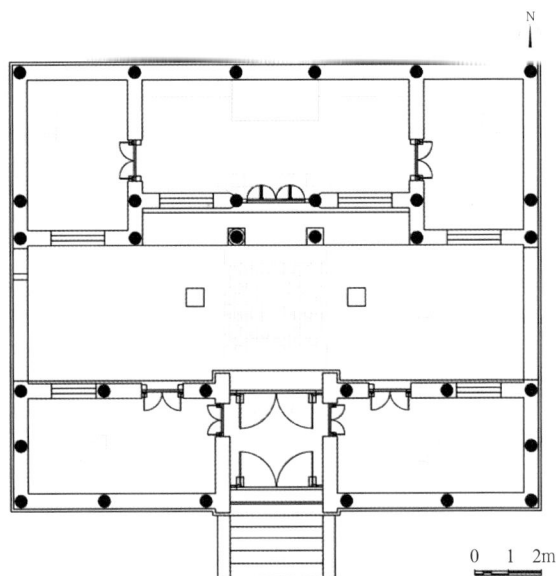

图3-3-53　都氏家祠总平面图
（来源：常慧 绘）

倒座两侧尽间的山墙处只做简单的清水脊。

（2）保留蒙古族居住建筑特色

都氏家祠建造在汉地，吸取了汉地的建筑结构、构造等特征，但在选址、总平面布局、装饰等方面仍保留了蒙古族民居的特色。

在选址上，蒙古族喜欢逐水而居，所以都氏子孙选择距离渤海最近的北头村为居住地，逐渐养牛习耕，造船学渔，繁衍生息。

在总平面图布局上，都氏家祠为一进二合院形式，院落呈横向扁长，且两侧的院墙低矮，只有2.5米高，保留了蒙古包比较低矮，席地围坐的生活习惯（图3-3-54）。

在装饰上，蒙古族最喜欢的颜色是白，其次是蓝和黄。白色象征着纯洁和高尚，代表着财富之源泉的羊群。蓝色代表着自然界中的永恒、美好的色彩，希望自己民族像永恒的蓝天一样永存和繁荣兴旺。黄色代表着养育人民生息繁衍的土地。都氏家祠把这些颜色也用到了建筑中。大门和正房的墀头上都以白色为底，或雕刻花纹或雕刻寿字；在门板和障日板上都交替使用黄和蓝两个纯净色块。在倒座大门的门扇及余塞板均分为相等的四块长方形木板，分别填充蓝色及黄色，门楣处为等分的黄色、蓝色、黄色三块。

（3）建筑材料多使用黄石

一方面为了彰显家族的显赫地位，另一方面也向汉地建筑学习，都氏家祠在建造墙体时大量使用了黄石。北头村当地并不生产黄石，黄石一般从乳山和石岛一带不辞辛苦运过来。而且石头的使用位置和砌筑方法也特别讲究，规整的石块多使用在门房的正立面、大门的台阶、正房的槛墙、墀头下的挑檐石等地方，雕琢精细，缝隙严谨。而在正房的背立面和院墙处则选择不太规整的黄石砌筑，黄石的体积很大，砌筑时尽量使用最初的黄石，略加雕琢。

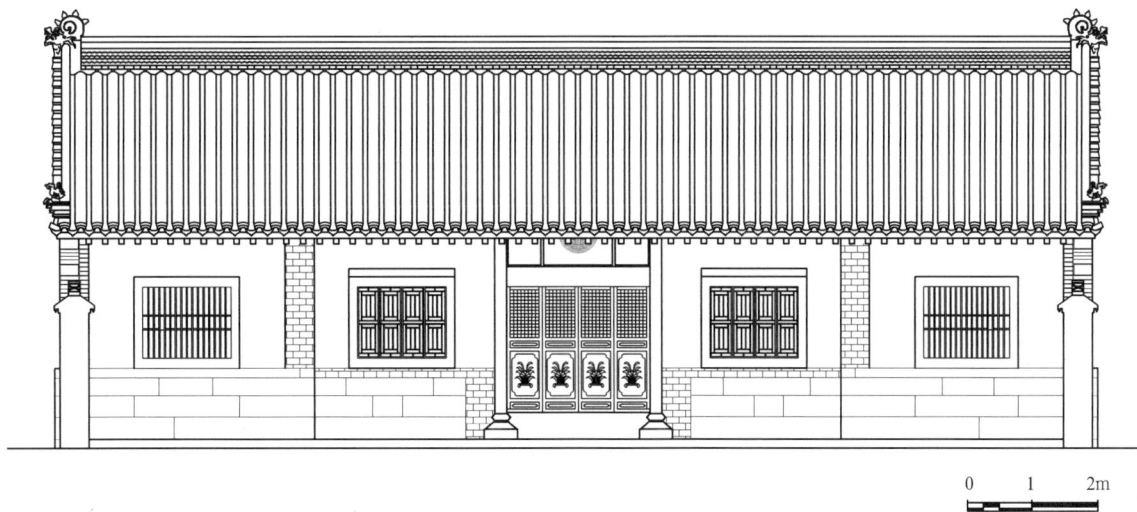

图3-3-54　都氏家祠正房南立面图
（来源：常慧 绘）

第四章　鲁中南地区民居类型与特征

传统民居是民间以居住功能为主的建筑，在不同的文化背景、生活方式和用地条件等各种因素影响下，表现为适宜生产生活和强烈的地域性特征。山东民居从聚落宅院到房屋居室，在平面布局、结构体系和外部特征上，各地之间都有不同的地域差异，同时居住模式的多样性也带来了山东民居多元化的特点。

鲁中南地区地貌独特，绵延起伏的山地丘陵，纵横交错的泉水水系，共同构筑出诗情画意的自然环境。村落背山、面水，顺应地势，展现出一幅"村融山水中，人在画中居"的美好景象。尊卑有序的儒家文化、重商利民的齐商文化对当地民居产生了深远的影响，建筑庄重朴素，空间方正规整，装饰丰富多样是对多元文化的强烈回应。盛产的各种石材、传统的青砖灰瓦、废弃的陶辅材料与当地民间技艺完美结合，描绘出形式多样，特征鲜明的鲁中南地区民居。

第一节 鲁中南地区聚落与民居影响要因

鲁中南地区是指山东省的中部和南部地带，包括济南市（含莱芜区，不含商河县、济阳县）、泰安市、淄博市、临沂市、潍坊市、日照市。总体上，该区域地理特征可概括为"山地丘陵为骨、平原环列延展、河泉交错纵横"。鲁中南地区地形复杂，地貌多样，山地、丘陵、平原三大类型俱全。其中，山地丘陵为鲁中南地区最显著的地貌特征，其周边及山间则分布着一定面积的平原和零星盆地，这种地貌为发达的河、湖水系的形成创造了条件，广泛分布的岩溶地貌又孕育了诸多名泉。该区域内地质条件复杂、生态多样性高、物产较为丰富，这些为聚落和民居形态的多样性提供了物质基础。另一方面，山东是中华文明重要的发祥地之一，鲁中南地区又处山东传统文化的核心区域，历史悠远、文明深厚，不同民系在此聚首，形成了丰富多样的乡土文化，这为鲁中南地区的民居赋予了敦厚而多彩的精神内核。

一、自然环境

（一）绵延起伏的山地丘陵

山地丘陵是鲁中南地区的主导地貌形态，构成了地域自然环境的基调。这些山地与丘陵主要是在构造隆起以及岩浆岩侵入活动的基础上，历经长期侵蚀、剥蚀过程而形成。其地形大势为中间高，边缘低，呈山地居中，丘陵、平原环绕穿插的格局。本区域的山地均为低山、中山类型，且以海拔小于1000米的低山为主，少数超过1000米的山地主峰突出其中。其中东西向横亘的泰鲁沂山地如屋脊般构成了该地区的南北天然分界，中心耸立着著名的泰山主峰玉皇顶（海拔1545米），为全省最高峰。500米以下的丘陵也是本区广泛分布的地貌类型，其北达胶济铁路沿线，南至临沂南部，东与鲁东丘陵相连，西至泰安西部东平湖一带。在丘陵浅山的外延则分布有规模不等的平原，主要为山前冲积平原和山间河谷冲积平原两类，典型的有泰鲁沂山地北麓平原，大汶河、泗河冲积平原等。

鲁中南地区山地-丘陵-平原的圈层格局对聚落分布及民居形态产生了重要的影响。广大的山地、丘陵区孕育了星罗棋布的村落，一个个相对闭塞的地理区块催生了多样的山地民居，周边的平原则为城市、集镇的发展提供了有利条件，结合当地条件形成了各具特色的城镇聚落和民居（图4-1-1）。

图4-1-1 山地村落与民居
（淄博市淄川区牛记庵村 图片来源：赵康 摄）

（二）纵横交错的河泉水系

山地丘陵的地貌与降水集中的气候条件形成了鲁中南地区另一突出自然环境特征——河泉纵横。区域内水系发达，河流以泰鲁沂山地为中心，向四周辐射流淌，最终分别归于黄河、淮河、小清河及山东半岛水系。这些河流一般受降水量影响较大，存在明显的季节性，年径流深较大，尤其山区多水短流急。此外，鲁中南地区亦分布有一定数量的天然湖泊，通常分布在山地丘陵外延的冲积平原区，较大的有东平湖。

鲁中南地区还存在石灰岩分布广泛的突出地质特征，岩溶地貌发育，其中地下水受阻后涌出地表，就形成了泉水。该区是我国北方岩溶水分布的最大片区之一，泉水多而成群，著名的有：济南趵突泉群、黑虎泉群、珍珠泉群、五龙潭泉群、章丘明水泉群、泰安上泉泉群、淄博神头泉群、潍坊辉渠泉群等。

如果说地形构成聚落的基础和骨架，那么水则赋予聚落生命和灵魂。鲁中南地区丰富的水资源和纵横的水网滋养成就了颇具地方特色的居住文化，许多优秀的传统聚落和建筑充分反映了人与水的密不可分。如济南素以"泉城"闻名，在面积仅2.6平方公里的旧城区范围内泉水就多达100余处，形成了"家家泉水、户户垂杨""水伴街行、泉在院中"的独一无二的北方水城景观以及泉水民居（图4-1-2）。又如淄博市太河镇东东峪村的山溪和泉群同时承载生活设施和公共空间的角色，实现了与村落和建筑的完美融合（图4-1-3）。

（三）丰富多样的建筑材料

鲁中南地区复杂的环境及丰富的物产资源为建造活动提供了多样化的建筑材料。在不同生存条件下，人民群众就地取材，发挥智慧，创造了以石木、砖石木、土石木为结构材料的三种主体传统民居类型，同时，各地的特产材料又进一步强化着民居的在地性。

图4-1-2　济南的曲水亭街区
（图片来源：赵康 摄）

图4-1-3　山溪、泉群与民居
（淄博市淄川区东东峪村 图片来源：赵康 摄）

石木民居是鲁中南地区最有特色的民居类型，它广泛分布于各山区及丘陵地带，这些地区交通相对不便，石材虽笨重但却是最易取得且廉价的材料，同时山区森林资源较为丰富，所以民居普遍采用石材墙体搭配木屋架、木楼板的建造方式。各地民居又因石材种类及工艺的不同，呈现出丰富多样的外观。砖石木民居则主要流行于丘陵至平原地区，聚落经济条件较好，区域内手工业较发达，交通便捷，可从附近山地甚至远方获得木材，因此形成了以砖石木为主材的民居形式，以广大城镇民居最为典型（图4-1-4）。土石木民居主要存在于一些丘陵至平原的结合部且存在厚实土层的区域，这些地区交通相对不便，经济也不甚发达，于是发展了土石混合墙体结合木屋盖的建筑形式。较为典型的土木民居分布于本区的西北部，如济南平阴的丘陵区。

以上材料混筑的民居在本地区相当常见，有的还杂有其他地方性材料。传统民居对于材料的使用并非死板地因循守旧，就地取材、灵活变通才是营造遵循的法则，如淄博的受陶瓷业缘影响的民居就充分体现了这一点。此外，尚有全石建造的民居，这类建筑以石为墙，以石叠涩或拱券为顶，在山区偶有存在，但居住不够舒适，不为主流，其规模较大的有各种避难山寨。

二、人文环境

（一）历史演进沿革

鲁中南地区远古时期属东夷之地，在商代该地区已成为商王朝在东方的发展中心。周行分封，以泰鲁沂山地为界逐渐形成齐鲁两大邦国并立，莒、郯、纪、杞、牟等小国环列的局面。齐、鲁两国经济、文化最为发达，奠定了后世山东"齐鲁之邦"的基础。秦置郡县，本地区分属齐、琅琊、济北等郡。西汉郡国并行，本区域有济南、泰山、齐、北海、琅琊等郡，东平、济北、鲁等国。东汉时期，州成为地方最高一级行政区划，本地区大体属青州、兖州及徐州，魏晋基本沿用。青、齐之地向来属膏腴之地，秦汉时期该地区以发达的农业和手工业著称于世。隋唐时期

图4-1-4　砖石木民居
（淄博市淄川区张李村 图片来源：赵康 摄）

逐渐形成道、州、县三级行政区，本区域基本属河南道之下的齐、青、淄、密、沂等州。宋代行政区划为路、府（州）、县三级制，本地区主要属京东东路之下的济南府和青、密、沂、潍、淄等州及京东西路的袭庆、东平等府。唐宋时期的鲁中南地区人口密集，经济十分繁荣，文化领域群星璀璨，齐、鲁文化逐渐融合为一体。元代采取行省制度，之下有路、府、州、县四级，该区域分属于中书省济南、东平、益都等路。明初置山东行省，济南始成为山东地区的政治中心。本地区主要隶属于济南府、青州府及兖州府一部，清代本地区建制与明代大略相似。金元至明清时期鲁中南地区多受战乱波及，破坏巨大，但屡有恢复，逐渐定型成为山东的政治经济和文化的中心。

（二）底蕴浓厚的文化

鲁中南地区地处山东传统文化的核心区域，历史十分悠久，文化积淀尤其深厚。区域内的大汶口文化、龙山文化等赫赫有名，在中华文明的长河中占据重要地位，是名副其实的人文发祥之地。春秋战国时期的齐、鲁两国鼎盛一时，为本地区赋予了底色，后经漫长历史逐渐融汇形成的"齐鲁文化"已经渗透于人民的精神层面，至今传承不绝。

本地区受鲁地发展起来的儒家思想的影响最为强烈，以农为本、耕读传家、敦睦里仁、遵礼重道、敬老慈幼等价值观不仅深入人心且对聚落、建筑的功能、空间结构、形态等方面均有明显地

影响。民居在整体布局上讲求主从关系、轴线对称，居住上注重家庭关系和谐、长幼有序。如肥城、莱芜等地区的合院民居正房尽端普遍专辟一间为老人上房，且与大门同侧，以示敬老，功能上又为家庭成员各自领域营造了一定的独立性。儒家思想甚至渗透于民居建筑细节之中："诗礼传家""忠孝"等题材的装饰时刻教化着人心，弯曲的滴水和"拐弯抹角"的墙体体现着邻里的互谅互让、利他利己……这些例子不胜枚举（图4-1-5）。

此外，"齐俗"遗留下来的商业、手工业文化也对传统民居建筑产生了一定的影响，尤其在城市、集镇聚落中颇为明显。代表性例子有济南旧城区、淄博周村等地的前店后宅、下店上宅形式的民居及博山陶瓷业缘民居等。

（三）质朴求实的民风

鲁中南地区自古民风仁义、忠厚，"夷者，柢也，言仁而好生""东夷率皆土著，喜饮酒歌舞"[1]等记载说明尽管几千年来本地住民经历了无数历史更迭，但淳朴本质未变。汉代以来儒术独尊，儒家思想的传播、渗透强化了这种性格，同时以"齐俗"为代表的"奢侈，好末技，不田作"[2]、"虚谈高论，专在荣利"[3]的土著商业文化受到官方的有意打压和摒弃。简约朴素、敦厚阔达、循规蹈矩、不求张扬逐渐成为民众的道德共识，在这种社会风气的影响下，大众的价值观是偏向保守和实用主义的。

这种价值取向下的鲁中南地区民居低调内敛，不尚奢华，即使那些"高门大户"也相当克制，住宅外观力求与环境和谐，油饰彩绘肃穆简洁，构件只做重点装饰，绝少可匹敌于山西、江浙地区的雕梁画栋者。同一地域内建筑风格一致性强，标新立异者甚至会遭受强大的社会压力。民居在材料选择上则普遍遵循实用主义，就地取材，石、砖、木、土、草无所不可，营造了本地区民居自然、朴拙而可亲的风格。

a 济南市长清区土屋村　　　b 淄博市淄川区池板村

图 4-1-5　弯曲的滴水和"拐弯抹角"
（图片来源：赵康　摄）

（四）丰富多彩的民俗

在山东传统社会，与官方层面主导的儒家规范并存的另一线索是底层的民俗文化。鲁中南区位独特，冀鲁、中原和胶辽三大民系辐辏于此，形成了丰富多样、各具特色的习惯和信仰。它们植根于广大基层人民，与生活紧密结合，拥有强大的生命力，有些习俗信仰可能已流传了上千年。例如，山岳崇拜是鲁中南山地丘陵地貌条件下生长出的较独特的民俗信仰，早在新石器时代，华北平原上突兀隆起的泰山山脉就给先民留下了深刻的印象，发展出祭祀活动，后为历代统治者所继承弘扬。山岳崇拜还衍生出灵石崇拜，辟邪镇宅的"泰山石敢当"等现象就是这种信仰在民居建筑中的体现，并远播四方（图4-1-6）。

a 泰安市岱岳区麻塔村　　　b 淄博市淄川区池板村

图 4-1-6　鲁中南民居中的厌胜镇物
（图片来源：赵康　摄）

① 后汉书·东夷列传.
② 汉书·龚遂传.
③ 洛阳伽蓝记·秦太上君寺.

这些民俗体现于社会生活的方方面面，难以尽数，它们构成了民居建筑非物质层面的重要一环。

第二节　鲁中南地区聚落形态与民居类型

一、鲁中南地区聚落形态

（一）自然地貌下山地聚落

鲁中南地区山脉众多，泰山、鲁山、沂山组成的绵延山脉由北向南与徂徕山、蒙山共同构成了鲁中南地区山地丘陵地貌。鲁中南山地划分为三个区域：西北是济南泰安山地，中部为淄博潍坊山地，东南为临沂沂蒙山地。山地自然环境影响下，形成了鲁中南最为典型的山地聚落。

山地聚落的选址首先要考虑风水，背山面水，负阴抱阳，既可以利用山体阻挡寒气，又可以利用水源为聚落孕育生机，巧妙利用自然地形，灵活地组织布局，可以规划出一幅"村融山水中、人在画中居"的美好田园画卷。山区建造房屋的条件非常苛刻，能有效利用的平地或南向缓坡非常有限，在村落修建过程中，通常都是

顺应地势，依据等高线形成层层叠叠的台地，以此解决山地高差。村内的房屋沿着错落有序的台地自然形成带状或"之"字形布局，青州井塘古村的整体布局就是如此。在群山环绕的自然环境中，建筑沿蜿蜒曲折的"之"字形山路呈现出层层叠叠、高低起伏的绕山形态，让人心旷神怡（图4-2-1）。

道路是聚落与外界联系的纽带，街巷是组织聚落空间的"骨架"，二者共同组织出山地聚落的交通体系，凸显了聚落空间的三维立体特征。群山环绕的自然地貌阻隔了聚落与外界的联系，通往聚落的主要道路在此就显得尤为重要。泰安二奇楼村的主要道路修建在两山之间的山坳处，相对平缓，沿路布置村中主要的景观节点，加强了聚落与外界的联系。街巷是聚落的组织结构，山地聚落街巷最为突出的特点是三维立体性，聚落内部平行于等高线的横向街巷呈现平缓带状，而联系上层与下层台地的纵向街巷则较为陡峭，表现出强烈的层次感。青州井塘古村在纵横街巷的交汇处就形成了许多生动有趣的三维立体空

图4-2-1　建筑沿蜿蜒道路"之"字形布局
（图片来源：范子儒 摄）

间，虚实相生，宽窄不一，成为村民驻足交流的场所。井塘古村的下碾街，古树周围筑有石台，结合古树形态，街巷由此分叉，一边向上延伸，一边水平拓展。街巷空间在此节点形成了不同的层次，形成了村民驻足活动的场所。井塘古村村头的仪凤桥结合街巷的高差，凸显街巷的三维立体特征，村民沿石桥通行，古桥两端的高差形成天然的观看视角，古桥又将戏台和观演区紧密地联系起来，共同组成了村口标志性的公共空间（图4-2-2）。

图4-2-2　仪凤桥凸显三维立体空间
（图片来源：陈林 摄）

（二）泉水生发的泉水聚落

鲁中南地区泉水资源丰富，泉水地理环境所诱发的一种伴泉而居的人居形式，称为泉水聚落[①]。泉水聚落的独特之处在于泉水系统的介入，聚落与泉水的空间位置概括为"毗邻"与"交融"两种类型。聚落与泉水相互交融时，泉水形成的出露点、溢流水系对聚落整体布局产生了显著的影响，泉水聚落主要呈现出带状和面状两种布局形式[②]：鲁中南地区山地、丘陵地带，泉水出露点、溢流水系常常顺应等高线分布，聚落内部的主要道路也多平行于出露点、溢流水系。建筑通常于道路两侧或单侧布局，多进院落的建筑则垂直于道路进行纵深布局，因此泉水聚落也呈现出近似直线形、弧形或"之"字形的带状布局形式。东八井村、韩家峪村就是顺应泉水溢流水系，近似直线的布局形式；玉泉河村、东泉河村就是"之"字形布局形式；泉水出露点喷涌量大且地势平坦区域，易汇集出较大面积的泉水水域。由于早期用水取水的需求，在泉水水域附近往往成为村民活动的集中地带，成为聚落的中心区域。在聚落发展过程中，以泉水水域为核心部位，逐渐向外围拓展，最终形成中心自由松散、周围网格清晰的面状聚落布局形式。济南市历城区柳埠镇亓城峪泥淤泉村就是典型的面状布局。

除了对聚落布局产生影响，泉水出露点、溢流水系结合不同的界面，形成聚落内许多相

对开阔及富于变化的公共空间。泉井通常在街巷的转角处，其大小、位置灵活多变，与建筑外墙共同围合出点状公共空间，打破一成不变的空间形态；水系具有很好的连续性和延展性，宽窄多变，蜿蜒曲折，往往营造出"街因泉走，水街共生"的整体连贯的公共空间，满足了居民生活交往不同的需求；面状水域空旷开阔，对比密集狭小的街巷空间，使人豁然开朗，结合水域周边重要的公共建筑，成为聚落的中心景观。泉水水系柔美灵动，其穿插于聚落之中，赋予聚落灵活多变的界面空间，改善了冰冷封闭空间的感受，点、线、面公共空间成为了人们视觉的中心和焦点（表4-2-1）。

在生活生产过程中，村民通过设置泉井、水渠满足不同的用水需求。在山区雨季来临时，水渠还可以成为泄洪排水的天然通道。在聚落发展过程中，村民通过扩大、美化泉井、泉池，形成泉水聚落别具一格的公共空间，打造出独特的泉水景观，这些都体现了老百姓伴泉而居的生态智慧。例如：平阴书院村背山面水，村内以书院泉为中心形成了聚落中活动及景观中心，泉水由北向南缓缓流淌，划分出不同的生活水渠和泄洪水渠。

（三）陶瓷业缘影响的聚落

淄博自古就有"陶瓷之都"的美称，陶瓷业作为淄博最重要的传统手工业对区域内社会经济、人际关系、匠作技艺、文化生态、物质基础

① 张建华. 北方地区典型泉水聚落保护与可持续发展研究[D]. 济南：山东建筑大学，2011.
② 赵斌. 北方地区泉水聚落形态研究[D]. 天津：天津大学，2017.

点、线、面公共空间形态　　　　　　　　　　　表4-2-1

点状	丁字路口处	转折交汇处	道路中间处	道路起始处
线状	平行于街、巷		垂直于街、巷	街、巷中间
面状	建筑两面围合		建筑四面围合	四周街、巷围合

注：根据廉国富《泉文脉在街巷空间中的景观营造研究——以芙蓉街—曲水亭街历史街区为例》整理。

产生的影响被称为陶瓷业缘的影响。由于当地百姓生产生活都依赖制陶，逐渐形成了以制陶作坊为核心的聚落[①]。制陶作坊通常设置加工车间、窑炉、库房等生产建筑满足拉胚、晾晒、烧制等制陶工序。早期传统陶瓷手工业多为小型私营作坊，窑炉相对独立，在不足5公顷的博山山头镇河南街村散落了140多处生产窑炉。为了便于生产生活，多数民居都围绕窑炉布局，淄博古窑村就分布着大量民居建筑群，现今成为市级重点文物（图4-2-3）。

图 4-2-3 淄博古窑村民居建筑群（图片来源：范子儒 摄）

---

① 陈华新，卢珊，覃晓雯. 博山古窑村民居建筑的研究与保护开发[J]. 中华民居，2014（9）.

《博山县志》卷七中记载："邑窑业之起始无考……相传宋代已有用煤炭下层之土制粗陶罐、盆、碗以供乡人需用者"，由此可知当地陶土为烧制陶瓷提供了上乘原料，煤矿为其提供了天然燃料，因此矿产原料丰富的地区就成为当地人生产生活的首选区域。同时，陶瓷在烧制过程需大量用水，陶瓷产品的外销又依赖便捷的交通，因此聚落的选址要挨近水系及交通便利的道路。河南东村几座现存窑炉遗址就紧挨孝妇河支流水系，聚落周边邻近主要交通干道。淄川区龙泉镇的渭一窑是保存比较完整的明清古窑，围绕其周边就分布着渭一村、渭二村，聚落北部紧临渭头河岸，现今交通干道湖南路横穿聚落，划分出生产和生活区域。聚落内部街巷纵横交错，常用青石板作为铺地材料，街巷主道、支路、胡同虽宽窄不一，但多以运输陶瓷器的独轮车、双轮车为矩。据《博山县志》记载："青石关两山夹立，而中通一道，山皆青石峭壁，奇险。关立山巅隘处，今南来商贾散于岱北诸境者，必经之关。"

二、鲁中南地区民居类型

（一）石筑民居

1. 多样石材与整体风貌

鲁中南山地丘陵地貌盛产石材，并且种类丰富：泰山、鲁山、沂山山区盛产花岗岩、片麻岩；沭东丘陵区多为片岩、片麻岩、花岗岩；肥城、平阴低山丘陵地区则以页岩和灰岩为主。多样的石材为民居提供了充足便利的建筑材料，建筑与山地丘陵地貌共同构筑了当地特有的民居风貌。

鲁中南民居常用的石材为岩石，岩石又分河间岩石和山间岩石两类。河间岩石由于水流冲刷，形态圆滑、色彩丰富，俗称卵石。以卵石为墙体材料，砌筑的墙面肌理凹凸多变、色彩斑斓，如济南长清归德镇双乳村民居（图4-2-4）、泰安小辛庄民居。山间岩石依据开采加工的形态分为方石和毛石[①]。普通的民居往往就地取材，

图4-2-4　济南长清归德镇双乳村民居
（图片来源：山东住房与城乡建设厅　提供）

利用毛石作为主要墙体材料，建成的民居与环境巧妙地融合，如济南历城凤凰村民居、青州井塘村民居；有经济财力的老百姓在石材的选材方面比较讲究，要求工匠将岩石加工打磨成规整的方石，砌筑出的民居更加规整精细，如泰安刘庄村民居、琊山村民居。

2. 迎合地形的院落布局

普通人家在修筑房屋时，通常采用方方正正的合院式布局，但鲁中南地区受山区地形限制，居民没有能力大幅度改变自然地貌，通常会选址于较为平缓的向阳坡地上，并顺应地形灵活地砌筑院墙，借助了山体与院墙共同围合出形态丰富多样的院落。青州井塘古村由于用地局限，多数民居的东、西面或北面都邻近山体，有的甚至两面都紧挨高山，老百姓在砌筑院墙时就利用多变的院落形态迎合周边的山体。自由灵活的院落与自然环境有机地融合在一起，充分体现了劳动人民的智慧和"天人合一"的儒家思想。

3. 淳朴精湛的石筑技艺

石筑民居立面由基座、墙身和屋顶三部分组成，普通老百姓的房子的基座和墙身都合二为一。墙体肌理丰富、就地取材，与山地环境浑然一体是石筑民居最为典型的特点，这也体现了人们取于自然、应对自然最朴素的生态智慧。建筑内部无立柱，整个屋架直接落在石筑墙身上，墙体既是承重结构又是围护结构，真实地表达了民

---

① 尹航，赵鸣. 鲁中山地村落石砌民居形态与结构特征研究[J]. 古建筑园林，2019（12）.

居粗犷古朴的韵味，也凝结了工匠们近百年淳朴精湛的建造技艺。

石筑墙体的砌筑步骤分为备料、打基础、砌墙。备料在民居建造之前需要较长时间的准备，屋主在基地周边购买或开采石料，工匠依据屋主的经济情况和时间周期，将石料进行不同程度地加工。简易民居大多依据开采出来石料的特点，随才器使；讲究点的民居往往要将石料进行"凿平""剁斧"形成相对规整的条石，留待砌筑。准备好材料就可以开始打基础了，鲁中南地区基地多为岩石构成，一般不需要夯实处理，筑墙之前只需要将基地内的岩石凿开整平，低洼处用碎石找补填平，形成较好的基床即可开始砌筑。在砌墙过程中，毛石墙体砌筑过程并无太多规律，主要是以石材间形状的咬合及石块之间的摩擦力为基础，依靠的是工匠多年的经验；块石墙体常按照一顺一丁、十字缝徒砌的方式砌筑。

在具体建造过程中，不同地域的石筑技艺还各具特色：沂源、沂水、莱芜、蒙阴、临朐等地的石筑民居，在建筑屋顶与山墙交界处，常采用罗汉塔砌筑，层层叠砌的方式呈现出不同的视觉效果，山墙面从檐口到屋脊层层石板都向外出挑10～15厘米，出挑的石板上压制石块，整体呈现出山墙高出屋顶，山墙斜边上的层层石板如同叠罗汉的造型[①]。石筑民居屋顶多为三角梁架铺作干草（图4-2-5），而枣庄地区有采用片岩石板

图4-2-6　枣庄片岩石板屋面
（图片来源：张菁　摄）

铺作屋面的，颇具地方特色（图4-2-6），在箔材上薄铺一层泥，或者直接铺设石板。通常为了防止石板滑落，屋面坡度在15～25度，采用的石片厚度在10～30毫米间。从下往上错缝压叠，屋脊处采用弧形过渡，再用大片石板平压作为屋脊（图4-2-7）。

（二）砖砌民居

1．庄重朴素的整体风貌

鲁中南地区深受儒家文化的影响，古代的官道、商道交汇于此，其经济、文化较其他区域更加发达，稍有地位和财力的人家在建造房屋时，除了使用石材，或多或少会采用青砖材料，对比石筑民居，砖砌民居普遍规格更高，保存也更加完好。

砖砌民居立面多为三段式，大屋架铺设灰瓦屋面，上身白色抹灰，檐口、腰线、檐柱、门窗套采用青砖修饰，下碱多为花岗岩方石，

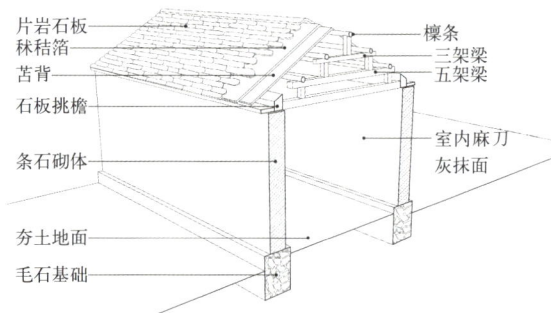

图4-2-5　干草铺作屋顶
（图片来源：陈林　摄）

图4-2-7　片岩石板屋面做法
（图片来源：王雪茹　绘）

---

① 姚庆丰，唐宁联，董睿. 鲁中山区传统"罗汉塔"民居调研——以下柳沟村为例. [J]. 华中建筑，2018 (7).

图 4-2-8 砖砌民居
（图片来源：王雪茹 绘）

整体庄重朴素（图4-2-8）。淄博蒲家庄76号院，原"和盛号"旧址，是一栋百年砖砌民居，岁月除了在白墙上留下了斑驳的痕迹，对其他部分影响甚微，民居整体呈现灰白色调，依旧

图 4-2-9 淄川张李村王家大院
（图片来源：高宜生工作室 提供）

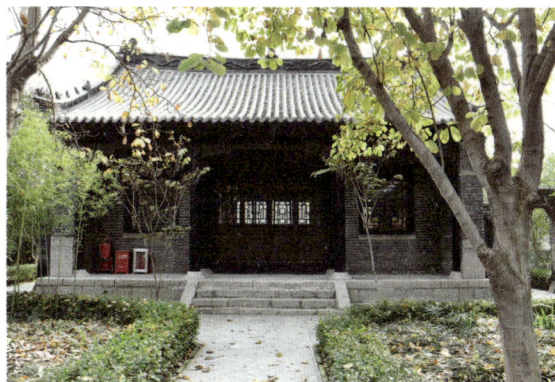

图 4-2-10 淄博西铺毕自严故居正房
（图片来源：陈林 摄）

散发着古朴的味道。淄川张李村王家大院也是一栋百余年的砖砌民居，青砖灰瓦，古朴大方（图4-2-9）。依据用砖量不同，砖砌民居整体风貌也有较大差别，淄博西铺毕自严故居中一处正房，除石基外墙体均为青砖砌筑，搭配细腻的梁枋门窗，体现了屋主显赫的社会地位（图4-2-10），正房一侧的厢房用砖量大大减少，檐墙下碱、门窗过梁、窗台石、托墼均采用石材，浑厚朴素（图4-2-11）。

2. 方正规整的平面形式

受传统礼制文化深远地影响，多数老百姓的房子都是一进合院式布局，一些大户人家则为多进合院式布局。民居平面方正规整（图4-2-12），正房（北房）坐北朝南，三间或五间，一些挂有

图 4-2-11 淄博西铺毕自严故居厢房
（图片来源：陈林 摄）

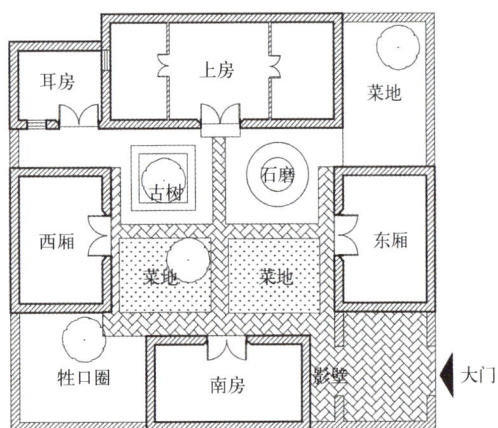

图 4-2-12　近山平地传统民居平面
（图片来源：张晓楠　绘）

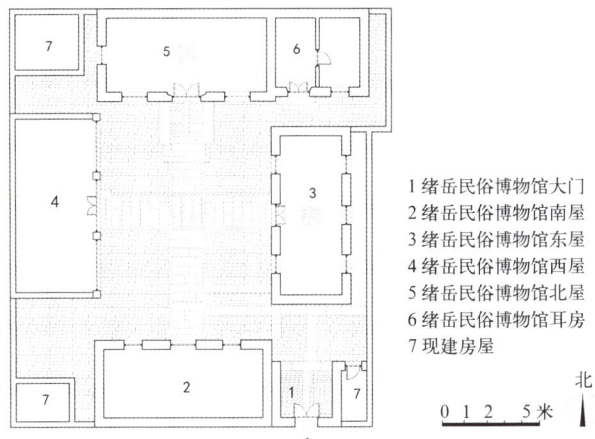

1 绪岳民俗博物馆大门
2 绪岳民俗博物馆南屋
3 绪岳民俗博物馆东屋
4 绪岳民俗博物馆西屋
5 绪岳民俗博物馆北屋
6 绪岳民俗博物馆耳房
7 现建房屋

0 1 2　5 米

北

图 4-2-13　淄川绪岳民俗博物馆平面
（图片来源：高宜生工作室　绘）

耳房，东西厢房多为两间，室内大多无隔断，便于灵活布置。民居大门以东南方向居多，讲究院门不冲路、不对窗的禁忌习俗，有条件的老百姓在建造房屋时注重风水，常借助厢房的山墙作为影壁，阻挡视线。大门另一侧或耳房常布置为厨房，厕所和牲口棚通常挨近厨房。淄川张李村某民居（现绪岳民俗博物馆）就是方正的四合院，入口在东南方向，正房带耳房（图4-2-13）。

3. 建筑细节与营造技艺

砖砌民居多为硬山坡顶，大户人家多用抬梁式屋架铺作瓦屋面，普通民居也有采用抬梁加斜梁的混合屋架，以五架无廊式屋架居多。济南朱家峪朱氏祠堂就采用混合屋架形式，大屋架直接置于前后檐墙上，空间显得高耸庄重（图4-2-14）。砖砌民居的瓦屋面以翻毛脊瓦做法为主，先用泥在厚厚的苫背层上抹平，砭瓦时，找出屋面的中心线，由中间向两边按垄铺设，将仰瓦一层层压叠整齐，每垄之间仰瓦错缝铺设，不采用盖瓦，瓦垄间也不做灰梗，轻巧省料。莱芜南文字村民居、淄博赵执信故居等的屋面做法就是典型的翻毛脊屋面（图4-2-15）。

依据屋主社会地位和财力的差异，民居中墙体含砖量也各不相同，地位越高、财力越雄厚的屋主建的房屋体量越大，用砖量越多，越符合官式建筑的规矩。普通老百姓的房屋多在腰线、檐柱、门窗套部分使用青砖满丁满顺砌筑，檐口最常见的形式为墙砖直檐，层数从1层到6层不等，菱角檐、抽屉檐也较为常见。大户人家的屋内地面也采用青砖或方砖铺设，常见的为条砖十字缝、方砖斜墁、方砖十字缝、拐子锦四种铺设方式。

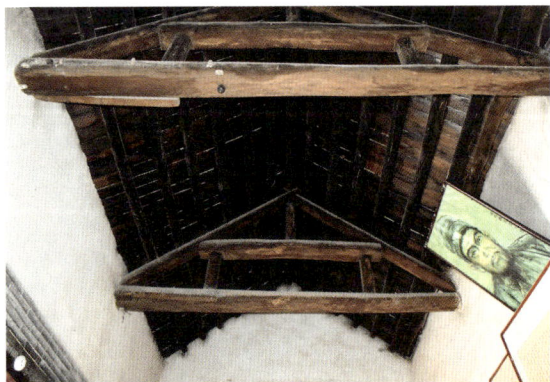

图 4-2-14　济南朱家峪朱氏祠堂屋架
（图片来源：陈林　摄）

图 4-2-15　淄博赵执信故居翻毛脊瓦屋面
（图片来源：陈林　摄）

（三）陶瓷业缘影响的民居

1. 陶辅材料与整体风貌

淄博东、西、南三面环山，区域内陶土、煤炭资源丰富，早在原始社会当地就已经开始制陶了，悠久的陶瓷文化与人们的生产生活密不可分。在发展陶瓷手工业过程中，烧制陶瓷产生匣钵、窑碛、黄板等陶辅废料被应用在当地民居中，丰富的色彩、凹凸的肌理使当地的民居展现出别具一格的特色。

陶瓷烧制过程中，为避免陶胚被燃烧气体和灰尘侵蚀，需将其放在一种罐状容器内再加以烧制，这些放置陶胚并起到保护作用的罐体被称为匣钵，又名"笼盆"。在制陶过程中，使用数次后的匣钵面临淘汰，废弃的匣钵经过高温煅烧，耐火性好，坚固耐腐蚀，既能承重又有装饰效果，被广泛应用在当地民居中。匣钵采用当地黄土烧制而成，高度大约在200~450毫米，直径在230~450毫米之间，壁厚20毫米左右，表面有凹凸的环形条纹。古窑村高矮不同的匣钵被有序地组织在一面墙上，颇具特色。

除了匣钵材料，还有窑碛和黄板两种陶辅材料，这二者实则都是耐火砖。作坊主为烧制出优秀的陶瓷制品，需要建造长时间经受千度高温的窑炉。当地工匠利用陶土原料烧制出耐高温的窑碛、黄板材料用来建造窑炉。窑碛多为橙

图4-2-16　民居山墙面采用黄板材料
（图片来源：王梦　摄）

红色瓷质材料，其耐腐抗剪优良。黄板的性能、质感与窑碛类似，厚度相对要薄一些，尺寸约为22厘米×15厘米，厚1.5厘米。两者都被应用在民居建筑中，窑碛多出现在空心斗墙及室内地面中，黄板多用在民居山墙面顶部（图4-2-16）。

2. 院落布局与平面形式

当地民居多为一进院落合院式布局，以三合院、四合院为主。受齐商文化影响，普通民宅并非一味遵循尊卑有序、北屋为尊的传统思想，而是以便于生产生活、自由灵活布局为主导思想，民居中留有较多的储藏空间，除了满足生活需求，更多的为陶瓷存放提供了便利（图4-2-17）。民居入口多在院落一侧，利用影壁或建筑山墙形成视线对景。渭二村的司志浩院由两栋并列堂屋组成，东西两侧留有储藏空间，大门则在东北

院落分类	实例	平面示意图	院落分类		实例	平面示意图
只建堂屋的院落	渭二村司志浩院	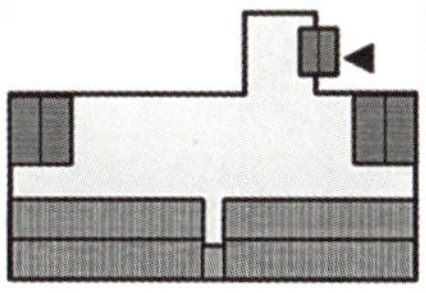	普通合院	一进四合院	渭一村孙家老宅	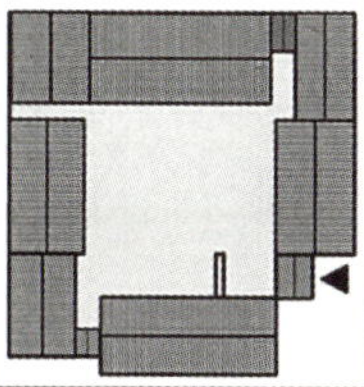
建堂屋、倒座的院落	渭二村刘氏家院	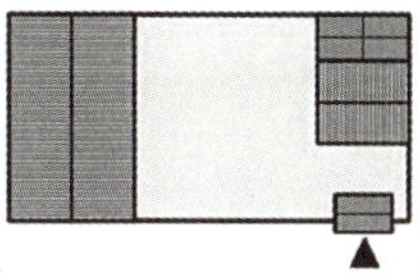		三合院	河南东村刘家大院（目前无人居住）	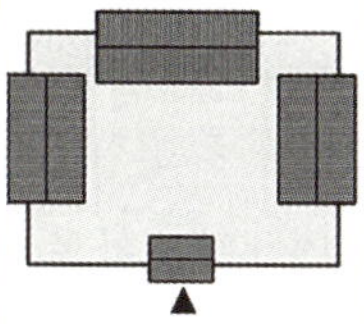

图4-2-17　自由灵活的民居平面
（图片来源：焦鸣谦　绘）

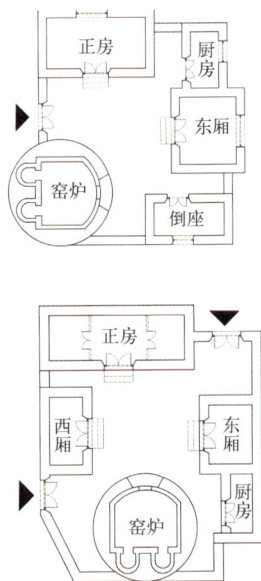

图 4-2-18 窑炉合院
（图片来源：王梦 绘／摄）

角；渭二村刘氏家院则以东西向堂屋为主入口在东南角，利用建筑的山墙面形成影壁；渭一村孙家老宅是较为传统的四合院，除了东南角留有入口空间，其余三处均为储藏空间。

窑炉合院是一种独特的民居形式，记载了当地陶瓷业发展的悠久历史，是中国传统文化的活化石。早期，各作坊之间竞争激烈，作坊主人为了方便生产同时又保护自家的生产技术，将窑炉设置在自家院子里，在私密的生活空间内进行生产，出现了"窑炉合院"的形式（图4-2-18）。后期民居改扩建中，屋主将原有遗留的窑炉纳入自家院内，延续了"窑炉合院"的形式。福山村宋氏家院，将东侧窑炉纳入自家院落内，使得原本规整的院落格局发生了改变。

窑炉合院最具特色的为烧制陶瓷的窑炉，圆直焰窑当地又称"馒头窑"，是一种生产型建筑。窑炉主体为粗矮圆柱形，外壁材料为匣钵、砖石、黄土，内壁为耐火砖叠涩砌筑，窑顶为穹窿型，顶端留有圆洞，窑前设置砖券门洞，窑后有匣钵或耐火砖砌成的圆柱形烟囱。

3. 匣钵墙体及营造技艺

匣钵分为传统匣钵、平壁匣钵、薄壁匣钵和石膏匣钵，传统匣钵和平壁匣钵在民居中最常见，通常被用在民居的围墙、山墙及一些隔断位置，为了让匣钵材料更好地承重，老百姓在匣钵内部塞进横竖不同的陶片，再注入黏土后夯实，大大提升了其承载能力。

匣钵的砌筑方式主要有三种：竖向叠砌、横向叠砌和混合砌筑。竖向叠砌指匣钵竖向整齐摆放，有的上下层错缝排列，也有上下层对齐排列的，匣钵连接处多用碎陶片和黏土找平后再继续罗列。横向叠砌指匣钵底部朝外横向排列，在缝隙处填上黏土，一层一层往上砌。混合砌筑则是竖向叠砌与横向叠砌混合运用在墙体中。

第三节　鲁中南地区民居资源与特点

一、潍坊青州井塘古村

井塘古村位于青州西南部，距离市区15公里，古村依山而建，南临玲珑山，北依凤凰山，整个村落坐西朝东，东南部的纱帽山如一面屏风，郁郁葱葱，山下的清泉成为井塘古村生产、生活用水的来源。井塘村的村名碑记录着："井塘距益都镇十五公里，南依玲珑山，明景泰七年吴姓由西吴家井迁此立村，村东山下有清泉，常年不涸，后凿为井塘，故村名依之。"民间传说

图4-3-1　井塘村丰富的节点空间
（图片来源：张缘 摄）

明朝衡王三公主下嫁井塘村贫穷后生吴仪宾，衡王为其建造"宜宾府"，并修建了一条自青州至井塘的青石板路，路修成之后，又在村中建造了72座瓦房，送来了大量的金银和衣物锦缎等，这才成就了井塘古村的繁华①。整个古村以七十二古屋为中心，形成了独具特色的山地石砌古民居建筑群，古桥、古庙、古井、古树更为古村增添了文化古韵，踏进古村时，就仿佛远离了尘世的喧嚣，置身于宁静古朴的世外桃源。

村落顺应山势依据等高线分层布局，"山高石头多，出门就爬坡"是当地人对井塘村的描述。村内街巷多为青石板铺砌，前崖路、青石街、北山头路、南鞍路、石板路等街巷平行于等高线，较为平缓；石楼路、下院路、狗屎巷等街巷垂直于等高线，较为陡峭，只能走人不能通车，高低错落的街巷纵横交错，产生了三维立体变化，形成了丰富的节点空间（图4-3-1）。

井塘古村中保留了许多满足祭祀、娱乐、生产等需求的公共建筑，如村头的关圣祠、龙王庙、戏台，下碾街的石碾房等。关圣祠、龙王庙、无生老母庙共同修建在村东口一处大院内。大院门楼为方石墙身，筒瓦屋面、滴水瓦当十分细腻。一进门楼正对天地排位影壁，既严肃庄重

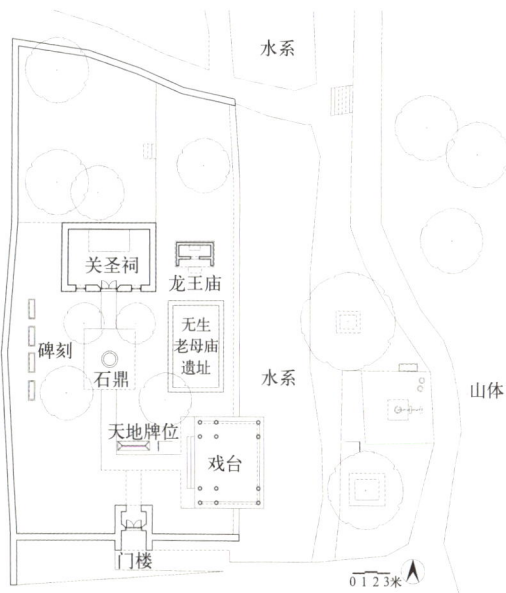

图4-3-2　井塘古村中主要公共建筑平面图
（图片来源：张缘 绘）

又很好地遮挡了视线。院内供奉着三位神灵，院北边关圣祠与龙王庙由西向东一字排开，与院东的无生祠共同形成"L"形布局（图4-3-2）。现今关圣祠保存完好，龙王庙进行了原样修复，无生祠为留存遗址。三座祠庙空间尺度的大小，反映了村民对其重视程度：关圣祠最大，无生祠次之，最小的是龙王庙。

院内最显眼的还属东边一座供村民日常娱乐的

① 房重阳，石磊.《花都·记忆》明衡王嫁女古道.

图4-3-3　戏台立面、剖面图
（图片来源：张缘　绘）

戏台（图4-3-3），借助地形，戏台高出村口道路许多，形成天然的观演场所。12根粗壮的木柱支撑七架歇山顶屋面，高规格的形制暗示着戏台的重要程度，是村外进入村内的标志性的公共空间。

农耕时代的井塘古村，石碾子是家家户户必不可少的生产工具，现如今随着人们生活的提高，生产自动化实现，石碾子失去了它最基本的功能，逐渐远离人们的生活，井塘村石碾房成了时代的标志物，也成为了村民们休闲娱乐的场所。

张家老宅是井塘村中具有代表性的合院民居（图4-3-4），大门居东南，面东，现仅留存由青石砌筑的门垛，借用南屋东墙形成了天然的入口影壁。西屋南头是栏圈，布局是"东南门，西南栏，出来人门是场园"。北屋为正房，有耳房，厚厚的茅草屋顶，青石打造的墙身，青砖镶嵌的木门窗，加上山把子眺翅，迎风探头，勾勒出简

朴大方的民居形态。东西厢房及南屋规格形制都比北屋要低，东边"福"字与西边"寿"字共同赋予屋主福寿双全吉祥之意。

孙家老宅建于清中期，两进院落，入口在东边，一进大门分南北两方向分别进入南北院，北院原来是规整的四合院（图4-3-5），目前西侧房屋损毁，南院仅有南屋和西屋，现仅存南屋，南北院之间的围墙也已经损毁。老宅采用规整的石

图4-3-4　张家老宅
（图片来源：陈林　摄）

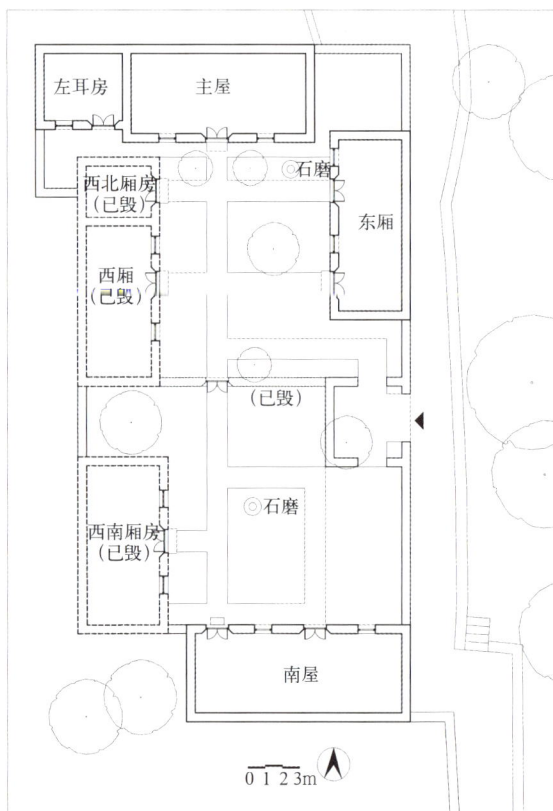

图4-3-5　孙家老宅复原平面图
（图片来源：张缘　绘）

材砌筑墙身，屋顶是厚厚的山草，古朴而稳重。早期著名医生孙玉清在此用古井水和山里的药炼制"红升丹"和"白降丹"治疗恶疮，闻名乡里。

吴家老宅始建于明末清初，原是清朝吴俊杰的古宅，有南屋，北屋（图4-3-6），西屋，后来吴家四代人在此居住，至第三代吴凌霄时家中有六个儿子、40多口人聚族而居，院中还有自己的"仙家庙"，供奉家神。吴家大院是一个三合院的形式，东北角由于地形原因形成一道弧线，也体现了井塘村民居平面自由灵活的特点。

二、淄博福山村民居

福山村地处淄博博山的八陡镇，地域面积虽小，但矿物资源丰富，为制陶提供了便利的条件。村子的制陶历史悠久，当地又名"刮大碗""疙瘩湾"，村民利用制陶废弃的辅料建造出独特的民居，成为福山村一道靓丽的风景，也蕴涵着当地深厚的文化。福山村内主街福山街顺应山势，盘山而上，将一座座废弃的古窑炉、窑神庙以及著名的宋家合院、苏家大院等传统民居紧密联系起来，顺着垂直福山街的大小胡同一路爬上村顶，俯瞰层层错落的民居，颇具气势。

福山村民居以四合院为主，房屋规格多为三间五架硬山顶，普通人家多采用石材、砖及土坯等材料结合窑砖、匣钵砌筑墙面，屋面通常铺作山草，只有大户人家才使用全砖墙搭配灰瓦屋面。民居中山墙形式有"人"字形与弧线形两种不同的形式："人"字形山墙完全不高出屋面，山墙止于屋面之下；弧线形山墙轮廓柔美，山墙高出屋面。受礼制文化影响，正房门前均设台阶，当地俗称"连枕"，一般为七级或五级，取单数吉祥之意，称作"连枕七"或"连枕五"。

福山民居另一个特色是通过地炕取暖，与现代的地暖相似，由火炉、炕体和地坑三部分组成，其中地坑是主要操作空间，火炉加热烧水、炕体取暖，一般应用于卧室。对比传统的火炕，福山村的地炕体现出地域性的特色，也彰显了劳动人民的营建智慧。地炕建造时与室

图4-3-6 吴家老宅正房
（图片来源：陈林 摄）

外地坪产生1000毫米的高差，要经过四级台阶到坑底部火炉前，室内地坪即地板上部的标高和室外地坪高差540毫米，火炉炉口和炕体底面的高差570毫米，这种高差使火炉产生的热烟会沿着炉体底部的烟道进入炕体，并沿着烟道的走向充满整个炕体内部，由此加热整个室内地面，从而起到优于普通火炕的取暖效果。最后热烟通过火炉两侧的出烟口排出。火炉和出烟口都在室外使室内空间不受热烟的侵扰，保持较好的室内环境。

为了表达对美好生活的追求，福山村民通常在房屋主要构件例如：墀头、枕石、雀眼等部位进行美化装饰（表4-3-1），装饰题材包含花卉、文字、瑞兽等，装饰材料也多种多样，以雀眼为例，陶泥、青砖、陶瓦等都作为装饰的主要材料（表4-3-2）。孙家楼是福山村最豪华的小楼之一，处处可见精美的装饰，戗檐为对称雕刻的狮子滚绣球和福寿图案，雀眼为青石雕刻的富贵牡丹图案，门外两侧的悬枕分别为"荷花与鹤"和"鲤鱼戏莲"。

宋家大院是福山村目前保留最完整的民居，其建于清初，是典型的四合院（图4-3-7），坐北朝南。大门位于东南角，称之为门楼，门楼为双坡硬山顶，屋脊平直，檐下数层砖石组成墀头，其上雕有几何与花卉的纹样，典雅大方，两

房屋装饰构件　　　　　　　　　表4-3-1

装饰位置	墀头	枕石	雀眼
功能	为支撑出挑的屋檐而由数层青砖组合而成的构件。在墀头面砖部分装饰各种纹样，一般房屋只朝外的墀头都有装饰，只有讲究的人家才会在四角的墀头做雕刻，有的会在墀头下增加石质的挑尺和托尺，以增加墀头的牢固性，表面常为雕刻的线框纹样或者简约的花卉纹	传统建筑的门垛处常常砌筑三块规整青石，上部称作悬枕，中部为腰枕，下部为门枕石。悬枕位于过木或砖券下，用于承托其上墙体的重量，其正面是装饰的重要部位；腰枕的侧面刻有凹槽，用来卡住门的抱框，起到加固作用。其正面和侧面常常雕刻纹样；趄脚石有两个功能：一是侧面有卡槽可以安放门槛，一是内侧有海窝以安置可以旋转的门轴。由于趄脚石视角低，其装饰较为简单，多为浅浮雕的线框、花卉等简单图案	雀眼是靠近山尖顶部的富有特色的建筑构件。常见的雀眼是由两块或是一整块青砖45度立砌而成，规格为240毫米×240毫米×55毫米。其表面雕刻着丰富的图案，它们立于山墙的最上端，以醒目的视觉效果向人们传达吉祥富贵的美好祈望。它往往结合表面的纹样，开一小孔，穿透墙壁联通室内外
实例			

注：王梦依据福山村村志整理。

雀眼装饰　　　　　　　　　表4-3-2

纹样类别	陶泥烧制	青砖雕刻	拼瓦式	磁环、水管组合
实例				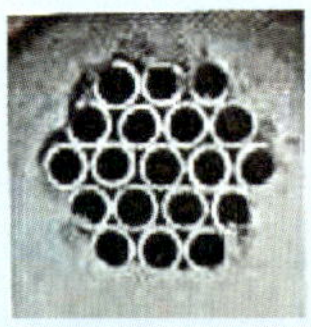
寓意	青石雕刻的"富贵牡丹"，陶泥烧制的"菊花图"，花砖雕刻的"福到四季、福寿双收、葵花等"，那些流畅的线条、精美的图案，体现了当时高超的工艺水平；强烈的视觉效果给人以正直、豪放的感觉。这些精雕细琢的图案和它所蕴含的那些美好寓意，既是劳动人民智慧的结晶，又是人们对于美好生活的向往与祝愿			

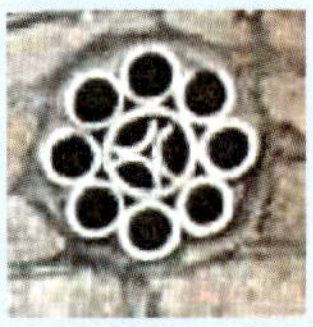

注：王梦依据福山村村志整理。

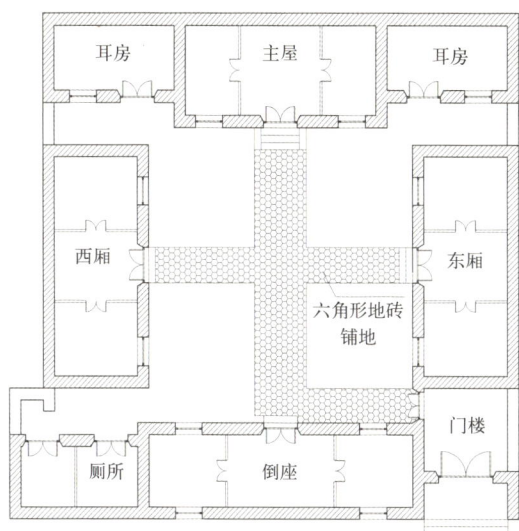

图 4-3-7　宋家大院平面图
（图片来源：王梦　绘）

侧门垛下碱青石，中部为雕有四叶草刻的腰枕石，上部为青砖材料，侧面浮雕花卉正好卡住木质门框。进门设有影壁墙，影壁西侧与倒座山墙间设置简单的矮门，屈身迈过门下一级石阶才进入住宅的庭院。北向正房三开间带两耳屋，采用砖石材料砌筑，门前是"连枕五"的台阶，东西两侧厢房和倒座的形制与北屋相似，皆为三开间。正房西间、东厢房北间、西厢房南间与倒座西间均为卧室，皆设有地炕取暖。正房西侧的耳

房为厨房，西南角耳房设为厕所。

　　苏家大院位于福山街北部，建于清代同治年间，门楼梁上书写着"大清同治二年九月二十二日谷旦，致远堂苏建立"的字样。大院为南北向二进院落，建筑坐北朝南，平面呈长方形（图4-3-8）。大门的形制与宋家大院相似（图4-3-9），为单开间屋宇式大门，但是体量要大得多。在大门东侧有一个小院落，是私塾先生教学的书房。从大门进入，可以看到四扇的屏门，日常出入时不走屏门，只有红白喜事或者重大节日的时候才会开启，平时是从屏门左右的券门出入，穿过屏门，便到了第一进院，厅房位于北侧（图4-3-10），三开间，前后开门，门前是"连枕三"台阶，两侧为厢房，其中东侧厢房可直抵二进院东厢，厅房与东厢房之间设一窄门进入第二进院落，院落主屋是一个二层小楼（图4-3-11），三开间，抬梁式木构架，青瓦铺砌的硬山式屋顶，墙体用当地盛产的耐火砖砌筑，美观端庄。门前是"连枕五"台阶，院内东西厢房的形制与前院相似。房屋均为苏家大院"五门冲直"的布局方式，即门楼的大门和屏门，厅房的前后门，主屋的门，这五个门在一条轴线上，凡是重要节日、活动，五门同开，可以从院门一眼看到后院。

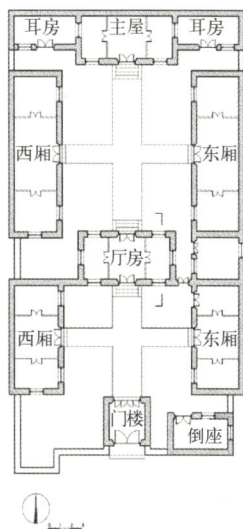

图 4-3-8　苏家大院平面图
（图片来源：王梦　绘）

图 4-3-9　苏家大院大门
（图片来源：陈林　摄）

图 4-3-10　厅房立面图
（图片来源：王梦 绘）

图 4-3-11　苏家二层主楼立面图
（图片来源：王梦 绘）

三、济南朱家峪泉水聚落

朱家峪村位于济南市章丘区官庄镇，是典型的以山为骨、以水为魂，山环水抱的人居格局。聚落南为笔架山，西接青龙山，东连白虎山，取"左青龙右白虎"之意，山体多为石灰岩，水量充沛，整个聚落入口朝北，以南北水系为轴，呈线状布局。聚落内有密集的泉水出露点，如：圣水灵泉、半井龙泉、长流泉及燕尾泉等大小泉井20余处（图4-3-12），据《济南市志》记载："圣水灵泉在官庄乡朱家峪村南，胡山东麓山腰石砌拱形石洞内。"清道光《济南府志》著录，并引《章丘县志》语："泉出山半，流入石井，不溢不涸，祷雨辄应。"清代人黄炳题书"圣水灵泉"四字及石刻楹联"祈数滴渊潜散长空而成时雨，保万家烟火借斯泉以度丰年"，由此可见朱家峪泉水众多，是典型的泉水聚落。文昌湖位于聚落北部地势最低处，四路泉水径流汇集于此，形成聚落内天然的蓄水池，借助宽阔的水面，在此建造了亭子、台榭、小桥等景观，成为村口的一处视觉中心。朱家峪是国家4A级旅游景区，被评为第二批中国历史文化名村、第一批中国传统村落和第一批省级历史文化名村。

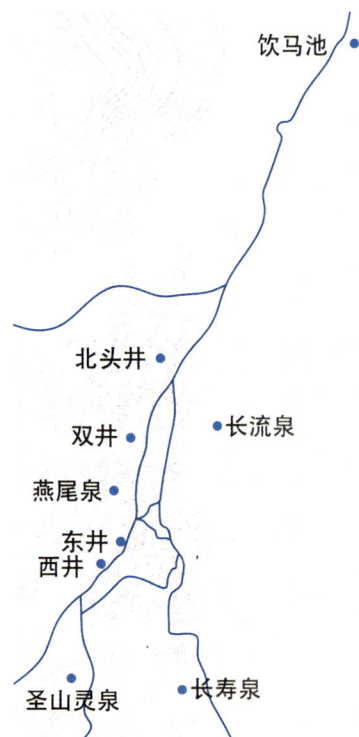

图 4-3-12　朱家峪聚落泉水出露点
（图片来源：范子儒 绘）

朱家峪村历史悠久，至今已有六百余年的历史，村内保留了明清时期大小古建筑群、石桥、井泉和自然景观。从聚落正门"礼门"进入村中，一条青石铺就的古道位于中轴线上，这条古道最宽处约12米，一侧为民居建筑，一侧为开放的集市。古道路面被两条由方整青石纵向排列形成的肌理划分为三部分，青石肌理仿佛火车的两条轨道。据史料记载，古道始建于明朝，朱氏祖先利用路面肌理，采取上行与下行双轨分设的制度。聚落内位于长寿泉下游的"坛桥七折"是朱家峪八大景点之一。坛井形状如同瓷坛，其南面、北面与东面分别连接纵横交错的7座石桥，现今尚存6座，"坛桥七折"由此得名。为兼顾交通和排水的功能，聚落内在地势较为陡峭的南段，采用了立交的交通体系——康熙立交桥（图4-3-13）。桥身由青石垒砌，并无泥浆粘合，距今已有三百余年，桥高约3米，宽约2米，桥洞为尖券形式，约2.3米高，上下通行互不干扰，精美巧妙，充分显示了劳动人民的营建智慧。

山阴小学位于聚落入口处，古道东侧，于民国32年竣工，是一座完整四进院建筑。每进院落宽约15米，进深约13米，碧草青青，宁静安谧。正房与东西厢房均为石砌基础、青砖墙身，白色涂料粉饰，灰瓦硬山屋顶。主校门仿照黄埔军校样式，象征校歌中"育世英才"的含义，其余院墙都是青砖砌筑，砖券门洞，门洞两边装饰砖雕，精美华丽。建筑目前多作为展厅使用，展示了曾经教室的模样，部分作为闯关东文化展厅对外开放。

朱氏家祠位于朱家峪古道东侧，依山而建，整体呈南北走向，与聚落主要水系平行。根据院落内矗立的一座《重修朱氏家祠碑记》记载，祠堂始建于光绪八年（1882年），因战乱动荡残损，后人不忍集资重修于民国26年（1937年）。祠堂大门（图4-3-14）对称布局，石狮蹲守，院墙为石砌基础、青砖墙身，滴水瓦当装饰，上方悬挂着象征文运的"七星图"，勉励后人刻苦读书。祠堂前院进深约5米，宽7米左右，正对青砖影壁。经过前院向北转是祠堂主要院落，由于祠堂紧靠峭壁修建，院落整体呈直角梯形，最窄处面阔8余米，往里逐渐变宽（图4-3-15）。祠堂主

图4-3-14　朱氏家祠大门
（图片来源：张菁　摄）

图4-3-13　朱家峪康熙立交桥
（图片来源：张菁　摄）

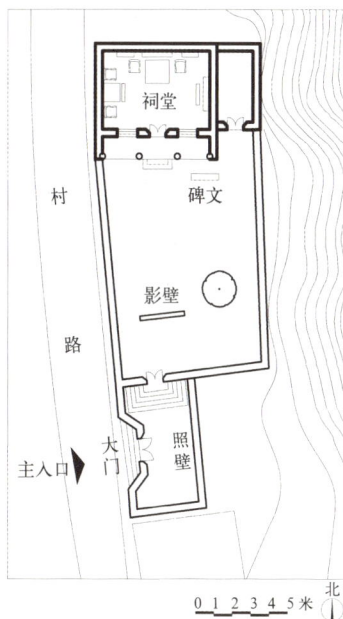

图4-3-15　朱氏家祠平面
（图片来源：范子儒　绘）

图 4-3-16　朱氏家祠祀堂
（图片来源：张菁 摄）

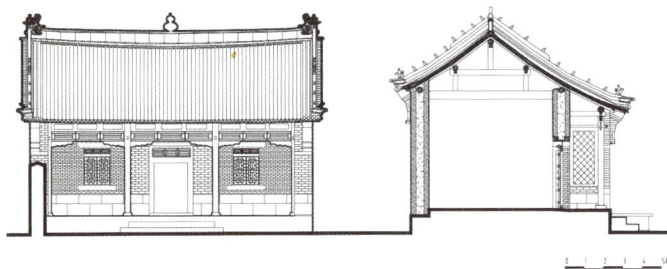

图 4-3-17　朱氏家祠祀堂立面、剖面图
（图片来源：范子儒 摄）

体（图4-3-16）为三开间带檐廊建筑，青石基础，青砖墙身，地面至檐口高度约3.8米，四根黑底金字檐柱支撑五架梁硬山大屋顶，显得格外庄严，是典型的北方建筑（图4-2-17）。祠堂主屋内有《明清至民国年间朱氏家族名人简介》，两侧悬挂着对联上书"紫阁祥云物华天宝，朱轩瑞气人杰地灵"，蕴含深厚的历史文化。

挂着朱开山旧宅匾额的朱家峪民居与西侧的砚湖仅仅几步之遥，为聚落内典型的普通民居。旧宅院门为石砌基础，青砖墙体，茅草屋顶（图4-3-18）。建筑呈"L"形布局，与陡峭的挡土墙共同围合出院落，主房下半部墙身为方石砌筑，上半部分墙身黏土混合茅草抹面，青砖为腰线划分上下墙身，砖砌菱角檐口，屋顶覆盖茅草（图4-3-19），院内还有一座毛石砌筑而成的牲口棚。

四、济南芙蓉街—百花洲泉水聚落

芙蓉街—百花洲是济南三大历史文化街区之一，东起县西巷，西至贡院墙根街、珍池街、西更道街、院前街一线，北临大明湖路，南抵泉城路。街区延续了济南古城原有肌理，棋盘式格局结合泉水水系，因地制宜、别具一格，充分显示了山水泉城的特色。早期，街区内泉水随处可见，遍布大街小巷。"清泉石上流"就是对街区的整体风貌的生动描绘。清代诗人董芸有诗云："老屋苍苔半亩居，石梁浮动上游鱼。一池新绿芙蓉水，矮几花阴坐著书。"

目前，芙蓉街—百花洲尚存珍珠泉、濯缨泉、腾蛟泉、芙蓉泉等名泉水体58处，形成三大水系：芙蓉泉流经泮池汇集百花洲、濯缨泉连接起凤泉与刘氏泉汇入百花洲、珍珠泉流入曲水亭

图 4-3-18　民居入口大门
（图片来源：张菁 摄）

图 4-3-19　民居正房
（图片来源：张菁 摄）

河汇聚百花洲。阡陌纵横的水系串联起众多名泉，与周边的高墙宅院共同围合出点、线、面不同的公共空间。

芙蓉街中段西侧的芙蓉泉，以块石砌成10米长，5米宽的长方形泉池，池中树影婆娑，形成街角点状的公共空间，吸引游人驻足观望；曲水亭街顺应泉岸形态，曲折蜿蜒，起伏变化，创造出了丰富多样、步移景异线性的空间形态；街区内的王府池子，南北长三十多米、东西宽二十余米，周边围合民居建筑，形成约600平方米的面状公共空间（表4-3-3）。

芙蓉街—百花洲发展始于西晋，明朝成化年间德王府修建于此，据明末《历乘》中记载："德藩有濯缨泉、灰泉、珍珠泉、珠砂泉共汇为一泓，其广数亩。名花匝岸，澄澈见底；亭台错落，倒影入波；金鳞竟跃，以潜以咏；龙舟轻泛，箫鼓动天。世称人间福地、天上蓬莱不是过矣。且当雪霁、白云缭绕，下接水光、上浮天际，宫殿隐隐在烟雾中宛然如画，真宇内未有之奇也。"由此可见王府的规模宏大，景致一绝。明末清初德王府败落后，王府中许多宅院景观流落民间，与周边的民居建筑不断融合发展，进而形成著名的芙蓉街—百花洲街区。

街区内许多民居建筑都具有很高的自然、历

点、线、面公共空间　　　　　　　　　　　表4-3-3

	位置	济南芙蓉街中段芙蓉泉
		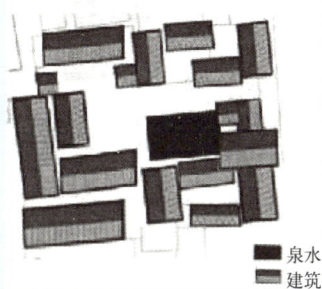 ■ 泉水 ■ 建筑
	位置	济南曲水亭街公共空间 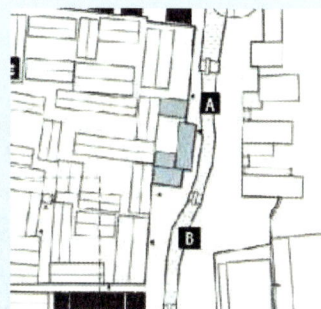
	位置	济南王府池子 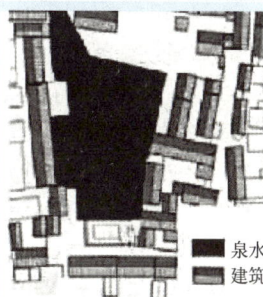 ■ 泉水 ■ 建筑

注：表中平面图由韩雪绘制，照片源于网络。

史、文化价值：路大荒故居、金菊巷燕喜堂及传统民居等被列为省级文保单位；后宰门街田家公馆、万家大院、同元楼饭店及后宅传统民居、芙蓉巷17号、19号、21号传统民居等被列为市级文保单位；王府池子街9号张家大院、曲水亭街15号院、31号院、后宰门街41号院等被列为济南市历史建筑。这些民居记载了街区的历史变迁，承载了浓厚的文化底蕴，彰显了"家家泉水，户户垂柳"的民居特征。

家大院南临王府池子，有着300多年悠久的历史，门口石碑上刻着：张宅，土地贰亩陆分柒厘捌毫，康熙贰拾玖年叁月贰拾壹日。原大院规模宏大，五进院落，五十余间房屋，四梁八柱木结构建筑。目前，大院的北屋是唯一现存的清末民初的建筑。万家大院是一座清代民居，分为前后院与后花园三部分，主入口朝南。曲水亭街15号院已有百余年历史，是一座三进院砖木结构的建筑，院内有两口泉井，分别命名为"佐泉""佑泉"，正房坐西朝东，旁有耳房，北侧有厢房，青瓦砖墙，保存较完好。田家公馆建于清末，主人是富甲一方的盐商，公馆是合院式布局，青砖砌筑，瓦顶花脊，拱形大门，祥云砖雕。

五、淄博西铺毕自严故居

毕自严故居位于山东省淄博市周村区王村镇西铺村内，故居原为"毕氏家祠"由明太子太保户部尚书毕自严建造于崇祯八年春。1984年被列为淄博市重点文物保护单位，2006年被列为山东省重点文物保护单位。

根据《毕氏世谱》记载，毕氏家族是经过元末明初的战乱迁发至鲁，毕自严高中进士后光宗耀祖，开创了"十七世诗礼门第，五百年孝友家风"。清初，淄川县为褒奖毕氏家族，曾在淄川城里竖立两座石牌坊，一为"四世一品"，二为"三士同升"，可见毕氏家族作为名门望族，有着极高的社会地位和充足的财力。毕自严后辈介绍，毕府原有三跨院落，东轴线上的院落为主人日常起居的建筑群，中轴线上的建筑群是毕府的建筑主体，包含前堂、会客厅等主要建筑。西轴线上的院落是毕府的藏书楼和请私塾先生为子孙教书所在的地方，目前遗存的为原毕府五跨院落中的西轴线上的一组建筑（图4-3-20）。遗存建筑平面为三进院落（图4-3-21），第一进院落主

图4-3-20　毕自严故居鸟瞰
（图片来源：范子儒 摄）

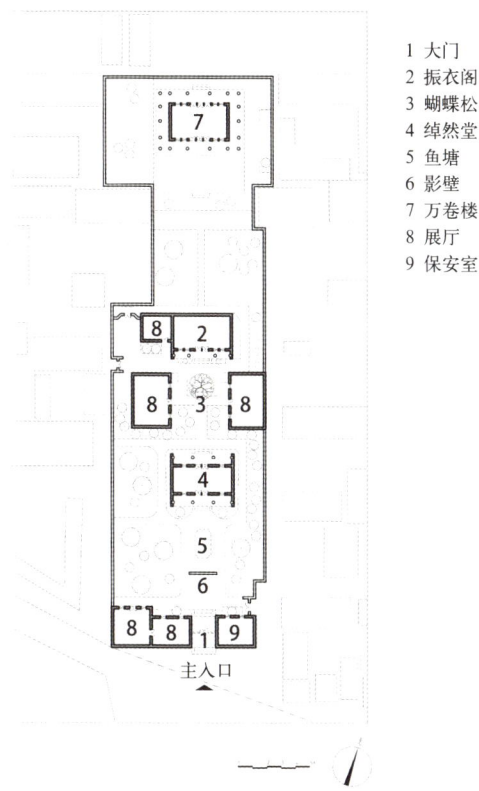

1 大门
2 振衣阁
3 蝴蝶松
4 绰然堂
5 鱼塘
6 影壁
7 万卷楼
8 展厅
9 保安室

图 4-3-21 毕自严故居总平面图
(图片来源：范子儒 绘)

图 4-3-22 绰然堂
(图片来源：张菁 摄)

体建筑为绰然堂；第二进主体建筑是明代遗存的振衣阁；第三进主体建筑为三层高的万卷楼。

绰然堂（图4-3-22）始建于明崇祯七年（1634年），系毕自严为后世子孙所建的学堂，同时也是毕府所请的蒲松龄先生工作、学习、生活的主要场所。绰然堂为双坡硬山顶，屋顶正脊雕有双龙戏珠图案，筒瓦屋面，滴水瓦当收口，三间五架梁式建筑，前檐廊四根黑色檐柱，高大挺拔，大门上悬挂毕自严在崇祯甲戌年题书的黑底金字牌匾"绰然堂"，"绰然"一词出自《孟子·公孙丑下》"我无官守，我无言责也，则吾进退，岂不绰绰然有余裕哉？"沿中轴线在绰然堂前方坐落有水池和影壁，院内花草树木繁茂，生机勃勃。西侧有一口"白阳井"，取自毕自严的号，此井是毕府日常生活中的重要水源，迄今已有四百多年的历史，现今井水依然喷涌。屋内井然有序地布置着明清时期的家具，西侧摆放着两张书桌、一张方桌及一张翘头案，是蒲松龄先生曾经上课教书的地方。右侧一张罗汉床，床上方悬

挂着梅、兰、竹、菊四君子挂画。绰然堂内上方悬挂着一幅《绰然堂会食赋》，是蒲松龄记载堂内曾经宴请宾客时的盛况所写的辞赋。

振衣阁始建于明崇祯八年（1635年），双坡硬山顶，筒瓦屋面，正脊和垂脊上雕有精美的草木花卉纹样。建筑面阔三间10余米，进深7米左右，两层高，条石基础，青砖砌筑，抬梁式木结构，局部瓜柱有轻微裂痕，均已刷上朱红油漆防虫防腐，前檐廊四根黑色檐柱上有金子楹联，上联为"万卷书当南面富"，下联"一帘风快北窗凉"，檐柱直通二层，将二层美人靠木质栏杆分成三段，中间段栏杆上悬有"振衣阁"匾额，并刻有"崇祯乙亥荷月上浣"字样，精美端庄，倚靠美人靠远眺美景，细品《楚辞·渔夫》中"振衣"一词，提醒自己洁身自好，不媚世俗。振衣阁的门窗均采用简洁素朴的直棂样式，一层室内陈列着明清时期的家具，顺着室内一直跑木楼梯到达二层，五架梁屋架赫然在目，朱红色粗直的梁木充分展示了毕家的财力，梁下的书架及蒲松龄先生的蜡像将时间追溯回明末清初。振衣阁西侧走廊垂花门后立有一光禄大夫照壁，照壁上原有砖雕纹样在"文化大革命"时期遭到破坏。振衣阁两侧的厢房，下碱为青石砌筑，檐墙采用青砖材料，双坡筒瓦屋顶，现为蒲松龄文化展厅。

最有特色的当属振衣阁前院一棵已经枯萎的蝴蝶松，此树为明末移植至此，迄今已有五百年的历史，因为树的形状像蝴蝶得名"蝴蝶松"。

树冠头朝东南，俯视花园，伸出的树枝似蝴蝶弯曲的两须，尾巴向西北方翘起，冲向青天。整棵树似蝴蝶展开双翼遮护庭院，似飞舞又似迎客，栩栩如生。

坐落振衣阁北边，曾经的毕府藏书阁万卷楼始建于明朝末年，当年万卷楼藏书达五万余册，是著名的私家藏书楼，与宁波"天一阁"齐名，蒲松龄创作《聊斋志异》和《聊斋俚曲》多参考此楼藏书，这也是吸引蒲先生留教于此的原因。根据万卷楼前的《万卷楼重修题记》记载，万卷楼在1964年遭到拆除，于2000年原址修建。

万卷楼为三层仿古建筑（图4-3-23），青石砌筑的台基高出地面1米左右，台基四周围合石板栏杆，三层高的建筑矗立在高台之上，少有的歇山大屋顶被朱红色的原木檐柱高高托起，显得端庄秀美，屋顶正脊上雕有祥瑞图案，四角戗脊上装饰吻兽，筒瓦屋面采用滴水瓦当收口，额枋雀替装饰色彩鲜亮的彩画，无处不透露着富丽堂皇的尊贵。二、三层周圈回马廊与通长的直棂门窗大大改善了建筑的古板，使高大的万卷楼增添了江南建筑的灵秀。

六、潍坊丁氏故居

丁氏故居位于潍坊市潍城区胡家牌坊街，是潍坊富商丁善宝在明代嘉靖年间刑部郎中胡邦

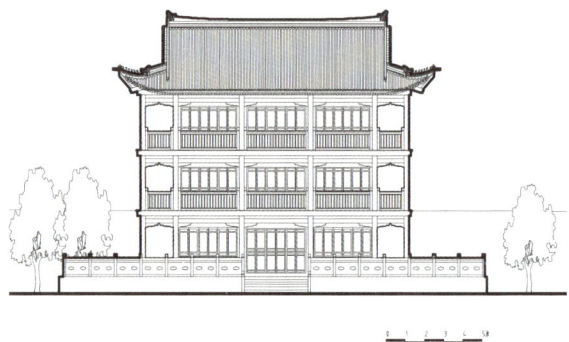

图4-3-23　万卷楼立面图
（图片来源：范子儒 绘）

佐的故居基础上扩建而成，现为十笏园核心建筑（图4-3-24）。丁氏故居建筑平面呈长方形，南北长，东西略窄。建筑自南向北由三个平行轴线串联而成（图4-3-25）。中轴线南起十笏草堂，中至四照亭，北到砚香楼与两层四合院；西轴线南起临街房，经过静如山房、秋声馆、深柳读书堂，直到北面的两层书房；东轴线南起临街房，经碧云斋，直到北面的两个院落。故居平面布局严谨、疏密有致，楼台、假山、池塘、曲桥、回廊、亭榭等多种建筑都精巧细密地结合在一起，紧凑却不拥堵，用狭小的空间展现出无限的意境。

丁氏故居布局紧凑，小巧隽永，错落有致，纵深丰富，属骨架、面域、中心和回环式布局结

图4-3-24　丁氏故居鸟瞰
（图片来源：李思佳 摄）

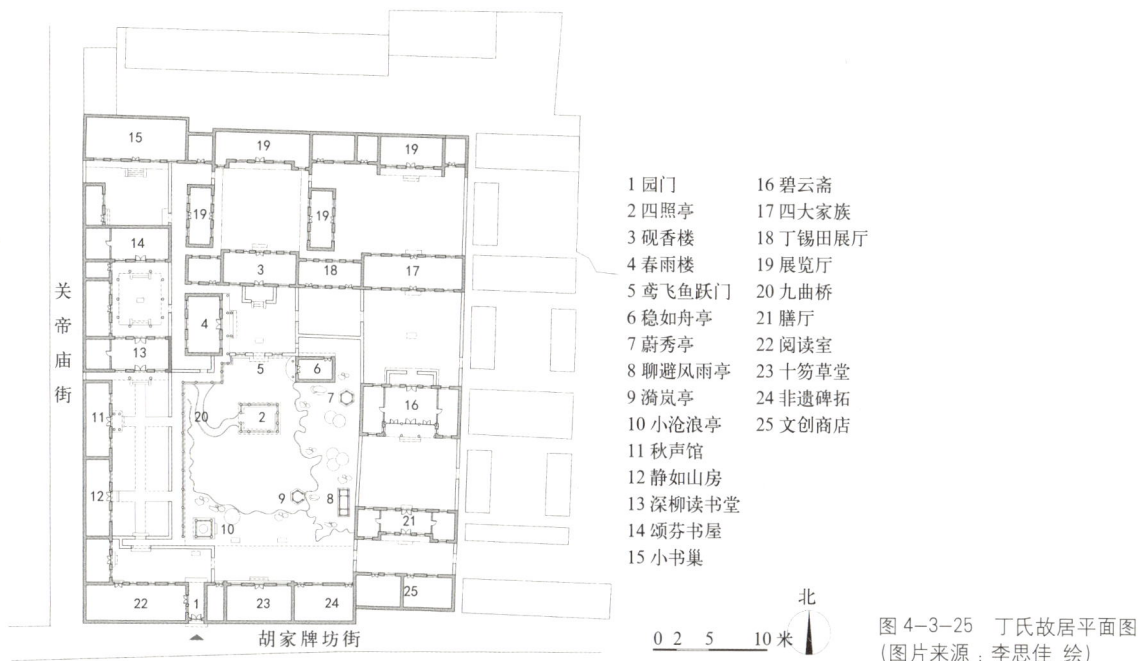

1 园门　　　　16 碧云斋
2 四照亭　　　17 四大家族
3 砚香楼　　　18 丁锡田展厅
4 春雨楼　　　19 展览厅
5 鸢飞鱼跃门　20 九曲桥
6 稳如舟亭　　21 膳厅
7 蔚秀亭　　　22 阅读室
8 聊避风雨亭　23 十笏草堂
9 漪岚亭　　　24 非遗碑拓
10 小沧浪亭　　25 文创商店
11 秋声馆
12 静如山房
13 深柳读书堂
14 颂芬书屋
15 小书巢

北

0　2　5　　10 米

图 4-3-25　丁氏故居平面图
（图片来源：李思佳 绘）

构。十笏园东、中、西三路轴线是空间布局骨架，联系各个主要景点；山水庭院是布局中心，亦为视线中心；面域是具有共性的建筑庭院组合形成井田式形态；道路、廊架联系并结合不同形态的门围绕中心形成回环式形态。

在丁氏故居中，厅、堂、楼、阁等建筑大量使用青砖，造型风格较为浑厚，表现出明显的北方地域特色。如四照亭，屋顶梁架用到了一斗三升形式的斗栱支撑，起到障景和空间渗透作用的青砖拼砌的镂空云墙，风格古朴含蓄的砖拼景窗，这些都是北方园林建筑中常见的装饰形式。而在景石堆砌的形态、低矮精致的游廊做法上，又深受江南园林建筑的影响，十笏草堂前水池与植物的相互映衬，都跟江南园林基本没有什么不同，假山上的小亭，四照亭稳如舟立于池中，也都是摹仿了江南园林的格局。丁氏故居将质朴规整的北方民居与园林连成一片，表现出明显的儒家文化特征，而其典型的南方山水园林风格，又体现出谦退自守的道家思想。建筑整体色彩上，梁枋和柱子上涂有黑色、红色或绿色的漆，以防止潮湿和虫蛀，并无多余的装饰，在一些装饰作用的斗栱上有一些简单的彩绘，整体色彩偏冷，风格淡雅，装饰细腻，处处透露着主人淡薄的官

僚意识及浓厚的书香气息。故居的建筑精美细腻，砖雕、木雕、石雕技艺被广泛应用，屋顶、斗栱、雀替等均有精美的彩绘图案，门窗样式也让人眼花缭乱。

故居中主要建筑砚香楼（图4-3-26）建于明代，位于中轴线上与四照亭正相对，是十笏园中的主体建筑，其为硬山式屋顶三开间结构的二层小楼。楼前一层突出月台，楼上门窗外有三开间的前廊，设有栏杆，有着浓郁的古建筑风情。砚香楼在建时期的功能分配是用于园主藏书和读书。站在楼上向前望去，"崖壁假山，飞瀑流泉，藕塘蓬蒲，莲叶田田"，笏园全貌尽收眼底。

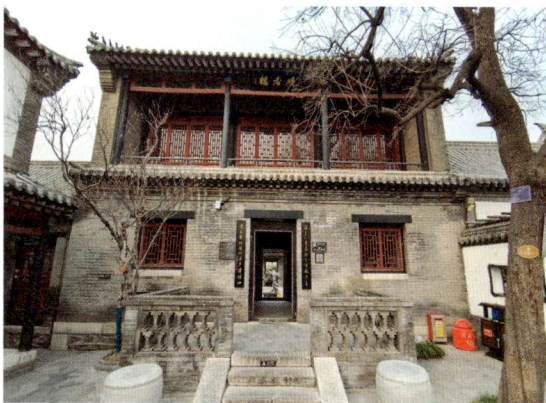

图 4-3-26　砚香楼
（图片来源：张菁 摄）

四照亭（图4-3-27）为故居中最大的亭子，坐落湖边，亭子平面为四方形，十二根木柱支撑六檩卷棚屋架，屋顶是少见的卷棚歇山顶。亭内横匾"四照亭"为清末状元曹鸿勋所写，名字就是取四面阳光普照的含义，亭外悬着"涛音"二字，是清代书法家桂馥的手迹。亭前悬挂着一幅对联："望云惭高鸟，临水羡游鱼"，为今人高小岩所书。亭柱上的对联是"清风明月本无价，近水远山皆有情"一联，原为清代学者俞樾作，为今人陈春甫书。

图4-3-27　四照亭
（图片来源：张菁　摄）

七、临沂莒南县大店镇庄式庄园

庄氏庄园位于山东省莒南县大店镇，曾是中国北方地区著名的以堂号为特色的庄园式建筑群体。它始建于明朝末年，经历明、清、民国至今600余年历史。庄氏庄园于鼎盛时期有72家著名堂号，在抗日战争期间，它又曾临时作为山东省政府所在地，从而蒙上一层红色文化光辉。但是在后来发展过程中，由于保护不当，明清时期建筑遗址只剩"四余堂"和"居业堂"两个堂号。

庄氏庄园，东部紧靠天湖（原陡山水库），与省级风景名胜区马亓山隔水相望，背面是莒县的群山，面向沃野千里。北侧为文昌路，西侧为莒新路，南侧为同心路，整体可以划分为庄氏庄园堂号建筑群、纪念馆与展馆以及庄氏庄园商业街区等区域。平面严格遵守中国传统的规矩方正式布局，建筑成排连接，坐北朝南呈现院落式。围墙四周各个方向各有一门，东西门举重，南北门因崇尚儒家的以"仁"为核心的"三纲五常"，君为上，不开正南门。家族观念深刻，祠堂位于最重要的位置。祠堂前面道路采用"丁"字形，以示"不泄风水"。

庄氏庄园代表性的老建筑主要是居业堂和四余堂（图4-3-28）。居业堂坐北朝南，主要

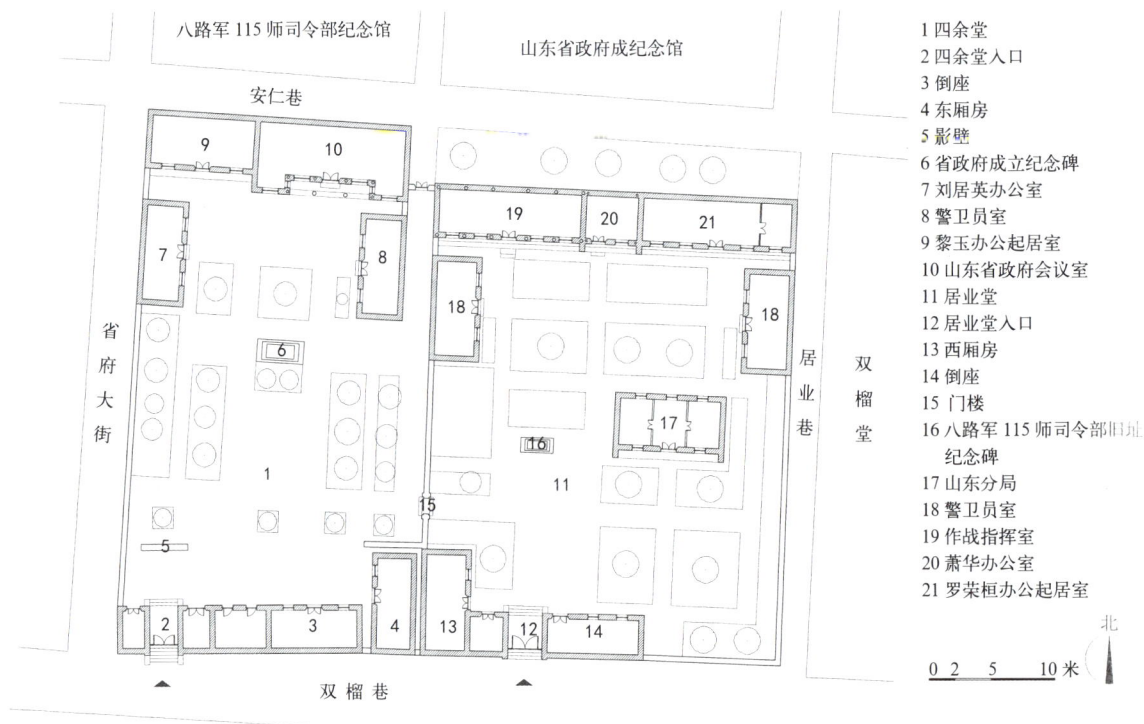

图4-3-28　居业堂和四余堂平面图
（图片来源：李思佳　绘）

1 四余堂
2 四余堂入口
3 倒座
4 东厢房
5 影壁
6 省政府成立纪念碑
7 刘居英办公室
8 警卫员室
9 黎玉办公起居室
10 山东省政府会议室
11 居业堂
12 居业堂入口
13 西厢房
14 倒座
15 门楼
16 八路军115师司令部旧址纪念碑
17 山东分局
18 警卫员室
19 作战指挥室
20 萧华办公室
21 罗荣桓办公起居室

由一进院、二进院及其各自的跨院，共四个院落组成。居业堂大门朝西，位于院落西南角；进大门后为一进院，由大门、大门南倒座、大门北倒座、南房、东厢房和西厢房组成；一进院东侧为一进院东跨院，由正房、正房东西耳房、东厢房和南房组成；一进院北侧为二进院，由大门、东倒座、西倒座、正房、正房东耳房、东厢房和西厢房组成；二进院东侧为二进院东跨院，由正房、东厢房组成。四余堂坐北朝南，主要由一进院、二进院及其跨院，共三个院落组成。原四余堂大门朝西，位于院落西南角；进大门后为一进院，由大门、大门南倒座、大门北倒座、南房、南房东耳房组成；一进院东侧为一进院东跨院，由正房、东厢房、西厢房、南房、南房西耳房组成。一进院北侧为二进院，由大门、东倒座、西倒座、正房、偏房、东厢房、西厢房组成。

四余堂（图4-3-29）代表性建筑位于院落北部东侧，曾作为山东省政府会议室，东西五间砖木结构，房屋坐北朝南，坡顶为灰瓦，正脊垂脊为花瓦脊，瓦上镶嵌有龙、麒麟、海狮等动物形象，瓦底用白灰和青灰色薄砖垫衬，墙体为青色方砖垒砌。屋顶房梁呈"品"字形，为木质榫卯结构，叫做三重梁或者三叠梁，是典型明清建筑。

居业堂（图4-3-30）代表建筑位于院落北部东侧，原为堂主人儿子居住的地方，后作为罗荣桓办公起居室，为砖木结构建筑，共东西五间，房屋坐北朝南，坡顶为灰瓦，正脊垂脊为花瓦脊，瓦上同样镶嵌有龙、麒麟、海狮等动物形象，瓦底用白灰和苇箔屋笆垫衬，墙体为青色方砖垒砌。房屋内部分为两个部分，西边四间为罗荣桓的办公场所，东边一间为起居室，中间用木质油漆镂空墙壁隔开。

八、泰安大汶口山西街村

山西街村位于泰安市岱岳区大汶口镇，汶河北岸，泰山南麓，是南北交通要道上著名的商业聚集地。明隆庆时期，大汶口石桥建成，汶河两岸交通更加便捷，促进了商业进一步发展，村落也随之壮大。清末民初，大量的晋商汇聚于此，村落由此得名"山西街村"①。

山西街村整体地势由东北向西南逐渐变低，东至太平西街东端，西至泰汶路，北至太平西路，南至大汶河北岸。清代，村内有正南门、西南门、东南门三座城门，目前仅有正南门完好。村落街巷层次较分明，由"主街—辅街—支巷"三级体系组成，东西向主要街巷为潘家胡同、邵家胡同、沿河胡同，南北向为山西街。

图4-3-29　四余堂
（图片来源：张菁　摄）

图4-3-30　居业堂
（图片来源：张菁　摄）

① 王倩，逯海勇，程世超，等. 基于空间句法的传统村落空间结构研究——以山东省山西街村为例[J]. 小城镇建设，2020，38（6）.

踏着青石铺就的石板路，走进历经数百年风雨的山西街村，两侧古朴的石筑民居沿街巷排列整齐，村落相对完整地保留了早期的格局及风貌。目前古村中仍保留着许多文物及优秀传统民居，例如：横跨汶河两岸的明石桥为国家级文物（图4-3-31），2011年动工重修的山西会馆为省级文物，刘家古楼、侯家古楼、杨富海故居等优秀传统民居。据当地县志记载，明石桥修建于明隆庆年间，桥长约570米，面宽约2米，有65个桥洞，每两个桥墩之间由完整的五块青石板整齐排列连接，石板之间用铁制的锤形扒锯相互固定，明石桥自古就是南北方交通的枢纽，也成为山西街村经济发展的桥梁。明石桥北面的山西会馆（图4-3-32）坐西朝东，气势恢宏。会馆分为南北两院，南以戏楼为主，北以关帝庙为主，朱红搭配灰色为会馆的主色调，院外墙面基部与上檐呈灰色，中部为红色，院内墙面为灰色，重檐叠瓦，雄伟华丽。

图4-3-31　明石桥
（图片来源：范子儒 摄）

图4-3-32　山西会馆
（图片来源：郭炳琦 摄）

当地的民居建筑多为北方典型合院式建筑，一进院落，不规则四合院或三合院，民居建筑多采用当地的石材为主要建筑材料，配合生土抹面，屋顶为双坡硬山顶，抬梁式合瓦屋面，坡度在30度左右，朴素无华。山西街村的山西街小学就是一座得以幸存的民居。该建筑原为晋商会长的居所，目前仅遗存一座主房（图4-3-33）。建筑院墙为块石混砌，腰线和压顶均采用青砖压边，搭配青砖发券的门洞。主房为三段式立面，基座为不规则块石砌筑，基座最上层采用规整的块石和条石收尾。正立面墙身主要是切割打磨都十分精细的花岗石错缝砌筑，灰泥抹缝。墙身下部、门窗洞口、柱体结构及檐口部分采用青砖砌筑，侧立面大部分为毛石混砌。建筑东侧山墙倒塌，露出清晰的木屋架，屋面覆盖小灰瓦，十分精美。

图4-3-33　山西街小学民居
（图片来源：郭炳琦 摄）

第五章　鲁西北地区民居类型与特征

　　鲁西北地处冀鲁豫三省交界的平原地带，由黄河泛滥冲积而成，地势平坦，土地肥沃，有着悠久的历史与灿烂的文化。大运河纵贯南北，黄河横贯东西，为鲁西北地区带来了不同地域间的文化交融。依托运河兴建的城镇与村落街巷布局灵活、顺应河道形态，聚落格局与民居建筑兼具江南水乡的风格与特点；沿黄地带的聚落与民居建设更加注重对黄河水患的防御；鲁西北浅山丘陵地带土地辽阔，聚落形态受地形阻碍小，民居建筑多受到以儒家思想为主导的传统文化的影响，具有严谨规整的形制特点。多元化的地域文化融合以及复杂的自然与人文环境，使鲁西北地区的民居建筑形成了独特的地域文化特征。

第一节　鲁西北地区聚落与民居影响要因

鲁西北指山东省内位于黄河以北的地区，包括德州市、聊城市、滨州市（含：滨城区、沾化区、惠民县、阳信县、无棣县），东营市（含：利津县、河口区），济南市（含：商河县、济阳县及平阴县局部）。鲁西北地处冀、鲁、豫三省交界地带，部分区域在历史上曾划归冀、豫管辖，由于与冀东南、豫东北相似的自然地理环境、人文因素及历史发展进程，鲁西北与山东境内其他文化区相比，形成了一个较为独特的地域文化类型。加之历史上运河穿境而过，与大江南北文化交流的频繁，更使得这一地区的地域文化独具特点。地域文化的这些特征在民居聚落营建方面有诸多表现。留存至今的鲁西北传统民居大多建于明、清、民国时期，建于黄泛区的传统民居为避水患而屡经迁建，建成时间相对更晚。

一、自然环境

自然地理环境是聚落选址、建筑形态、材料选择、营造技术的重要影响因素。鲁西北地区自然地理环境具有两个显著特点：一是地处浅山丘陵地带，河流水网密度较高；二是黄河与大运河两条河流穿境而过。自然地理环境是鲁西北地区聚落与民居建筑自身特征形成的地域背景，也在客观上为这一地区文化交流与融合提供了条件。

（一）连绵广袤的平原丘陵

鲁西北平原由河流多次泛滥冲积而成，地势平坦辽阔，但中小地形却起伏不平，河滩高岗、洼地和缓平坡地三种地貌类型相间分布。这种微地貌变化使水、盐重新分配，形成许多以各种洼地为中心的水盐汇聚区，"岗旱、洼涝、二坡碱"是鲁西北地区土地的典型特征。由于洼地排水条件差，既涝且碱，不利于人类活动及农业生产，所以鲁西北地区传统村落主要集中于河滩高岗及缓平坡地。近代以来，黄河从东营流入渤海，大量沉积的泥沙冲积形成了广袤的三角洲平原，土壤土质较疏松，适于植垦，为迁移至此的民众提供了营建家园的前提条件（图5-1-1）。

（二）四季分明的温带季风气候

鲁西北气候类型为暖温带季风气候。春季天

图 5-1-1　鲁西北典型地貌
（图片来源：王汉阳 摄）

气多变，干旱多风；夏季高温多雨，南风偏多；秋季晴朗高爽，冷暖适中；冬季寒冷干燥，北风强劲。这种四季分明的气候条件总体有利于农作物生长，但春夏两季降水集中且变率大，暴雨造成的洪涝、干旱、盐碱是影响人们房屋营造和农业生产的主要自然灾害。鲁西北气候特征决定了传统民居建筑的材料选择、院落尺度与布局、室内空间布置呈现出了一些普遍特征。

（三）支脉绵延的河流水网

自古以来鲁西北地区河流水系较为发达，相传大禹治水疏通的众多河流大部分就位于鲁西北地区。鲁西北河流除大运河纵贯南北、黄河横穿东西外，其他均为独流入海的雨源型小坡水河流。鲁西北民居因地理环境的这一特点，遵循中国古代聚落"高勿近旱而水用足，下勿近水而沟防省"的营建理念，聚落选址与布局往往力求既得水利又避水患。

大运河是封建王朝南北物资运输特别是南粮北运的重要通道，封建社会后期开通的大运河山东段总长的近一半流经鲁西北地区，大运河漕运兴盛的数百年极大促进了该地区社会、经济、文化的发展。沿运河的城乡民居聚落的规划布局与营建做法，体现着运河沿线南北文化交流的深刻影响。

1855年黄河从河南铜瓦厢决口，由徐淮流路夺大清河河道由鲁西北利津县东北入海。自此黄河尾闾河道历经十余次大的改道变迁，塑造了近现代黄河三角洲。黄河给这里的人民带来了生息繁衍的物质条件，也使这一地区长期饱受黄河水患之苦。

鲁西北地区属于海河流域平原水系，海河水系的分、合、离、聚对这一带河流水系的形成、演化和沿河地带地理面貌变迁有着直接影响。在20世纪70年代引黄补流之前，徒骇河、马颊河等河流含沙量较小，水质较好，河网密布的土地灌溉便利，适宜耕种，是聚落首选之地。村庄往往沿河而建，规模不大，人们聚族而居，民宅呈组团状分布。村庄之间彼此相隔三五里路，逢年过节或大事小情，村民往来应酬，步行可达。

境内河流径流量丰水年与枯水年相差近百倍，且汛期降水量集中，加之平原河流比降小排水不畅，若遇较大暴雨，极易发生洪涝灾害。为避免暴雨造成的洪涝之患，村民们大多选择距河岸一定范围内，围筑堤坝以保护乡村。在堤坝和河道之间的缓坡上种植庄稼，这样既保障了村居免受丰水年汛期河水暴涨漫浸，也能获得一定的收成。这些沿河堤坝也为村民日常放牧和交通带来了方便。

（四）土木为主的营建用材

鲁西北平原为主要农业区，境内地势平缓，无天然森林，植被以北温带针、阔叶树种为主。以侧柏、杨、柳为多见，常见树种还有榆、槐、桑、枣、臭椿、楸树、刺槐等，滨海湿地则分布着数量可观的柽柳林。鲁西北境内主要土壤类型为潮土和盐渍土，分布于黄泛平原、河谷平原和滨海洼地。潮土是黄河冲积母质在潜水影响下经耕种而形成，既是主要的农业土壤，也便于日常营建取用。当地人利用得天独厚的潮土制作土坯，用本地产的杨、柳、榆和其他杂树，或购买的东北红松等作为房屋构架用材，以泥土拌和麦秸做的土坯垒筑墙体，用麦秸泥涂抹屋面。这种利用本土材料营建房屋，造价低廉且具有调节温度作用，成为鲁西北地区普通民众长期采用的建筑方式。

除了直接利用土、木以外，用黄土烧制而成的砖也是鲁西北地区较为常用的建筑材料。民宅常用笆砖或灰土盖顶的囤形屋顶，或木梁架瓦屋面的双坡硬山屋顶。囤顶房屋梁架结构简单实用，屋顶上平日可以晾晒物品，夏日可以乘凉露宿。一些较为讲究的房子也用泥土烧制的青砖建造门楼、砌筑墙体，建筑面貌也严整有序（图5-1-2、图5-1-3）。民居建筑营建时注重墙基防碱措施，一般采用条石或烧砖作为基础，规格较高的宅院也有采用临清贡砖砌筑屋基。

图 5-1-2　鲁西北平阴县东峪南崖村的囤顶房和砖门楼
（图片来源：谷建辉　摄）

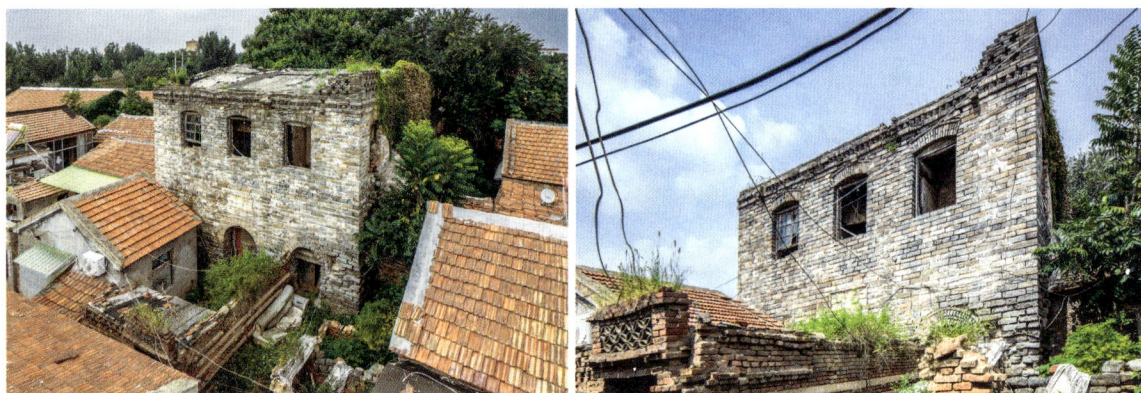

图 5-1-3　鲁西北临清市烧酒胡同清源书院藏书楼
（图片来源：王汉阳　摄）

二、人文环境

自远古时期，鲁西北地区就是华夏文明的重要组成部分。历史时期，这一地区更成为南北方商贸、文化交流的重要地带。"人口在空间的流动，实质上就是他们所负载的文化在空间的流动。所以说，移民运动在本质上是一种文化的迁移"[①]。中国历史上每次人口大迁徙都涉及山东，鲁西北地区因运河开通、黄河改道、战争和贫困造成的民众迁移流动，使这一地区成为多民族、多文化背景的人们共同生活的家园。

但不管文化脉流如何多样，以儒家文化为核心的思想文化一直占据着主导地位，这一点在一些大型宅邸的营建中体现得特别突出。鲁西北地区因商贸等多种原因，也有不少的回族民众聚居区。回族民众聚居的街巷，虽然在建筑布局上与汉族建筑没有太大的区别，但在功能安排和装饰题材上往往呈现出伊斯兰文化的特征。

（一）黄河河道变迁对区域文化的影响

黄河因"河水重浊"在汉代就有"黄河"之名，黄河因其善淤、善决、善徙和对中国历史的重大影响而著称于世。鲁西北地区的政治、经济、文化与黄河息息相关，这方土地及土地上的人民既受惠于黄河灌溉之利，又饱受黄河泛滥之害，在长期以黄河河水为农业命脉的生产生活中，形成了以兴水利、避水患为追求的黄河农耕文化。鲁西北古属冀州之地，属于燕赵文化区[②]，

---

① 葛剑雄，等. 简明中国移民史[M]. 福州：福建人民出版社，1993.
② 根据文化地理学者王会昌和吴必虎对中国文化区域的划分。

自1855年黄河夺大清河河道自鲁西北利津入海后[①]，山东境内的黄河像一道天然屏障将这一区域与鲁中相阻隔，而与冀中南地区、豫北地区地缘相邻、人缘相亲、文化相融。地处华北平原南部的鲁西北，与三晋之地虽然地域阻隔，但因元明时期连年征战和政府推行移民政策，众多三晋民众流入这一地区生息繁衍。明清时期山陕商人在此地区活跃的商贸活动，也使这一区域与三晋文化产生了密切关联。

（二）运河南北贯通对区域文化的影响

大运河山东段的开通，极大促进了该区域社会、经济、文化的大发展，在鲁西北地区形成了人烟辐辏、商业繁荣的盛景。江南风物来，江北物产至，优越的经济环境和邻近京师的地理位置，吸引了各地商人落籍运河沿岸诸多市镇，促进了独具特色的运河聚落民居的形成和发展。

商业贸易的繁荣对鲁西北地区运河沿线城镇乡村的社会经济文化发展影响深远，在一定程度上决定了运河沿线聚落的分布、规模、性质，在聚落空间格局、建筑类型、建筑细部做法上也呈现出多样化的特征。商业街巷的布局顺应运河走势合宜分布，街巷名称体现出深厚的商业气息，店铺民居的形式和做法反映着江南建筑的风韵，具有运河沿线典型的人文内涵和风土特质。历史上因运河而兴的聊城阳谷县张秋镇，就有着"江北小苏州"之誉。

（三）河渠水网对区域文化的影响

鲁西北地区河流密布，水网发达，丰富的水源使农耕和经济作物的生产得以持续稳定地发展，部分村落选址于流量比较稳定的大河支流两岸。在漳卫新河、马颊河、徒骇河、德惠新河等河流沿岸，许多人工开挖的支流沟渠穿越村落田间，联结着村落与村落的水网，发挥着灌溉、防涝、排污的功能，也承担着物资运输的作用。

黄河、大运河、金堤河等跨境河流沿线，地势平坦，人员交流便利，加之跨河置县、设置渡口、航运连通，在共同地貌和气候特点背景下，临水而居的人们在生活习惯、民风习俗、建房造屋等方面有着高度的相似性。先民百姓安土重迁，依附河流水系营建着生存的家园[②]。鲁西北平原丘陵地区的村庄，村名98%以上与姓氏有关，反映了家族与血缘关系对村落形成与发展的影响。同一村庄同一姓氏的村民一般同祖同宗，以家族的祠堂、私塾等公共建筑或家族中德高望重的长者的居所为中心，聚居在一起形成村落。

（四）丰饶物产孕育出沉稳灵秀的人文气质

鲁西北地处华北平原南部，农耕条件优越，农业起源较早，物产丰饶。历史上燕赵文化与齐鲁文化对这一带都产生了深刻影响，元明清时期穿境而过的大运河更是加强了鲁西北与京师和江南的经济文化交流。明代大学士李东阳评价临清："国家定鼎北方，百年于兹，文轨玉昂与弦诵之声日益月盛，固人才之渊薮也。"礼部尚书王崇庆说："吾见是地，有衣冠人物之盛，有甲科先后之继，有商贾辐辏之繁，蔚科盛矣。"鲁西北的人文胜景在这些言辞中可见一斑。

物产带来的富足，富足带来的自信，商宦带来的处事精明，漕运带来的江南秀雅，在鲁西北建筑上体现出沉稳灵秀的人文气质。讲礼义，尚清廉的淳厚民风，造就了沉稳严整的建筑面貌。与家庭财力、地位和功能需求相适应，民居建筑采用简明的木梁架体系，本土的土坯、砖石等材料，合宜的建筑尺度，精巧细腻的砖石木雕，都彰显出鲁西北民众敦厚、质朴、清雅的精神面貌和审美喜好。鲁西北的吴式芬故居以及杜受田故居都是典型代表（图5-1-4）。

清朝康熙年间，受黄河改道影响，黄河下游沙丘遍野，草木不生，运河航运也受到影响。当时德州夏津知县朱国祥号召百姓多种桑葚，既可防风固沙，加固河堤，又可摘果而售，一举两得。最鼎盛时期，桑树种植面积高达8万亩，历史记载"此间树木繁盛，援木攀行二十余里"。

---

① 邹逸麟. 黄河下游河道变迁及其影响概述[J]. 复旦学报（历史地理专辑），1980.
② 李景生. 鲁西北村镇地名的历史文化管窥[J]. 德州学院学报（哲学社会科学版），2004，1.

a 杜受田故居　　　　　　　　　　　　　　　b 吴式芬故居

图 5-1-4　名人故居
（图片来源：韩海令　摄）

桑植生业在民居营造中也有所体现，如夏津县桑园村民居细部。

（五）治乱兴衰背景下的聚落面貌变迁

山东运河贯通带来的社会生活新需求，使运河沿线出现了各种不同类型的与运河漕运直接或间接相关的功能多样、类型丰富的建筑。清咸丰五年（1855年）六月十九日，黄河在铜瓦厢决堤，夺大清河由利津牡蛎口入海，会通河被拦腰斩断，漕运受到严重影响。为了维持漕运，又开凿了陶埠城至阿城的新河，但运输能力有限。光绪二十七年（1901年），会通河漕运停废，河床淤塞，渐成平陆。随着大运河的荒废，南北物资交流被迫中断，曾经舟楫穿梭的运河城镇黯然失色。大量商民离开旧宅店铺异地谋生，往日繁华的街巷变得萧条破败。聊城市莘县七级镇古称毛镇，清乾隆皇帝于运河下江南，改为七级镇，漕运兴盛时期成为商贸繁荣重镇。但这座曾经名扬大江南北的古镇，却因漕运废弛而衰落，成为一个农牧业为主的乡镇。

除了漕运，战乱是引起聚落建筑衰败的另一个因素。鲁西北地势平坦开阔，易攻难守，自古就是各路兵家征战之地。清朝中后期由于社会矛盾加剧，鲁西北地区屡受暴乱摧残，"庙宇、廨署、市庐、民舍，悉付焚如，榛莽瓦砾。百年元气不复，洵建城以来未有之浩劫也"[①]。位于大

运河与金堤河、黄河交汇处的聊城市阳谷县张秋镇，漕运兴盛时素有"江北小苏州"之称，它的衰落就直接起因于咸丰朝的战乱。由于太平军北伐经张秋时与清军鏖战，致使繁荣数百年的张秋古镇惨遭重创。咸丰五年（公元1855年）黄河改道后在张秋南夺大清河入海，过往船只不再停靠张秋，至清末张秋镇"始而萧条，继而凋零，不啻迅风之扫秋叶，百年之间，城廓是而风景非"。

战乱中的民众为保全生计，强化聚落防御成为乡人的共同意愿。村落错综迷惑的街巷走向，民居建筑的高墙深院，隐而不宣的防御设施，都是防御心理的直接体现。这些防御手段既满足了人们日常生活，又能在兵匪侵扰时获得安全庇护，鲁西北阳谷县以大迷魂阵、小迷魂阵、东迷魂阵、西迷魂阵为名的村落，就是典型例子。据传战国时"鬼谷子"王栩曾在这一地带教导孙膑、庞涓演习阵法，之后村落中布局的那些曲折街巷，确实为民众提供一定的安全保障。从阳谷县不少以"岩寨"为名的村庄，也可想见当年村民垒筑寨墙以防匪患的动荡岁月。黄河下游滨州市惠民县的魏氏庄园，则将宏大的古堡建筑在一丈余高的高台上，并砌筑坚固砖石墙环绕，如此这般使得水匪之患得以避免。

广大乡村除了遭受兵匪劫掠外，还受到黄河、盐碱等自然灾害的侵扰。1855年黄河改道自

① https://www.sohu.com/a/219440051_680046

东营入海，带来的泥沙淤塞河流和运河，"膏腴之地，均被沙压，村庄庐舍，荡然无存"。黄河水患使得这一地区农业生产急剧退化，社会生产力受到极大破坏，村居营建基本仅能满足最基本的生活所需，民居建筑往往呈现出最为实用而质朴的面貌。

第二节　鲁西北地区聚落与民居类型

一、运河沿岸聚落与民居

元代大运河的全线贯通，尤其是明清两代漕运的兴盛，在鲁西北大运河沿岸兴起了不同功能、规模、等级的运河聚落。大型工商业都会，如临清、聊城、德州等曾是运河漕船北上南下、商贾云集的重要漕运枢纽；众多运河市镇，如张秋、寿张、堂邑、七级则处于运河与一般江河湖汊交汇之地；沿运河的码头、堰闸、堤坝、榷关（钞关）等的功能和规模也与运河高度关联。

（一）聚落选址与布局

1. 城市

运河沿岸城镇的街巷格局顺应河道形态，以利于交通和商贸为目的，并不追求笔直行列，而多呈自然形态。而这一形态与江南水乡市镇街巷相应和，体现出了江南城镇街巷的布局特色。受运河河道形态和江南街巷形态影响，德州、临清、聊城等运河沿线大型城市的主要街巷多顺应运河走向，院落布局也与河道走向相呼应，街巷格局呈现出江南水乡城镇的特点，也是管子"因天时，就地利，故城郭不必中规矩，道路不必中准绳"的街市营建思想的体现。

在弯街曲巷的道路布局中，两条街巷的交汇处多呈现丁字路口，既形成丰富多变的街巷景观，也利于发挥店铺营业价值。商业街巷空间尺度比以功能居住为主的街巷要大，街巷宽度与临街建筑高度之比多为1：1左右，这种比例使人感到匀称而亲切。围合街巷空间的建筑界面，无论是商店还是住宅，常常是一间或数间临街，相互毗连不留空隙。这种由基本开间为构成单元的有

规律的连续界面，使得街巷形成整体的、富有生气的、人性化的商业空间。

2. 乡镇

运河漕运的兴盛使得运河沿线出现了一批具有相当规模的运河市镇。张秋、七级、阿城、堂邑等镇是其中的典型代表。它们都处在运河商品集散码头附近，过往漕船的停靠，商品贸易的经营等活动使其兴盛起来。这些城镇顺应运河走向和码头位置，往往形成一河两街形、"丁"字形、"十"字形市街的市镇格局。

阳谷县张秋镇是徽商除临清市之外在鲁西北的另一个聚集地。例如徽州歙县程氏，自明末清初迁居临清河隈张庄，至今世居此地。明代以来，仅山西商人到张秋做生意的就有上百家，清代康熙年间山西、陕西的商人集资在运河西岸筹建了山陕会馆，馆内供奉财神、关帝等以祈福发财。建筑群错落有致、古朴大方，装饰华丽，雕工精美精细。张秋镇虽为一个镇级聚落，其规模比一般县城甚至比邻近的泰安府城还要大，张秋镇山陕会馆是商业繁荣的缩影和见证。

作为漕运转运码头的七级、阿城，是明清时期东昌府以南的两座典型的运河市镇。明清时期七级古镇，运河从镇西流过，筑有圩墙，设有六门、四关，形成六纵八横14条街巷的棋盘格局。阿城古镇位于东距东阿、西距阳谷、北距聊城各五十余里的运河东岸。明清时期，阿城镇处于东西陆路和南北水运的交通要津和盐运码头，阿城古镇明清时期筑有城墙，运河从城中穿过，镇内大小街巷三十一条，东西大街长近三里。镇中曾有十三家盐园和东、西、南、北四座商人会馆。清中期以后，阿城不仅仍是盐业转运的重镇，而且因"粮艘辐转，帆墙林拥，百货烂陈"，成为阳谷、寿张、东阿等周边县区的商业重镇。现传统街区格局总体不复存在，部分老街如会馆北街等走向尚在。古镇的运河水系还保持了传统的运河与越河的空间形式。

3. 村落

鲁西北地区原本是一个典型的农耕社会，民

众普遍沿袭着以重农轻商为主导思想的价值观和生活方式。大运河的贯通改变了鲁西北运河沿线的地理环境，也在一定程度上改变了村民的生计所系。大运河沿线一定范围内形成了大量与漕运密切关联的亦农亦工商的业缘聚落。它们或紧靠河岸，或位于运河区域腹地，选址、布局、形态都以得运河之利为目的。如始建于明朝的临清市戴湾镇河隈张庄村，位于运河南岸，依运河走势而建，是明清两代临清运河沿岸绵延三四十公里数百座以烧制贡砖为主业的窑村之一。清朝康熙年间，客居临清的江南文士袁启旭赋诗吟咏临清官窑规模之巨："秋槐月落银河晓，清渊土里飞枯草；劫灰助尽林泉空，官窑万垛青烟袅"。这些官窑与村落紧临，便于窑工就近上工。窑工生活清苦，所居多为草顶土屋，虽简陋却也呈现出质朴之美。

运河沿岸的德州市北营村则体现了伊斯兰文化布局特点[①]。北营村位于德州城北一公里处，紧邻古运河，总体布局以苏禄王墓为中心，向四周扩展，王墓陵道作为轴线，苏禄王东王后裔"围墓而居"将村庄分成东、南、西、北四部分，各部分之间保持相对均衡。道路呈方格网布局，以纵向为主，横向为辅，村落整体布局紧凑，四周界限明确并以河道围绕。

（二）民居空间布局形式

鲁西北运河沿线传统民居的空间布局，在特定自然地理因素和社会因素影响下，体现着晋冀移民文化、江南文化、本土文化的多方面影响。徽州商人在临清分布最为密集，万历年间曾任东昌府推官的谢肇淛说："山东临清，十九皆徽商占籍"[②]。万历中期以后，矿监税史横征暴敛，徽商与其他商人纷纷破产，退出临清。入清后，山陕商人逐渐取代徽商在临清的地位。江南水乡店宅的建筑形式特点在商铺民居中体现充分，如山西民居院落中轴对称、南北狭长的特点在临清市冀家大院有着充分的体现，这些官员富商大兴土木构建宅第，形成了多重院落组合的豪宅大院。不论是店宅一体的多功能民居，还是以居住为主的大院民居，虽然地处北方气候环境下，却并不追求惯常的正房以坐北朝南为最佳落位的选择，院落布局在保持主次有序的同时，更加看重与运河连接的便利，灵活适用的空间组织，体现出运河民居善于平衡居住商业便利和遵守规矩礼制的营建理念。

店铺建筑形式最初沿用南方风格，店主们根据自己的经济能力、审美情趣和商业需要，修建、扩建和装饰各自的经营空间。所以，在顺河而建的商业街巷两侧的店铺建筑高低不一，样式各异；硬山悬山、斜墙曲壁不一而足。所以，从街道平面上看，参差进退，逶迤蜿蜒；从立面上看，高低错落，跌宕起伏，整个街道既有北方淳厚韵味，又有江南典雅之风。

随着运河漕运的兴盛，大量官署、驿站、会馆、仓房等兴建起来，富商巨贾宅园破土而出。时光流转，世事更替，很多曾经布局整饬有序的院落，品质上乘的建筑，已难以再现往日原貌。现存的很多明清古民居，实际上都历经了房屋易主、功能转换，原有格局被重新定义，但原有装饰因其通俗性通用性的含义而往往能被保留下来。

（二）聚落景观与风貌

传统聚落景观包含了当时的社会、政治、经济、人文思想、生产生活方式等多方面内容，鲁西北地区运河沿岸传统聚落景观的演变，折射出运河文化深厚的内涵。

运河运输发达的岁月，沿运河的商贸文化交流兴盛，许多繁荣一时的商业城镇的民居建筑，在店铺尺度、建筑装饰装修的主题和做法

---

① 苏禄国位于今天的菲律宾南部苏禄群岛。1417年苏禄东王、苏禄西王率340余人的庞大使团访问明朝。苏禄王一行沿运河北上到达北京，受到明成祖热烈欢迎和隆重接待。苏禄王访问结束回国，船队途经德州，苏禄东王一病不起不久病逝。明成祖下令以王礼安葬苏禄王，为苏禄东王修建了高大宏伟的陵墓，明成祖亲自撰写碑文。苏禄东王的次子、三子、王妃及随从等十余人留下为苏禄东王守墓。因感念官府优待和德州人民的热情，他们决定留在中国。并按中国人的姓氏习俗，改姓安、温。苏禄王墓所在地逐渐形成了一个苏禄人的村落——北营村。

② （明）谢肇淛，《五杂俎》卷十四《事部二》。

图 5-2-1　临清苗家店铺临街铺面和内院正房
（图片来源：谷建辉　摄）

上，显示出明显的江南文化影响，但在建筑材料
选择、整体形态、色彩上仍保留着强烈的本土特
色。临街店铺造型和构件尺度宜人，与商业街巷
相协调。如临清苗家店铺，临街铺面木板昼卸夜
嵌，内置可灵活移动的柜台，以弯拱形撑拱挑出
深1.3米的厦檐，可以遮挡日晒和雨水，利于经
营活动的开展。墀头以线型简洁流畅的弧形砖砌
筑而成，古朴中透着精巧。装饰主题往往选择富
有吉祥寓意的动植物或文字图案，在小木作和砖
石作雕琢上体现了江南建筑的细腻手法。而建筑
整体则用土坯镶以灰砖边框，或全部采用青灰砖
墙，呈现出大面积的暖灰色调，呈现出华北平原
质朴浑厚的美感（图5-2-1）。

　　临清的汪家大院则较为明显地体现出徽派与
鲁西北本地建筑融合的特征。整座宅院布局疏
朗，建筑面貌典雅庄重。院落门罩和影壁的砖雕
质朴而不失华丽，廊房槅扇及窗棂雕花多以冰裂
纹为主，精美、细腻，色调柔和。

　　聊城古城区的傅以渐故宅在建筑形态上则体
现了江南建筑的影响（图5-2-2）。傅以渐是清
朝顺治三年的开国状元，这座故宅是傅以渐后人
傅绳勋所建，当地人俗称相府。相府院落整体坐
北朝南，主体建筑是砖木结构二层楼房，这种做
法在当地极为少见。四合院在楼房之后，主院两
侧还有侧院。二层楼房装饰精美，康熙南巡途经
聊城，曾亲赴傅以渐故居凭吊。

图 5-2-2　聊城傅以渐故居
（图片来源：网络）

（四）民居形制与风格

　　山东运河沿线的宅院民居的构成元素通常包
括宅门、影壁、正房、厢房、耳房以及倒座房、
群房等，这与北方传统四合院基本一致。所不同
的是运河民居的院落布局注重与运河的关系，院
落空间也更加灵活多样。广泛分布于运河沿岸的
生土民居，成为山东运河区域普通民众长期采用
的主要居住形式。

　　运河城镇院落正房不追求正南北朝向，院门
临街，正房面向院门布置。基本均采用封闭式院
落，院墙从正房山墙向前延伸，不再另做后院
墙。宅院大门亦称"街门"，多设在庭院东南方
向，即院落中轴线偏左一方，但是也有一些宅院
民居为了顺应运河走势，不遵此例而灵活设置。
院门以门楼形式出现，门楼造型各异，以压瓦脊
顶式最为普遍。大门由门扇、门框、门垛、门楣

等主体组成，有的还有门墩石、坐街石等附件。大门之前设一方形门台，设台阶或不设，用面石铺砌。除了富商大户注重街门华丽，普通百姓一般将街门做成一间小屋样式，装饰较少。院落较多的宅院往往另外在后院设置后门，或在宅门一侧设便门。若院落狭小，影壁往往不再单设，仅对厢房山墙进行装饰，使其兼具影壁功能。临街店铺多为抬梁式构架，通过可装卸的木板门面，最大限度地拓展商业空间。院落位于店铺后面，店铺或当心开门，作为整座房屋的出入通道，或一侧设门，使内外流线完全分开，居住入口只做简单处理，重点突出店铺门面。院墙采用板筑土墙、草筋土墙、土坯墙、砖墙、石墙。为防盐碱，墙体一般都用石块砌墙基。

漕运兴盛带动的南北方经济文化的交流，也体现在运河沿岸地区乡村民居建筑的装饰题材选择和装饰细部做法上。德州武城吕家庄村，俗称"吕庄子"，隶属德州武城县四女寺镇，是鲁北平原上一座有着600多年历史的运河古村。历史上的吕家庄，因其坐落于古运河交通要塞，交通便利，商贾云集[1]。古村现存历史悠久的民居建筑的砖石雕刻细腻秀丽。德州临邑大蔺家村是一座有300多年历史的古村落，村中的蔺家古宅为砖木出厦结构，据传是明末清初由蔺琦后人所建，距今已有300多年的历史。梁柱、墙壁、窗户至今较为完整，柱础、砖雕，保留着当年的痕迹。德州临邑县德平镇闫家村，始建于明朝中期，至今已有600多年的历史。其中最具代表的闫家古屋，由明末清初闫家大户闫汝昌建立，五座大院均为北方四合院，砖木结构造型端庄典雅，房屋施工精良。

大运河沿线以西各县市多为起脊人字双坡屋顶，便于通风和排水，与江南地区相似。大运河东部各县市为中间略高的平顶屋面，便于保温和晾晒农产品，与我国北方地区相同。

（五）营建技艺

运河沿岸城镇建筑注重院落临街面的整体面貌，体现户主的商业实力、文化取向和生活态度。总体来说，在建筑营建过程中，善于协调建筑外观整体美观和材料的合宜选用之间的关系，既注重建筑的精美，更注重材料的节用。

在建筑用材方面，因鲁西北运河沿岸地势平缓，植被以北温带针、阔叶树种为主，少有高大树木可作为建筑用材。运河城镇沿街具有商业功能的建筑，往往选用大材好材以显示主人的财力，而院内建筑则用小材杂材以追求物尽其用。临清的店铺民居前出檐做法特别，用木封檐板与封檐砖直接相接。沿街挑檐多用撑拱，撑木仅粗斫并不刻意加工。

明清时期临清承担着向京师营造用砖瓦的任务，是重要的砖瓦烧造地之一。临清所烧砖有城砖、副砖、券砖、斧刃砖、线砖、平身砖、望板砖、方砖、二尺、尺七、尺五、尺二四样凡八号。明代官窑旧砖一种"长一尺五寸，宽七寸五分，厚三寸六分"，另一种"长一尺三寸，宽六寸五分，厚三寸三分"砖式共二种[2]，清式官窑基本延用明式尺寸。运河沿岸特别是临清城内，资财地位较高的商宦人家，往往将官窑砖用于砌筑院墙，以显示不同于普通民众的社会地位。

二、黄河沿岸聚落与民居

（一）聚落选址与布局

黄河流经黄土高原，自古以来就有"浊河"之称，西汉人谓"河水一石，其泥六斗"，黄河在历史上有"善淤、善决、善徙"的特点。1855年（清咸丰五年）6月，黄河在河南兰阳（属今河南省兰考县）铜瓦厢决口，引起了黄河又一次大改道。这次黄河改道是黄河历史上距今最近的一次大改道，直接造成了如今黄河下游地理空间格局。咸丰十年（1860年），"张秋之南，则黄河自决口而出夺赵王河、沙河及旧引河泛滥

---

① https://www.jianshu.com/p/ad924ee03f72
② 明成化十七年（1481年）官窑资料。

平原，汪洋一片，田庐久被淹没"。黄河决口后"淹毙人口甚重""居民村庄，尽被水淹""庐舍被淹，居民迁徙"等记载屡见不鲜。据估计，道光二十一至二十三年的连续三次大决口中，死亡人数不下100万，且"膏腴之地，均被沙压，村庄庐舍，荡然无存"。改道后的新河道并无固定河槽，河水任意奔趋支流巷汊，漫浸了大量民田房舍。

鲁西北沿黄地带河滩高地为古黄河改道流经之地，由河水漫滩沉积而成。河滩高地多呈连续分布或带状分布，与两侧低地相对高度仅为3~5米，地下水埋藏一般为4~6米，土壤条件好，只要无涝少碱且具备灌溉条件，河滩高地是稳产高产农田的理想之地，也是村落营建首选之地。

黄河滩区移民村。黄河下游两岸大堤之间的土地，通常称为"滩区"。黄河下游河滩广阔，土质肥沃。虽然河水凶险，但滩区百姓对滩地有自己的认识与划分，度地而用。因而大量民众生活、耕作于滩区，"两岸居民，衡宇相望"[1]。滩区百姓在与河水长期共处中，积累了丰富的经济、适用的生活经验。

他们把形成历史较久、轻易不再上水的滩地称为"高滩""老滩"或"三滩"。这样的滩地不多，实际上与滩外的田地无多大区别。在大洪水期形成，中小洪水不漫浸的地方，通常称为"中滩""二滩"，滩区中的可耕地大半集中于此。为了耕作的方便，滩区村庄也大多建在中滩。洪水时被淹没，枯水期露出水面的滩地叫"低滩""一滩"，这是极不稳定的滩地，随时都在消长。

每当黄河改道，水灾迫使灾民外迁。灾民或自寻出路，聚族迁往有荒地可开垦的黄河故道或其他可生存的地方建村安家；或由政府组织从堤内迁往堤外另建家园。光绪十五年（1889年）和光绪十八年（1892年）山东巡抚曾利用赈捐方式，通过补给银两和择高阜之地购地立桩、盖房迁民，将堤内民众迁往堤外[2]。滩区移民村一般为

整村搬迁，绝大多数新村沿用旧名。所立新村距旧村较近，一般一二里或四五里。村民房屋迁出堤外，但仍回堤内旧村耕种土地。

黄河口移民村。自古以来，鲁西北沿海一带盐业开采，吸引了省内及浙江、湖南等地盐民、盐商、灶户、逃荒户到这里定居而形成村落。"盐滩四百冠山东，盘布星罗广池中……"从这些描述黄河三角洲古代盐业生产的词赋诗句中，足见当时这一沿海地带的盐业之盛。而因黄河水患而迁往黄河口定居，是黄河移民村的另一个成因。民国24年（1935年）七月十日，黄河在山东菏泽鄄城董庄堤决口。溃水分为两股，小股由赵王河穿东平县入运河，合汶水复归正河；大股则平漫于菏泽、鄄城、嘉祥、巨野、济宁、金乡、鱼台等县注入南四湖。溃水淹没村庄近九千个，房屋倒塌百万余间。灾区村舍为墟，哀鸿遍野，部分灾民只能选择迁往位于鲁西北垦利县的"利津洼子"垦芒种田。他们组建了28个自然村，以一村、二村，直至二十八村命名。这些村落人口增加之后，又分出其他村落，发展而成移民村落群。

（二）民居空间布局形式

黄河沿岸民居院落布局具有华北地区传统四合院住宅的典型特征，且院落实用功能极为突出。无论贫富，每家每户都建成一个封闭的合院，正房（又称北屋）一般为3或5间。家贫者若只有正房，其他三面要用院墙围合起来，否则不能称其为家。官僚富绅的院落由多进四合院组成，可供四世或五世同堂的大家族居住。

在黄河沿岸土地资源丰富的东营、滨州两地，宅基地相对宽敞，院落比较开阔。院落不仅为一家人提供安静的生活环境，而且为种植蔬菜、饲养畜禽提供了条件。村民在院落内外植树，院前多种柳、槐、榆，起到绿化环境、加固宅基的作用，成材后还可以作为建房用料；院内以果树居多，主要有枣、杏、桃、梨、

---

① （清）黄玑. 山东黄河南岸十三州县迁民图说. 转引自刘德增. 山东移民史[M]. 济南：山东人民出版社，2011：467.
② （清）黄玑. 山东黄河南岸十三州县迁民图说. 转引自刘德增. 山东移民史[M]. 济南：山东人民出版社，2011：469.

桑、石榴树等，果实除自家食用或出售，还可馈赠乡邻亲友。

而邻近黄河的村落，却是另一番面貌。为了避免洪水漫灌上溢，村民往往高筑房台。房台民居宅基地窄小，房屋布局以生活所需为要，并不特别在意组合秩序或院落围合；房子也以实用功能为重，无暇顾及装饰装修，有的仅在院落正门或正房上运用雕砖略做装饰。房台民宅的房屋和路面存在明显落差，通过多种形式的坡道上下连通（图5-2-3）。

（三）聚落景观特征

民居四合院自身具有防御功能，但东营、滨州两地沿黄河民居将此功能格外强化，这与社会环境有密切关系。鲁西北属于齐鲁大地边缘地区，又地处鲁冀交界，政府控制相对较弱，因而盗匪猖獗。同时，这一带长久以来比较荒僻，夜晚常有狐狸、獾、黄鼬之类的动物偷袭家畜。因此，这一地区都将院落封闭起来，并且在村落周边用夯土或砖石建一丈左右坚固的围子墙，墙上辟出入门道。墙垣力求高厚，保障村落安全。典型案例是滨州惠民县魏氏庄园，因邻近黄河，修筑一丈余高的夯土台基并用砖石包砌，在其上布局营建复杂的宅院体系。

在这里生活的广大乡民建房大多就地取材，采用土木或砖木结构。而在经济极其落后的一些村落，则只是利用泥土筑墙，并无财力建造屋架，利用稻麦、高粱等的秸秆做房顶，大部分乡

民的居所空间狭小，以茅草土屋为主。

（四）民居形制与营建技艺

由于频受水患，除乡绅富户用砖石建房外，一般房屋为便于灾后重建并使房屋尽可能坚固，建造房屋时常在角部用砖或石块垒筑，然后用土坯砌墙或泥土掼墙。如遇黄河水患，土墙被冲毁而砖垛、石垛以及所支撑的屋顶却能得以保存，大水退后，填筑土墙后仍可居住。普通百姓民居多为土房，就地取土不仅造价低廉，而且红土材质坚固。如果维护及时，每年春秋各抹泥一遍，一座土房可住数十年甚至百年以上。聊城东阿县邻近黄河的四合屯村的土质民宅，历经百年仍坚固如初。

另外，屡受黄河水患的地区土地沙化、碱化严重，土壤盐分含量高，为防止盐分在蒸发作用下沿墙基上浸，有的房屋先筑起高一米左右的砖石墙基，再压上一层麦秸草，通过这种"坐碱"的方式隔离盐碱侵入墙体。在其上用土坯砌筑或者加有麦穰的泥土层层夯实建筑墙体。尽管经过这种方式处理，盐碱对墙体的侵蚀仍然严重，天长日久容易老化损坏，进而残破坍塌，房屋的使用寿命大大缩短。

三、浅山丘陵地带聚落与民居

（一）聚落选址与布局

鲁西北浅山丘陵地带土地辽阔，聚落形态受地形阻碍小，多呈块状布局形态，在地广人稀的广阔自然生态空间背景中的聚落，总体分布呈现

图5-2-3　黄河滩区房台民宅通过坡道与路面连通
（图片来源：网络）

出的"大分散、小聚集、小规模"状态，这正符合于早期广域空间区域聚居格局的基本特征。鲁西北平原河流水系分布密集，因水利避水患成为乡民村落选址的重要考虑。村庄规模和村庄之间的距离，取决于耕地的数量、质量和耕作半径。为了便于耕作和节约耕地，村落的形状大多为圆形或不规则多边形。鲁西北平原区的村落多选址与河流或池塘相邻，西北侧种植层层树木抵御寒风。根据与河水的位置关系，一般可分为相邻型、相依型两类。

相邻型：河流沿村落外围环绕流过，距离村子有一定距离。为方便乡民取水及风水观念影响，村内大多开挖池塘储水，村落一般呈集中式组团式聚落形态。

相依型：河流与村落紧密相依，河流沿村一侧流过。村落形态依河延展，村内主要街巷平行或垂直于河流，随着人口增加，在建房选址的风水信仰与习俗等约束下，选择沿河流走向在原建筑的某一侧建设新房，逐步形成带状聚落形态。

浅山丘陵地河流水系众多，街巷主街通常平行于河流水岸线，居民的生产生活都与这条河街息息相关。传统聚落的沿河界面通常通过建筑的连续组合与支巷的缝隙巧妙穿插，把传统村落与河水紧密相连。民居位于河流一侧，少数聚落也跨河而建，两侧通过木桥或石桥相连。河流与房屋之间往往有晒场、菜圃、花园等，既满足日常所需，也可作为河水上涨的缓冲地带，以避免河流、潮汐倒灌聚落。

地处华北平原核心地带的区位优势与千里沃野的农耕地利，为先民聚落营建创造了条件，但地处国都与江南之间的地理区位与易攻难守的平坦地势也令其优势地位的长久保持隐患重重。因此，以防御为重的村落在鲁西北较为多见，众多村落以"迷魂阵""岩寨"为就是例证。

（二）民居空间布局形式

传统风水文化对鲁西北民居建筑影响较大，在平原地区以水为龙，院落往往采用背水面街的布局。明中期后，以"家礼"为代表的民间礼治，格外注重生活秩序的观念对院落平面布局影响较大。规整严谨的四合院是具备一定经济实力的人家乐于选择的家宅布局形式。它的空间形态、平面布局体现了古代社会宗法礼制制度、人们的生活方式，同时也是与环境条件最相适应的。

由于平原地区耕地相对较多，民居院落面积较山东其他地区略大，普通民居院落布局比较普遍的做法，是整个院落由正房、倒座和两厢围合而成一进或二进四合院，院落规模不一，但较为严整有序。若因财力不足或受地形所限，也有不建倒座的三合院，当地俗称"簸箕掌"，如张秋镇运河东街8号院。无论院落大小，无论砖房还是土屋，不管新房还是旧宅，建筑高度都是由南向北逐渐升高。正房高大，建筑形式和用材比较讲究；偏房相对低矮，建筑形式和建筑材料比较简陋和随意。不论正房还是偏房，并不追求开大窗，这样可以使房屋有效地抵御冬季严寒的西北风。

鲁西北四合院四周的外墙不开窗，通风和采光都依赖内院，因而内院被赋予相对封闭、内向的特征。正是由于这种向心性，以家庭为核心的观念无形中潜入了人们的心里，家庭成员之间的关系在这样的空间中被隐形地强化。每个封闭的四方院子就是一家人的小世界，满足着对家庭稳定性与生活安全性的心理需求。院落的布局和做法，既节约实用又使院落高低有序，错落有致。大门位于东南角或西南角，进入大门后是门洞或称过道，连接大门和院落。门洞一般封顶，正对门洞的是影壁墙，有吉祥图案或吉祥文字。从街巷进入院落之内，砖石铺路，种菜养花，枝叶扶疏，生机盎然。人们并不会因为回到封闭的家中而与世隔绝，相反，却在院落时时感受着自然的美好和生活的安乐。

院落以封闭而实用为其特色。平原春天多风沙，冬天北风寒冷，围合的外墙也起到抵抗风沙、挡风御寒的作用。院墙高，可以保障院内的面貌不易为外人所知，满足主人追求宁静自在的生活需求。在战乱的年代里，多少也可防御匪盗兵痞，至少可以寻得心理安慰。院落里一般都放一口大水缸或挖一口集水井，贮满水，以备不时之需。

（三）聚落景观特征

农耕是鲁西北浅山丘陵地聚落的生存之本，农耕依赖土地和河流灌溉。因此，被大量农田包绕的、河流蜿蜒穿村而过的村落就成为典型的聚落景观。村落依水而建，彼此相隔不远，房屋用泥土、茅草、砖石建造，色调与环境协调。砖瓦房的青灰，土坯房的暖黄，形成青堂瓦舍、茅茨土阶的质朴建筑风貌。这样的聚落匍匐在辽阔平原之上，在蓝天白云的映衬下，形成一幅色彩搭配极为和谐的天然图画。

（四）民居形制与做法

1. 庄园府邸

庄园府邸一般基本是三合院或四合院。前堂后寝，中轴对称。正厅两厢，主次分明，院落相套，灰砖青瓦（现状多红机瓦），规整严谨。承重结构为抬梁式或墙梁式砖木结构。通常一座房屋由3～5间构成。间与间用梁架隔开。梁架在南北墙之间，将屋顶荷载传递到柱或墙上。砖砌墙体，一般用青砖加石灰抹缝，墙体宽度一般是八寸宽，叫"八寸墙"。屋顶做法一般是在木基层上铺设用芦苇或当地小麦杆、高粱秸编成的席子，席子之上铺抹一层麦秸草泥灰浆，在灰浆上铺砖瓦。这种屋顶隔热防寒效果好，而且廉价实用，生态环保。

正房（又称堂屋或上房），一般朝向较好，供老人居住。在正房的中间堂屋，是室内陈设集中的地方，常设有红木桌椅、案桌、床等。正中一间北墙悬挂祖先像、祖训或中堂画，一张条几紧靠北墙，代奉祖先牌位，前设八仙桌、太师椅。院子东西两面布置厢房（又称陪房），一般由晚辈居住，或作厨房及其他用处。

宅门是大型民居的重点，是宅主财富与权势的外部表现。位置一般位于院落南侧。宅门一般比厢房高，以显示深宅大院、高门大户的气派。

门楼上面用砖刻、石刻，或木雕花纹装饰，檐口刷红漆。有钱的人家还配以琉璃瓦和石狮，以显示财富地位非同一般。有的喜用厚重的黑漆大门，使人感到威严不可侵犯。一般的大户人家在门框下设两块大石门墩，以供震邪之用。注重庄重气派，象征着一家人的脸面，门楣上多有诸如"吉星高照""福禄财寿""财源滚滚"等祈福用语。大门入口常设影壁墙，影壁正面常刻有吉祥文字或吉祥图案。背面常设有壁龛，用于放香炉和供奉。

2. 乡里村居

鲁西北浅山丘陵地属于黄河冲积平原，土层深厚，是传统的农业区。普通百姓住宅多为茅庐泥舍，比较简陋。民居建筑就地取材，土及各种植物秸秆成为天然的建筑材料，土坯木草结构的民居便应运而生。鲁西北属于半干燥大陆性气候，雨量不大，因而使用土坯、麦草作建筑材料，廉价实用。麦草、秸秆是每个农家普遍都有的建筑材料，每隔一二十年换一次麦草，每年用新麦草泥筋抹一次墙面，如同新房一般。房子倒塌了，泥土、草房就回归了土地。从环保、生态角度讲，这种泥墙、草筋的土房是一种生态民居，但当今这种民居已经很少见。

民居一般用夯土筑基，土坯垒墙，抬梁式屋架，上覆苇箔、秫秸，泥土封顶。建筑前窗较大，易于采光；后窗较小，冬天易于防寒。这种泥土民居虽不如砖石瓦房坚固耐久，但房屋顶易于维护修缮，保暖性强。院落大门的门枕石和主体建筑的挑檐石，往往是雕刻装饰的重点部位。

生活在盐碱地带的村民，为了获取满足基本生活要求的日常饮用水而费尽心思。打深水井虽然能够获取水质良好的深层地下水，但所需费用不是普通村民都能够承受的。于是，村民往往在自家院落中开挖集水井，通过收集雨水的方式满足日常所需。这种集水井口开口直径一般70～80厘米，深1.2～1.5米，开挖在屋檐下方，便于近距离获取屋面落水。一个集水井储存的水基本能满足日常家庭生活所需。井口平时用草做的井盖覆盖，下雨时打开。现在家家户户都用上了自来水，保留下来的集水井也就常被当作地窖用于贮藏食物了。

第三节　鲁西北地区民居资源与类型特点

一、舟楫千里商贸盛——鲁西北地区运河沿岸的大型宅院与店铺民居

（一）临清冀家大院

1. 概况

冀家大院位于临清市中洲古城东南运河沿岸的前关街和后关街，为明清时期建筑，现为省级文物保护单位，是鲁西北运河沿岸大型宅院的典型代表，明朝洪武二十一年（公元1388年）兖州护卫冀天仪改调平山卫临清千户所，举家由山西平阳府岳阳县迁居至临清，因此在临清开始购地建造府邸，大兴土木。后于明代景泰、嘉靖以及万历年间陆续进行增建，至道光初年，冀家大院占地已达2万多平方米，房舍四百余间。中华人民共和国成立后由于历史原因，冀家大院数次被破坏、拆毁，现存建筑仅占地1万多平方米。主院现存两进，南跨院存一进，北跨院存四进，穿厅、廊房、耳房、厨房等60余间。木雕、砖雕以及石雕在现存院落中保存较完整，具有较高的艺术价值。

2. 院落空间特征

冀家大院位于临清市运河西岸，虽然鲁西北地区大多数院落布局以正房坐北朝南为佳，但运河沿岸的民居院落却更加注重院落与运河的关系，因此，冀家大院整体布局顺应运河河岸走势，而非采用传统封建礼制制约下的典型正南正北的布局方式。院落主大门朝向临运河的街道，在功能上更加具有商业便利性、实用性，体现了院落与运河的紧密联系。

冀家大院主院现存两进院落，现存建筑保存相对完好。院落整体呈长方形，沿中轴线方向纵深较长，这也延续了晋派民居建筑的典型布局特征。主院分为内外两进，第一进院落临运河沿街，院门面向沿河街道。第一进院落为三合院，平面呈长方形，进深较大。穿厅正对院门，进深二间面阔三间（图5-3-1）。穿厅与厢房之间有过道与第二进院落相连。第二进院落为内院，空间相对私密封闭。与外院相比，内院院落空间更加规整开阔。内院为四合院，沿纵轴线两侧各建有三间厢房，体量比穿厅稍小，厢房前建有檐廊。内院正对穿厅的是正房，现存建筑为后来加建，推测当时应为主人的宅房。正房采用"三明两暗"的形式，形制风格与穿厅相似，但体量规模相对更大。穿厅右侧建有耳房一间，左侧为过

图5-3-1　冀家大院穿厅
（图片来源：王汉阳 摄）

道连接内外两进院落。这种只在穿厅一侧留出过道的形式，是鲁西北地区明代早期典型的民居院落布局方式。

3. 民居建筑特点

冀家大院主院主体建筑形制相似，具有明代典型的北方民居建筑特征。屋顶形式均采用硬山坡顶，结构形式为"四梁八柱"的抬梁式木构结构体系（图5-3-2）。穿厅面阔三间，进深两间，每开间3米左右。面向第一进院落的立面，明间开方门，两侧次间开拱窗，前出檐较小且无檐廊。面向内院的立面前部出檐较大，建有进深1.5米左右的檐廊，装饰精美细腻。立面三间均采用"落地门窗"的形式，门窗都采用通透轻巧的木板槅扇，通体满做，槅扇上均施以精美的雕花装饰。内院两侧厢房形制与穿厅类似，面向院内明间开门，两侧开窗，前部同样设有檐廊，门窗尺度较大，窗为方窗。门上方有上亮，方便采光通风。第二进院落主体建筑均有檐廊，檐柱比例适中，直接落于房屋条石台基上，无柱础，柱头与出挑抱头梁直接相交，梁下檐柱间有曲拱形檐枋，枋柱间有精美的木雕雀替。整个院落的建筑风格统一，形制规整，体量高低错落有致，色彩以青砖灰瓦的种色为主，色调古朴典雅，整体十分协调。

4. 文化空间习俗

冀家大院建筑装饰保存相对完整，其图案精美、技艺精湛、寓意丰富，代表了明清时期民居建筑的典型文化空间表达。

冀家大院的角柱石是运河流域民居建筑中保存较完整的。其样式有两种，一种为莲荷图案，其名为"一路连科"，是古代读书人最喜爱的一种图案，寄望科考连连中举；另一种为穿厅两侧采用的喜鹊图案，其名为"喜上眉梢"，也是中国传统吉祥纹样之一。中国传统文化中，喜鹊代表喜事，一只喜鹊立于梅花枝头，寓意着喜事即将到来。整个画面呈现出一片祥和喜乐的氛围。上部是卷草纹样，寓意家庭幸福，和谐美满。冀家大院墀头的装饰纹样集中于盘头的戗檐板上，采用的是传统的植物纹样，中间半露的花卉形态为图案中心，左右植物叶片对称布局。砖雕工艺精巧而细腻，雕刻曲线优美自然，虽因年代久远而致部分砖雕开裂，但仍能看出雕刻刀法之精炼纯熟。冀家大院山墙上的悬鱼与临清其他民居建筑有所不同，是现存唯一使用砖雕悬鱼的传统民居院落，山墙上没有博风板，屋顶木梁架的檩木隐藏于山墙内部。悬鱼用砖直接雕刻贴在山墙上，成为纯粹的装饰构件，图案纹样采用牡丹样式，构图均衡，工艺技法娴熟，形态大方，栩栩如生（图5-3-3）。

冀家大院影壁为"座山影壁"，即将影壁直接砌于厢房山墙面上。现存影壁因损毁严重，部分图案已无从分辨，但仍能看出影壁雕刻层次之

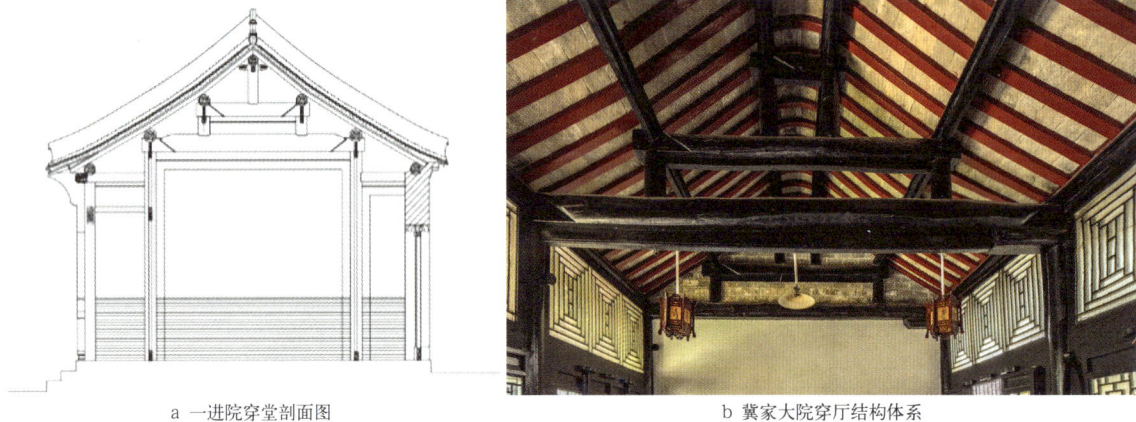

a 一进院穿堂剖面图

b 冀家大院穿厅结构体系

图5-3-2 穿厅结构体系
（图片来源：图纸由山东省古建筑保护研究院提供、王汉阳 摄）

图 5-3-3　冀家大院角墀头、柱石、悬鱼
（图片来源：王汉阳　摄）

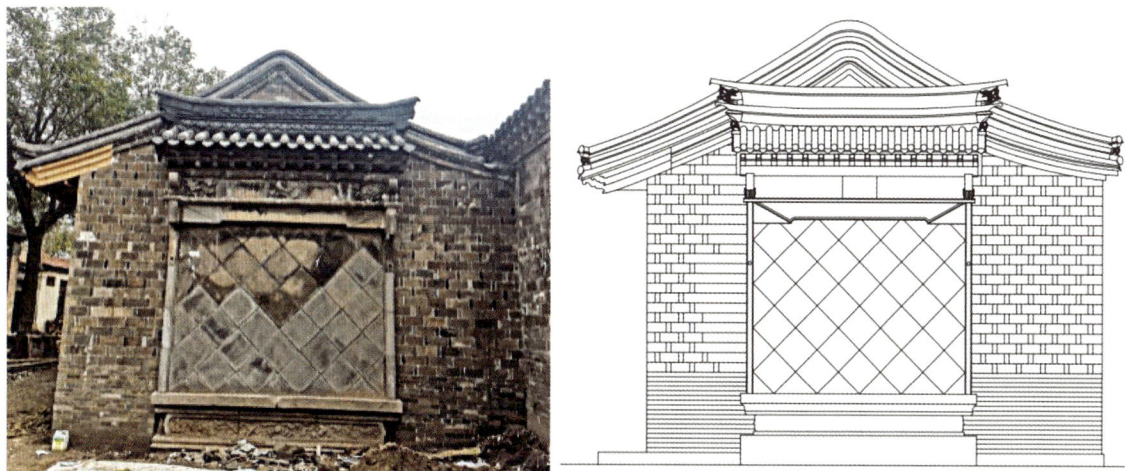

图 5-3-4　北院一进院影壁
（图片来源：网络，图纸由山东省古建筑保护研究院提供）

丰富（图5-3-4）。影壁最上层为精致的卷草纹样，前方还雕刻有各种花果，如葡萄、石榴、桃等，寄托着主人期盼多子多福、子孙绵延、家族昌盛的美好愿望。中间一层是三幅方框砖雕，损毁严重。影壁的底座为石雕，受明代临清佛教兴盛的影响，采用缠枝莲花纹样，与明清时期流行的"西番莲"十分相似。

（二）临清汪家大院（富家宅邸的典型代表）

1. 概况

汪家大院位于临清市青年街道办事处后关街88号，现为山东省文物保护单位。始建于清朝乾隆年间，是一组融合了徽派风格的运河沿岸传统民居建筑，其主人为清乾隆年间徽州歙县洪琴村商人汪永椿。由于清代运河漕运贸易的发展，往来的商客经常在临清采买耐放的酱菜以备路途之需。汪永椿发现商机，在临清创办了与当时北京"六必居"、保定"槐茂"以及济宁"玉堂"三大酱园并称为"江北四大酱园"的"济美酱园"，

并于乾隆五十七年（1792年）大兴土木，修建了这一处商住共用的院落。院落共占地约1600平方米，现今仍有两进院落保存较为完整，现存8座建筑，共27间，总建筑面积约460平方米。

2. 院落空间特征

汪家大院位于临清古城区内，京杭大运河沿岸东侧，整体坐北向南，位于冀家大院北侧。清朝时，受运河漕运发展的影响，酱菜生意在临清非常繁盛。汪家大院选址于运河沿岸，面向街道设临街店铺开门，更加具有商业便利性。

汪家大院是一座集店铺、作坊、居住等多种使用功能于一体的传统院落。整个建筑群共三进院落，横跨一街两巷。面向街道建有临街面铺10间，后面为酱腌的生产作坊，最后为居住功能的主人宅院。现存后关街88号两进院落为主人宅院之一（图5-3-5）。第一进院落为四合院，保存相对完整，通过门楼进入过院，正对门口的厢房山墙上有一座山影壁，过院规模较小，经过院

图 5-3-5　汪家大院总平面图
(图片来源：山东省古建筑保护
研究院 提供)

一进院南屋　　　　　一进院西屋　　　　　二进院东屋　　　　二进院堂屋
汪家大院后关街 88 号院　汪家大院后关街 88 号院　汪家大院后关街 88 号院　汪家大院后关街 88 号院

图 5-3-6　汪家大院复原图
(图片来源：山东省古建筑保护研究院 提供)

向西进入第一进院落的内院，形制较为方正。内院西侧正对过院有厢房一座，进深一间，面阔三间。两进院落之间并无穿厅，第二进院落由东西厢房以及正房围合而成，正房坐北朝南，面阔一明两暗三开间，两端各建有一间耳房，东西厢房形制规模大体相似，面阔三间，进深两间。厢房及正房前部均挑出檐廊（图5-3-6）。

3.民居建筑特点

汪家大院现存两进院落主体建筑形制较为统一。屋顶均采用式尖山顶，前檐出廊。正脊为花瓦脊，两端施蝎子尾，结构形式与冀家大院相似，采用九檩四柱抬梁式木构架体系，前后檐均有抱头梁。院落尺度规模较小，但各院落布局疏朗，相互连通。门楼面阔一间，进深两间，坐北朝南。采用五檩三柱抬梁式木构架，前檐有抱头梁。前檐金柱间开板门，两侧设抱鼓石，抱鼓石

上设石刻狮子。前檐两侧墀头均有石刻花纹。二进院落厢房两次间前檐有直棂窗，明间前檐开板门，明间与北次间之间有木质隔断，安有板门。建筑整体风格统一 协调，色调沉稳，具有典型的明清北方传统民居建筑特点，但门楼、影壁、檐廊、门窗等装饰细节，又融合了南方徽派民居建筑精致细腻的特点，是一处具有南北交融建筑风格特点的传统院落。

4.文化空间习俗

汪家大院山墙雕花保存较为完整，其雕刻纹样与冀家大院类似，为山茶花与牵牛花并蒂结合的折枝花草纹。墀头砖雕则简化了内部卷草纹，改为果实状饱满的叶片纹样，风格显得更加简单古朴。

汪家大院影壁为"座山影壁"。影壁采用条形砖斜向交叉排布，影壁从上到下可分为三层。雕刻装饰一般集中于最上一层的壁顶。汪家大院

影壁上层雕饰为缠枝式茎叶、牡丹和山茶花纹样，形成连绵起伏的卷草状形态。最下面一层为缠枝葡萄纹，葡萄藤蔓舒卷自然，以中间为轴左右对称，体现了简约古朴的风格，象征着多子多福的美好寓意。

（三）临清苗家店铺（前店后宅式民居的典型代表）

苗家店铺位于临清市会通街33号。会通街是明清时期临清中洲古城中一条繁华的商业街。因东临会通河而得名。在因漕运而逐渐兴盛起来的商埠区中，会通街两侧原为大量的前店后宅式建筑。苗家店铺始建于清代，是会通街上保存较好的一座典型的前店后宅式传统民居院落，2014年公布为聊城市文物保护单位。临街一侧建筑为店铺，面阔三间进深一间。结构体系为抬梁式木构架，屋顶为硬山坡顶。沿街立面为可拆卸开敞式木板门面，方便店铺营业，屋面加大挑檐，采用了穿斗式梁架结构，在沿街面形成灰空间。穿过店铺进入内院，院落东西总长为27米，南北宽15米左右，为四合院形式。正房为主人起居之

用。面阔三间进深两间，一侧建有耳房。结构形式同样为抬梁式木构架体系。当中明间开门，两侧开窗，门窗均为木板材质。山墙墀头和檐下雀替均刻有精美的雕花，虽因年久失修部分损毁，但仍可看出雕刻手法十分细腻精湛。

（四）阳谷县张秋镇陈氏旧宅

1. 概况

陈氏旧宅位于阳谷县张秋镇北街，始建于清康熙二年，也即1663年，随着京杭运河的繁盛，陈家生意也因靠运河而日渐兴隆，陈家大院应运而生。整个陈家大院占地约30亩，共分五院一园八门户，安排严紧布局得当，众多房屋均是青砖灰瓦，典雅异常。清末因战乱，陈氏家族主要成员相继外出他乡定居，大院多年失修加之日伪军匪多次破坏，整个建筑群仅存阁楼一座，瓦房9间。近些年进行了修复，2013年被山东省人民政府公布为山东省第四批省级文物保护单位。

2. 院落空间特征

陈氏旧宅坐东朝西，由两进院落及后花园组成（图5-3-7）。一座青砖灰瓦的大门居于正中，

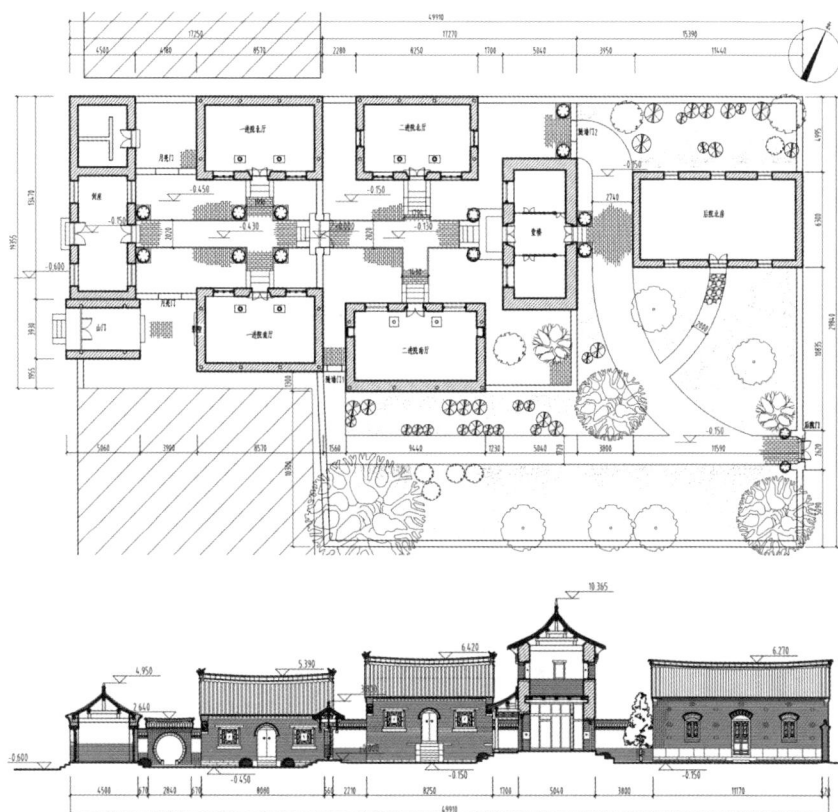

图5-3-7　陈氏旧宅修复设计平面图及纵剖面图
（图片来源：山东古建筑保护研究院　提供）

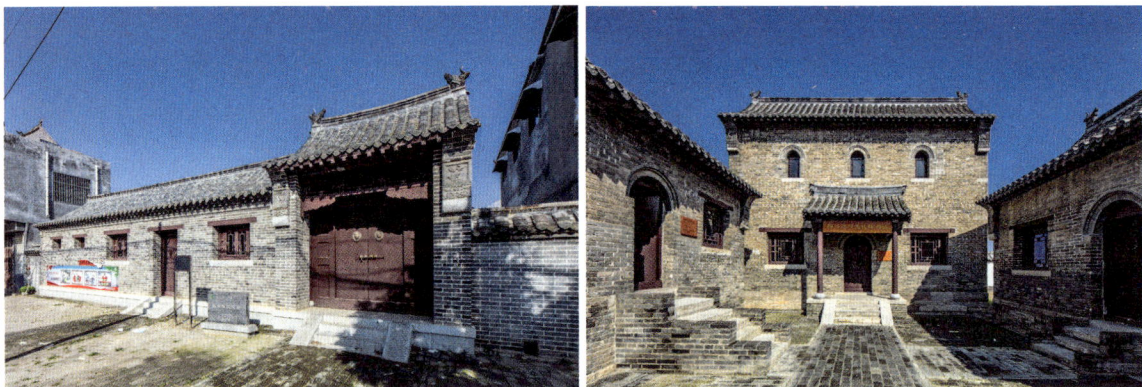

图5-3-8　陈氏旧宅入口及堂楼
（图片来源：董鑫田 摄）

北侧倒座房三间用作店铺之用，南侧原是奴仆骡马、车辆出入之门。进正门后，迎面是水磨青砖层叠砌筑的影壁墙，墙后便是一座宽敞明亮的会客厅，与之相对的北面有一相同的三间瓦房是主人的书房，此为前院。

第二进院落即后院，由南北两厢房及东侧的堂楼组成。南北厢房面阔三间约8米，进深约5.5米，均为硬山屋顶，抬梁式木构架体系。其中北侧的厢房台基较南侧的厢房高。堂楼共三间，面阔约10米，进深5米，砖木混合承重体系，竖向为两层，其台基较南北厢房都要高（图5-3-8）。南侧有楼梯可以直接通达二层，堂楼后墙正中开设门洞，可以直接到达后花园。后院仅设北房一座，面阔约11米，位于中轴线稍偏北处。

3. 民居建筑特点

陈氏旧宅中的建筑结构为抬梁式木构架体系及砖木混合承重体系，南北厢房为抬梁式硬山屋顶，堂楼为砖木混合承重，六架椽抬梁式硬山屋顶。建筑材料以砖、土坯、木、瓦为主。墙体采用青砖砌筑，屋面为板瓦屋面。木材用于梁架结构及门窗槅扇，石材主要用于台阶、门枕石、柱础，以及墙体拉筋、窗下过梁等处。建筑装饰砖雕较多，多位于墀头、悬鱼、博缝板等处。

二、物阜文昌营广居——鲁西北地区黄河沿岸的府邸庄园

（一）黄河岸边的城堡式民居——魏氏庄园[1][2]

1. 概况

魏氏庄园位于滨州市惠民县魏集镇，是中国北方传统民居建筑的典型代表。魏氏庄园为清代布政司理问魏毓柄家族的宅院建筑群，庄园规模宏大，建筑精良，由树德堂、福寿堂、徙义堂三部分组成。其中建成于1893年的树德堂是清代武定府同知魏肇庆的私人宅邸，在三组建筑群中最具特色，是我国清代唯一的城堡式庄园，原有房屋141间，占地面积27613平方米。福寿堂于1865年修建，原有5进院落，70间房子，占地面积2255平方米。徙义堂建于1892年，原有两纵院落，分别为两进院和三进院，80间房子，占地面积2666.8平方米。1996年11月，魏氏庄园被国务院列为全国重点文物保护单位。

2. 院落空间特征

（1）树德堂

树德堂是魏氏家族第十世魏肇庆的宅邸，作为具有军事防御功能的城堡式庄园，主要由墙垣、住宅、池塘、祠堂、花园、广场等部分构成。在空间布局上，其吸收中国古代筑城思想，共置三重墙垣，分别为外院墙、城墙和宅第院

① 李海霞，陈迟. 山东古建筑地图[M]. 北京：清华大学出版社，2018.
② 封欣. 魏氏庄园研究[M]. 济南：山东省地图出版社，2003.

墙。外院墙与城墙之间布置祭祀、游玩等附属空间；城墙与宅第院墙之间留有宽阔巷道，南侧阔巷净宽约21米，东、西、北三侧净宽约5米；宅第作为防御的核心区域，布局为紧凑的北方四合院式民居（图5-3-9）。外院墙现已倾圮，仅存城墙、宅第院墙两重墙垣。

庄园的城墙平面呈矩形，南北长84米，东西宽46米（图5-3-10），主要由一座城门、两座碉堡及墙体构成。城门位于东南侧，坐西朝东，为砖石发券，高3.38米，宽2.71米；城门上方镶嵌着青石质地的门额"树德"；门前设有青石板铺面的平台，平台向外有拱桥坡道与之相接（图5-3-11）。碉堡设置在城墙的东南角与西北角处，半突出城墙之外，分为上中下三层，防御设置严密；每层有许多射击孔，各层楼板的中心还设有一个小孔，用作上下层之间联络信息和递送子弹之用（图5-3-12）。城墙的墙体为青砖砌筑，极其厚重，墙高10余米，墙基厚3.8米，顶部厚1.5米。顶部外侧为垛口，内侧砌筑女儿墙，中间为宽窄不一的跑道（图5-3-13）。城墙

内壁四周建有12个拱形壁龛式射击掩体，龛内有上下两层射击孔，供护院家丁对外射击。

树德堂的内宅庭院为典型的北方四合院式，共有三进九个院落，分别由中路院落和东西跨院组合而成。各院落沿中路院落轴线对称布置，遵循着前堂后寝的传统布局方式。树德堂由当时北京的匠师设计，其整体格局在因循北京四合院格局的同时，又有所变化：中路院落为其核心部分，第一进院落包括金柱大门及倒座房，为其接待一般客人之所；二进院落包括垂花门、东西廊房、会客厅，为主人接待重要客人之处（图5-3-14）；三进院落包括正房及东西厢房，为主人魏肇庆及其家人居住之处。东西两路的前两进院落均为附属用房，皆不设厢房，其中，东路前两进院落分别为私塾及厨房；西路为账房及裁缝院。中路最后一进院落与东西两路最后一进院落相通，与传统的四合院布局略有不同（图5-3-15）。

出于防御需要，庄园建造者希望在有限的城墙内，加宽中间巷道尺度，从而增加从城墙攻入

图5-3-9　2018年树德堂建筑群现状图
（图片来源：宋文鹏　摄）

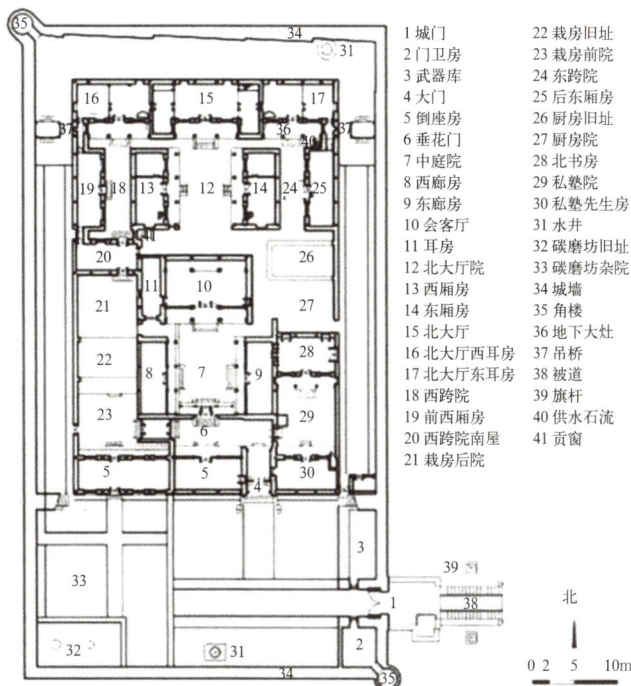

图5-3-10　树德堂平面图
（图片来源：《山东古建筑》刘甦，高宜生）

1 城门	22 裁房旧址
2 门卫房	23 裁房前院
3 武器库	24 东跨院
4 大门	25 后东厢房
5 倒座房	26 厨房旧址
6 垂花门	27 厨房院
7 中庭院	28 北书房
8 西廊房	29 私塾院
9 东廊房	30 私塾先生房
10 会客厅	31 水井
11 耳房	32 碳磨坊旧址
12 北大厅院	33 碳磨坊杂院
13 西厢房	34 城墙
14 东厢房	35 角楼
15 北大厅	36 地下大灶
16 北大厅西耳房	37 吊桥
17 北大厅东耳房	38 被道
18 西跨院	39 旗杆
19 前西厢房	40 供水石流
20 西跨院南屋	41 贡窗
21 裁房后院	

北

0 2　5　　　10m

图 5-3-11　城门
（图片来源：高宜生　摄）

图 5-3-12　碉堡的射击孔
（图片来源：高宜生　摄）

图 5-3-13　城墙跑道
（图片来源：高宜生　摄）

图 5-3-14　垂花门及两厢房
（图片来源：高宜生　摄）

图 5-3-15　阁楼式北大厅
（图片来源：高宜生　摄）

图 5-3-16　吊桥
（图片来源：高宜生　摄）

内宅院的难度。因此，与北方传统民居宽阔的院落空间相比，树德堂内宅院落空间尺度狭小紧凑。建造者还借鉴古代城池，将吊桥置于外围城墙与宅第之间的巷道上，匪盗来袭时拉起吊桥，有效防止匪盗进入内宅（图5-3-16）。

（2）福寿堂

福寿堂是魏毓柄的祖宅，其子魏振菖于1865年在原址重建，比树德堂早28年，是一组长方形宅院。福寿堂取幸福、长寿之意，原有建筑群整体坐北朝南，大门设在中间，沿中轴线层层展开共五进院落（图5-3-17），目前仅存最后一进院落。前四进院落主要为杂役居住、储藏等功能，采用四合院式风格建造。其布局为：正房中间为面阔1间的过堂屋，其两侧紧挨面阔3间的北屋，东西厢房面阔3间。为了出入方便，在第三进院落东侧院落中间开设偏门。最后一进院落为楼院，采用晋中地区民居风格，用作客厅、主人及子女居住。主要由南屋、厢房、北面的堂楼组成（图5-3-18），另外，在西北角加设佛堂。北面的堂楼为5开间，东西厢房均为面阔3间的阁楼，南屋3间，还有东、西4间耳房互相连接，民国期间加建了1间门楼。这一院落的主题建筑具有典型的晋中地区风格，整座院落中的砖、石、木雕刻部件做工细腻，艺术精湛。

图 5-3-17　福寿堂南屋、北面堂楼、堂楼立面图
（图片来源：宋文鹏　摄，袁军　等绘）

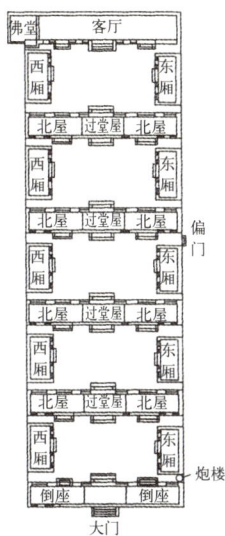

图 5-3-18　福寿堂平面复原图
（图片来源：《魏氏庄园》封欣）

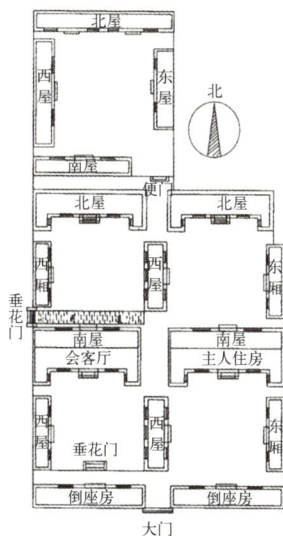

图 5-3-19　徙义堂平面复原图
（图片来源：《魏氏庄园》封欣）

（3）徙义堂

徙义堂寓意"迁徙而来的仁义之家"，比树德堂早开工一年，同年竣工，属于典型的鲁北民居建筑群。原有整个建筑群坐北朝南，共三进五个院落（图5-3-19）。大门居中，走进大门，左右各有一间护院家丁值班的房间，进门迎面的影壁为第一进院落东院西屋的南山墙。东院的北面正房为主人的住房，两侧为厢房。西院垂花门正对南面的倒座房用作账房，经由垂花门进入院落，此院为主人的会客院落，北屋为会客厅。沿着东西两院落北屋之间的通道，即可进入第二进院落。二进院落布局跟一进院落一样，东西两个

院落，为子女的住处和仓房。为了出入方便，在西院西南角设置了一个垂花门，从外部进入垂花门，有一条砖石砌筑的平整甬道。在第二进院落北侧中央有个通往第三进院落的便门。第三进院落是一个南北较长的四合院，主要供家丁等杂役人员居住。徙义堂现存仅第一进院落，东院的西屋已拆除，只剩两院周边房屋形成一个大院，门前两侧设上马石，门楣上方悬有"朝议第"的匾额光彩夺目（图5-3-20）。

3. 民居建筑特点

魏氏庄园各个单体建筑立面构图严整、风格厚重朴素，尤以树德堂为甚。建筑的结构形式主

图 5-3-20　徙义堂入口及倒座房
（图片来源：宋文鹏 摄）

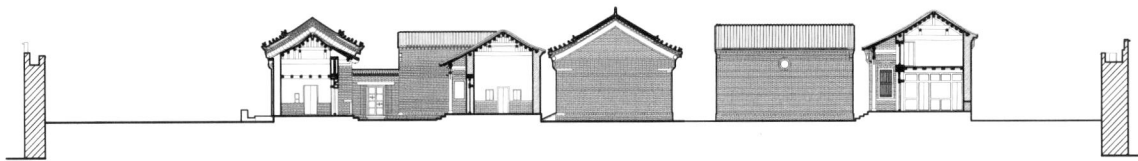

图5-3-21　树德堂侧轴线剖面图
（图片来源：袁军 等绘）

要为传统砖木结构，抬梁式架构。其单体建筑大部分为卷棚硬山屋顶，只有中路两座建筑设正脊，分别是作为宅第入口的金柱大门和二进院落的会客厅，其正脊饰筒瓦叠砌花脊，两端置吻，等级略高，屋面则铺灰板瓦。二门垂花门为悬山屋顶，同样正脊为筒瓦叠砌花脊。庄园各单体建筑台基较为低矮，约为0.6米，中路各进院落正房均高于其他建筑，三进院落的正房即北大厅是整个宅第最高的建筑（图5-3-21）。北大厅为阁楼式建筑，阁楼主要是储藏空间，连接宅第与城墙的吊桥，就设置于二层阁楼东西两端的山墙上。宅第墙体内部为夯实三合土，外部为密砌青砖，厚度可达80厘米，冬暖夏凉。北大厅的取暖设施，除了铜火炉取暖、火坑取暖，还设有类似现代建筑中的地暖系统。地暖系统主要是在室内地下铺设火道，墙壁内开挖烟道，使得空气能够对流；通过地下火灶进行加热，地下火道散热从而提升室内温度，既达到取暖的目的，又保持室内清洁。

（二）黄河以北"六厅十八进"的大宅院周氏庄园

1. 概况

周氏庄园位于济南市济阳区垛石镇后楼村，为进士周耀德在明代万历年间所建，道光年间鼎盛时期有"六厅十八进"，占地面积1.6万多平方米，被称为"济南地区黄河以北优秀古建筑的孤品"，惜"文化大革命"期间损毁严重，建筑多半遭到人为破坏，目前仅存3个院落和房屋10余间。

2. 院落空间特征

庄园现存院落南面倒座房和院落北面正房均为面阔三间瓦房，前有檐廊构成休息和交流空间，木柱支撑下有石鼓基座，屋面灰瓦覆顶带有浮雕屋脊，值得一提的是周氏庄园石鼓的形制，其鼓肚直径小于柱础的高度，这样恰巧适合小直径的檐廊柱，这也是工匠因材施工的智慧所致。正房台基明显高于倒座房的台基，体现了建筑的尊卑有序，同时也暗喻了步步高升的美好祝福。正房屋两侧墀头上端的盘头均有精美雕刻，屋脊正中刻有麒麟，因相传孔子诞生时天降麒麟，又因清代正一品文官官服绣有麒麟图案，所以此次麒麟也正显示了此庄园为文官所有，据史书记载，从明天启年间到清末，周家一共出了五位贡生。而周家后人周建封也承袭祖辈，勤于读书，最终考取山东省立第一师范学校，今济南师范学校，成为一名教师。

庄园北侧临街面存有完整的北门楼，高10米左右，青砖垒砌，形制仿城门楼式建筑，墙头有垛口，并留有洞口，兼顾美观和射击防御功能，门后西侧有楼梯直达楼面，为守护庄园的守卫通道。门洞上端有一刻石，上书"拱辰"两字，意思是围绕公正而立足。据专家考证，这座门楼应为济南地区唯一一座城门式门楼建筑，具有很高的历史价值和研究价值。

3. 民居建筑特点

整座建筑群均为砖木混合砌筑，硬山形制。前门楼保存完整，高大宽敞，虽历经风雨但保存完好，形制为广亮大门，彰显主人尊贵身份，屋脊为精美浮雕花脊，檐下为镂空的雕花木制门楣（图5-3-22）。进入大门，迎面是带基座的独立砖雕影壁，影壁四周边框雕有竹节纹，寓意节节高升，正中是砖雕的瓶花图案，寓意"平生富贵"，缠枝牡丹仙童子、梅花鹿、寿字等图案，寓意福禄双全、官运亨通。周氏庄园是属于文官的私家宅院，宅院砖石雕刻除福、寿类的图案

图 5-3-22 入口门楼
（图片来源：常玮 摄）

图 5-3-23 细部雕刻
（图片来源：常玮 摄）

外，还多采用菊花、兰草比颂为官高洁、廉政的图案。倒座房横披窗为传统的连续"万"字纹饰，这种连锁花纹寓意万福万寿绵长不断，柱枋间装饰木雕简洁大方，多为花草纹饰（图5-3-23）。

周氏庄园属文官府邸建筑群，从院内雕刻内容及寓意便可得知，建筑规矩中有亮点，艺术价值较高，在山东民居建筑史上占有重要的地位，被称为济南地区黄河以北优秀古建筑的孤品。

（三）大江南北文化交流的结晶——卢氏故居

1. 概况

卢氏故居位于济阳区回河镇举人王村，为民国时期北洋军阀卢永祥私人府邸，建于1917～1919年，总占地面积7325平方米，建筑面积1861.3平方米。建筑风格以中国北方传统民居形制为主，局部糅杂了南方和西洋建筑手法，建筑集住宅、宗祠、学校于一体，为复合功能的大型建筑群体，2013年被列入山东省第四批重点文物保护单位名单。2014年12月山东省文物局批复通过了《卢氏旧居修缮施工设计方案》逐步展开对卢氏故居的修缮更新工作，2019年已完成宗祠、学校的修缮，2021年开始对路南住宅部分进行修建（图5-3-24）。

2. 院落空间特征

卢氏故居分为南北两部分，北面为东西相连

图 5-3-24 卢氏故居路北院落面貌
（图片来源：常玮 摄）

的祠堂和学校，南面为住宅，中间以乡村道路相隔。路北的东部建筑为祠堂，祠堂共三进院落。一进院有东西厢房，东厢房通面阔和通进深均略大于西厢房，体现出左为贵的传统礼制思想，门、窗上部过梁为砖砌拱券式结构。二进院由正房、东西厢房组成，正房面阔五间，三明两暗，是宗族召开重要会议的"议事厅"，正房正脊两端置鸱吻一对。东西厢房同为硬山形制带檐廊建筑，建筑体量相同，东西厢房台基略低于正房台基。三进院为正房五间，院后为花园。

祠堂西侧为学校部分，由两进院落组成。祠堂西侧旁门也为学校的入口，第一进院落为传统的四合院形式，第二进院落有一排坐西朝东的建筑。学校与祠堂隔墙上有门连接，可相互联通。道路以南住宅部分，以中部客厅为主分为南北两进院落，北院为主宅，由正房和东西厢房组成；南院为次宅，由倒座、客厅和厢房组成。

3. 民居建筑特点

卢氏故居的祠堂大门形制为歇山屋顶金柱大门，门前两侧向外，呈外八斜面，门前置石狮门墩，屋顶正脊为花卉浮雕花砖脊，两端设鸱吻（图5-3-25）。此门楼比较奇特之处是临街屋顶为歇山形制，但内侧面向庭院方向屋顶却为硬山顶，诠释了另类的"内外有别"。祠堂两侧为中西合璧式旁门，旁门中间是砖砌拱券式门洞，中部向上形成中间高两侧低的"山"字形，这种中西合璧式建筑显然是近代受到国外建筑风格影响（图5-3-26）。东侧旁门拱券上方有精美的灰雕，雕刻纹饰为鸡冠花和公鸡，花卉纹饰精美，公鸡雕刻栩栩如生，寓意有三，一是传统意义上的大吉大利；二是公鸡雕刻在旁门上方，寓意"出门大吉"；三是鸡冠花和带鸡冠的公鸡在一起寓意"冠上加冠"。祠堂西侧旁门，也既学校的入口，门楣上则刻有工艺精湛的荷叶、竹子灰雕画，寓意学而优则仕，才能节节拔高，也告诫读书人要恪守名节，要出淤泥而不染。卢氏故居中还有象征着"聚宝生财"的砖雕和如意形状的栓马鼻，一件件寓意深远的雕饰显示出设计者的良苦用心。

卢氏故居的学校部分，第一进院落的正房，其墙身下部由条石砌筑，上部由青砖砌筑。屋顶

图 5-3-25 祠堂正门修缮前后对比图
（图片来源：常玮 摄）

图 5-3-26 祠堂东侧旁门入口的"冠上加冠"灰雕，西侧旁门入口的荷叶灰雕
（图片来源：常玮 摄）

图 5-3-27　卢氏故居学校部分前院正房
（图片来源：闫济 摄，王嘉霖 绘）

为硬山式屋顶，东西开间8.2米，地面至檐口下皮高度为3.3米，屋面高度为3.2米（图5-3-27）。屋面起脊，脊上设有脊兽，因建筑设有前出廊，故正房前后双破不对称。

卢氏旧居是济南市黄河以北仅有的保存较好的大型民国时期的院落式建筑。所有建筑均为砖木混合结构，屋顶铺设传统灰瓦，正房、厢房山墙上部及盘头部位均饰以精美砖雕或灰雕，用料考究，工艺精湛，建筑的各个部位都细腻地展现出精美高超的雕绘艺术特色，尤其是"灰雕"这一艺术表现形式在济南地区更是十分少见，是重要的南北文化、东西文化交流融汇的历史文化艺术载体。

（四）质朴低调的大型宅院——杜受田故居

1. 概况

杜受田故居又称"相国第"，位于滨州市滨城区，是清代咸丰皇帝的恩师杜受田年少时期居住和生活的地方，也是杜受田家族众多名流的故居。故居始建于明朝万历年间，故居大院占地约14亩，有28个院落，有客厅、绣楼、厢房、祠堂、大同客栈等房间201间。建筑风格充分体现了鲁北建筑特色。因岁月轮回、战事摧残等原因，建筑损毁严重，仅存客厅、部分堂屋和厢房。2009年初，滨城区委、区政府将杜受田故居保护修复工程列为全区重点工程，按照原有的院落布局，对其进行了全面的修复重建（图5-3-28）。

图 5-3-28　杜受田故居全面修复后
（图片来源：宋文鹏 摄）

2．院落空间特征

杜受田故居院落空间特点是"贯通无阻"。大院东、南、西、北各个方向不仅有大门，而且有过道，四通八达。各小院落均有正门、侧门和后门相互联通，空间上相对独立又不完全封闭，可谓"户户相通、院院相连"，从侧面反映出杜氏家族的坦荡、开放和包容，和族人之间的亲密及和睦，也反映公平、公正的治家理念。

杜受田故居主院（图5-3-29），是杜受田年少时生活和居住的主要院落，也是现存的主要院落。正房面阔三间，四梁八柱结构，东西厢房各三间，为典型的明清鲁西北建筑空间结构，杜受田出生于此，这里也是杜氏家族走向鼎盛的起点。该院落似乎主文昌运，杜氏家族中出了十二名进士，半数以上生于该院落，另外杜氏家族中还有五位翰林也成长于此。杜受田故居的标志性建筑绣楼为二层砖木建筑，是杜家的女儿居住和活动的地方（图5-3-30）。绣楼旁的耳房内有一口井叫做女儿井，井深约8米，井水清澈，为杜家小姐洗浴所用。杜氏故居另外一个比较重要的建筑是翰林堂，建于明代万历年间。三间五架梁，为规格最高的建筑，是杜家会客和议事的地方，也是接待重要宾客的地方。

3．民居建筑特点

杜受田身为帝师，官居一品，但一生却朴素低调，从质朴的建筑风格中可见一斑。建筑单体三开间居多，结构为砖木混合承重与梁柱承重的木构架体系皆有，屋顶为双坡硬山屋顶或卷棚屋顶，竖向多数为单层，少数为两层。

故居门楼为硬山形制，屋顶有正脊，正脊两侧设鸱吻，铺设筒瓦（图5-3-31）。门楼为金柱大门，金柱与檐柱间为斜摆方砖心的廊心墙，箱式门枕石朴实无华，门楼两侧房屋为卷棚顶，仰合瓦覆顶。

杜氏故居建筑装饰相对简洁，梁柱一概没有彩绘，雕刻线条少之又少。人道"侯门深似海"，

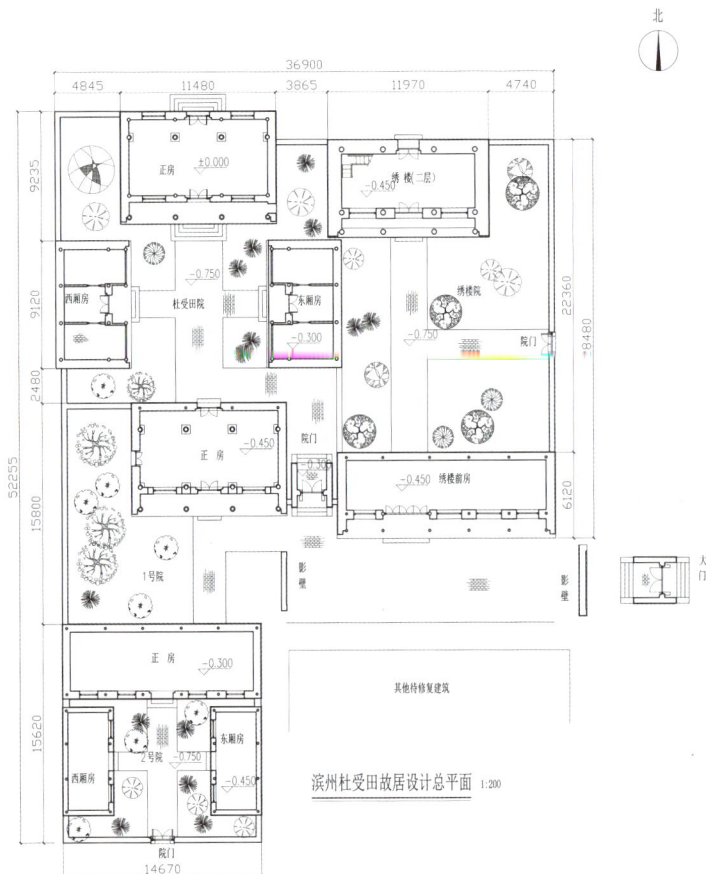

图5-3-29　杜受田故居主院平面图及原有老建筑照片
（图片来源：山东省古建筑保护研究院　提供）

图 5-3-30　修复后的绣楼
（图片来源：韩海令 摄）

图 5-3-31　杜受田故居入口
（图片来源：韩海令 摄）

但在这一代重臣的故居里，既没有高大的墙垣，也没有亭台楼阁，更没有繁杂的雕刻和出彩的油饰，只有一种低调和含蓄的美，从侧面反映了鲁西北淳朴的民风和朴实无华的建筑风格。

（五）齐河赵官孟家大院

1．概况

孟家大院位于今德州市齐河县赵官镇北街，始建于清代中期，原为本镇望族孟济严家的待客院，距今有250多年的历史。依靠耕读起家的孟家是个典型的旧式地主家族。清朝中期，孟氏兄弟考中进士后，在赵官镇盖起官宅一座，院名称为北旭升，此后，其他兄弟也陆续盖起宅院，孟氏大片宅第共30多处，各有堂号，占据了赵官镇整整西北一隅，整个院落群空间布局紧凑精巧，建筑风格沉稳大气，具有我国北方传统民居院落的典型特征。现今保存较完整的是原孟氏第五院同升堂的待客厅，也是齐河县境内现存较为完整的一座传统民居院落，2013年10月被列为省级文物保护单位。

2．院落空间特征

现存院落为两进院落，空间布局为四合院形式，具有典型的清代传统民居特征与建筑风格。院落南北长22米，东西长20米，占地面积约440平方米。院落在东南角面向正南开院门，分内外两进院落。外院平面呈长方形，进深较小、面阔宽，平面布局整体较为紧凑，由倒座与穿厅围合而成，主要供佣人居住和存放杂物之用。外

院和内院之间由一座垂花门分隔，内院是院落的核心居住空间，形制方阔，向内展开，形制规格较高。通过空间的过渡和两侧建筑体量的对比，凸显出正房的主体地位。平面以中心南北向为轴线对称布局，由正房及东西厢房围合而成。正房为"二郎担山"式，明三暗五，中间三间为客厅，有厦；两端各建有一间耳房；东西厢房形制类似，对称布局，面阔三间；两厢房南端各有一小耳房，耳房之间有一东西向厦廊。二进院内主体建筑前部均挑出檐廊，连接形成环绕的抄手游廊，形成围合院落的半开放空间（图5-3-32）。

3．民居建筑特点

孟家大院建筑形制协调统一又不失错落有致。院门位于院落的东南角，正脊、垂脊都为花瓦脊，两端用鸱吻兽装饰。主体建筑屋顶均采用硬山坡顶形式，合瓦屋面。后檐采用双层砖椽封户檐。二进院落内的檐柱采用石雕柱座，增加檐柱的支撑稳定性，防止下沉。整个院落由外至内逐级上升，正房建于条石砌筑的三级台基之上，左右厢房与倒座等其他建筑建于两级台基之上，这种布局使正房更显高大，突出其主体地位，也更加彰显院主人的身份。反映出清代尊卑贵贱、长幼有序的传统"礼制"观念。

4．文化空间习俗

孟家大院整体细部装饰主题明确统一。入口影壁为座山影壁，位于正对院门的倒座山墙上。最下部底座装饰纹样由"龙、马、麒麟、老虎"

a 孟家大院院落

b 孟家大院正门

图 5-3-32　孟家大院
（图片来源：闫济 摄）

等动物图案构成，这些动物在古代传统文化中均象征着吉祥美好的寓意，雕刻工艺精湛，手法娴熟，线条流畅，栩栩如生。檐枋木雕采用祥云与牡丹花相结合的纹样，牡丹花的"富贵"与祥云一起象征着"富贵吉祥"的寓意。耳房雀替左右对称分布"卍"，檐下的木雕纹样题材丰富，正房的墀头直接使用文字"祥"的纹样。整组建筑各处细部的装饰题材以及细节均表达了对家族繁荣昌盛、富贵吉祥的美好期盼。

（六）冠县南街民居

1. 概况

南街民居（张梦庚故居）位于聊城市冠县红旗南路中段路西的南街村内，始建于清代中后期及民国初期，与北侧的西街清真寺相邻。1926年发生的"三一八惨案"中壮烈牺牲的烈士张梦庚就出生在这里。南街民居为四合院式民居建筑，共有三处院落。南北长74米，东西宽40米，总占地面积约2960平方米。是冠县现存保存较好的传统建筑群，具有较高的历史、艺术以及科学价值。2006年，南街民居被定为省级文物保护单位。现在作为冠县山东省爱国主义和国防教育基地被再利用。

2. 院落空间特征

南街民居院落坐西朝东，自北向南包括三个院落。三个院落的平面布局呈"["形。由北向南依次布置三个平行的坐西朝东的四合院。三座四合院之间以开敞的室外院落相连（图5-3-33）。

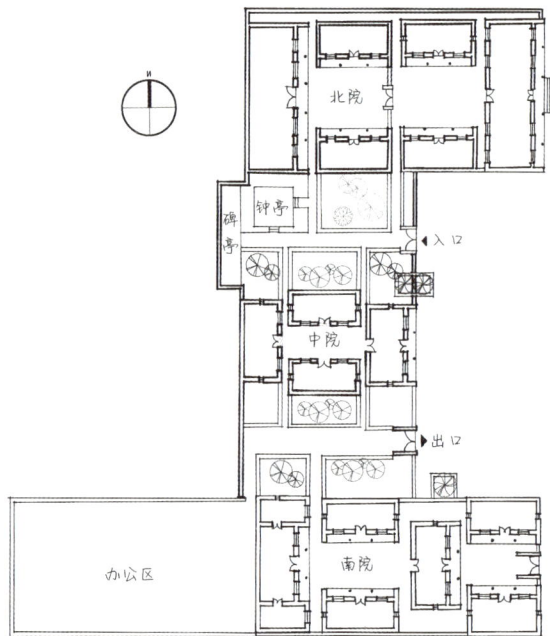

南街民居（张梦庚故居）总平面图

图 5-3-33　南街民居总平面图
（图片来源：山东省古建筑保护研究院提供图纸并改绘）

其中北院由一座东房、南北两侧各两座厢房以及西房围合而成。该院落平面呈长方形，东西长、南北窄，占地面积约700平方米。正房面东，面阔五间，前出廊。中院位于中间位置，由4座建筑围合而成，分别为东房、南北两座厢房与西房。该院落布局紧凑，相较于北侧一号院面积较小，占地面积262平方米。南院为最南侧一座院落，包括前后两进院，其中一进院院门位于东侧正中，进入院门后，两侧是南北两座厢房，面阔三间，正对院门是一穿厅，将院落分为内外两进。内院同样对称布置南北两座三开间厢房。正房位于院落最西侧，规格形制最高，面阔五间。该院落南北宽16米左右，东西长35米，占地面积577平方米。以上三处院落均呈庭院式布局，各自沿中轴呈对称式布局。各院落之间通过内部道路连接。在相邻院落之间，各设有一座院门通向外部，也是进入民居的主入口。三处院落连在一起，规模宏大，主次分明，错落有致，虽经多次维修改造，但院落总体格局大致保持了原貌。

3. 民居建筑特点

南街民居建筑风格古朴，采用清水青砖墙面，建筑结构采用抬梁式木构梁架体系，布瓦为干槎瓦屋面。院落布局主次有序、和谐得体，各建筑结构合理严谨，建筑式样地方特色浓郁又极具时代特点，具有鲜明的时代个性和丰厚的文化积淀。从现存建筑来看，建于清代晚期的北院及中部院落主要建筑形制特点较为相似，均为青砖砌筑尖山式硬山屋面，室内采用五檩抬梁式梁架结构形式，五架梁直接搭于墙上，室外前廊采用单步梁结构形式。各单体平面呈矩形，面阔三间或五间，进深一间或二间。屋顶采用清水正脊，两端升起，各置一个闭嘴卷尾望兽。南院修建稍晚，建于民国时期，建筑形制与另外两座院落有所区别，南院二进院正房为青砖砌筑明次间带前廊，南稍间为二层平顶，北稍间为硬山式的建筑。明次间后檐、北稍间前后檐为砖封护檐。

（七）无棣县吴式芬故居

1. 概况

吴式芬故居位于滨州市无棣县海丰路27号，与唐寺海丰塔隔水相望，为清道咸年间金石学家吴式芬的宅第。整个院落群占地7000多平方米，有"十亩治园"之称，宅院分南北两个院落，南院修建较早，始建于明代正统年间，原系明代户部尚书王佐府宅；北院始建于康熙甲辰年（1664年）。原有房屋117间，由于历史久远，现仅存31间，均系砖木结构，现存建筑为明代的账房，清代的仪仗厅、宝砚堂、南客厅、吴氏太太舍房、吴式芬舍房、吴重憙舍房、双虞壶斋。整组院落既具有明清官宅的气势，又具有江南园林的建筑风格，是研究我国明清北方民居建筑的重要实例。

2. 院落空间特征

（1）院落选址

吴式芬故居坐落于无棣县城的制高点，东侧为清代浙江提督学政张为仁的宅第，西侧为民居，南邻池塘，东南与唐代大觉寺海丰塔相望，北侧为抗日英烈冯安邦将军府，交通便利。

（2）空间格局

故居坐西朝东，分南北两院，院落西部还附建有花园。两院的大门均朝东，院落之间既相互独立又紧密相连（图5-3-34）。南北大门后各有一个"一"字形影壁墙。北院对应的是故居的北大门，进入北大门是故居的一进院落，一进院落为四合院，沿东西向纵轴线分列布局，由南北厢房以及正房围合而成。两侧厢房格局对称，各有三间，正房是"父子进士厅"，面阔亦三间，为抬梁式歇山顶建筑，因吴氏家族一门父子叔伯子侄共中举24人而得名。父子进士大厅的整体高度和规模体量上都比南北厢房多出很多，高大的体量凸显出正房的地位和威严。

经过一进院落的小门，进入北院的二进院落。二进院落布局与一进院落相同，但规模尺度更大，因而显得更加开阔。二进院落南北厢房各五间，正房面阔三间，亦为抬梁式歇山顶建筑，是吴氏家族的家庙。北厢房叫做"双虞壶斋"，

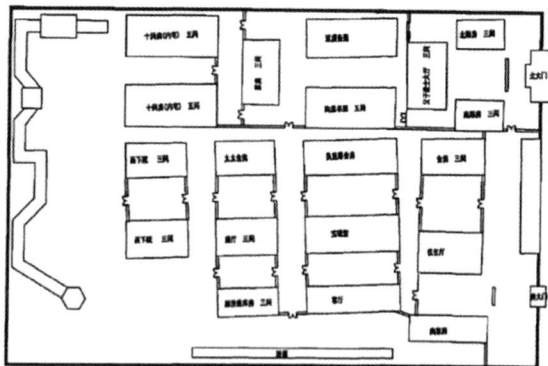

图5-3-34　吴式芬故居总平面图
（图片来源：山东省古建筑保护研究院 提供）

图5-3-35　双虞壶斋
（图片来源：山东省古建筑保护研究院　提供）

南厢房叫做"陶嘉书屋"，是吴式芬藏书的地方（图5-3-35）。

穿过二进院落的小门，进入北院的三进院落。三进院落是十间房，旧时是吴式芬家族的内院，即太太夫人居住的地方。

南院与北院毗邻，主要用于会客，并未采用传统的鲁西北四合院式的空间布局形式，而是从东至西排布四列建筑。进入南大门的"一"字形影壁墙之后，是南院的一进院落，自南向北共三排建筑，北厢房是仪仗厅，南厢房是南账房，北厢房的北面是三间舍房。南账房是吴式芬故居的总账房，仪仗厅是放置出行时用到的轿帷和仪仗之处。南院二进院落的北厢房之北是吴重熹的舍房，共有三间，进门是客厅，二间是饮茶交谈的居所，三间是吴重熹的卧室。北厢房是宝砚堂，是吴式芬故居的中心，会亲访友多在此间。南厢房是南客厅，是招待客人的地方，南客厅为未曾修缮过的原始建筑。

故居南院第三进院落的北厢房之北是太太舍房。北厢房是三间膳厅，膳厅靠近南客厅，便于在客厅进行会客之后用餐。南厢房三间，是厨房兼库房。

南院的第四进院落是西下院，面积也很大，且另有小门出入，是吴氏家族佣人们居住之处，也有库房和膳房的功能。吴式芬故居紧贴南墙的是一排游廊。南院与北院紧紧相连，互相独立又密不可分。

3. 民居建筑特点

南北两院主体建筑中，正房的规模较大，形制等级较普通民居要规整。如父子进士厅等形制等级较普通民居要高，均采用抬梁式歇山屋顶形式。为突出主体地位，整体高度和占地面积上都比南北厢房多出很多。一进院北厢房的柱网布置属于三排四列柱网的排列形式，即三开间二进深，是最简单的柱网布置形式。其中的最外一进深为建筑的走廊部分，相比房屋部分的进深宽度要小一些。屋顶为卷棚硬山顶，屋面采用青瓦铺盖的合瓦屋面。双虞壶斋结构形式为套梁插柱式木构架，柱前三后三，加中柱合为七柱，在前檐柱与后檐柱之间，各柱间均施上、下两道穿插坊（图5-3-36）。吴式芬故居在整座故居主体建筑的西侧还建有仿照江南园林的造园手法的西花园，将北方建筑的大气沉稳与江南园林的秀气婉约融合在一起。

图5-3-36　吴式芬故居木结构体系
（图片来源：山东省古建筑保护研究院　提供）

三、黄河岸边是家乡——鲁西北浅山丘陵地带普通民众住宅

（一）东阿苫山村刘氏民居

该房屋属于刘中元老人，是家中祖宅。始建于清朝，建造年代久远，在村落中属于保存下来比较完整的传统民居。后来由于兄弟分家，前后院被隔开，成为两座单独的院落。刘中元祖宅位于东苫山村中心大街的北侧，紧邻刘氏祠堂，南北长35.02米，东西宽20米，占地面积约700平方米，整个院格局为二进式四合院，由前、后院落组成。前院主要养牲畜，存放粮草，存放杂物以及佣人居住；后院为宅主及其子女生活起居使用。院落内外高差较大，通过短坡道相连。大建筑外墙为砖石结构，内部为粗糙的草秸拌黄土饰抹墙面，平檩式梁架结构，梁上放椽子，椽上放置八砖平铺，最后用青砖封顶，石岩板做成房檐。屋顶没有奢华的装饰构件，正房屋檐板上方和门窗上方雕刻菱形花纹，并围砌女儿墙。屋顶上方设置专门的滴水口，为防止雨水流入室内。房屋地基一般都比较高，屋外部有三到五级的石条台阶。内部榆木房梁、八砖等仍旧保存完好。一般户内有火炕，烧枯枝，通过烟道排烟。

该民居原有前院如今已经被扒掉重建，后院穿堂屋和东厢房保存完好，西厢房屋顶局部坍塌，倒座已经完全坍塌，院内仍有两口清朝时期的"龙饰"水缸，虽然建筑外观整体简洁朴素，没有特别的装饰物，但二进式合院布局，足以看出原来主人的社会地位不一般。囤型顶，拱形门窗，整个建筑做工精致，具有典型的鲁西囤型屋民居特色。

（二）四合屯村百年老宅

这座房子原来应为建筑群的一部分，经年累月，它周边其余同样做法的房子均已坍塌，仅剩残迹。为防黄河水浸，房子垫高近1米多，纯垛土建造，为囤顶房。每年春天建，因春天少雨。房垛一米多高，用手或工具拍平、凉干。再往上垛，转角处并不特别加固，一般垛土墙厚500毫米左右。顶为墙随承檩，檩径200多毫米，檩间距500毫米左右。建房用木料为外购或自家栽植的榆树和杨树，上铺木条椽子，再铺秸秆，秸秆上铺泥灰背，屋面总厚度近1米。土墙也可以改变面貌，每当村民有了一定的财富，他们也乐于剔除土墙外层约一砖的厚度，在外围补砌砖墙，给人一种砖墙的感觉。房顶为平顶加女儿墙，用砖加工叠涩成型，外抹泥灰，形成曲线，俗称"水溜子"。黄河河沙极细，是砌筑用灰浆的主要成分。村子附近还有胶泥，黏性极强，也是很好的粘结材料。

（三）东阿苫山村李学诗故居

1. 概况

李学诗故居位于山东省聊城市东阿县刘集镇前苫山村，为东阿县级文物保护单位，作为保存较为完整的鲁西北沿黄地区传统民居实例，具有一定的文化价值与历史价值。据史料记载，明清时期，苫山为古东阿县城至古阳谷县城必经之地，商贾云集。目前全村保留的明清时期的古建筑近十座，明代苫山村先后出了6位文武进士。李学诗便是其中之一，官至兵部武选司郎中，此处便是李学诗的故居（图5-3-37）。

2. 院落空间特征

李学诗故居为鲁西北沿黄地区传统屯顶民居的典型代表。院落为一进四合院，由正房、东西

图5-3-37　李学诗故居院门
（图片来源：张艳兵 摄）

厢房围合而成（图5-3-38）。正房为一层建筑，面阔六间，通阔18米左右，东西山墙外宽19米，进深为一间，通深4米左右，南北檐墙外深约5米，建筑面积接近100平方米。南北檐墙承梁，东西山墙承檩，通高5米。青石墙基，青砖清水墙面，墙体为外砖内土坯结构。正房东西各三间，前檐墙明间门扇均为传统板门，次间各有直棂窗，后檐墙明间各有一个拱券形窗洞，可平开窗。

东厢房为一层建筑，其结构形式与正房相同，但形制规模相对较小，面阔三间，通阔约9米，南北山墙外宽10米左右，进深一间，通深4米，东西檐墙外深5米左右，建筑面积51平方米。东厢房北侧为耳房，耳房为两层建筑，面阔两间，进深一间，通深3.9米，东西檐墙外深5.1米，建筑面积69平方米。前檐墙有拱券形门洞，门扇为传统板门，二层有圆形窗洞，后檐墙一层两个拱券形窗洞，北山墙一层一个拱券形窗洞，

图5-3-38　李学诗故居
（图片来源：张艳兵　摄）

后檐墙及南北檐墙二层均为方形窗洞，可平开窗。

西厢房建筑原为二层，抗日战争期间为避免日军用作炮楼而改建为一层，面阔两间，通阔5.4米，南北山墙外宽6.7米，进深一间，通深3.3米，东西檐墙外深4.5米，建筑面积约30平方米（图5-3-39、图5-3-40）。

图 5-3-39　李学诗故居

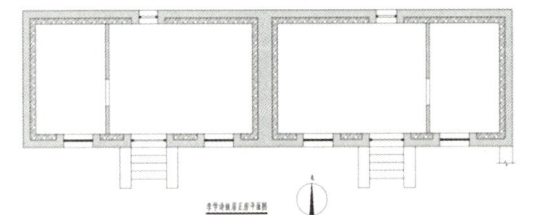

a　东厢房及耳房

b　正房

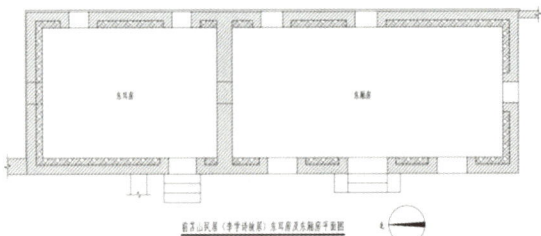

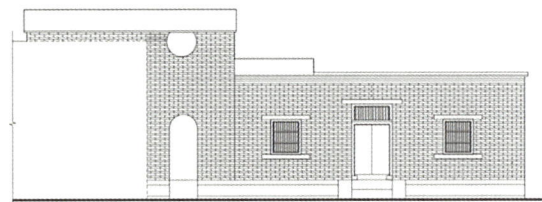

图 5-3-40　李学诗故居正房及东厢房平面图、立面图（图片来源：张艳兵　摄）

图 5-3-41　陈宗妫故居修缮前后
（图片来源：董鑫田　摄）

（四）东阿县青苔铺村陈宗妫故居

陈宗妫故居位于东阿县鱼山乡青苔铺村内，建于清代。陈宗妫，原名陈建中，清光绪六年（1880年）庚辰科进士，后封资政大夫，钦加二品衔，特受度支部左丞。在上海开办国家银行32年，曾赴日本调查财政事宜和监修皇陵，任大清银行监理官、上海户部银行总办等职。其故居主要包括住宅楼、书房等。现存二层住宅楼，总建筑面积为118平方米，面阔三间，为砖石结构建筑（图5-3-41）。住宅楼前面还有五间平房，目前独成一院，曾是陈宗妫的书房。2015年被列入山东省"乡村记忆"工程文化遗产单位，2022年3月对住宅楼进行了修缮加固。

（五）东阿县郑于村传统民居

此民居位于东阿县铜城办事处郑于村后街路北，建于清代，现存正房、东西厢房。正房坐北

图 5-3-42　郑于村传统民居
（图片来源：网络）

面南，面阔三间，前出厦由两根柱支撑，三级台阶，砖石结构，抬梁式建筑（图5-3-42）；东厢房面阔三间，前出厦由两根柱支撑，为砖石结构抬梁式建筑；西厢房面阔三间，也为砖石结构，抬梁式建筑，拱形门窗。此民居是保存较完整的三合院，2015年被列为山东省第一批"乡村记忆"工程文化遗产。

第六章　鲁西南地区民居类型与特征

鲁西南地区位于山东省腹地，是儒家文化的发源地，历史悠久，人文底蕴丰厚。该地区以平原为主，兼以东部少许丘陵地貌，北部毗邻黄河，又有京杭大运河南北穿行。这样殷实的历史、人文积淀和特定的地理条件，数千年来，孕育出独具特色的当地传统民居。概括而言，主要包括仰合瓦房民居、石头民居、生土民居、船居四类主要民居类型。这些民居在聚集形态、空间布局、建筑形态和建造材料方面都与具体人文、自然环境紧密结合，体现出当地居民的栖居智慧，是千百年来人们利用自然、改造自然，与自然和谐共生的真实写照。

第一节　鲁西南地区聚落与民居影响要因

鲁西南地区位于山东省西南部的黄河冲积平原上，与苏、豫、皖三省接壤。该地区涵盖济宁、菏泽和枣庄三地。该地区地势北高南低、东高西低，东部和东南部为低山丘陵地区，中西部为平原洼地，南部为微山湖湖泊湿地，地势低平，是我国最大天然湖泊。所在区域的传统民居根据不同的地域环境和自然条件大体可以分为市井民居、中西部平原民居和东中部的低山丘陵民居以及湖泊湿地的连家船民居。

济宁历史上是京杭大运河航运的重要水上通道，运河沿岸风光秀美，民俗民居独特。该地区民居的宅院布局主要以北方四合院为主，宅基的选址因地制宜，注重与基址环境相融合。建筑材料就地取材，注重实用，营造技艺因材而施，具有淳朴自然的美感。

菏泽古称"曹州"，位于鲁、豫、苏、皖四省交界处，地处中原地区、黄河下游。为黄河冲积平原地带，地势平坦，土层浑厚，以缓平坡地面积最大。特殊的地域环境形成了这里独特的民居特点。菏泽传统民居多以土木结构为主，在建筑材料和工艺上因地制宜，形成了不同地域环境的特色。传统民居有四合院、三合院形式，以三合院形式居多。院墙一般用土建造，其方法有版筑、垛筑、土坯建造等。

枣庄市地形地貌丰富多变，既有低山、丘陵，又有河滩、平原、洼地，而以丘陵和平原占比较大。地理环境是乡村传统民居发展的物质基础，很大程度影响着传统聚落的形态，由于枣庄市的地理环境特点，不同地理位置其民居形态都有所不同，北部山亭区为海拔较高的山地地区，山谷中一般会形成河谷盆地式的宽广地带，适合

传统民居聚落形成组团聚落，这种聚落形态一般依山就势，与山地形态融为一体，由于山区遍布石头，房屋一般使用石头建造，而山亭区独具特色的兴隆庄石板房建筑，其墙体、屋顶、家用器具基本都是用石板制作，是山地建筑的代表。西北部滕州市滨湖镇濒临微山湖，临近微山湖地带居民以湖为生，其中居民居无定所，其生活方式以捕鱼、运输为主，常年不下船，有着在船上的居住方式——船帮，形成多个水上聚落和湖里庄台，船帮连接起来可形成连家船，是一种特殊的乡村传统民居聚落形态。而台儿庄地区靠近运河，其冲积平原形成巨大的洼地，其土质具有黏性且可塑性较强，可用其建造生土墙体，洼地长满芦苇杂草，泥土茅草屋获取及其便利，建造房屋基本上都使用茅草建造屋顶，形成了特殊形式的生土茅草屋民居聚落形式。而其他大多地区属平原地区，诸如市中区、峄城区、薛城区多数为平原丘陵地区，雨水较多，以普通坡屋顶或平房为主，常见有砖石结构的瓦屋或草屋。[①]

一、自然地理与物质资源

（一）黄河冲积而成的广袤平原

鲁西南位于山东省西南部，北纬 34°39′~35°53′，东经114°48′~116°24′，面积广阔，可达1.2万平方公里。其南面为黄河故道，北面在黄河入境地带与鲁西北平原相接，与河南、江苏、安徽、河北四省接壤，属华北平原组成部分。[②]

整个鲁西南腹地被京杭大运河自北向南贯穿，东部是鲁中山地丘陵剥蚀堆积形成的山前平原，西部是地势平坦的黄河冲积平原，此外，还有少数低山残丘、积水洼地。黄河冲积平原面积广阔，土壤类型占比以潮土亚类分布最广，且土地保肥、保水性能好，因而产生了发达的农业文明。鲁西南是典型的内陆河谷型地貌，整体地势平坦，自西南向东北呈簸箕形逐渐降低，平

① 董正. 山东枣庄地区乡村传统民居探析 [D]. 济南：山东大学，2016:12.
② 山东省菏泽地区地方志编纂委员会. 菏泽地区志 [M]. 济南：齐鲁书社，1998:1.

均坡度为 1/8000，[①]以平缓坡地面积最大，约占54.4%。[②]

鲁西南地区广袤的平原地势和优渥的土壤条件为传统村落的形成提供了必备的物质基础。

（二）丰富的物质资源 [③]

自然地理环境的优劣将直接决定地方性物质资源是否充足，从而间接影响当地传统建筑的建造形式和做法。鲁西南地区自然资源充足，当地传统建筑在材料选择上具有较大灵活性，进而衍生了多样的建筑形式和构造做法。建造材料通常取之于日常生活，鲁西南地区传统建筑材料与鲁西北地区相比差别很小，同样包括木材、石材、砖材、生土、秸草等，但在实际使用中却有明显的差别。

1．木材

在鲁西南地区传统建筑中，梁架、柱、檩、椽等构件做法属于大木作，门窗、隔断、家具、雕刻等构件做法属于小木作，木作的原料有杨木、榆木、柳木、槐木、松木、杉木等。用作梁架的木料对树种的要求较高，一般选择硬木，且木材形状直挺粗壮，纹理顺直，易得长材。当地多用本地杨木或产于东北地区的杉木、松木做大梁，有的地方为了迎合吉祥的寓意，也用榆木做梁。房屋木构件对于木料种类的选择有所讲究，例如，民间流传"枣脊榆梁、杏门香窗"的做法。制作门窗、格栅等小木作的木料不仅要求实用还要求美观，材质坚硬、纹理细密、便于加工，还要求木材材性以收缩性大、易干燥、耐腐蚀为佳，除少数地区外，常用松木、槐木的木料制作门窗等小木构件。

2．石材

鲁西南东南部靠近鲁中山区，海拔较高且山地分布广泛，丰富的石材资源为传统民居建造提供了物质基础。鲁西南盛产的石材种类有石灰石、青石、温石等，因材质的差异，不同地区有

不同的建筑风格。石材在鲁西南传统建筑中的应用主要部位有基础、墙身、柱身、柱础等部位，各地民居在用材上存在一定的共性，主要体现在用料原则上，地基、墙基以及转角等承重部位需要使用完整且坚固的大料砌筑，从附近开采的石材大料常加工为条石，而开采的小料则一般垒砌或填充于墙体内部。除此之外，石材还用于雕刻装饰，如墀头、过梁等部位，用于雕刻材料的石材常选用花纹轻浅而单一的青石。

3．砖材

黏土烧制的黏土砖和用坯模具脱制的土坯砖在鲁西南地区应用最广泛。黏土砖做法是用当地黏土、砂土与水按比例配制成泥浆，加适量水拌合至黏稠的糊状，然后倒入一定尺寸的矩形木制模具内塑形，待砖坯成型后放置阴干，最后入窑烧制。黏土砖常见种类有青砖、望砖、地砖，一般于基础、墙身、台阶、铺地、散水、封檐、屋面层等结构。土坯砖是一种古老的建筑材料，在鲁西南东部和北部的民居中常见，做法是当地的黄土加入水和麦秸秆等骨料混合拌匀，没有固定配比要求，一般根据工匠的经验判断，然后用木模具制成生土坯砖，脱模后直接阴干，加工成土坯砖材。

4．秸草

秸草常作为鲁西南传统建筑的屋面基层和屋面面层，也可用来砌墙，增加墙体的拉结性。高粱杆、芦苇是鲁西南地区常用的秸草类型，高粱杆和芦苇加工成箔，材质细密有利于防水和保温，用在屋面基层可代替望砖或望板。屋面苫草时，常用晒干的茅草、芦苇、稻草等，目前这种草屋顶现存实例较少，因材质本身易遭受腐蚀，多数已被实用性更高的布瓦屋面取代。

5．生土

鲁西南黄河冲积平原面积广阔，泥土资源十分丰富，当地土质条件松软且黏性较大，生土含

---

① 山东省菏泽地区地方志编纂委员会. 菏泽地区志 [M]. 济南：齐鲁书社，1998：1.
② 同本页①.
③ 刘婉婷. 鲁西南地区传统建筑营造技艺研究 [D]. 济南：山东建筑大学，2020：22-24.

水量较高，干后质地发硬，适合建造房屋。鲁西南地区的生土建筑在建造时就地取材，取土一般在田地、河床或直接利用地基挖出的淤土，土料应用的主要部位是墙身、屋面和地基，生土与水、麦秸秆等材料混合之后可直接砌筑墙身，或加工成土坯砖垒砌。另外，生土还用在墙体砌筑所用的灰浆（由土和石灰配比）中以及屋顶的苫背泥（由黄土、麦秸秆、白灰按一定的比例配制）中。

（三）河湖密布的水文条件

鲁西南水文条件较好，河网交错，湖泊密集，气候湿润，物产丰饶，适宜人类居住。河流以内陆河为主，主要河流有黄河、泗河、万福河、汶河、洙赵新河、小清河等，此外还有京杭大运河。黄河自河南入境，流经东明、菏泽、郓城、郓城、梁山5县市，境内长212公里，主漕河宽0.6~3.3公里，是有名的"豆腐腰"①河段。②明清时期水患严重，黄河几度泛滥，长期泥沙淤积逐渐形成如今的黄泛区平原，当地的土地碱性较大，因此民居中常使用防碱、防潮措施。同样遭受水患困扰的还有运河沿岸地区，由于受季风气候的影响，当地季节性降水变化很大，因此也时常导致水患灾害的发生，运河沿岸的生土民居建造技术就是在这种反复摸索中不断发展改进而成。

二、人文社会环境

（一）上启明代的区治历史

鲁西南地区自明代以来就有较为确切的区划范围。据《明史》（卷四十一，志第十七）记载："兖州府元兖州，属济宁路，洪武十八年升为兖州府，领州四，县二十三，东北距布政司三百五十里。"③明代鲁西南地区包括鲁西平原和鲁南丘陵，属山东东昌府和兖州府。当时的行政

区划所划定的鲁西南范围较大，基本与现在广义上定义的鲁西南的范围吻合。

清承明制，仍然称为兖州府，属兖沂曹济道，并为道治所，领四州二十三县。④但清代的行政区划有所缩小。发展至近代，在抗日战争时期，中国共产党在曹县建了鲁西南地委，划定的鲁西南大体上包括：山东的曹县、定陶县、菏泽城区的西部与南部，以曹县为中心。⑤这一时期划定的鲁西南地域范围受政治因素影响较大，鲁西南最核心的区域——菏泽地区成了鲁西南的代名词，其范围也更接近在狭义上对鲁西南的定义。

由此，从明初到清末，行政区划虽然发生了较大的变化，但本书划定的鲁西南的范围包括济宁、菏泽、枣庄三个行政区级城市。该地历史悠久，历史资料丰富，各地的县志、乡志等资料将为本文研究鲁西南地区营造技艺源流、营造文化、营造习俗等方面提供丰富的历史依据。

（二）漕运商贸与传统农耕并济的产业经济

1. 商业经济⑥

鲁西南地区以平原地形为主，水陆交通通达，交通条件的优势为文化交流带来了便利。明清以来，受南北漕运影响，频繁的商贸往来和大量的人口流动造成了当地经济结构和社会结构的变革，京杭大运河沿岸的码头城镇和附近的村落逐渐繁盛，来往的徽商和晋商对运河传统聚落的发展作了巨大贡献，当地的建筑在营造习俗和文化方面颇受影响。尤其是在济宁、微山等运河沿线的城镇，例如南阳古镇，古镇中的传统建筑以商业经营为主，南北方商人在此经营会馆、当铺、杂货店等，从而发展成"前店后宅（坊）"的合院布局。此外，几乎每个运河城镇都有一条江南特色街巷，聚集了江南地区的竹编店铺

---

① 豆腐腰是黄河经常决堤泛滥，大堤像豆腐一样松软，经不起河水冲刷。
② 山东省菏泽地区地方志编纂委员会. 菏泽地区志 [M]. 济南：齐鲁书社，1998：1.
③ （清）张廷玉，等. 明史（卷四十一，志第十四）[M] 北京：中华书局，1974.
④ 于慎行（明）. 兖州府志（卷一）[M]. 济南：齐鲁书社，1985.
⑤ 根据百度百科的解释，"鲁西南"一词，最早出现于抗日战争时期中国共产党在曹县建立的鲁西南地委。
⑥ 刘婉婷. 鲁西南地区传统建筑营造技艺研究 [D]. 济南：山东建筑大学，2020：26.

和茶馆，俗称为"竹竿巷"，可作为南北方营造文化交流的一个典型的例证。而在广阔的平原内陆村落和道路不便的山地村落，民居建筑的类型较运河沿岸城镇而言相对单一，民居的建造方法也相对固定。

2. 农业经济

山东鲁西南地区，为平原地带，农民在此安居乐业，以农耕为主，常年来，遵循着典型的单一的自给自足的小农经济体系。民居建筑为北方典型的合院式住宅，有宽敞的庭院空间，在庭院中，部分庭院空间用于种植农作物以及留有牲畜棚区域，形成富有地域性的、充满乡土气息的、产居相结合的传统居住文化。

（三）兼续并融的儒家文化

鲁西南地区深受孔孟之道影响，由于孔子、孟子、孙子以及墨子等圣人皆出于鲁西南地区，因此该地有比较浓厚的传统思想氛围。鲁西南地区的传统文化中的儒家思想根深蒂固，其核心思想是"礼"，"礼"的本质是尊卑等级的社会伦理秩序。由此产生的社会伦理观念，如长幼有序、尊卑分明，影响到家庭生活的各个方面。这种儒家文化始于春秋战国延续至今的齐文化，共同构成了齐鲁文化形态。齐鲁文化是齐文化和鲁文化结合的产物，但齐文化和鲁文化并不完全相同，相对来说，齐文化开放，鲁文化持重；齐文化尚功利，鲁文化崇伦理；齐文化重革新，鲁文化尊传统。两种文化有机地融合在一起，逐渐形成了内涵丰富的齐鲁文化。山东周边地区还有燕赵文化、荆楚文化、吴越文化、三晋文化、中州文化、徽州文化等。在元代之前，山东很少有被这些异质文化渗入的情况，可以说是齐鲁文化的一统天下。这种状况在大运河贯通之后发生了变化，南、北、西、东的各种不同特色的文化因子随着大运河的通达，不断浸润着鲁西平原，使山东运河区域的文化景观发生了明显的变迁。[①] 元

代山东运河的开通，使大运河贯通南北，增强了中华民族的凝聚力和认同感，形成了元、明、清三代近千年的统一局面。

在这种传统价值观念引导和约束下，鲁西南地区形成了以血缘为纽带的家族聚居的生活模式，映射到营造层面主要体现在传统村落空间形态、院落格局、建筑装饰以及营造尺度系统等多个方面，如在院落空间布局上，讲究中轴布局、上下等级、尊卑长幼、秩序分明。

（四）营建以应灾的防患思想

历史上，鲁西南地区居民在民居营建方面除受地理环境、产业经济、文化思想方面的影响外，还需应对洪涝、干旱、匪患灾害的影响。

该地区位于黄河冲积平原，历史上发生数次由黄河改道、决口等原因造成的洪涝灾害。这对当地居民的村落选址、村落形态、居住空间、建造方式具有重要的影响。为应对这种灾害影响，当地居民发挥营建智慧，积累了丰富的民居营造经验，形成一定特色的当地民居。

鲁西南地区位于我国南、北方的地理分界位置，且其北部、东部为山地、丘陵，因此该地区历来为兵家必争之地。尤其是清末时期，"山东兖、沂、曹三府匪徒聚扰猖獗情形，现虽未著，而当逆氛正直炽之时，亟应防其勾结。"[②] 到了晚清时期，山东的社会结构发生了极大的变化。随着对外不平等条约的签订，西方资本主义经济不断地侵入山东内地，山东维持数千年的原始农耕文明已经到了即将崩溃的边缘，地方传统的自然经济遭到破坏。此外山东农村人口数量大，人均耕地面积较少，一旦发生自然灾害，依靠土地为生的农民生活无着，极其困苦，每当灾情严重时都有大量的农民转化为土匪。[③]

在这种历史环境下，当地居民在村落防御、民宅安防等方面积累了一定的应对智慧，这一定程度影响了村落形态、建筑形式、建造方式。

① 赵鹏飞. 山东运河传统建筑综合研究 [D]. 天津：天津大学，2013：28.
② 文宗显皇帝实录. 卷 84. 北京：中华书局，1986：53.
③ 闫寒. 民国时期山东匪患成因及危害研究 [D]. 徐州：江苏师范大学，2017：9.

第二节 鲁西南地区聚落与民居类型

一、鲁西南地区聚落类型

（一）聚落形态与空间格局

鲁西南的传统聚落平面形态大致分成三个类型，即集中式空间结构（平面形态呈团状）、线性空间结构（平面形态呈带状）、混合空间结构，典型传统村落平面形态如图6-2-1～图6-2-3所示。

线性空间结构的传统村落是依托于某种线性要素而产生的村落类型，整个村落宛如一条长带，村落往往是某个方向上的空间距离延续特别的长，而与之垂直的方向则相对较短。[①]鲁西南山地型传统村落和丘陵地貌传统村落多数呈线性空间布局，该类村落受自然因素影响较大，多以自然山体或河流为村落边界，且空间布局具有明确的轴线方向，往往沿着主要道路、水系或山体等高线等线性元素延展。

集中式空间结构的传统村落多采用组团状的

平面布局，是鲁西南平原型传统村落常见的布局方式。在鲁西南地区，集中式空间结构的影响因素有村落中心和边界。村落中心具有很强的凝聚力，往往是村民心中占据重要地位的建筑、公共场地甚至坑塘。村落的边界通常有两种，一种擅于利用天然河流、湖泊或人工建造的水库、池塘作为村落的自然边界；另一种是设立人工边界，如在村落周边筑造寨墙来限定村落的空间形态，寨墙之外再围以环壕，形成双重防御体系，因平面形态与扁圆形类似，所以民间常用"龟背形"来描述这种团状村落形象。龟作为中国古代四灵之一，其外壳坚硬能抵御攻击，有坚不可摧之寓意，且传统八卦的理念以龟为原型，所以中国古代多模仿龟的形象营造城池、村寨及建筑。[②]

混合空间结构的传统村落一般规模较大，发展时间较长，发展过程中受到的外部因素影响也最多，这类村落中既有集中组团式的空间结构，又有受道路地势影响而成的线性空间结构，村落一般为多中心式布局。[③]

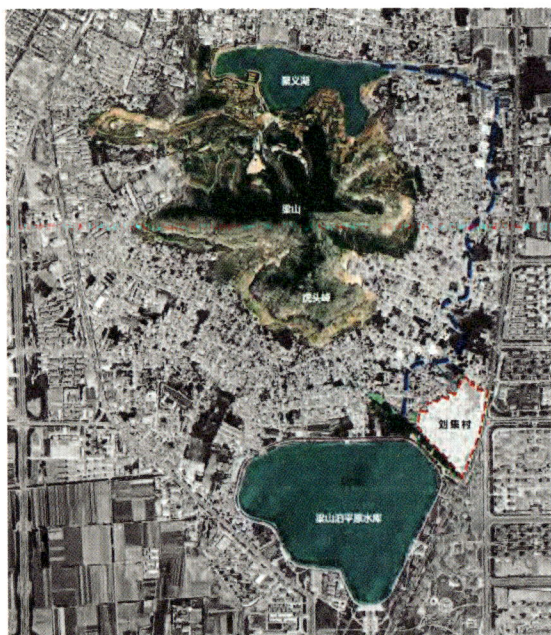

图6-2-1 集中式空间结构：刘集村选址分析图
（图片来源：刘婉婷 绘）

图6-2-2 线性空间结构：葫芦套村选址分析图
（图片来源：刘婉婷 绘）

① 张东，中原地区传统村落空间形态研究[D]. 广州：华南理工大学，2015.
② 吴庆洲. 中国古代城市规划设计哲理研究——以龟形城市格局为例[J]. 中国名城，2010（8）：37-46.
③ 张雪菲. 基于地形特征的山东典型传统村落空间句法研究[D]. 济南：山东建筑大学，2017.

（二）空间结构序列[①]

传统村落空间组织机制是人文因素和自然因素的综合反映。自然因素主要包括地理气候、地形地貌及地方自然资源等，人文因素主要包括宗法伦理、规划组织、风水观念等。传统村落空间组织机制主要体现在街巷格局、院落格局、节点空间三个层面。

在自然因素主导下，鲁西南地区的院落格局以相对封闭的三合院、四合院为主，街巷格局结构也呈现多样性变化，如平原的村落街巷体系呈规则的形态，道路笔直呈网格状分布；山前平原及低山丘陵的村落街巷体系呈不规则的树枝状、鱼骨状，村庄主街多为"上下盘道"，沿山势等高线方向发散，再和宅间小道串联成交错复杂的路网，布局自由且灵活。

影响鲁西南传统村落空间组织的主要人文因素是宗法伦理。在稳定的社会中，地缘不过是血缘的投影。[②]宗族"共祖而居"的空间组织形式在本质上反映了以血缘关系为纽带的宗族结构，这类传统聚落的空间结构通常呈现出向心性，而在建筑及院落布局上则表现出一定的等级性，通常旁支院落紧邻祖宅两侧展开建设，或是房支院

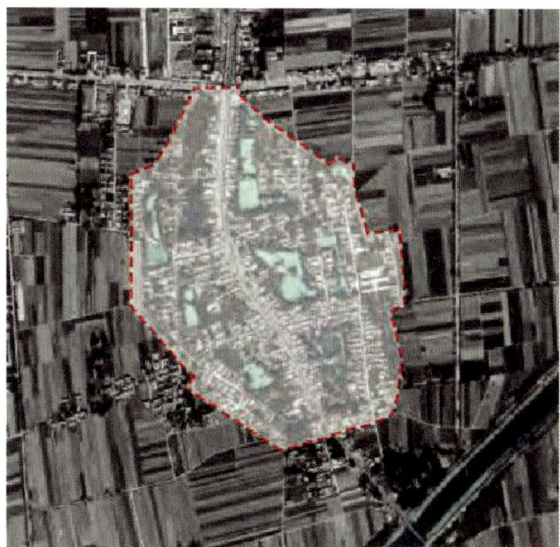

图6-2-3 混合空间结构：金乡县化南村
（图片来源：刘婉婷 绘）

落环绕祖宅四面展开，最终逐代壮大形成同祖而居的院落组团，在嘉祥县及菏泽地区的一些村落至今仍保持着同宗族聚居的特点。这种宗族聚居的传统村落常以宗祠、庙宇等公共建筑为重要的空间节点，而在非宗族聚居的传统村落中，则是多以古井、古树、石碾作为村内公共活动的重要节点。

此外，在封建社会时期，祭祖仪式、村中公共建筑的建设等社会活动一般会请当地有声望的人组织，一些重要节点和建筑的空间格局会专门请来当地风水师进行勘察，因此，传统村落空间组织在一定程度上也会受到传统风水观念的深刻影响。

二、鲁西南地区民居类型与分布

（一）市井民居类型与分布

市井民居是指历史上生活在城镇中的居民居住或连带经营的民间建筑。这类住宅一般可概括为两类：店铺民居、宅院民居。

1. 店铺民居

我国古代社会，因商业聚集而成的城镇中，传统商业、手工业在经营和生产模式上并未出现类似西方社会的大规模的工业化分工，因此承载这些功能的建筑与居住建筑在空间形态上尚处于一种有机共存的状态。店铺民居就是这种兼具商业、手工业经营、居住为一体的集合场所。

（1）布局特征

①前店后宅

山东运河城镇中的传统街巷多以商业经营为主，经营模式是以家庭式的零售和手工作坊为主，因而形成"前店后宅（坊）"的合院布局。这一建筑特征在山东运河传统店铺民居建筑中得到清晰的表现，经营之初的商户，主要资金都要投入到商业活动之中，因此这时商户对于店铺的建筑要求并不高。经营一般商品的店铺不需要特殊的场所，只需将沿街的合院式住宅或作坊经过建筑改造，向着街道设置窗门，就可成为一间简单的店铺。一些经营规模较小的商行或加工作

① 刘婉婷. 鲁西南地区传统建筑营造技艺研究 [D]. 济南：山东建筑大学，2020：36-37.
② 费孝通. 乡土中国 [M]. 上海：三联书店，1985：72.

坊，并不实行雇工制，而是依靠家人或族人合力经营，他们的居住空间设在店铺之后离开街巷的一定位置（图6-2-4），店铺则位于居所和商业街巷两者之间，因此形成了"前店后宅"的建筑模式。另外一种情况，商户同时从事商品的制作和销售，店铺兼设作坊，这就是"前店后坊"的格局。明清时期的山东运河区域经济发达，流动人口多，很多外地商客初来此地并不携带家眷，所以刚开始经营的商业建筑中无需过多设置居住空间，平面格局多为"前店后坊"制，设在店铺之后的作坊往往面积较大。随着商业进一步发展，经营规模的扩充，出现了一些大型的店铺商行，这时的商业建筑的功能更加复杂和细化，店铺依旧设在前面，处理对外交易，其后为加工作坊和办公场所，再后才为居住空间，形成了"前店后宅、前店后坊；店坊合一，店宅合一"的建筑形式。[①]

②临街而市

山东运河区域临街经营的商业建筑，多由民居改建，从根本上说是脱胎于民居建筑的。两种

图6-2-4　店铺后面的作坊
（图片来源：赵鹏飞　摄）

建筑功能和性质不同，居住要求私密、安静，居所能够起到防范和蔽护的作用，而商业是一种开放性的世俗活动，建筑形式要求开敞、外向，以便更多地招徕顾客。临街而市的店铺民居，既是经营场所，同时也是生活场所。将木排门拆下，便形成了通透的窗口，使内外空间联系在一起。不需要特别的宣传，人们在街巷行进中就能够直截看到店铺内摆放的货品，并对商品的形状、色彩、质感等基本特征一目了然，如果是经营的饮食行业，还可以加上嗅觉和味觉的吸引。店铺向街巷开敞，对于顾客来说，一旦发现需要的商品，注意力马上会被吸引，就可以进入店铺挑选和交易。另外，有一些商家或将货物摆放在门口，或将店内商品陈列于店铺之前，并结合表演、叫卖等宣传手段，来扩大店铺的影响力。顾客与商品直接见面，而购买活动也可以在室外进行，这对于那些并无固定购买目标的行人也是一种潜在吸引。临街而市，顾客所占据的是街巷空间，人们观看、挑选、参与、购买等一系列活动无需在室内进行，这样既方便商品销售，又节省了店铺面积。

与此同时，在街巷中经营居住的商户们的活动空间从室内延续到室外的街巷空间，对场所的领域感建立在整个街区的基础之上而不仅仅是建筑内部，每个人都是社会生活的参与者。白天店铺营业时外向开敞，呈现虚的特性，晚上打烊门板闭紧之后又使街道恢复了宁静的状态，这种虚与实的交替轮换，相间共生，也给商业街巷空间增添了许多趣味与变化。

（2）空间特性

店铺民居临街而市的特征，将店铺民居的建筑空间分成两种类型：一是外向的街市空间，即商业街巷和店铺组成的公共性空间，这里是进行商品经营活动的主要场所；另一种则是内向的居住空间，即由民居宅院组成的私密性空间，是供店铺经营者生活起居的地方。

---

① 赵鹏飞. 山东运河传统建筑综合研究 [D]. 天津：天津大学，2013：67.

为了区分这两种不同性质的空间，强调居住空间的安静和私密，从街巷进入居住内院的入口一般都很隐蔽，有的穿铺而过但空间尺度比较狭小；街巷中的民居入口基本不做过多的装饰，以使居住和商业经营这两种空间内外有别、有藏有露，这种"外立于象，内凝于神"的空间处理，不仅能满足商户对外进行交易活动的愿望，又能兼具一定私密性和隐匿性，使建筑整体具有内外有别、主次有序、收放自如的空间秩序。

在商业街巷和店铺民居所组成的空间中，街巷与店铺均属于开放性空间，但却代表了两个不同的空间层次。街巷是线性流动的公共空间，负责将商客送往店铺这个临时停留的空间，商客们在此进行商品交易。人们进入商业街巷即可以在街巷两侧店铺进行商品交易，经营单一品种的商品是运河区域传统店铺的特色，为方便顾客识别，店铺前都挂有标明经营内容的招幌等。人们进入选定的店铺，就可以购买商品，与商家进行交易。这种入市—进店—交易的行为轨迹，作为秩序形式存在于繁乱的商业街巷空间中，而这种潜在的秩序和民居的大门—院落—居室的明显秩序在本质上有所不同（图6-2-5）。

2．宅院民居

（1）形态特征

鲁西南地区的市井宅院民居与北方大多数的四合院相似，在建筑形态上，都呈现出以院落为单位的水平向延伸的空间形态，院落井然有序。就建筑而言，多为双坡瓦顶，具体包括悬山屋顶和硬山屋顶，尤以硬山屋顶居多。内向性的院落空间，在建筑外部形态上多呈现出坚固、私密的形态。

（2）空间特性

宅院民居，在以院落组合的空间序列中，呈

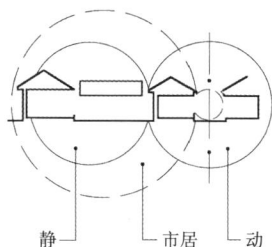
图6-2-5　院落空间的特性
（图片来源：赵鹏飞　绘）

现出较为严整的空间层次关系。多数民居坐北朝南，从南侧第一进院落向北行进的第二、三进院落，空间由开敞愈发私密，这同时也是由功能的逐渐私密性决定的。围合院落的建筑向内开敞，院落空间成为家庭的世俗与精神的凝聚场所。在较为讲究的院落中，坐北朝南的厅堂（或主房）的南向檐下空间，设计为檐廊空间，东、西厢房不设檐廊。但是，大多数的宅院民居中，主房多不设檐廊，以便于冬季更多阳光直射室内。

3．园林宅邸

明清两代，鲁西南地区随着大运河水运畅通和商业经济的迅速发展，运河沿岸城市都发展成为富庶之地。一些官僚士大夫和富商大贾为了追求优裕的生活环境，纷纷建造府第园林，论及园林数量之多，造园水平之高，则以号称"小苏州"的济宁为突出代表。根据清道光《济宁直隶州志》记载，济宁在明清两代均有几十处的府第园林，它们千姿百态，棋布于运河之滨，深得江南园林的精髓，是江南文化沿大运河向北传播的重要见证，同时也折射出鲁西南地区深厚的文化内涵。

（1）历史沿革

明代大运河的漕运发达，济宁的城市面貌繁荣兴盛，这一时期府第园林多为当时官宦士大夫所建的别墅，数量相当可观，"园亭第宅凡六十有一"，有籍可考的园林共35处（表6-2-1）。明代济宁的园林特色追求师法天然、雅致疏朗，具有浓郁的诗情画意和文人气息。园名则取"闲""隐""雅""拙"之义，或直接以姓氏命名。园内设有厅堂、书房、居住庭院等，实际上已经成为庭院民居的扩大和延伸，使之既具有城市中的优厚物质生活，又有幽静雅致的山林景色。

清代是大运河漕运的鼎盛时期，济宁的商业氛围也在清中期达到了高潮。这一时期济宁城区的府第园林数量较之明代有了明显增加，有据可考的有47处（表6-2-2）。园林主人由以官僚士大夫为主向因运河而发迹的富商大贾为主逐渐过渡，园林风格缺少了创造性，更多地拘泥于形

济宁明代园林统计表　　　　　表6-2-1

编号	名称	区位	编号	名称	区位
1	集玉园	城东北隅	19	洸园	城北郭洸河岸边
2	闲园	集玉园以东	20	王园	牛市北
3	大隐园	闲园以南	21	黎园	城北三里
4	拙园	大隐园以东	22	承云草堂	相里铺
5	宾旸园	东门内	23	淇园	相里铺以北
6	芜园	城隍庙之后	24	张园	宾旸门以东
7	西园	城西北泮宫之后	25	避尘园	城东马驿桥以南
8	王园	儒学之前	26	不窥园	临避尘园
9	说剑园	州治西北	27	临溪草堂	洸河、泗河之间
10	槐隐园	州治之后	28	王园	演武场之后
11	因园	州城东南	29	仙园	西邻东城墙
12	潘园	因园以东	30	刘园	林家桥以北
13	竹园	因园东北	31	白园	状元墓下
14	文园	城南隅	32	仲蔚园	城西二里
15	宾仙馆	铁塔寺以东	33	于园	城西关
16	宋园	文园北半里	34	赵园	城南郊
17	雅集园	城南门以西	35	竹圃	城南八里
18	抱瓮园	颐真宫之后			

注：赵鹏飞根据史志资料整理自制。

式和技巧，同时附庸风雅、人工雕饰的元素也大大增加。明代的济宁园林大都保留至清中叶，但也有十几处或荒废、或易手，园林名称也随之改变，多以姓氏命名，人文气息减少。如颐真宫后的抱瓮园改为李园，州治西北的说剑园改为周园，浣笔泉附近的不窥园改为董园等。

另外和明代园林所不同，在济宁清代园林中，园林和府邸结合更加紧密，世俗的生活成为功能主角。前为府邸，可供园主日常起居生活，也可宴请亲朋、招待客商；后面的花园则设书屋花房，假山凉亭，小溪曲桥，可坐览山水、抒发情怀，又可诵诗读书、弈棋会友。

清末大运河漕运衰落，而且这时期时局动荡，战乱频繁，济宁的府邸园林屡有废弃，也有新增的园林，数量在20处左右，有据可考的12处（表6-2-3）。新增的园林多为因运河而富的商人所建，且大都位于纵穿古城的运河的两岸。造园手法因袭清中叶的造园风格，规模大小各异，大都在北方四合院建筑的基础上，借鉴江南典型的造园手法，空间开合，小中见大，引水叠石，莳花栽木，达到幽雅怡人的目的。

（二）乡村民居类型与分布

鲁西南地区乡村民居按照主要建筑构成要素的材料之分，可归纳为仰合瓦房民居、石头民居、生土民居、船居。这几类民居体现了鲁西南地区不同环境条件下人们的栖居智慧。它们的形态因环境条件的不同，而存在较大的差异。民居建造往往就地取材，不同环境的民居建造材料不同，因此，各地民居在顺应建造的理性发展过程中，出现了适应材料性能的建筑形态。

1．瓦房民居

（1）地理分布

瓦房民居作为乡村民居的一种重要类型，主要分布在鲁西南地区的平原地带，枣庄、菏泽、济宁都有遗存。遗存至今的这类民居，屋顶多以不同类型的青瓦覆盖，统称瓦房民居（图6-2-6）。

济宁清代中期园林统计表 表6-2-2

编号	名称	区位	编号	名称	区位
1	集玉园	城东北隅	25	董园	城东马驿桥以南
2	大隐园	闲园以南	26	于园	城西关
3	拙园	大隐园以东	27	白园	状元墓下
4	宾旸园	东门内	28	陈园	正对西门
5	芜园	城隍庙之后	29	李园	状元墓以西
6	西园	城西北泮宫之后	30	汪园	太和桥南的府河东岸
7	王园	儒学之前	31	徐园	太和桥泉沟
8	周园	州治西北	32	李园	城南八里
9	元隐园	州治之后	33	怡怡园	城西南天津府街西首
10	文园	城南隅	34	伴村园	城南关外塘子街路东
11	张园	铁塔寺之前	35	黄园	八里庙
12	宾仙馆	铁塔寺以东	36	凤渚别业	相里铺
13	柳待堂	铁塔寺以南	37	藏园	南井集
14	孙园	城南门以西	38	意园	塘子街路南
15	李园	颐真宫之后	39	嘉树堂	浣笔泉南
16	洸园	城北郭洸河岸边	40	也园	城北红庙
17	黎园	城北三里	41	荩园	城北郭八里
18	承云草堂	相里铺	42	北潘园	北门西濠之上
19	朱园	相里铺以北	43	宋张氏亭园	城北
20	王园	演武场之后	44	朱园	州前街
21	仙园	西邻东城墙	45	杨翰林宅	城东南隅
22	刘园	林家桥以北	46	百岁里	西胡之南
23	刘园	五里营	47	徐中丞旧宅	马场湖之南
24	杨园	后班村			

注：赵鹏飞根据史志资料整理自制。

济宁清末民初园林统计表 表6-2-3

编号	名称	区位	编号	名称	区位
1	契园	城东南关牌坊街	7	意园	塘子街路南
2	郑均庄	州城以南	8	也园	城北红庙
3	怡怡园	城西南天津府街西首	9	澗园	黄家街路北
4	伴村园	城南关外塘子街路东	10	四勤公所花园	南门大街路西
5	汪园	太和桥南府河东岸	11	夏宅花园	黄家街路南
6	荩园	城北郭八里	12	吕家宅院	财神阁街路北

注：赵鹏飞根据史志资料整理自制。

图 6-2-6　东深井村仰合瓦民居
（图片来源：王靖善　摄）

图 6-2-7　枣庄石墙镇兴隆村石头村落与丘陵
（图片来源：刘天翼　摄）

图 6-2-8　桃源镇前王庄村石头房民居
（图片来源：张文波　摄）

（2）布局特征

瓦房民居以北方传统民居院落作为空间单元，由各个方位的建筑（正房、东西厢房、倒座、门楼）围合而成。院落布局一般按照院落进深可分为独院、二进院、三进院。

（3）空间特性

这类民居的院落围合布局决定了其内向型的整体空间特性。同时，由于地理位置属于北方，出于防寒的需要，建筑墙体多以厚重的土坯外包青砖建造，加之门、窗洞口开设的相对较小，因此建筑室内空间的围合、限定感较为密实，封闭感较强。这种地域气候原因造成的厚重空间特性，经过历史的积淀，成为当地的传统建筑的文化特色。

2．石头房民居

鲁西南地区的地形地貌对传统建筑的形成与发展影响巨大。鲁西南东部及东北部位于鲁中山地向鲁西平原地区过渡的地带，是整个鲁西南海拔地势最高的区域。当地地形除了面积过半的山地还有广阔的山前平原，行政区划上主要属曲阜、泗水、邹城、滕州四地，这些地区盛产石材，当地的传统民居多以石材为建筑材料，现存建筑风貌保存较好的传统村落集中分布在泗水县泗张镇、邹城市的石墙镇、郭里镇，曲阜的吴村镇以及滕州的木石镇、羊庄镇、柴胡店镇（图 6-2-7）。另外，在鲁西南平原腹地，嘉祥

县、巨野县境内以及汶上县军屯乡东北部零散分布着一些低山丘陵，尤其在嘉祥县南部的纸坊镇和巨野东北部的核桃园镇部分地区，至今仍保存着数量可观的明清石头房建筑群，其独特的建筑风格和精湛的营建技术充分反映出鲁西南山地丘陵地区的文化特征（图 6-2-8）。[①]

石头房民居按照屋顶形式，一般可分为平顶石头房和坡顶石头房（又称石板房）。

（1）布局特征

石头房民居多顺应山势而建，因此从村落布局来看，这类民居多沿地形缓缓跌落布置，村内道路由沿地形等高线平行修筑的巷道而外，还有垂直于等高线而布的街巷，受地形蜿蜒起伏所限，村内街、巷都呈自由曲线形态。

---

① 刘婉婷. 鲁西南地区传统建筑营造技艺研究 [D]. 济南：山东建筑大学，2020：17.

从院落布局来看，石头房民居多为单进院，一般由正房、厢房、倒座、门楼等建筑单元构成。但由于石头房民居因住户生活所需，院内建筑并非全部包括以上建筑单元，一般可概括为四合院、三合院（正房、两厢房）、条院（正房、倒座、门楼）、墙院（仅正房、门楼）。

（2）空间特性

从空间特性来看，石头房民居不仅具有北方民居内向的围合感，更因地形所限，院落一般进深要小于平原地区的瓦房民居，加之由厚重的石材砌筑，因此院落空间尤为封闭、厚重。同时这种封闭围合还出于防范匪患之需，整个院落像一座石头堡垒，易守难攻。

3. 生土民居

鲁西南区域内的传统生土建筑集中分布在大运河沿线和黄河冲积平原区。运河沿岸和黄泛区平原在建造房屋时，由于受建筑材料的经济成本和运输成本的制约，当地民居大多选择黄土作为建筑材料。黄土之所以能长期以来被广泛使用与当地土壤的物理性质有关，当地黄土土质黏性较大且含有一定的沙，制成的墙体和构件强度较大。山东生土民居归纳起来主要有三种类型：一是茅草土屋，以枣庄市台儿庄区兴隆村为集中代表；二是囤顶土屋，现存数量较少，分布较零散；三是起脊挑土屋（鲁西南南部的叫法），目前在济宁中、南部及菏泽的一些村落中仍保留着为数不多的挑土房，因年久失修，目前多数已荒废。这些生土民居造价低廉且分布广泛，是鲁西南平原地区最悠久的民居形式。

4. 连家船民居

京杭大运河南北穿微山湖而过，与之形成特殊的湿地人文景观环境。在这种环境孕育下，一个可以北上黄河、南下长江的船帮慢慢地壮大起来。逐水而船居，过去为窝篷船，现为楼子船。一家老小生活和生产两种功能的窝篷船亦叫连家船、座船、家小船，大小不等，大可二三丈

的网船，小则七尺不足的小舟，还有不大不小的滑子。连家船前舱储藏东西，中舱住人，后舱安放炊具、锅碗瓢盆、油盐酱醋，锅灶上搁一板为菜案。中舱又分两个舱，前边的一个分两层，下层住老人，上层住小孩子，后边的一个是女孩的闺房或儿子、儿媳的卧室。窄狭的后舱则养着活鱼，艄后笼养鹅鸭，网罟罾箔、鱼叉篙棹置于舱顶或舷上。旧时，由这样一家一户的连家船，十几个、几十或上百条船，便组成宗法型的船帮。[①] 船帮成员的舞台和家园，就是这湖上的连家船。

第三节　鲁西南地区民居资源与类型特点

一、运河流域的市井民居

这些沿街排布的店铺民居多为传统的木构梁架建筑。墙体多以土坯外包青砖砌筑，既保温隔热，同时还能较好地防风避雨，防止土坯因风吹雨淋而过快松散。木构梁架就地取材，曲直相宜，古代社会，店铺民居为民间建造，构造不拘于法式，较为灵活，梁架部分，有较为严整的抬梁结构，也包括从苏、浙地区传来的穿斗结构。屋顶则以硬山形式居多，无斗栱，梁架之上直接依次排布檩木、椽子和草泥垫层，最后以小青瓦覆盖。覆瓦方式包括仰瓦拼接和仰合瓦两种。

（一）水岸人家——南阳古镇

南阳古镇始建于战国时期，乃齐国南部边陲的"南阳邑"，为楚、鲁兵家必争之地。宋元时有鱼台县"南阳乡"之称。元至顺二年（1331年），在会通河上建南阳闸，以闸为地名，名气大振。明隆庆六年（1572年），南阳新河通航，南阳镇遂为南北漕船、商船必驻之地，成为大运河沿岸的重要商埠，为运河"四大名镇"之一（另三镇为夏镇、扬州、镇江）。清初，南阳镇经常处于河水的不断侵袭和威胁之中，迫使不断抬高地势，以免遭沉没。后黄河夺泗泛滥，洪水

---

① 摘自 https://www.sohu.com/a/448197013_120989758，2022—06—05。

泻入南阳湖，南阳镇四面环水存留在运河两侧岸堤上，形成东西长3500米，南北宽500米的主岛和众多的自然小岛，以宽阔的运河河面作为通衢，以舟船为车，显现出独特的自然景观。

南阳新河开通前，大运河过徐州入沛县流经谷亭，谷亭南距沛县、北距济宁各90里，为漕运往来要地，这里建有谷亭闸，设河桥水驿、谷亭递运所，是鱼台县进入运河的重要通道。南阳新河开通以后，运河过徐州入台儿庄，经昭阳湖东岸至南阳，原设于谷亭的管河机构均移至南阳。清时又在此设守备、主簿专管运河防务、监运税收，管理运河船闸、护送漕粮。镇内分东西、南北两条主街，还有牌坊、井子、西鱼市等小街和东、西、南、北四处商埠码头。主街两侧为石垒台阶，街道均以青石板铺砌，街边商肆林立，造就了空前的繁荣，有山西商人经营的当铺、粮行，有江南商人经营的杂货店、绸布庄和竹器店，还有当地人开办的客栈酒楼。镇中街巷很窄，曲折蜿蜒，但均与沿河主街相连，形成"丰"字形格局（图6-3-1～图6-3-3）。民居院落以四合院、三合院为主，面积大小不一，有的为顺应地形并不规整，房屋多系青石砖瓦和木质结构（图6-3-4）。

南阳镇曾经吸引云集了当时全国各地的商贾名门，同时也成为县级城市和运河联系的纽带。附近的鱼台、金乡二县的物产可由柳林河至南阳而转入运河，南方运抵南阳的白米、纸张、丝绸、

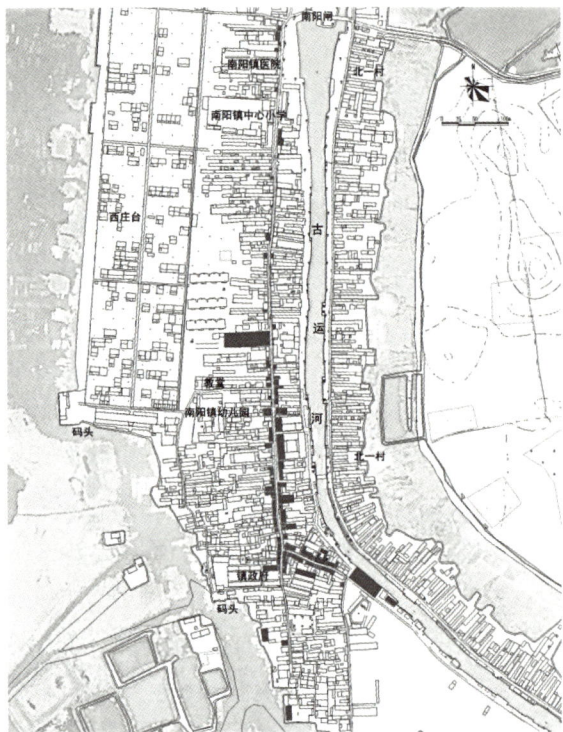

图6-3-1　南阳古镇区域地图
（图片来源：南阳古镇历史保护规划）

图6-3-2　南阳古镇沿街商业景观
（图片来源：网络）

图6-3-3　水巷和晋商大院副本
（图片来源：赵鹏飞 摄）

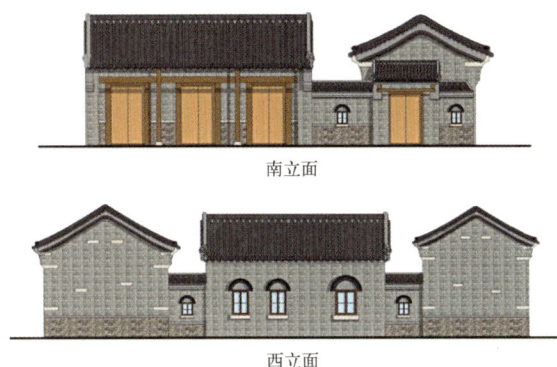

图 6-3-4 南阳古镇建筑立面
（图片来源：南阳古镇历史保护规划）

竹木、杂货等亦可转运至二县，甚至运河以东邹县的货物也可通过白马河入运至南阳销售，南阳镇成了水上运输和商品交易的重要的交汇点。

（二）商贾云集——济宁竹竿巷

济宁巷位于山东省济宁市老运河南岸。总长约 2 华里，沿街西侧的店铺，大都是 2～3 层 5 开间抬梁硬山式楼房，前出抱厦，明柱承托。包括竹竿巷、纸坊街、汉石桥街、纸店街，以及清平巷、打绳巷、永丰巷和大闸口河南街这一大片临河街区。实际上他是由首尾相连的五条街巷构成。从东大寺向西依次是纸坊街、南汉石桥街、纸店街。从东大寺向南，依次是竹竿巷、小闸翁城。

竹竿巷的出现，是伴随着元代开凿运河应运而生的，自元代京杭大运河改道济宁后逐渐发展起来，以经营竹编、土产、杂货等为主的济宁著名手工业作坊区。前店后厂、下店上居的建筑格局，具有浓厚的民族气息，是目前反映明清时期济宁商业概貌的典型街区，直接反映了济宁运河文化的特色，具有浓厚的江南水乡韵味。

竹竿巷的五条街，西起吉市口（今任城路），东至顺河清真寺（图 6-3-5），转折向南，止于小闸口桥，恰似"曲尺"形。从布局上看这些房屋是顺河而建，街道也是顺河弯曲。河与街巷之间，有诸多与之垂直的小巷，如清宁巷、永丰巷、打绳巷、清平巷等，全部通到运河岸边的码头。当地老百姓叫老龙戏水，东大寺为龙头，龙头扎进大运河，恰似青龙戏水。弯曲悠长的竹竿巷为龙身，左右各小巷清宁巷、永丰巷、打绳巷等为龙爪，据说巷深处原有水井，不为取水，而是为"水钉"钉牢这条巨龙。如果把东大寺看作一颗璀璨的明珠，从东大寺向西、向南两条蜿蜒街道就像两条龙体，与东大寺形成二龙戏珠。

济宁是山东最大的竹器市场，而济宁竹器作坊多集中在竹竿巷，清末已有 37 家，民国增至 60 家，抗战前增至 130 多家，一直到今天竹竿巷仍然是济宁市竹器行业的大本营。

因竹竿巷巷道两旁多为两层楼阁式的铺面建筑，古朴雅致，小巧玲珑，其前店后坊的建制，既有江南水乡灵巧清秀的风格，又有北方稳固厚

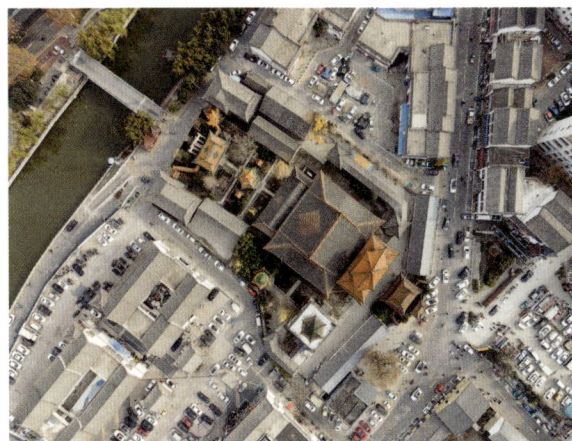

a 顺河东大寺院落布局

b 顺河东大寺望月楼

图 6-3-5 顺河东大寺
（图片来源：刘天翼 摄）

重的感觉，因而又被人们誉为"江北小苏州"。

竹竿巷的房屋建筑独具风韵，二层楼阁，下面为全敞开式的活动门板，铺面亮堂，方砖乌瓦，青石板铺地，行走其间，清新阴凉。楼房顺河而建，参差进退，蜿蜒错落，形成了门前交易、院后乘船的独特风貌。楼与楼之间又相互搭连，高低错落，跌宕起伏，阁楼下面做门面，上面多为学徒、伙计的歇息住宿之所。竹竿巷的楼房，在构造上经过了南方工匠百多年的数次改进和北方泥瓦匠的不断翻新，便兼具南北风格了。

至中华人民共和国成立前，济宁的竹业发展到极盛时期，此时的竹竿巷，除了五户较大的竹货行外，还形成了"祥太""顺兴""太茂"等一百多家有名的店号和竹器作坊。但是，在兵匪横生的战争年代，苛捐杂税多如牛毛，再加上运输困难，原材料匮乏，销路受阻，竹竿巷的竹业生产一时萧条，不少店铺作坊歇业停产，名盛一时的竹竿巷，无可避免地陷入了"门前冷落车马稀"的萧条局面。

中华人民共和国成立后，随着社会的安定，工农业生产的发展及水利设施的不断完善，一些较大的店铺开始用机动驳船拖来大批毛竹。兖济铁路修复后，江南的毛竹沿津浦线转兖州来到济宁，至此，沉寂了多年的竹竿巷又渐渐"苏醒"过来。

现今，竹竿巷仍持续保持着繁华景象，只不过沿街两侧的建筑除东大寺外，其余传统民居都已无存，替而代之的是仿古建筑，它们在新时代的环境下，依然保有生动的烟火气息。

（三）南风北进——济宁荩园

荩园的前身原为清中叶济宁著名的文人画家戴鉴的私人别墅，名曰"椒花村居"，后改称"荩园"。济宁地方志对其进行了记载，"荩园，在城北八里戴家庄，郎中李澍别墅，子孙守之四世，光绪时，亭轩花木犹擅一时之盛"。[①]清光绪五年（1879 年），天主教传入济宁。光绪十三年（1887

年），荩园卖给德国天主教圣言会传教士安治太和福若瑟，荩园作为教会立足之地，一开始并未进行大规模改动建设。光绪十三年（1887 年），巨野教案后，安治太和福若瑟利用清廷的赔款进行征地建设，先后建有教堂、神甫楼、医院、学校、宿舍楼等欧式建筑，拥有房舍 1000 余间，土地 200 余亩，此时荩园亦称戴庄教堂。1908 年，福若瑟病逝于园中一座中式花厅，为了纪念他，在门两侧墙上分别嵌有中、德文的志石。

作为德国天主教圣言会总部的所在地，戴庄教堂在历次战争中得以保存下来。中华人民共和国成立后，济宁外籍神职人员先后回国，戴庄教堂及荩园收归国有，这里曾作为济北县人民政府、山东省精神病康复医院等驻所。荩园目前保留下来的部分基本保持了清末民初时期的空间格局：东北角水池虽被填没，但方池及台榭、桥亭风貌依旧；两座假山的山形并未改变，只是叠石局部有所松动脱落，假山北峰上的方亭为重建，南峰六角亭被毁但基址犹存。荩园平面上为东宅西园的整体格局，占地约 6000 平方米，现遗存有园门、方池、台榭、厅室、桥亭、假山；园中北侧林木茂盛，植有大量树龄在百年以上的松木、桧柏、银杏、糠椴、菩提、椰榆等古树名木。

宅院部分现保留花厅和厅堂基址各一处。厅堂为五开间，基址进深宽大，基础为青砖砌筑，边铺条石，应是荩园接待客人的主要厅堂，花厅三开间，设有外廊，尺度小巧，应为园中书房。厅堂和花厅南侧空间开阔，为园林的入口空间，北侧虽为一新建的三合院落，但从其对应于厅堂和花厅的布局来看，可推断园林的宅院部分是由主院和附院两部分组成。

园林东面有一道砖砌漏空花墙将宅园分为两部分，墙中偏北开月亮门，镶有石匾额，上刻篆书"游目骋怀"。园门上覆歇山屋顶，檐角翘起，由内外各两方柱支撑，园墙漏空部分几乎占据了整面墙体，通透轻灵。园内布局紧凑，颇具

---

① ［清］徐宗干修，［清］许瀚纂. 道光《济宁直隶州续志》卷九《名胜·园亭》（据清道光二十一年刻，清咸丰九年刻本影印）［M］//中国地方志集成，山东府县志辑 77. 南京：凤凰出版社，2004.

皇家园林风貌。月亮门通向东部的假山和西部的方池，南、北假山总长约50米，分南、北两峰，北峰为主峰，上建方亭，南峰为次峰，最高处筑有六角亭，现存基址一米见方，十分小巧。两峰层次分明，间辟小径，可至西部方池台榭。假山山石嶙峋，峰岭坡麓皆以土为芯，外砌青砖，再外包湖石，假山路径盘旋，奇花异草，古木森森。古树以糠椴为主，还有银杏、黄连、桧柏、青檀、菩提、榔榆、古槐等十余种，树龄大都在200年以上，极富山林野趣。南峰西侧山腰一棵青檀，干枝向西俯身方池之上，给人以古朴之美。北峰上临方池亦有一株古槐，繁茂蓊郁，遮云蔽日。西部方池占地4亩，深5米。池中东北部有高台一座，青砖砌筑，20米见方，离水面高度3米，东、南、北三面各有石栏小桥与池岸相连，台上筑五楹水榭一座。东桥呈长拱形，桥面与水榭回廊地面相平，北桥为圆拱石砌，桥面与城台相齐，两桥皆短，数步越桥即到水榭廊下。

南面小桥颇长，约15米，桥中段设小台，4平方米见方，上建凉亭，六角攒尖，小巧精致，为典型南方园林式建筑。凉亭翼然水上，离水面仅约1米，木质结构、斗栱飞檐、古朴典雅。过亭，升三层台阶可至水榭，水榭面阔五间、进深一间，歇山式，红柱擎檐，南北开门，四面设窗，回廊相绕（图6-3-6）。

方池的西岸应为荩园西界；南岸现为一栋青砖砌成的近代建筑，可欣赏方池台榭景致，推测为荩园旧筑基址；北部空地，历史上应有建筑院落，但是无相关记载，已很难考证。

（四）富庶宅邸——吕家宅院

吕家宅院位于山东省济宁市任城区古槐街道文昌阁街路北，始建于晚清时期，是晚清贡生吕静之的私人住宅。现仅存两进院落，建筑面积1401.6平方米，现为济宁市任城区政府招待所（图6-3-7、图6-3-8）。这里，最初是老济宁城内最具雄厚经济实力的民族资本家吕静之的私

图6-3-6　荩园
（图片来源：赵鹏飞　摄）

图 6-3-7 吕家宅院院落分布现状
（图片来源：刘天翼 摄）

图 6-3-8 吕家宅院门庑南立面现状
（图片来源：张文波 摄）

人住宅；1940年，济宁反动会道门"一贯道"道首张光壁从"债权团"买下，成为他们的活动场所（1949年至1953年，政府通过严厉打击彻底摧垮了反动会道门组织）；1965年，济宁市委临时在此办公；1968年，市委搬迁新办公点，大宅院也变身为"机关招待所"，并一直延续至今。

原宅院分为三进院落：正宅大门有三个门楹，高台阶上那两扇红漆流丹的朱门，为前会客官厅；第二进院落为会见亲眷之处，穿过正堂三间，分别有上官房三间，东西配房各三间，均为硬山式建筑，顶部覆灰色合瓦，前有廊，后有厦，正房两侧各设通道通往后院；第三进院落为楼院，有两层堂楼一座，上下均为五个门楹，为重檐硬山式建筑，灰色合瓦罩顶，前廊后厦，两端各设耳厦，东西配楼各三间，与主堂楼搭配协调。宅院西北为花园，里面有堆土砌石垒筑假山、凉亭，环境典雅恬静，院内种植无数海棠、丁香、女贞等奇花异树，显得非常清静优雅（图6-3-9、6-3-10）。

（五）四合圈楼——潘家大楼

潘家大楼位于济宁市区古槐路西侧，原北门大街路西。最初的主人名叫潘鸿钧，系直系军阀吴佩孚的中央军第一旅旅长，长期驻防济宁。1921年奉命出征湖南，与军阀唐继尧部队作战，大获全胜，回济宁后建了这一私邸。1949年中华人民共和国成立后，济宁市中区公安局和济宁

图6-3-9　从正南向俯瞰吕家宅院建筑院落现状
（图片来源：刘天翼　摄）

图6-3-10　吕家宅院建筑内景
（图片来源：赵鹏飞　摄）

图 6-3-11　潘家大楼航拍
（图片来源：刘天翼　摄）

图 6-3-12　从东北方向俯瞰潘家大楼
（图片来源：刘天翼　摄）

市商业局共同使用，负责管理和保护。潘家大楼1985 年被公布为济宁市重点文物保护单位。2006 年被公布为山东省重点文物保护单位。

该楼占地约 4000 平方米，楼堂房舍总计 180 余间。原建筑由大门、前厅、群楼三进院落及东西跨院组成。

现存部分只有南楼西厢房、南楼、东西配楼和北楼（图 6-3-11、图 6-3-12）。也就是说，现在的潘家大楼虽然气势恢宏，令人震撼，但仍只是当年潘家大楼的一部分，可见当初的潘家大楼规模多么宏大。

目前的潘家大楼，外部为青砖灰瓦，内部是一个高大的穹顶，中间的大厅非常开阔。以前经常作为文艺演出的场所，后来又一度改为图书馆，现在则完全空置，也许是完全回归它"保护文物"的属性了。

大厅四周，上下两层均是大小不同的房间。房子门窗均采用格框式玻璃门窗，房前是宽阔笔直的回廊，边缘是木质镂花栏杆。现在门窗和栏杆均用朱漆和金粉装饰，越发显得气派。

整体建筑规模雄伟宏大，气势威严，设计精巧，雕梁画栋，匠心独运。大楼坐北朝南，平面布局对称排列，由大门、厅院（前厅院、腰厅院）、四合圈楼（主楼院）院落及东西跨院组成。大门为垂珠门楼，两侧建"八"字墙，门前左右安放两尊雕琢细致的青石圆雕石狮。前厅为

硬山式建筑，东西厢房各五间，由明间过厅进入主楼院落。潘家大楼现存建筑有腰厅院西厢房三间，群楼院为四合圈楼形式，是此楼主体建筑，构造别致，十分讲究，南楼上下两层各七间，东西配楼上下两层各五间，北楼上下三层，一、二层上下各七间，三层四周设回廊，连廊七间（图 6-3-13、图 6-3-14）。

潘家大楼作为近代建筑遗存具有十分重要的文物价值。砖木结构的建筑充分体现了民国初期的建筑风格，既有古代建筑的砖瓦兽件和雕梁画栋，又有近代建筑的楼梯、栏杆、玻璃门窗、"人"字屋架，是一组具有典型的古代和近代建筑风格融合的建筑。大楼布局中轴对称，错落有序，虽历经近百年风雨，风姿依旧，作为一处优秀的近代建筑，是中国近代建筑史发展的重要实物例证。

图 6-3-13　潘家大楼南院内景
（图片来源：张文波　摄）

图6-3-14　潘家大楼南院内景
（图片来源：张文波　摄）

二、应山适水的乡村民居

（一）商贾大宅——孙家大院

孙家大院位于山东省枣庄市薛城北的陶庄镇西仓村内，明末清初孙氏先人建造，距今已400余年，现村里人仍习惯称其为"孙家大院"（图6-3-15）。原孙氏家族宅第建筑占地100多亩，鼎盛时可与山西的乔家大院相媲美，属典型的北方套院式建筑。

清乾隆时期，孙鉴（生于清乾隆十一年，卒于嘉庆十三年）开始了孙氏故宅的营建，这就是后来孙家大院的前西院。

孙鉴——孙家大院的主要建造者，他在孔府为官多年，备受儒家文化的熏陶和浸润，在孙家大院九进院落的营建中，他聘用了曲阜的工匠，师承孔府建筑的格局。孙家大院九进院落占地160余亩，分为前院、后院、府门、楼院、秀

图6-3-15　孙家大院区位与周边环境
（图片来源：刘天翼　摄）

才楼五部分，院中的楼、房、府、院布局合理，"井"字形大街贯通各内院。楼房中各种造型生动的雕刻，形态各异，阴阳图案构思极为巧妙，层次立体感强，雕刻技艺十分精湛。九进院落，共有房屋400多间，规模之宏大、建筑之考究在鲁南首屈一指。

随着孙氏族人的增多，孙家大院的规模逐渐扩展，至乾隆末年，又修起了四面院墙，院墙开有东、西、南三门，四角有炮楼守护。孙鉴有五子，即郎、惠、本、泽、念。孙鉴继续秉承父亲的基业，以耕读为先，开始开设当铺（即钱庄），财产大增，先买下本村的洪家古宅，将长子郎中分出，此古宅一百年后改名为府门。此后，二子惠中分到丁桥，分得土地48顷，建有府宅，"文革"期间被毁坏。孙家大院的前西院为孙鉴所建造，分给三子本中，也分得土地48顷。五子念中也有48顷土地，在府门西边建宅，从这时开始，就有了前西院和后西院之说。

孙家大院至今悬挂一块曾国藩题写的牌匾。据传，1866年3月春，曾国藩因战事部署山东围剿捻军事宜，率官兵由徐州赴济宁，途径西仓督察战况。行至西仓天色已晚，在此古槐树下下马休息。孙家族人热情恭迎曾国藩下榻孙家大院，曾国藩曾一时兴起，题记"孙家大院"牌匾。

"孙家大院"在20世纪50年代被用作学校，为满足办学的一时之需，许多古房、古楼先后被拆除或改造。目前，"孙家大院"是鲁南地区保存最完整的明清时期的地主宅第建筑，比较集中体现了这一历史时期民居建筑的特点，具有较高的历史、文化价值（图6-3-16、图6-3-17）。

现今，大院仅剩8处建筑古迹，计38间，夹杂在后来陆续兴建起的平庸小瓦房中，古朴的建筑显得颓废和衰败（图6-3-18）。有些建筑被多次改造，已失去了原来的模样，唯东、西两处客屋还保留着昔日的庄重、典雅和古朴（图6-3-19）。西客屋原有东、西厢房相配，构成独立的院落。客屋高约6米，正面建有廊道，飞檐翘脊，气度庄穆，颇有孔府建筑风格。客屋屋顶用青灰色的弧形瓦上凸而饰，饰有五脊六兽。屋宇下的滴水檐瓦为桃形，饰有精美的花纹，雅致地做了屋面的结尾。走进屋内，抬头上望，唯见托起屋面的两东、西梁架，梁架均托五檩，用料粗细有别，岁月的烟火已熏黑了它本来的面目。

历史上大院虽损毁严重。但在今天倡导保护和弘扬传统文化的时代，大院得到维护和修缮。2013年3月17日，孙家大院古建筑群修缮工程开启，部分古建筑的历史风貌得到很大程度的恢复，其具有的历史、艺术和科学价值继续在当代

图6-3-16　东宅门
（图片来源：张文波　摄）

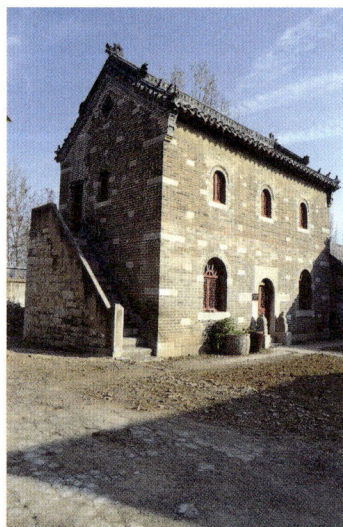

图6-3-17　东客楼
（图片来源：张文波　摄）

图 6-3-18　东客屋建筑现状
（图片来源：张文波 摄）

图 6-3-19　秀才楼
（图片来源：张文波 摄）

社会中发挥着巨大作用。

（二）围井而居——东深井村民居

东深井村建于明洪武年间（1368~1398 年），位于邹城市石墙镇政府驻地东南 8.4 公里，济枣公路东侧。原名东山堡，位于现村东 500 米处，后迁村至村西。

在这不大的村落里，却建有连片的覆着鱼鳞小瓦的房子，规整的四合院，以及宽敞的砖楼——郑氏宅院。

郑氏宅院为清代建筑，其建筑和格局既有富商之家的殷实，官式建筑的气派，又有民间建筑的朴实；既保持了鲁西南地方的特色，又体现了古代传统的尊卑等级观念，渗透着一种人与自然和谐相处的"天人合一"哲学思想。

郑氏宅院现存房屋 20 余栋，呈四合院、三合院等形制，分郑家大院一号院、二号院和三号院。一号院现存有堂屋、南屋等房屋，堂屋面阔约 11.5 米，进深约 5.30 米，硬山，灰瓦，二柱擎檐，砖石木结构（图 6-3-20、图 6-3-21）。二号院由正房、东西配房、南配房组成"四合院"，坐北朝南，硬山，灰瓦，砖木石结构；正房面阔 5 间，进深一间，拱形门，方形窗。东西配房面阔 3 间，进深一间，均为方形门窗。三号院坐北朝南，二层建筑，面阔约 11 米，进深约 5 米，硬山，灰瓦，砖木石结构；南面一层为拱券门，方形窗，二层有拱券窗（图 6-3-22）；北墙正中上有拱券窗，下有方形窗，东西山墙上层各有拱券窗。这些建筑的屋脊等处或雕绘龙、花等图案，或叠砌龙、虎等形姿，砖雕、木雕相当精致，有的院落还存有马房、影壁、拴马石（孔）、饮马池（图 6-3-23）。郑氏家族辉煌的古民居已逾百年，有的四合院也已不完整，但那坚固的墙

图 6-3-20　郑氏民居一号建筑现状
（图片来源：王靖善 摄）

图 6-3-21　郑氏民居一号院落布局
（图片来源：王靖善 摄）

图 6-3-22　三号院正房南面现状
（图片来源：张文波 摄）

图 6-3-23　民居正脊的砖雕状
（图片来源：张文波 摄）

基、简洁的灰瓦、飞挑的檐角、精细的砖雕，绵延着一幅宗族生息繁衍的历史长卷。

（三）石头寨堡——前王庄石头民居

鲁西南地区石头房民居墙体多为块石加石灰黏合垒砌，这与枣庄、菏泽、济宁地区的砌筑工艺是相似的。

前王庄村位于山东省菏泽市巨野县核桃园镇。据《王氏族谱》及《前王庄村志》记载，明洪武年间（1368～1398 年），王氏自山西洪洞县大槐树迁移至曹州，又经过几次迁徙，才定居于此，立村名王庄。村子位于鲜白山西山脚下，鲜白山又被人称为白虎山，东、南、西、北走向，南部与齐山相连接。村民就地取材，在山腰开始砌筑房屋，逐渐发展至山脚下的平地，建造了独具特色的石头村寨。止德牛间，村北建成新村名为后王庄村，所以该村改名为前王庄村，并且沿用至今。

村子因位于鲜白山西山脚下，冬季可以阻挡西北风的侵袭，夏季也可以得益于东南风。村东面的护城河（当地人称为海壕子）是当时附近山上流下来的水，成就了前王庄村背山面水、负阴抱阳之势。

1. 村落布局

古村内路网复杂，并没有对称和规律性的特征，主要平行于等高线分布，一般为土路和石路，新村内有六条水泥街道。村南北长 800 米，东西长 600 米，面积约为 0.5 平方公里，村西高东低。村内的住宅用地基本位于老北门东西大街与尹商路形成夹角的东南方向，老北门东西大街，与尹商路相连，东西走向（图 6-3-24）。

2. 建筑材料与工艺

村民运用地理位置的便利开采山石，对于石材进行物理加工后作为房屋的建筑材料。前王庄村的建筑石材通过表面纹理的不同，主要分为以下四种：光面石材，条纹石材，蛤蟆纹石材和毛面石材（图 6-3-25）。

该村的富裕人家砌筑建筑时大面积使用蛤蟆

图 6-3-24　院落空间组织图
（图片来源：刘婉婷 绘）

图 6-3-25　石材表面纹理
（图片来源：张文波 摄）

图 6-3-26　民居中的光面石材
（图片来源：张文波 摄）

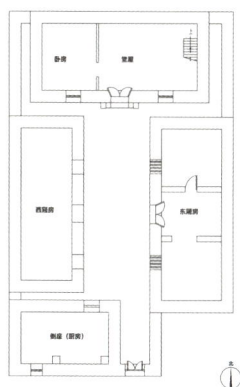

图 6-3-27　院落平面图
（图片来源：刘婉婷 绘）

纹石材，窗梁、门梁、门卡子、门枕石等部位则使用条纹石材，一般人家则更多地使用光面石材和毛面石材。窗梁、门梁、门枕石等则用蛤蟆纹石材。光面石材和毛面石材相对于前两种石材的加工方式来说省时省力，比较经济，该村建筑材料使用最为广泛的是光面石材和毛面石材。光面石材加工方式是在石材表面进行打磨，使之平整；毛面石材则是在石材开采之后，进行简单的切割和处理，砌面平整（图 6-3-26），作为立面的石头表面还保留着石材的天然纹理。

所有的建筑材料、建筑构件，入口的影壁、院落的围墙，无不是石头雕刻、垒砌。石头建筑的敦实与彪悍，细节处的精巧与实用，形成了整个村庄朴实无华的安全壁垒之印象。

3. 建筑构造

前王庄村内有一座屋基最高的四合院，位于古村的西北部，东侧紧邻一条胡同。院子坐北朝南，南北长院门随厢房而设（图 6-3-27）。推门而入，对面便是西厢房。全院年代最久远、最高的建筑是这座四合院的主屋（图 6-3-28）。主屋坐北朝南，高二层，有垛形女儿墙。房屋平面长约为 8.5 米，宽约 4.7 米，高约 9.8 米。主屋地基比厢房高出约 0.5 米（图 6-3-29）。一楼没有窗户，二楼正面有三个窗户，两面山墙和侧面都各有一个窗户。窗户和门的顶部都是拱券形。楼上有一层高为 0.6 米的女儿墙，之上为瞭望台，有 6 个瞭望口，从瞭望口望去，全村的情况尽收眼底。瞭望台上放有碎石，这些碎石在动乱的年

图 6-3-28　二层主楼
（图片来源：网络）

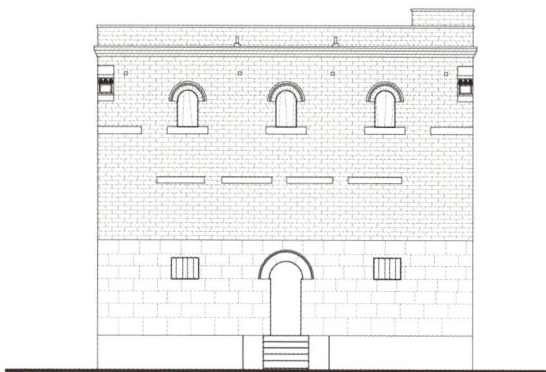

图 6-3-29　二层主楼建筑立面图
（图片来源：刘婉婷 绘）

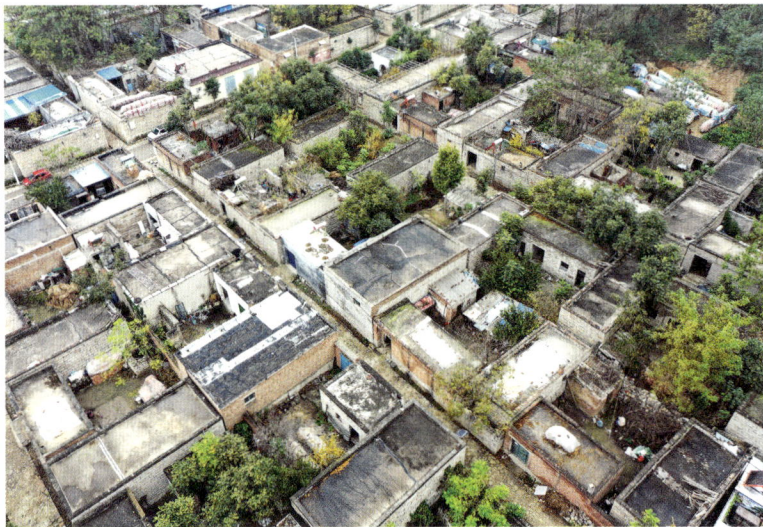

图 6-3-30　平顶屋顶民居
（图片来源：王靖善　摄）

图 6-3-31　坡屋顶形式的门楼
（图片来源：张文波　摄）

代用来击退敌人。

村内民居建筑的屋顶按形式分为两类，一类是带女儿墙平顶；另一类是硬山式坡屋顶（图 6-3-30、图 6-3-31）。平顶建筑占主要数量，一层至三层均有，建筑体量较大。硬山式坡屋顶的屋顶数量较小，这种样式的房屋一般作为厢房使用，铺设屋顶的材料为灰色黏土瓦。村内石头建筑的平顶也并不完全是平的，而是存在一定斜度，由建筑后墙向建筑前立面倾斜。这样的建造方式有利于排水。平屋顶一般都设置女儿墙，材质与墙身一致，具有很强的可识别性和装饰性，主要功能为方便排水和增强建筑防御性。村内民居为了更好地实现其防御性，部分建筑在女儿墙上设置瞭望台，还有一些直接在女儿墙之上开设洞口（图 6-3-32）。

前王庄村的窗户按照形状分为拱券形和长方形。长方形窗户的尺寸一般都在 1 米 ×1 米以内，窗棂一般为木制直窗棂，也有材质为青砖的窗棂，室内采光较木窗差，建构耐用且具有很好的防盗功用。这种砖窗棂的窗户都会收边，砖窗棂并没有棱角，全部打磨光滑，越往中间打磨得越细，三个砖罗列形成类似于竹节的形状，寓意虚心高洁。工匠巧用砖造型，为古民居注入了文化与美感。

图 6-3-32　平屋顶上的防御垛口
（图片来源：赵鹏飞　摄）

在村中，除房屋是由石头砌筑的外，女儿墙上的雨水口、台阶、铺装等，日常生活所用的石碾、石磨、石桌也处处体现出当地石匠的手艺。雨水口，当地人称为"佝偻嘴子"，是该村建筑立面上非常显著的特色，主要用于平顶屋的排水。

（四）片岩石屋——兴隆村石板房

枣庄市山亭区山区居民们独创的石板房建筑，是鲁南山区居民将山地中特有的石头、石板作为主要材料建成的规模较大的山地建筑。据当地居民讲，历史最长的石板房已有 200 余年。石板房依山而建，从房屋基座到屋顶，从地面到墙壁，基本采用石板，由于当地村民把薄的石板形象地称为"石薄脸"，石板因此也被称作"薄脸屋"。石块不仅用来构建房屋，还广泛用于山区居民的生活环境：石块叠筑成院墙，石条筑成台阶，山径也是由碎石板铺成，家中用的家具、灶具、盆缸也全部取材于石料，因此石板房村落也被称为"石头部落"。

鲁南地区的石板房位于山东省枣庄市山亭区城区山城街道办事处驻地东北5公里的兴隆庄，依附北侧翼云山（又名高山，属泰山沂蒙山脉），东侧汲取翼云湖水源，南接薛河，西邻城区。兴隆庄村落以兴隆庄为核心，方圆辐射十余公里、十余个村落。它们结合山形走势，依山而建，错落有致，是鲁南地区现存不多的石板房建筑形式为主的古村落群（图6-3-33）。

石板房建造历史久远，最早的可追溯到明清时期，且保存完好。据村内老人介绍，翼云山之地本无人居住，明末清初鲁南地区匪患四起，百姓为躲避天灾人祸选择在此地耕种作业生息发展，有单姓人家和陈姓人家相继来翼云山里躲避战乱，逃荒至此，于是两户人家互相协作，在翼云山山麓生息发展。大约在清咸丰二年（1852年），另一户单姓人家从滕州市大坞镇阳温村搬迁至此，从此三户人家和睦相处，慢慢繁衍生息成了村庄。

翼云山一带的石板房是替代草房而出现的，原因大致有二：一是，自然地理条件。翼云山区具有大量容易开采的石材，成为当地居民主要使用的天然建筑材料，使得实现石板房的建造成为可能。二是，茅草房形式不适用于山区。山地气候复杂，当地有很多野兽昆虫对草房有一定的侵害腐蚀作用，草房的草和泥随着时间的推移就会发生损坏，每过几年草房都要重新翻修，工程量极其大。由于草房的耐久性、适应性较差，因此当地居民选择当地常见的页岩石板来盖房子，形

图6-3-33　依山势而建的民居
（图片来源：刘天翼 摄）

成石板房。这种建筑不仅能够就地取材，而且能够适应山地气候，保持房屋的耐久性，逐渐发展成为地区的主要建筑形式（图6-3-34）。

1. 村落布局

兴隆庄村落背靠翼云山，依照北高南低的地势进行布局，由东北方较高的坡地向下延伸，呈带状排布，形成高低错落、疏密有致的村落形态。村落中的一个或几个独立院落在同一台地上建造，有的通过借壁，有的通过合院，将独立院落整合在一起。这种村落布局，不仅有利于保温节能，而且有利于进行防御保护，还有利于构建和睦的邻里关系。

地处北温带季风气候的石板房村落可利用北高南低的地势优势，借翼云山成为冬季抵挡西北方寒风的自然屏障；夏季东南向季风穿过村落，又可使整个村落都能保持凉爽的自然通风。

2. 院落布局

兴隆庄石板房的院落空间形态多为北方传统合院形式。院落通常顺村落中自然排水沟渠和道路进行布置，致使院落布局并不遵循正南正北朝向，也很少出现矩形的院落空间轮廓。因此，兴隆庄院落大多是不规则四边形的一进合院。兴隆庄中较富裕居民的石板房，位于村落中心区域，院落空间较大，院落形式较为复杂（表6-3-1）。

村内1号院落是典型的山地曲尺式院落。正房体量较大，大致占到整个院落空间的二分之一，厢房体量只是正房体量的四分之一（图6-3-35）。由此体现出山地建筑的特点：由于山地地形变化较大，平坦的台地不易获得，故在院落空间中的单体建筑（正房）为主，满足使用要求。由于山区环境复杂，出口多有不便，所以大多数院落中设置厕所。值得注意的是，该院落空间西南角凸出，形态不完整，体现出山区院落顺应环境建造的特征。

3. 建筑特征

兴隆庄的石板房平面形式比较灵活，功能明

图6-3-34　石头房民居与翼云山融为一体
（图片来源：张文波 摄）

图6-3-35　民居院落
（图片来源：刘天翼 摄）

石板房院落形式示意表　　　　　　　　　表6-3-1

	无院墙式院	条式院	曲尺式		一进院	三合院式
院落形式						

注：表中形式图由董正绘制。

图 6-3-36　薄石板屋顶
（图片来源：张文波　摄）

图 6-3-37　粗石料砌筑墙体
（图片来源：张文波　摄）

确，主要是根据居住者的习惯和经济状况进行划分，再者由于山地特殊的地理环境，多数并没有固定形式的限制。建筑单体从一间至三间不等，面阔约 6~12 米，进深约 4~6 米。一般石板房院落中正房堂屋为主要居住空间，建筑面积约 30~50 平方米，内部空间无明确划分，只是由梁架将室内空间分为三间：中间作为客厅，东西两侧为卧室。正房正中设置双扇对开木门，两侧各开一个窗。

兴隆庄石板房由屋顶、屋身和台基三部分组成。石板房采用悬山屋顶，上覆薄石板材，因使用的材料限制，坡度较缓，出檐较小。屋身为石材砌筑，泥浆嵌缝。屋身口窗洞口较大，数量较少，通常只在建筑的南侧设置。台基采用条石，与石材墙身融为一体，对建筑整体形象影响较小。

石板房屋顶比例约占房屋立面整体的三分之一，由于技术和材料所限，屋顶出檐较小。屋顶和屋身通过尺寸长达 2 米以上的石板出挑的叠涩砌筑技术进行过渡，形成简洁的建筑轮廓（图 6-3-36）。石板房的屋面瓦的铺设极具地方特色，主要以条状的类似于平瓦的薄石板铺设而成，层层叠叠，与山体外露的页岩交相辉映，由此形成石板房的主要特色（图 6-3-37）。

石板房的屋身为石材墙，墙厚约 400 毫米。兴隆庄石板房的石墙大致采用两种砌筑材料进行砌筑：一是，粗料石和片石，采用这种材料砌筑的墙体经济实用，但耐久性和密闭性较

图 6-3-38　屋顶出檐
（图片来源：张文波　摄）

差，兴隆庄大部分石板房采用这种材料砌筑墙体（图 6-3-38）。二是，将粗料石加工成细料石砌筑墙体，这种墙体耗费时间和钱财，但耐久性和密闭性较好，兴隆庄中只有少数石板房采用细料石砌筑墙体。对于采用粗料石和片石交错砌筑的石墙，通常采用在窗台和门窗过梁的位置由片石砌筑一种连续的片石带，起到一种类似圈梁的作用，也使建筑立面形成一种装饰线。石材墙选用的石材下大上小，墙角和门窗洞口所用石材规整，其余部位所用石材较灵活，取得石材墙面统一与变化的建筑艺术效果，使得整个建筑产生一种敦厚稳定的建筑特征，营造出一种山地民居的粗犷豪放的生活气息。

屋身采用石材砌筑结构，为了达到室内保温效果，门窗洞口设置数量较少，除山墙设置通风用的"气眼"外，门窗洞口集中设置在南墙。窗扇采用直棂窗形式，强调一种简洁的人工之美。

值得注意的是，兴隆庄石板房大多数院落将山墙修整后形成挡土墙，北墙和挡土山壁只有200～300毫米的距离，有些屋身与挡土墙同高，有些墙高与山壁高度基本相同，所以可以有效抵御冬季严寒的西北风，同时有利于夏季通风，形成冬暖夏凉的室内环境品质。甚至有些贫穷家庭由于经济条件所限，借助山地高差修建石板房，将山壁充当墙体。形成半覆土建筑形式，满足室内使用环境的要求。这种建筑技术措施，增加了石板房与山体的联系，使得融为一体。

兴隆庄石板房，体现了当地村民将人工与自然环境融为一体的适居环境，展示出非凡的生存智慧。

（五）生土民居——兴隆村的茅草土屋

鲁西南地区的生土民居以枣庄市台儿庄区兴隆村的茅草土屋为集中代表。兴隆村位于台儿庄古运河南岸，与台儿庄古城隔河相望，村中现存茅草土屋近100栋，大多建造于20世纪五六十年代以前，沿古运河呈带状分布。经调研发现，很多茅草土屋由于年久失修已经闲置废弃，或部分已被翻新为砖瓦房，失去生土建筑的基本特征，而保存较好的则以其石基、土墙、草顶的形态特征，与古运河一起构成了独具特色的田野风光（图6-3-39）。

1. 院落布局

兴隆村茅草土屋多为北方传统的合院形式，整体按照运河走势呈带状分布，进村道路基本与运河呈垂直形态，导致院落布局并不严格遵循正南北朝向，院落形式以条式和一进合院为主。以一进合院为例，正房位于院落纵向，两侧或一侧

图6-3-39　兴隆村茅草土屋1（图片来源：赵鹏飞 摄）

图6-3-40　兴隆村茅草土屋2
（图片来源：赵鹏飞 摄）

为厢房，厢房较正房稍矮并与正房保持一定距离。进院大门多为新修，亦有以房屋为入口，进院土屋多数为两开间（图6-3-40）或三开间，中间一间为大门、过道，院内东南角为厨房，西北角为厕所。正房门前西侧放置石磨，院内一般无水井，多设压水井，西侧为出水沟。院外西南角布置猪圈。院内外多植果木绿化。

2. 平面、立面特征

隆村茅草土屋正房平面坐北朝南，为一明两暗三开间，中间堂屋为明间，两侧为卧室，每间开间3.5米左右，正房中央开双扇板门。有的正房平面功能随着居住人群的单一而有所变化，即呈现为东房卧室，中间堂屋，西房为厨房，有时兼作储存用。

正房屋顶采用檩条承重、悬山搁檩、稻草覆顶的形式，整个屋顶由土墙和木屋架承重，外立面不设柱，间与间之间采用土墙或木屋架分隔。

土墙相对较厚，多在0.5米左右。整个建筑对外不开窗，所有窗户都对院内开，而在两山墙顶部开设"风眼"，以利通风，形状有方形、十字形和圆形。

3. 建造方式及材料

（1）墙基

由于土墙自身强度不高，易吸水软化，故墙体的防水防潮是生土建筑需要重点解决的问题。为防止雨水溅湿墙体和地面潮气的上涌，室外墙

面勒角以下部分往往以石材作为台基，亦有石基上砌砖墙，再上为土墙的做法。

（2）墙体

生土建筑的墙体建造方式因地域性而不同。茅草土屋的墙体主要采用土筑的做法。当地称"掼墙"，具体做法如下：首先，在土质较好的平地或农田中开挖一个直径约 2 米、深约 0.6 米的圆潭，将土捣松，泼上水浸透，面上撒上稻草秸，隔天调和潭内泥土的干湿度；采用人工赤脚下潭踩踏；待土产生足够黏度并无块状物时就可以掼墙，掼墙要求掼得准，掼得实，要成片成条；要掼得直，转弯抹角要严丝合缝；另外，为使泥墙牢固，则用稻草绳在周围拉上几圈；墙掼好后，略为收干，用铲子铲平；最后用稻草刷蘸水将泥墙刷光，室内用石灰水粉刷，以达到整洁、美观的效果。

（3）屋顶

茅草屋面把承重、防水、保温、隔热四项功能整合为一体。为有效防水，山墙砌筑坡度较陡，其上直接搁置檩条，在檩条上密排高粱秸把子，再在上面抹泥找平后，铺设稻草或者谷草，最后在正脊两侧用压杆木压住草尾或以厚泥压住，整个屋顶脊部厚，檐部薄。

（六）水上船居——连家船

昔日漂泊的水居部落旧时微山湖人以船为家、靠船谋生，结成"船帮"。"帮"是渔民在湖上捕鱼的一种生产组织形式，是民间的职业行会组织。不同的"帮"，意味着不同的职业，有不同的职能、特点和技巧。一个个船帮组成了独特的水上渔村，形成了独特的湖上生活习俗。

清代文人郝质干曾描绘过船帮的生活情景："到了晚上，到处漂泊的渔船开始聚在一起，泊在河湾里或是庄台旁，大小高低不一的船连在一起，渔民形象地称为连家船。舳舻相接，倦憩波上……有炊饼者，有补网者，有呕咏吹箫者、呼卢者，为叶子戏者。灯火一片，照耀水湄，如列星然。"清代著名诗人赵执信也曾在《微山湖舟中作》一诗中写道船帮和楼船："林光村远近，楼影帆交加。疑是桃花源，参差出人家。"[①]

当然，这一切已成为过去，随着生活日渐富裕，现在渔民的连家船比过去体面又威风。尽管如此，从船的大小仍能看出差距。泊在河湾边上的渔船里住着的是生活条件稍差的渔民，他们依然过着早出晚归的生活。河湾中间体形较大的水泥船，则长期泊在那里。如去湖里捕鱼或外出办事，大船旁有专用的小船，划着它可以去想去的地方。

湖里惊人的变化改变了渔民的生活，连家船已不是昔日的模样，木头小船早换成了水泥船和钢板船，船里像陆地一样的房子被隔成了单间。在靠近船舱的地方，盖起了一座阁楼，供做饭、休息、娱乐欢聚。阁楼顶上摆满了来自大江南北的花草，一眼望去像一座座水中"花园"。平日里若不生产装货，船舱用木板盖上，便成了庭院。

近年来，为适应生产的需要，渔民将几十条水泥船连在一起，用一拖头带着组成拖队，把微山湖里生产的"黑金"沿着京杭大运河运往江南，再把江南的竹器、白沙、大米运回江北。一条条拖队，像一条条游弋的巨龙（图 6-3-41）。

图 6-3-41　运河上的船队
（图片来源：刘天翼 摄）

---

① 剑君. 微山湖船居. 民俗研究 [J]. 1996 (1)：77.

三、体现尊卑礼仪的先贤府邸——孔府

孔府是孔子后代的衙署和府邸，位于曲阜明清故城的中心位置，孔庙东侧。

从曲阜古城城址的外部轴线来看，曲阜古城城址将孔庙、孔府及城内主要建筑群包围在内，构成一个整体，通过孔林神道的连接与孔林形成了一条"孔林－古城"轴线，也是曲阜古城城址唯一的外部轴线。

山东孔府又称"衍圣公府"，在贵族府第中的地位仅次于北京故宫，自古号称"天下第一家"。孔府是儒家民居的典范，也是倍受皇家亲善的私家宅院。

北宋至和二年（1055年），宋仁宗赐给孔子四十六代孙孔宗愿"衍圣公"的封号后，孔氏子孙世代相袭，辈辈相沿，没有中断。孔子后裔原住在阙里故宅，后另建新第。明洪武年间，诏令衍圣公有权设置官署，同时敕令在阙里故宅以东重建府第。此后，明清两朝屡经重修扩建，才有了现在的规模。孔府范围最大的时期是明弘治年间，曾经东部到达今天的陋巷街，北到颜庙及后作街一带，到了清末，由于东路的建筑年久失修，陆续倒塌，同时因为城市的发展，最终形成现在的规模，现今我们所见之孔府，东至鼓楼北街，北至后作街，西至孔庙东墙，南至鼓楼西街，现存厅堂楼阁480余间。

（一）空间肌理

府第型居住建筑群由2~3个传统的大尺度的居住院落组合而成，一般三进左右。通常情况下主要轴线上为前厅后宅模式，除正房外，还配有东西厢房。两侧辅助轴线设有祠堂、厨房、储藏等院落，同时整个建筑群中一侧或后部设有庭院。

现在的孔府总体布局横向分为三路布局，分别为东学、中路与西学；纵向分为前后两部分，前部为孔氏家族对外活动的部分，后部为孔氏家族的生活起居部分，建筑群功能分区明确，建筑布局井然有序。

孔府占地200余亩，共有厅、堂、楼、房

400多间，还有门坊、花园等，府内建筑雕梁画栋、飞檐彩栱，满院富丽辉煌。孔府分九进庭院、三路布局。东路即东学，建一贯堂、慕恩堂、孔氏家庙及作坊等。西路即西学，有红萼轩、忠恕堂、安怀堂及花厅等。孔府的主体部分在中路，前为官衙，有三堂六厅；后为内宅，有前上房、前后堂楼、配楼、后六间等。后院是花园，其中布满奇花异石，随处有凉亭曲桥。由此可见，孔府整体布局前衙后宅，分为中、东、西三路，与北京故宫极为相似，其得名"天下第一家"。

通过对孔府建筑群进行图底关系处理（图6-3-42），可看出，整体表现出较为规整的院落空间肌理特征，分为东中西路递进院落，并且院落间存在一定的差异。其中，与东西两路院落相比，中路院落中的建筑朝向及院落空间形态较为规整，表现为五进院落，并且建筑体量及其所围合的院落空间较大，建筑所覆盖的平面面积基本与室外院落空间面积相等（不包括后花园部分）。

（二）空间形态

整体空间形态方面来看，城址内孔府建筑群组虽然表现出了一定递进院落的特征，但整体空间形态较为自由，城址内一般民居建筑群组更加自由；而庙的整体空间形态更加规整，并且表现出了较强的秩序性。由此可看出，城址内无论是孔府建筑群组，还是一般民居建筑群组，均体现出一般县城县衙及居民所所的空间肌理特征，表现为"自下而上"的自由性；而庙内建筑群组则体现出了国家统治者场所（宫城）的空间肌理特

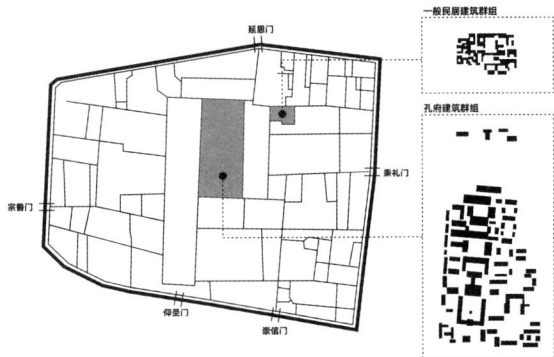

图6-3-42　孔庙、孔府空间肌理示意图
（图片来源：王靖善 绘）

征，表现为"自上而下"的秩序性。

（三）建筑色彩

孔府坐落于曲阜老城的古老街道——阙里街尽头，坐北朝南（图6-3-43）。大门是三启六扇镶红边的黑漆大门，门前有上马石，两旁蹲着一对精雕石狮子。门板上镶嵌着狻猊铺首。门额上高悬蓝底金字"圣府"竖匾，两侧有一幅金字楹联，上联为"与国咸休安富尊荣公府第"，下联为"同天并老文章道德圣人家"。对于孔府内的建筑，整体上看以黑、灰为主，其中所有建筑的屋顶均为灰色，墙体白、灰为主，梁柱均为黑色，口窗均为红色，此外部分建筑屋檐下附有彩绘，蓝、绿为主。对于一般民居建筑，从曲阜古城内现存几处较少的建筑遗址来看，整体上看以白、黑、灰为主，其中建筑屋顶均为灰色，墙体灰色为主，窗及梁柱红色为主，屋檐下很少见有彩绘。

总的来看，曲阜古城内的衙署建筑（孔府）及一般民居建筑的建筑色彩以白、黑、灰为主，屋顶及墙体颜色基本一致，但是两者在梁柱的色彩上存在一定的差异，同时孔府内的部分建筑附有彩绘，这样的一种差异一方面使得孔府内建筑等级上明显高于一般民居建筑，另一方面也营造出了严肃、淡雅的氛围。

图6-3-43　孔府正门
（图片来源：钱昶 摄）

第七章　山东近代民居

山东近代民居是山东民居建筑中较具历史特色的一类民居类型，其形成与发展是时代背景下历史、社会、文化等因素共同作用的结果。因此山东近代民居体现了传统民居在近代化进程中的变化与发展。

开埠后，山东各地城市建设发展进入近代化转型时期，西方建筑文化和建造技艺不断融入本土建筑设计与施工中，开始了大规模中西融合的近代建筑活动。受中国传统建筑文化的深刻影响和西方建筑文化的强烈冲击，山东近代民居建筑在建筑风格和建筑形制上发生了诸多变化，形成了既有我国北方传统建筑风格，又有中西方建筑文化相互交融、互相借鉴、不断异化的新形式。

山东近代民居是山东传统民居建筑中较具历史特色的一类民居类型，也是山东传统民居的重要组成部分。作为特殊历史环境下的建筑形式，山东近代民居体现了传统民居在近代化进程中的变化与发展。山东近代民居分布呈现出沿胶济铁路沿线密布，其他地区散布的特征，大多集中于济南、青岛、烟台、威海、潍坊等较早开埠的城市[①]，这五个城市也是省内接触西方建筑文化时间相对最长、受影响最为深远的城市。

因开埠主导原因、地理位置不同，受不同西方文化影响等因素，导致山东近代民居存在共性的同时也有差异。如青岛、烟台、威海、潍坊等开埠城市，以资源开发为导向，以市场经济为制度逻辑；而济南作为传统府城和自开埠城市，主要依靠权力注入资金，在市场发育度上与开埠城市有较大差别，直接影响到建筑市场的运行。此外，不同的制度、法规乃至建设主客体的差异使得民居建设在容积率、密度、开发强度上都有所不同。本章以上述五个城市的近代民居为代表，介绍山东近代民居的发展特点，并审视其与古代传统民居的异同。

为更加清晰地与本书前述章节中的传统民居进行区分和界定，本章对近代民居的定义和研究范围进行廓清，即在近代时期建设的、具有中西建筑风格、式样、思想、文化交融特点的民居建筑（群）。

第一节　济南近代民居

1904 年胶济铁路全线通车后，济南被辟为"华洋公共通商之埠"，成为国内第一个自开商埠的城市。1906 年，济南正式开埠，设商埠总局，制定了详尽的组织章程。随着胶济、津浦两大铁路的通车，济南迅速发展，不仅成为省内政治、军事、文化中心，也标志着济南由一个传统的内陆城市向近代化城市的转变，促进了济南在政治、文化及社会生活各方面的近代化发展。

开埠之前，济南的建成空间局限于城墙和圩子墙围合的范围内，表现为单核心结构。1904 年开埠后，城市建设沿旧城以西和胶济铁路南侧扩展，从而形成了带状双核心组团结构。1912 年津浦铁路通车后，在济南北部形成了环形铁路系统，进一步推动了城市空间结构转型。形成了交通商业中心商埠与政治文化中心老城并存的发展局面：老城区依旧保持政治、文化中心的地位；商埠区由于依临铁路，具有明显的商业、工业、交通、服务等优势，促使城市原有的商业、居住等功能逐渐西移至商埠区。

一、近代民居发展

济南在开埠前是一座典型的内陆型古城，其建筑保持着中国北方传统建筑的特征。开埠后，西方建筑文化和建造技艺不断融入济南城市各类建筑的设计与施工中，开始了大规模的中西融合的近代建筑活动，涌现出各类中西混合样式的建筑，城市建设发展进入了近代化转型时期。民居建筑在建筑风格和建筑形制上发生了诸多变化，形成了既有我国北方传统建筑风格，又有中西方建筑文化相互交融、互相借鉴、不断异化的新形式。

受中国传统建筑文化的深刻影响和西方建筑文化的强烈冲击，具有传统建筑施工技术及中国古典建筑审美观念的济南工匠们，为满足业主"既要体现传统价值，又要追求西方新潮"的需求，采用集仿主义的手法，对诸多的西方建筑元素进行了中国式的改良。随着济南城市近代化的建设，形成了济南传统建筑新旧并列、多元并存的建筑特色和具有地域特色的近代民居建筑风格。

二、民居分布与类型

济南早期近代民居大多分布于商埠区和齐鲁大学周边。开埠以后吸收借鉴外国以及其他开埠城市建筑风格，中西文化交融后形成了多样的近代民居类型，如别墅、近代公寓、近代里弄

[①]　烟台，《天津条约》，1861 年；青岛、潍坊，《胶澳租借条约》，1898 年；威海，《租威海卫专条》，1898 年；济南，《济南商埠开办章程》，1904 年.

（分）、近代四合院等多元的居住建筑形式。

别墅主要分布在济南商埠经一路火车站附近，一般为胶济、津浦铁路济南火车站一代的高级外籍员工别墅住宅，在原南圩子门外齐鲁大学校园内的教授别墅住宅及大学周边上清街一带也有少量分布。

公寓是济南近代民居中一种独特的形式，主要以外来建筑为主，其中以经一纬二路济南胶济铁路高级职员的公寓为代表。这处公寓由四幢二层楼房和一处平房组成，外观造型与德国别墅有相同之处，整个建筑为标准化户型，主要供胶济铁路高级职员居住，是典型的济南早期高级公寓之一。也有民间中西合璧的公寓住宅，如麟趾巷的金家花园。

里弄作为开埠后兴起的一种主要居住形式，是一种商品房性质的近代建筑，往往由官商大户出资建造用于出租。一般具有居住空间相对封闭、结构紧凑、建筑形式统一等特征。济南近代里弄建筑数量和形式多样，魏家庄就有魏家胡同、民康里和宝善里等里弄。在20世纪30年代，济南经七路出现了上海新邨这样完全模仿上海里弄风格的民居。济南开埠以后，在济南商埠西郊工厂集中的大槐树村一带逐渐形成工人居住区，其中规模最大的是铁路大厂工人区，里弄里多为四合院格局，建造规格较高。

此外，还有部分民居建筑基本为传统民居的延续，但在建筑的某些部位显露出西洋文化的渗透和影响，如原宽厚所街路北的金家大院等。

三、民居形制与特征

（一）平面与空间布局

济南开埠后出现的一批近代里弄式住宅基本采用了欧洲联排式住宅的格局，以窄小的胡同联系各院落，分户单元布局多采用传统的民居三合院、四合院形式，但由于商埠区地价不断上涨，房地产商以兴建里弄住宅作为攫取利润的工具，因此其院落狭窄。

济南近代合院式民居平面布局也仍然以四合院、三合院为基本单元，一进或二进院落。但较

之济南老城的传统民居建筑，在建筑的形式美上，比例关系更加和谐，形式更为简洁明快；在空间的实用性上，由于近代人口的增加、房地产业的发展，四合院民居的平面布局更为紧凑，空间的利用率更高。

在院落和街巷的布局上，大门临街的四合院民居越来越多，老城区由于地下泉系的分布，建筑布局往往受到地理条件的限制，街巷也不够规整。

（二）结构与建造

济南近代民居多采用石木混合承重的方式。屋面承重体系为近代典型的三角形斜梁木构架系统，下为石墙结合内砖墙发券承重。彻底改变了传统的木构架承重或硬山式建筑山墙墙体承重，采用西方建筑发券和砖石墙混合承重的结构方式。拱券、墙体承接屋面及二层楼地面的荷载，再由它们继续传递给建筑基础和地基。这种结构体系与我国传统民居建筑的木构架承重系统截然不同，从而使得近代民居在结构体系或建筑空间上明显带有中西方建筑文化结合的烙印。

（三）装饰艺术要素

相较传统民居，近代民居在装饰艺术要素方面也发生了变化。传统装饰部位和装饰手段逐渐减少，传统装饰主题逐渐弱化，装饰趋向简洁、现代。山东近代民居装饰按照建筑载体可分为推迟转型民居装饰、本土演进型民居装饰和外来移植型民居装饰三种类型。

1. 推迟转型民居装饰

推迟转型民居，大致分为两类。一类完全保持延续了传统民居形制和装饰样貌。例如山东地区的惠民魏氏庄园、烟台李氏庄园、滕州王家祠堂等。另一类基本延续了传统形制和装饰样貌，但在空间布局、尺度、门窗、局部装饰细节上有微小的变化，例如济南地区的张肇铨自修堂、张宗衡门楼、万竹园（张怀芝公馆）等。

2. 本土演进型民居装饰

本土演进型民居装饰糅合了传统装饰和外来装饰的特点，呈现出中外装饰元素混杂并置的特

点，例如济南商埠区的里分、青岛里院等的民居装饰都属于这类。

济南商埠几乎所有的商埠四合院都很注重砖石木雕刻，有的手法甚至更加精湛，这是山东其他任何一个近代城市所没有的。在民国年间出版的《济南大观》一书中提及的若干家以经营木、石雕刻为主的作坊，大部分服务于商埠四合院建设。位于济南商埠区的德邻里、德鑫里，传统装饰分布于门楼、正房的倒挂楣子、花牙子和砖檐等处，外来装饰分布于门楼、檐柱、栏杆、门窗等部位。

对建筑细部装饰、局部构件和对一些寓意平安幸福的传统文化符号的保留与发展，证实了人们对本土文化的热爱与传承。这些传统文化符号对民居建筑本身具有很高的装饰性，其本身也是济南地域文化与传统艺术的寄托与延续。

3. 外来移植型民居装饰

外来移植型民居装饰带来了外国的装饰技艺和审美取向，随着城市开埠、商贸往来，在山东各地留下了多样的民居装饰风格。济南地区多为德式风格，青岛地区有德、日、西班牙式等装饰风格，威海地区主要以英式为主，也有意大利式，烟台地区有希腊式、日式等，潍坊坊子、淄川矿区的德、日式较多。

具体装饰做法，如木椽头作曲线处理，木柱、石柱的柱身都用四棱抹角的方式进行装饰，抹角处理占整个柱高的约 3/4 长度，不贯通全高。柱子的收分和卷杀按西洋柱式的法则进行。室内装饰保护楼梯、隔断、壁炉、门窗套、窗台板、门窗帘杆、木踢脚、挂镜线、天花等部位。门窗帘杆的装饰也以曲线为主。

（四）建筑材料和技术

民居住宅建筑由于建筑材料、建筑技术的发展，门窗装修方面有了改进，在门窗的结构上采用了采光和通风效果更好的砖拱结构，开始由原来正方格子窗，改为长方形的玻璃窗，笨重的双扇木板门改为轻巧的单扇拉斗或玻璃门。在新技术的采用上，开始出现了地方自制的红砖。这种红砖大瓦与旧城区青砖灰瓦形成了鲜明对比。

20 世纪 20 年代前后，在当时的南圩子门齐鲁大学附近已经很少见完全传统形制的四合院，出现了大量立面带拱形门窗的民居和近代里弄。施工材料以红砖和灰砖为主，少量配有当时在青岛和烟台出现的水刷石和瓷砖外墙。虽然在内部结构上部分仍沿用传统的砖石结构，但在建筑立面和材料使用上均体现了一种中西合璧的风格。

四、代表性民居

（一）金家大院

金家大院位于历下区原宽厚所街 55 号，由清末历城知县金有大始建于 1906 年。"宽厚所街金家大院"现为山东省第四批文物保护单位，是济南目前唯一得以完整保留的两层四合院建筑（图 7-1-1）。

该建筑占地 1500 平方米，原由 4 个院落组成，分别为正院前后两进和西向横列三合院两进；其中现存的为后院二层四合楼群，是旧宅的主体，于 2013 年年底修葺一新。四合楼大门迎面是二层的主堂楼，北楼（正房中堂楼）上下 10 间，东西厢楼和南穿堂楼各上下 6 间，均为小青瓦屋顶和青砖墙面。全楼均为玻璃门窗，石制或砖砌拱券门窗套体现出西洋建筑特色。四座式样不同的楼房通过木制走廊相连，四面上下均为木制环廊，中间是天井，形成中西结合的"阁楼式"四合院形制（图 7-1-2、图 7-1-3）。

图 7-1-1　金家大院南向院落入口
（图片来源：李朝 摄）

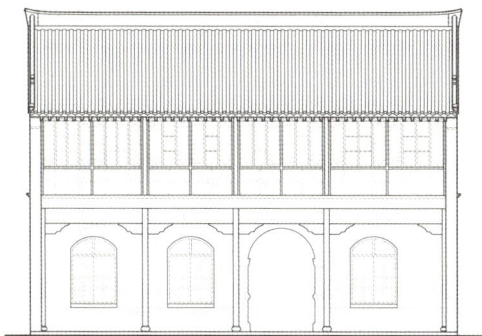

图 7-1-2　金家大院南立面图
（图片来源：仝梦菲 绘）

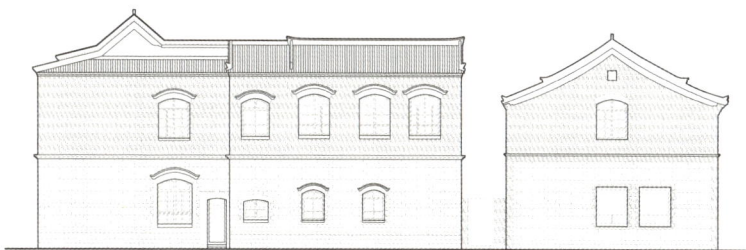

图 7-1-3　金家大院西立面图
（图片来源：李朝、仝梦菲 绘）

除两侧墙体使用石材外，其余基本全都是木结构。北楼的东、西两端各设一部木楼梯，楼上四周环以木走廊，走廊栏板上木刻浮雕翠竹图。全楼上下均为木地板，彩色玻璃门窗，北楼一层东侧墙上的前窗做成花瓶形状。前后楼和东西厢房立面上均采用砖石砌筑的半圆券形门窗套，配欧式古典风格的隔石处理手法。门旁立石制八棱倚柱、半圆券和柱头上浮雕花卉和圆雕荷叶等装饰（图 7-1-4、图 7-1-5）。

正门石制拱券门套上方是葡萄雕刻，东、西两侧均有狮子舞绣球，东面的仙鹤雕刻和西面的鹿雕刻，均为传统装饰中吉祥的象征；在两侧的墙上，还分别雕刻着"福海""寿山"字样。两边的窗户则是一个花瓶状，一个镜子状；窗户上方则是雕刻的宝石花，这些则和传统风格有所不同，是受到西式风格影响的装饰式样。宅院整体设计布局得当，装修技艺精细，是济南近代民居中四合楼类型的代表。

图 7-1-4　西式大门及石制拱券门套
（图片来源：李朝 摄）

图 7-1-5　受西式风格影响的窗饰
（图片来源：李朝 摄）

（二）经一路 357 号老别墅

经一路 357 号老别墅建于 20 世纪 30 年代，是一位德国建筑师设计的自宅。由于受当时战争时局影响，老别墅所在地区的居住建筑大部分以简易的里弄为主，而经一路 357 号却是罕见的别墅建筑，因此该建筑对研究济南近代城市变迁和建筑发展轨迹具有重要作用（图 7-1-6）。2009 年 3 月，老别墅已平移至山东建筑大学新校区校园内，作为国内首个建筑平移技术展览馆，供教学和研究之用（图 7-1-7）。

老别墅南北长 15 米，东西宽 9 米，高 6.5 米，占地面积 108 平方米，建筑面积约 150 平方米。正入口处为四根多立克柱式外廊，东、西、南三面有入口，房间内廊布局，西南角为一层半地下室，屋顶结构十分复杂，部分为阁楼，布局十分合理。

运用典型的济南近代建筑材料，施工工艺精湛。该建筑功能合理，风格独特。老别墅运用典型的济南近代材料，腰线以下基础是规整的济南本地产青石，墙体规整的机制红砖。窗台板为整块青石板精细雕刻，铺机制大瓦，整个建筑体现了良好的施工工艺水平。建筑规模虽不大，但结构复杂，比例尺度十分准确，在有限的面积中运用多种建筑处理形式，手法成熟，功能合理。

（三）上海新邨

上海新邨原位于槐荫区经六路西段路南，建于 1930～1937 年间，是仿照上海石库门里弄住宅建设的一个组团，由形式相同的四排毗连式两层住宅楼组成。此建筑形制在济南是孤例。住宅楼为砖木结构、红砖墙，每户的主入口在北面，进门楼上楼下原是居住一户人家，底层是起居室、餐厅厨房等，楼上是卧室。每户占两间的面宽，二层主体进深不大。起居室、卧室都布置在南向，附属房间多在一层，突出在北面。建筑南墙面平整划一，北墙的一层通过墙面的凹凸组合出每家每户的小北院。同时每家通过一层的起居室又可到自己不大的南院，是植树、种花和户外活动的场所。楼与楼之间的间距不大，但能满足基本的光照要求。屋顶硬山双坡屋面，一层北面的附属房间为平顶，上为露台。建筑无多余装饰，仅在山墙头的檐部用水泥抹面做出漩涡状的纹样作为装饰（图 7-1-8～图 7-1-11）。

（四）上新街 108 号民居

上新街位于济南市中区东北，有济南"古城别墅区"之称，其街道建筑主要建于清末和民国时期。虽然居住区建造时间相对较晚，但由于靠近南圩子墙门及齐鲁大学，曾经名流政要云集，杂糅了多种建筑风格，构成了独特的民居住宅文化。如 51 号院内西侧小洋楼、广智院、"景园"门楼、108 号院红砖小楼等一批近代特色民居院落（图 7-1-12）。

上新街 108 号院红砖小楼是上新街历史建筑群中独具特色的英式别墅，也是济南近现代优秀历史建筑中唯一的红砖小楼。位于上新街南段，建造于 20 世纪 30 年代，原为朱桂山担任市长主

图 7-1-6　平移前的老别墅
（图片来源：陶斌 提供）

图 7-1-7　平移后的老别墅
（图片来源：刘清越 提供）

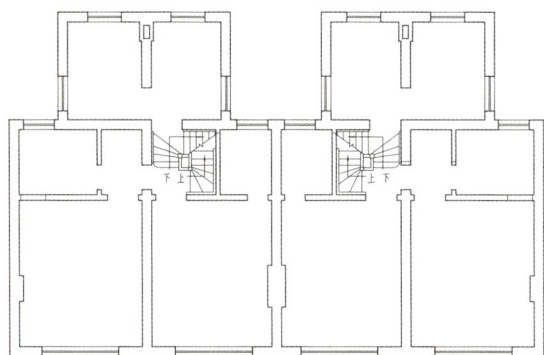

图 7-1-8 上海新邨 二层平面
（图片来源：山东建筑大学建筑城规学院遗产保护所 提供）

图 7-1-9 上海新邨 南立面
（图片来源：山东建筑大学建筑城规学院遗产保护所 提供）

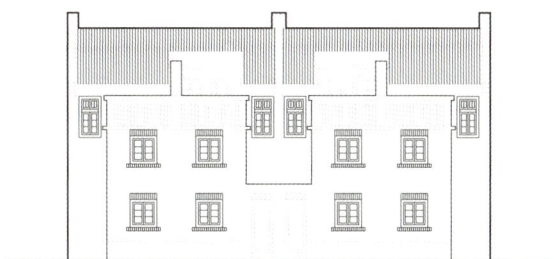

图 7-1-10 上海新邨 正立面
（图片来源：山东建筑大学建筑城规学院遗产保护所 提供）

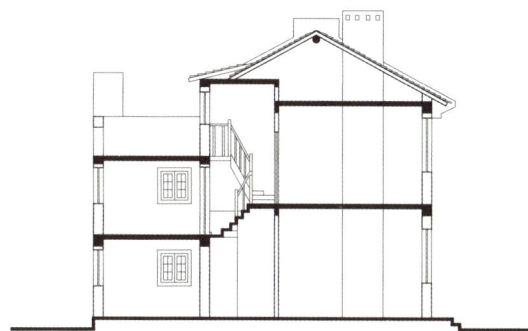

图 7-1-11 上海新邨 剖面图
（图片来源：山东建筑大学建筑城规学院遗产保护所 提供）

图 7-1-12 上清街 108 号西立面（正面）全貌
（图片来源：山东建筑大学齐鲁建筑文化研究中心 提供）

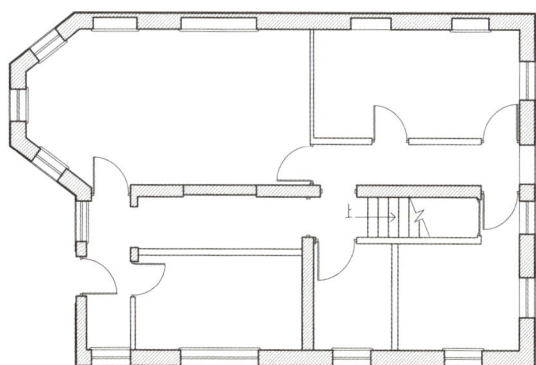

图 7-1-13 红砖小楼一层平面图
（图片来源：山东建筑大学齐鲁建筑文化研究中心 提供）

政济南时期的私宅，2015 年被公布为山东省文物保护单位。

　　建筑为一座联体英式红砖砌筑的两层洋楼，整体平面呈矩形，但在西立面北半部突出一六边形塔楼（图 7-1-13）。建筑长约 13.2 米，宽约 8.5 米，一层高度为 3.6 米，二层檐口高度为

3.3 米。二层西立面南半部和南立面开有圆券式的窗户，窗台上砌有扶手，其他为比例修长的矩形窗户。院内小楼南北两侧见缝插针般加盖了一排小平房，东侧建有一座二层简易筒子楼。红砖小楼北侧如同塔楼，屋顶呈六角，红瓦覆顶，南面屋顶上有老虎窗。

小楼底部为石砌，红砖到顶，历经百年砖体依旧整齐、结实，砖石的质地细腻，砖缝均由白灰勾嵌。红砖排列方式多样，使得立面富有变化。立面为清水砖墙面，砖石的质地细腻，砖缝均由白灰勾嵌。外立面除门窗外保存较为完好。门窗皆为木质，表面涂有绿漆。建筑共有三个圆形弧窗，皆有石膏装饰线脚，形制精美。窗上的窗闩造型较为别致。小楼西侧有入口，可以直通小楼内部。红砖小楼为二层，一层正门入口处有间小屋，北侧也有一间小屋。一层最北面有个内部连廊，直通楼后，连廊里还有一间小屋（图7-1-14、图7-1-15）。

建筑承重结构为砖石木结构，木屋架清水砖墙面。墙体腰线以下为青石堆砌，木门窗。现建筑北面窗户全部封堵，南窗开放。主体承重结构为砖石木结构，木屋架。抹灰墙面，墙体腰线以下为三层块石砌筑，建筑上部全为红砖砌筑。

建筑整体四周墙体均为竖向承重构件，建筑墙厚440毫米，北侧建筑台基上部至窗下墙体采用三层块石砌筑，上部墙体采用红砖砌筑。墙体门洞顶部为砖砌起券，南侧建筑台基上部至窗下墙体亦采用石块砌筑方式，外露面块石较为规整，内部砌体采用毛石砌筑。上部墙体采用红砖砌筑。建筑整体为坡屋顶，主要承重构件为砖墙，主要水平承重构件为木楼枋、屋架、檩等。木屋架为木质桁架结构，利用前后墙来承托上部的屋架。

第二节　青岛近代民居

青岛近代民居，现在通常指的是里院民居，又被称为街里、里院、大院。青岛里院与近代时期全国范围内出现的北京胡同、上海里弄、汉口里分一样，都是在近代城市化过程中兴起、当地最具代表性的城市居住形态。

青岛和烟台同为开埠城市，尽管青岛开埠比烟台晚近30年，但对山东近代民居建筑发展影响却更为深远。1910年前后青岛已成为山东最重要的近代城市，也是山东近代城市中规模最大的，其建筑类型也最为丰富。对比省内其他开埠城市，青岛开埠更为彻底，不仅采用欧洲现代规划手法和理念进行了科学完整的城市总体规划，而且历届政府一直在原有基础上进行完善，城市的各项职能明确，总体风格比较完整，保存情况也更好。

1898年3月6日，德国与清政府签订《胶澳租界条约》，租期99年。1898年9月，德国开放青岛为自由港；1899年12月，德皇威廉二世将租界内新市区定名青岛。青岛自此开始了新城市的建设，德国殖民政权很快就制定了城市规划，在城市中划分欧洲人居住的青岛区和中国人居住的鲍岛区，以德县路、保定路为区界。

近代开埠的城市对现代山东的城市经济文化的格局影响非常巨大，原来的经济中心由西南部开始转移到东部沿海。青岛近代民居从早期的德

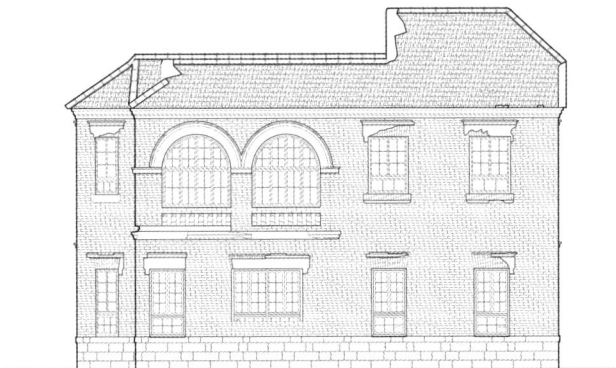

图7-1-14　红砖小楼 南立面图
（图片来源：山东建筑大学齐鲁建筑文化研究中心 提供）

图7-1-15　红砖小楼 东立面图
（图片来源：山东建筑大学齐鲁建筑文化研究中心 提供）

式建筑风格、中国建筑风格，到后来日本建筑风格，各种风格式样并举。近代里弄民居的发展特点可以归纳为三个特点，即时间早、规模大、类型多。

一、近代民居发展

1897 年青岛沦为德国殖民地，殖民者在殖民期间制定了两次城市规划。第一次为 1900 年的城市总体规划，奠定了青岛日后百余年的城市基本格局。规划制定者充分结合青岛的自然地形地貌进行规划设计，其中的城市功能分区决定了城市鲜明的产业特征，里院的街区布局也是在此次规划的基础上形成的。

1910 年后，随着城市规模的扩大，日益增多的新移民进入青岛，德国人改华洋分居为华洋混居，并将界内 9 个分区合并青岛区、大鲍岛区、台东镇、台西镇 4 个区域。到 1914 年，青岛已经基本形成了"红色的瓦屋顶、黄色的拉毛墙、老虎窗以及粗犷的石材基"的近代城市风貌和建筑风格[1]，也基本完成了总体规划中的"城市道路、城市分区、市政基础设施、公共建筑"等近代城市规划的实施，中山路两侧的里院已经初具规模。

20 世纪 20 年代末，中国民族主义情绪高涨，竭力提倡"中国本位""民族本位"，这种社会思潮反映在中国本土建筑师身上就是对中国传统建筑形式的重新肯定，在建设设计中倡导"中国固有式"。[2] 这种思潮主要体现在公共建筑设计之中，对民居住宅的影响并不大，但在里院的建筑细部、院落设计、室内装饰设计中同样体现出一些传统建筑要素的回归。

里院这种民居形式最初在大鲍岛区，后来在台东镇和台西镇出现。随着数量的不断增多，至 20 世纪 30 年代，青岛形成了规划庞大的合院式住宅街区，即里院民居街区。青岛的里院民居街区规划形态属于西方式的规划模式，但是其每个

单体的设计，尤其是院落的设计兼具有东西方的特点，确切地说是东西方两种空间的混合类型。[3]

青岛的外来建筑是伴随着西方制度和文化机制全面输入而产生的，但在"德租"时期，中国社区的建筑却是以中国人生活习惯为基础，其居住模式表现了中心融合的特色，其转变的轨迹比较清晰。[4] "德租"之后，青岛建筑风格才呈现出了诸多建筑文化的全面融合。青岛近代建筑的实质是在外来文化为主体的强制性输入条件下的逐步同化，中国传统建筑文化在这一转型的过程中呈现出很大程度地突变和断裂。可以说，以里院民居为代表的青岛近代建筑是中国近代建筑转型大趋势下的一个典型实例（图 7-2-1）。

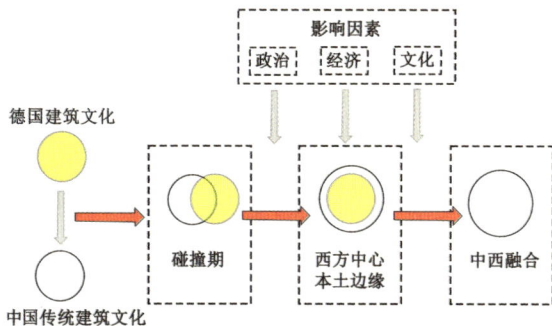

图 7-2-1　青岛近代民居建筑的近代化路径
（图片来源：李朝、李雯杰 绘）

青岛的里院住宅是一种中西居住建筑文化融合的特殊建筑形态，是青岛这座近代兴起的沿海城市最具代表性的民居建筑形式，也是反映青岛近现代城市发展历史与文化的重要载体。里院民居在其产生和发展过程中潜移默化地影响着市民的生活形态，对近代青岛市民的社会文化、价值观、社会人格等都产生了重要影响，凝聚了他们的情感寄托。[5]

二、民居分布与类型

青岛近代民居建筑主要分布在青岛市区，并辐射到周围的城镇，对周边乡村近代民居有一定

---

① 段雨岐. 大鲍岛区域里院式住宅原貌推演研究 [D]. 青岛：青岛理工大学，2021.
② 刘庆. 青岛地区物质文化遗产保护与利用研究 [D]. 济南：山东大学，2010.
③ 陈霄. "德租"时期青岛建筑研究 [D]. 天津：天津大学，2007.
④ 童乔慧，张洁茹. 青岛平民文化的博物馆——里院建筑研究 [J]. 华中建筑，2011，29（8）：41-45.
⑤ 同本页③.

图 7-2-2　青岛里院航拍
（图片来源：张津 摄）

的影响。在市南区沿海最佳的位置是当时欧洲人居住区，有明显的外来建筑风格。早期基本是德国人的住宅，一般是独立的住宅加宽阔的院子，建筑的体量高大。其中以"八大关"为代表，"八大关"的别墅最早是建于 1904 年的花石楼，开始是德国驻青岛总督的狩猎别墅，后来形成了著名的风景别墅区。

青岛开埠以后的建设完全按照国际化的城市进行，各种建筑风格流派纷纷登场。除了别墅外，青岛的公寓住宅和中国传统住宅也有了进一步的发展。青岛民居大致可分为五种类型：一是别墅式的花园洋楼，二是公寓式的楼房，三是里院式的群楼，四是平民院式的平房，五是棚户式的简易平房。里院和平民院为青岛民居的特有形式（图 7-2-2）。

三、民居风貌与特征

（一）装饰与风格

早期的建筑属于德国新文艺复兴的风格，花石楼、总督官邸属于德国新浪漫派，基本与德国同时期的建筑风格相接近。20 世纪 20 年代后，青岛的建筑风格发生了很大的变化，新艺术运动、装饰派艺术、摩登式、中国固有式等建筑风格在青岛纷纷出现。青岛近代民居类似于济南商埠区民居，也符合上文提及的本土演进型民居装饰特点，糅合了传统装饰和外来装饰的特点，呈现出中外装饰元素混杂并置的特点，青岛里院等的民居装饰都属于这类。

（二）建筑材料

早期的里院多为中国传统的砖木结构，这种建造形式可以降低成本，并且建造相对快速。普遍的做法是在一层使用砖作为支撑材料，而在二层或顶层使用木结构支撑，既可以保证整个里院底部结构的稳定性，同时又减轻了上层的自重，减少对于下面楼层的压力，同时使用木结构轻便快捷，且节省造价。其中也有一小部分里院的支撑结构全部采用木结构，如胶州路 116 号、即墨路 53 号等。这些全部使用木结构支撑的里院均为二层的里院，或局部有三层加高的二层里院。

随着社会经济的发展，水泥材料的应用，后期的里院多为砖混和钢混结构，砖混或钢混结构也是欧洲殖民时期和 1949 年以后建造里院的一大特征，如聊城路 91 号、乐陵路 104 号等。砖混结构的使用使得里院从结构的角度可以突破二层的限制，达到更高的层数。后期随着中西方文化的相互融合，中国人开始越来越适应西方的生活方式，并开始学习西方先进的技术方法，借鉴西方的建筑形式。楼梯间的木形式开始出现，新建造的建筑就有了转角的楼梯间。

四、代表性民居

（一）康有为故居

康有为故居位于汇泉湾畔福山路 3 号，是一座德式洋楼，始建于 1899 年，为三层砖木结构，建筑面积 1128 平方米，现为山东省文物保护单位。原为德国总督初来青岛时的官邸，院子里茂林修竹，花木葱茏，错落有致，一派园林风光，正如康有为所说，"屋虽鄙小，而园盛大，望海碧波，仅距百步"，康有为觉风景极佳，盛暑不热，于 1923 年 6 月 23 日买下入住，提名为天游园（图 7-2-3）。

建筑为西方殖民式风格，屋顶铺红色机制大瓦，立面为黄色拉毛石墙，木质红漆门窗，二层有外廊，有木艺栏杆和柱子。

（二）荣成路近代住宅群

青岛荣成路，北起香港西路，东到正阳关路。荣成路素有"建筑博览街"之称，两旁建筑

图 7-2-3 康有为故居
（图片来源：李朝 摄）

图 7-2-4 荣成路 18 号鸟瞰
（图片来源：山东建筑大学建筑城规学院遗产保护所 提供）

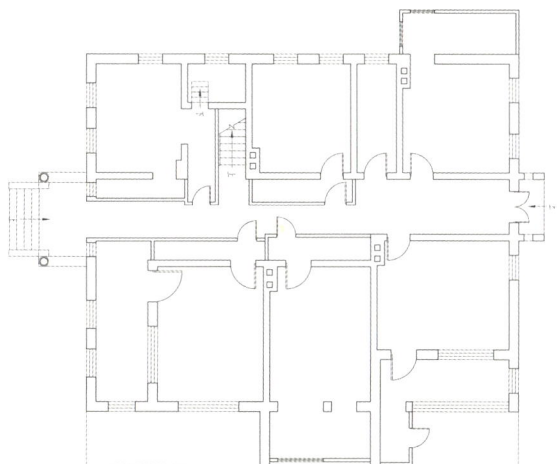

图 7-2-5 荣成路 18 号一层平面图
（图片来源：山东建筑大学建筑城规学院遗产保护所 提供）

图 7-2-6 荣成路 18 号南立面图
（图片来源：山东建筑大学建筑城规学院遗产保护所 提供）

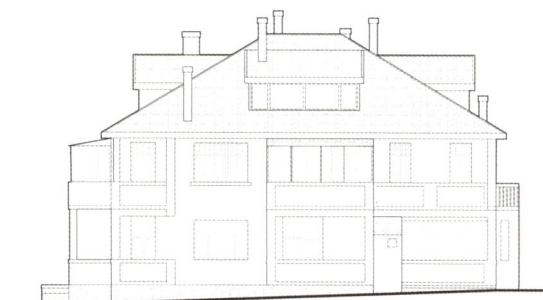

图 7-2-7 荣成路 18 号东立面图
（图片来源：山东建筑大学建筑城规学院遗产保护所 提供）

绝大多数为住宅，均为欧式式样；它们的建造年代大多为 20 世纪 30 年代初，建筑师也以中国人为主。

荣成路沿线的近代住宅建筑，比较有代表性的如荣成路 18 号（图 7-2-4），保存情况较好。建筑主体为三层砖石结构小楼，局部有阁楼。屋面铺红色机制大瓦，屋顶有老虎窗和烟囱；台基为石材砌筑，墙面为拉毛石墙；转角处有白色装饰，为现代简约式住宅（图 7-2-5～图 7-2-7）。

荣成路 36 号为原何思源别墅，建于 1930 年（图 7-2-8）。何思源民国时期曾任山东省主席，后调任北平市长，别墅即为其主政山东时期所建。建筑为两层砖石结构小楼，建筑风格与荣成路 18 号相似，均为现代简约式住宅，但装饰更为丰富，转角有柱式装饰，立面部分位置有线脚

（图 7-2-9～图 7-2-11）。

（三）广兴里

广兴里位于海泊路 63 号，是青岛目前留存下来的最大里院，由海泊路、高迷路、易州路、博山路四条道路围合而成，在面积、人口、历

图 7-2-8　荣成路 36 号
（图片来源：山东建筑大学建筑城规学院遗产保护所　提供）

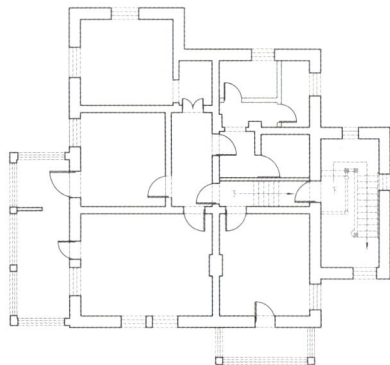

图 7-2-9　荣成路 36 号平面图
（图片来源：山东建筑大学建筑城规学院遗产保护所　提供）

图 7-2-10　荣成路 36 号北立面
（图片来源：山东建筑大学建筑城规学院遗产保护所　提供）

图 7-2-11　荣成路 36 号南立面
（图片来源：山东建筑大学建筑城规学院遗产保护所　提供）

史等方面，都是青岛近代首屈一指的里院民居（图 7-2-12）。

广兴里始建于 1897 年，坐落在"井"字形交错形成的路口，至 1914 年形成了一个封闭的大型院落。历史上的广兴里，临街的门头房大都是做小生意的店铺或摊位，院内为居住空间，院中间进行公共活动。1930 年后，广兴里内逐渐形成了集购物、餐饮、娱乐、沐浴、居住为一体的综合性街区，最多同时居住过 300 余户居民。广兴里市场在大鲍岛的发展历史上留下了重

要的一笔，与劈柴院、台东商业市场并称老青岛三大市场。

广兴里在历史变迁中形成了现在的大型合院式布局，建筑结构为砖木结构。在方形基地和东高西低的地势影响下，建筑呈现"口"字形的平面（图 7-2-13）。在东部坡度较高处的地下，设有地下室。平面布局上，上层用于居住功能，下层对外作商业用途。立面分为面向院子的内立面和面向街道的外立面。建筑面向院子的立面为三段式，符合欧洲近代公共建筑的立面构成。主体

图 7-2-12　广兴里鸟瞰
（图片来源：网络）

图 7-2-13　广兴里
（图片来源：网络）

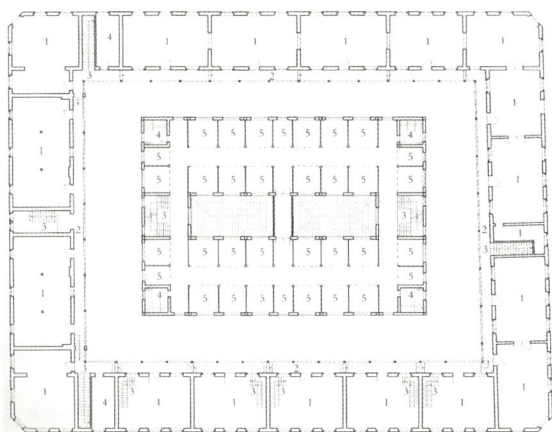

图 7-2-14　广兴里二层平面图
（图片来源：北京建筑大学建筑设计艺术研究中心，世界聚落文化研究所．青岛里院建筑 [M]．北京：中国建筑工业出版社，2015：155．）

图 7-2-15　伍子昂故居现状
（图片来源：于涓　摄）

部分为上下两层，设有涂有红漆的木制围廊，地下室作为底座，由砌块砌成。建筑面向外部的立面较为完整，立面颜色为土黄色，构成上可以认为是三段式，但整体上不够显著（图 7-2-14）。

（四）伍子昂故居

伍子昂（1908—1987），广东省台山县（现台山市）人。中国第一代接受西方现代建筑教育的建筑师，中国建筑教育的先驱者之一，山东建筑实践与建筑教育的开创者和奠基人。[①] 伍子昂毕业于美哥伦比亚大学建筑学专业，归国先后任范文照建筑事务所建筑师、沪江大学建筑系主任，中华人民共和国成立后，任山东建筑设计研究院总工程师，筹办山东建筑工程学院建筑学专业，为山东培养了大批建筑设计人才。抗战期间先后在复旦、之江等多所大学任教并担任沪江大学建筑系主任。中华人民共和国成立后，先后担任青岛市建筑总公司和山东省城建局（建委）暨建筑设计院总工程师，被国务院评定为国家二级工程师，并长期担任中国建筑学会第一至第五届理事、山东建筑学会副理事长，被推选为第五、第六、第七届山东省政协常委。

1945 年，伍子昂赴青岛就任中央信托局伪产验收专员，负责对日伪敌产的房屋评估和验收工作。1947 年，伍子昂在青岛创办"伍子昂建筑师事务所"。伍子昂故居即为伍子昂一家在青岛所居住的住宅，现位于青岛市市南区莱阳路 59 号（图 7-2-15）。

建筑为砖木结构，红色清水砖墙立面，台基为石材砌筑，建筑风格属于近代晚期建设的现代住宅形式，清新简约（图 7-2-16、图 7-2-17）。

图 7-2-16　伍子昂故居老照片
（图片来源：伍介夫　提供）

---

① 高蕾．我国地方高校早期建筑教育口述史研究 [D]．天津：河北工业大学，2018．

图 7-2-17　伍子昂夫妇在故居前合影
（图片来源：伍介夫 提供）

第三节　烟台近代民居

开埠之前，烟台受福山县管辖，建筑文化也受传统建筑的影响，但由于当时属于偏远落后地区，胶东城池建筑规模较小，传统建筑规格都不高。

1861 年，依据《中英天津条约》，烟台被迫开埠，成为山东最早开埠的城市。当时在中国北方仅仅有天津、营口两个开埠口岸，且规模都较小，烟台也成为中国北方最早开埠的三个港口之一。

作为 20 世纪以前山东地区唯一的对外通商口岸，同时也是天津和上海两个大港之间唯一的口岸，烟台成为山东地区贸易的集散中心，并逐渐成为外国商品进入北方地区以及北方产品出口的重要集散地。烟台开埠后，距所城数里、深入海中的烟台山成了西方建筑的聚集地。先后有英、美、法、德、日等十余个国家在烟台山周边建立了领事馆、洋行等办事机构及教堂、学校、医院和众多别墅等西式建筑。

一、近代民居发展

开埠前，奇山所城是一座由四合院组成的传统小城，传统四合院民居建筑在烟台地区有着一定的规模和历史，因此烟台以新式四合院为主的近代民居住宅正是在当地传统四合院的基础上发展改造而来的。

烟台开埠后至 19 世纪 50 年代，烟台沿海发展成为方圆 3~4 公里的商业区域。商业区逐渐由北部临港的朝阳街向南部内陆的西南河附近发展，各种商店、工坊和居民点随之建立，与之相配套的城市服务功能逐渐提升。各种西式的居住建筑形式纷纷出现，开始是完全西式风格的别墅住宅，后来逐渐形成中西合璧式的民居住宅，最后在烟台出现了数量众多的由四合院组成的里弄式住宅。

二、民居分布与类型

（一）近代民居分布

烟台近代民居开始仅仅分布在海港码头一带，后来向外扩展，主要分布在烟台山周边，以及东山和南山地区。最早以外国人居住的别墅为主，后出现中国人建设的近代四合院。近代四合院分布较为广泛，最早出现在烟台山下朝阳街周边（会英街、东太平街、西太平街、海岸街），如共和里、永安里、庆安里及大马路、二马路一带；烟台形成新市区后，近代民居向三马路、四马路一带和市区其他范围（如奇山所城）扩展。

（二）近代民居类型

烟台最早出现的近代居住类建筑为别墅住宅。早期的别墅几乎均为外国人居住，并在烟台山、东山一带形成外国人居住的住宅区。最早的别墅是 1862 年前后出现在烟台山的英国领事官邸，这也是山东地区最早的有外来建筑风格式样的住宅建筑。后来随着城市的发展，城市居民的增多，西风东渐导致的中国人观念的转型，部分中国商人也开始建造别墅住宅，别墅开始成为烟台民居的组成部分，这种风格的别墅建筑也影响了烟台本地民居的近代化发展。烟台近代民居则以四合院民居为主，出现的时间最早，数量也最多。虽然受外来文化影响，但保留了烟台传统民居的特点，也符合烟台本地人的生活习惯。烟台近代里弄大多建设于 20 世纪 20 年代，比上海里弄住宅晚了近半个世纪，烟台本地人一直沿用所城的叫法，称之为"胡同"（图 7-3-1）。结合了西方新式建筑和传统民居特点的近代四合院，正是这些胡同的重要组成部分。至 20 世纪 20~30 年代，这类四合院的建造风格都已经相当制式化，为烟台本地富裕的中产阶级所广泛接受。

图 7-3-1 烟台近代里弄民居
(图片来源：姜波.山东传统民居类型全集 [M].北京：中国建筑工业出版社，2015：209.)

三、民居形制与特征

（一）平面与空间布局

近代民居在建设时期受到西方建筑文化和使用需求的影响，其布局形式在传统的院落布局上有所发展。近代四合院在形式上遵循了本地传统民居的院落式布局，一是轴线对称，二是中心院落的采用。但在近代四合院中，综合了中国传统合院式住宅和西方回廊式空间的特点，建筑布局在传统基础上有所变化，如在院落中间加入厕所、楼梯等。20 世纪 30 年代后，烟台中产阶级的住宅基本都采用了近代楼房四合院的建筑形式，一般是三面楼房的二层四合院。院子南北东侧都是二层楼房，大门设于北楼楼下的东侧，这与传统四合院不同，是近代西式四合院的独创。进门后为设在东厢房墙上的影壁，保留了传统影壁的样式。东厢为院子中的厕所，也是院子内唯一的两间平房。厕所男女分设，屋顶开换气天窗，这也与传统四合院不同。影壁前右拐进院子，由于是二层楼房，所以从人的视感而言院子较传统四合院略小。南北楼房上下各五间，西厢房楼上下三间，以单面外廊为主。

（二）结构与构造

别墅住宅建筑屋顶为坡顶，铺本地灰色小瓦。建筑带前廊，四周开大窗，室内架空木地板，内设做工精美的壁炉。

早期楼房四合院采用砖木结构、木质楼梯和外廊，但在 20 世纪 30 年代后制式化的近代四合院建设中，则采用砖混结构，上下楼有两处楼梯，一处在南楼东南角，一处在北楼西北角连通钢筋水泥材质的外走廊。

（三）装饰艺术要素

传统民居一般在屋脊、大门、屋檐、墀头、门窗、瓦当等处进行装饰，风格突出质朴实用、寓意吉祥。烟台近代民居在传统四合院民居的基础上，主要是在建筑的门窗细部、墙身腰线、山墙墙角及外廊柱子上，会体现出一些受西式风格影响的装饰和结构，如西式的柱式栏杆、进口的西方瓷砖、西式的线脚和进口玻璃灯等。主要体现在两个方面：一是线脚的使用，在墙体中间或转角处用线条勾勒腰线等，使建筑更有层次感，或者在门窗、柱基、影壁等处进行线脚装饰；二是几何图形的使用，特别是拱形门窗洞的使用，还有三角形窗套、六边形等几何形窗的形式。这些装饰手法极具西方特色，受到了西方建筑文化的影响。[①] 近代四合院为了采光都开玻璃窗户，外面再加上防护的铁皮外窗。近代民居建筑中，传统的装饰手法较少，近代西方的装饰纹样在近代民居建筑上有所体现，如进口瓷砖不时出现在

---

① 万晶.鲁商文化对胶东传统民居的影响 [D].烟台：烟台大学，2019.

近代四合院民居院落的装饰上。这些西方的装饰要素也体现出西方文化对近代烟台民居的影响。

（四）建筑材料

烟台近代民居注重中西风格的结合，墙体由灰砂石和灰砖砌成，20世纪20年代后期出现外墙为水刷石墙面的别墅住宅（如张弼士家族住宅）。屋顶采用本地小灰瓦，做成和所城一样的瓦背。门窗、楼梯栏杆为西式，前后开木制玻璃双扇，房间内部采用玻璃木隔断，铺木地板，院子为水泥抹面。

开埠早期的民居建筑还多以青砖墙体、青灰色屋顶为主，与传统颜色较为相近，而随着西方建筑文化和建筑材料的不断引入，近代楼房四合院则完全打破了传统模式，出现了红砖、抹灰砂浆、水刷石和花岗石等建筑材料，建筑的颜色多采用红色和棕红色以及浅灰色等。[1]

20世纪30年代后，楼房四合院开始统一设计，由专业营造厂统一建造好后出售。沿街为水刷石墙面，院内地面为水泥抹面，室内木地板，外廊改为钢筋水泥材质。

四、代表性民居

（一）刘子琇旧居

刘子琇故居建于1903年，2013年被列为第四批省级文物保护单位。包括东侧两个中式院落和西侧西式小楼院落。北侧带有后夹道及后墙门，东侧带有侧花园，东院三开间入门屋脊高出，门外正对独立"一"字形须弥座大影壁，大门内甬道尽头亦为一独立影壁，甬道东西两边各设垂花门，通向东西两个院落。

东侧院两个小院格局类似，正房和倒座均七开间，中间五间出厦带柱廊，檐柱方形抹角，两侧梢间为槛窗；厢房一座为三开间二层小楼，上下均带外廊、一侧设木制楼梯，两根檐柱为铁制栏杆，西式宝瓶状琉璃栏杆，下层外廊尽端设砖砌圆拱形门通向正房和倒座外廊；正房、倒座、厢房山墙均为观音兜形制、屋面为小青瓦仰合铺

设，窗户均为西式圆拱形带砖砌窗边和窗楣，东院倒座明间较宽，为四扇落地长窗，窗上弧拱形明窗带冰裂纹花格，室内地面为花纹釉面水泥砖铺设；两正房之间设平台，西式宝瓶状琉璃栏杆，平台南侧即为门内甬道影壁，从院内随墙门可进入平台小院（图7-3-2）。

西侧院落为三合院，正房和西厢房均为五开间二层小楼，上下均设砖砌拱廊，大门开设于倒座东端，门侧廊心墙镶蓝瓷砖，进门过道及正房、厢房上方有西式吊顶天花板，倒座内檐设柱廊（图7-3-3、图7-3-4）。

（二）牟平邵家塍村张颜山旧宅

张家大院建于1920年，是曾经声震上海滩和济南商界的"染料大王"张颜山之旧宅。房屋

图7-3-2　刘子琇旧居
（图片来源：李朝　摄）

图7-3-3　砖砌拱廊
（图片来源：李朝　摄）

---

① 万晶. 鲁商文化对胶东传统民居的影响[D]. 烟台：烟台大学，2019.

图 7-3-4　六角形侧窗
（图片来源：李朝 摄）

图 7-3-5　张颜山旧宅鸟瞰
（图片来源：山东烟建集团 提供）

110 间，占地近 4000 平方米，在空间的组织模式上遵循烟台传统民居的特征。由于投资巨大，旧宅较之周边民居规模更为宏大，等级也较高。其分为上下两院，下院建造时间略早于上院；现存东西两个大院，分别为二进式和三进式，现为省级文物保护单位。

上院合院单元依然遵循传统的空间构成，院落组织、夹道以及轴线依然存在。正房、倒座七开间，东西厢房四开间，正房为抬梁式，面宽 18 米，进深 10.6 米，屋脊高约 10 米。中间院子的尺度较传统院落变大，从全局来看整体空间变大，可供发生的行为变多，但从空间构成上来看依然是传统的（图 7-3-5）。

张颜山旧宅是一座融合了中国北方传统四合院与西方建筑文化风格的近代民居。建筑主体结构上并未有所突破，依旧采用传统的砖石木结构，但在门窗洞口过梁的砌筑方面均采用带弧度的砖券，并突出券心石，可视为受到西方影响的特征，门窗上红砖券顶与粉墙交相辉映。窗台以下全部由青石砌就，凿痕如丝，接缝如发[①]（图 7-3-6、图 7-3-7）。

建筑在装饰细部做法上不仅继承了传统，并且吸收了西方特点，这些装饰则主要出现在关键部位，如门、窗、垂花门、照壁等。在院外，屋宇式大门外加了新式的铁艺防盗栅栏门，与上方传统的木雕门罩对比产生了丰富的中外装饰对话，而这种铁艺防盗门具有相近时期新艺术运动的特点。倒座临街采取三层窗，最外层为德国进

图 7-3-6　张颜山旧宅内部院落
（图片来源：山东烟建集团 提供）

图 7-3-7　张颜山旧宅外观
（图片来源：山东烟建集团 提供）

① 梁栋楠，张巍. 异质文化影响下的近代年平本土民居特征存续研究——以张绪升宅及张颜山旧宅为例 [C]//中国民族建筑研究会第二十一届学术年会论文特辑，2018：272-278.

图 7-3-8　牟氏别院俯瞰
（图片来源：刘清越 摄）

图 7-3-9　牟氏别院入口
（图片来源：李朝 摄）

口西式钢筋攒花的铁艺防盗窗，中层为木格窗，内层为平开木框玻璃窗。倒座临街外墙上还设有精致的拴马石，墀头砖雕福、禄、寿、喜等传统的民居装饰，大门两侧还设有青石门枕与石雕狮子。

建筑室内地板铺设彩色面砖，室外铺地采取水泥铺筑并采用钢筋压花的新工艺来形成丰富的纹理效果。院内排水同时采取了传统铜钱样式的石制、现代样式的铁质排水地漏。[1]

建筑材料既有中国传统的石、砖、木、瓦，又有新兴的铁艺、理石、地砖，虽然当时牟平还没有通电，但屋里内设的电路装置，也应用至今。

整体而言，张颜山旧宅因是家族聚居之地，重视居住单元组合的空间形态、秩序与整体统一，强调等级，在建筑组织上表现为固守本土传统形制，但尝试性地在装饰层面吸收异质文化的特征。传统与时尚、保守与前卫的有机结合，让这座旧宅极富时代传奇色彩，可以说代表了胶东民居建筑的最高水平。[2]

（三）烟台山牟氏别院

烟台山牟氏别院位于烟台山南麓，烟台山别墅1号、2号院南侧，为烟台栖霞牟氏家族的主要创业人牟墨林妾室所居住的别院。建筑为典型的楼房四合院空间布局，四面皆为二层楼房；除入户影壁外，院落内还建有西式内门楼；北楼两侧有水泥楼梯；柱式、外廊栏杆、檐板、门窗样式等无不体现出中西建筑合璧的混合式风格（图7-3-8、图7-3-9）。

（四）朝阳街历史街区民居

朝阳街历史街区的范围主要包括胜利路以东、解放路以西、北马路以北至烟台山北边海滨，并包括北马路南侧原北大街沿街历史建筑群，总面积共计51.23公顷。朝阳街始建于1872年，是近代烟台最为繁华的街巷，聚集了各类中西融合、独具特色的建筑院落，是烟台民族工业的发祥地。朝阳街历史街区民居主要位于烟台山以南，北马路以北区域，包括朝阳街、海岸街、会英街、东太平街、西太平街等，是较为完整的近代时期建设的民居聚集地，如朝阳街71号、会英街9-10号、西太平街18号等（图7-3-10）。

以朝阳街71号民居为例，该建筑始建于民国时期，曾作为民居使用。建筑院落整体坐北朝南，是一处中西合璧式的四合院建筑，总面积812.5平方米，院落面积68.5平方米。由北屋（正房）、南屋、东厢房、西厢房围合成封闭式一进院落，中轴对称，平面呈"口"字形。南北屋面阔三间，进深一间；东西厢房面阔六间，进深一间。民居

---

① 梁栋楠，张巍. 异质文化影响下的近代牟平本土民居特征存续研究——以张绪升宅及张颜山旧宅为例 [C]// 中国民族建筑研究会第二十一届学术年会论文特辑，2018：272-278.
② 同本页①.

图 7-3-10　烟台山周边近代民居
（图片来源：刘清越 摄）

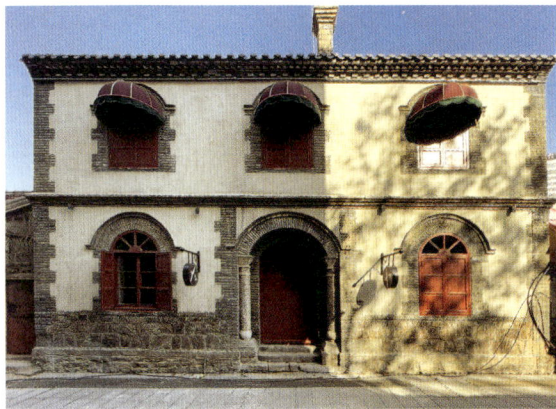

图 7-3-11　朝阳街 71 号民居
（图片来源：李朝 摄）

内所有建筑均为两层，砖木结构，青砖墙体承重，尖山式硬山顶，布瓦合瓦屋面，院内二层建筑有游廊，"日"字形相连，中间带楼梯（图7-3-11）。

其他较有特色的民居如会英街 9 号、11 号，分南北两部分，其中北楼为二层砖木结构，有石材砌筑的楼梯直通二层，二层外廊有石质栏杆。屋面为红色机制大瓦，门窗为木质。

第四节　威海近代民居

清末以前，威海基本保留了建城时期的规模。随着洋务运动和北洋海军的建立，威海出现了一定规模的城市建设，产生了一系列近代建筑。威海从一个传统的封建小城，成为重要的近代军事重镇。其建筑大多以工业建筑和军事建筑为主，并且大都集中在刘公岛，对当时威海卫的城市建设的发展影响不大。

1887 年威海成为北洋海军的主要基地和驻泊之所，海防工程全面展开，修建了兵营。随后又大规模建设了海军衙门、机器局、铁码头、电报局、子药库、水师学堂等。当时刘公岛的军事建筑大多聘请英国人为顾问，建设都采用国外的建筑图纸，使用的建筑材料也来自国外，采用中西合璧的风格，这种新的建筑风格开始在威海出现。这些建筑都由威海当地的工匠完成，威海当地的一些施工的做法逐渐反映在近代民居建筑上。

一、近代民居发展

1898 年中英签订《订租威海卫专条》，将威海卫城、刘公岛、码头区（爱德华商埠）及初家庄、邓家店、杜家村、宋家庄等 300 多个村庄划为租界区。

开埠后威海城市建设发展缓慢。英式建筑以别墅等低层建筑为主，建筑的规模、质量及艺术水平无法与大连、青岛等同时期的殖民城市相比。除了新建的爱德华商埠区狭长地带，以及刘公岛中西部采用了当时西方较为先进的城市规划外，整个城市范围内并没有形成类似于青岛那样完整的德国城市规划系统。[①]

威海近代建筑业同样是从开埠以后逐渐发展起来，早期在商埠区出现了大量外国人的英式建筑。受此影响，威海富裕的人家开始模仿这种英式住宅，将院落布局从传统的合院式改为欧洲庭院别墅式。屋架抛弃了原来笨重的梁架，改为轻质的屋架，采用四坡顶、铁皮瓦、木外廊的形式，这种建筑风格与山东其他近代城市的建筑风格不同，而且影响了威海周围的城乡民居，成为山东近代民居中独具特色的一种民居形式。

二、民居分布与类型

威海近代时期的民居分布有三大区域，一部分近代别墅和四合院多位于刘公岛沿海商埠及周边乡村一带，主要以英海军以及政府人员的住宅建筑民居为主，数量虽然不多，却具有特色；第二部分是威海市区东山靠近海岸线一带的商人住宅；第三部分是老城外东南栖霞街历史街区，是英租时期的商业娱乐区，但混杂了大量居住类民居建筑，目前尚存多处民居建筑及院落。

三、民居形制与特征

（一）平面与布局

刘公岛以近代别墅为主要居住形式，平面以方形布局或对称的"工"字形为主。方形住宅一般是带外廊的二层楼房，"工"字形住宅一般是平房，入口在中间，进门为走廊，两边突出的部分是客厅，客厅平面为方形或五边形，采光良好。客厅普遍采用木地板铺制，在一层住宅的后面是一排附属建筑。这种住宅最大的特点是外墙充分利用当地的石材，无论外观怎样变化都能体现当地的地方色彩。

20世纪30年代以后威海逐渐形成近代里弄住宅，形式多是二进四合院和部分楼房四合院。

里弄住宅一般由六七个院落组成，每个院落都是二进四合院，沿里弄四间，除右边一间是过道，其余三间中间开大门，两边开大的玻璃窗，南屋几乎拥有和北屋一样的采光和通风，院落布局和传统的四合院一样，但院落较大，照壁二门都进行了简化，采用钢筋混凝土建造。西厢房一般是平房，屋顶可以上人，屋面由传统的小灰瓦换成当地称为"大翻毛"的机制大瓦，成为山东代表性的近代四合院。

（二）建造与结构

威海早期民居风格多受英式别墅住宅的影响，石基、砖墙、灰瓦、大屋顶、格子玻璃窗，建筑高大。20世纪20年代以后，威海近代合院式民居逐渐形成，这种带有强烈地方风格和以地方材料为主的近代四合院，院落地面完全用水泥抹面，屋顶采用平屋顶和四面坡顶相结合的形式，铺机制大瓦，窗户以下是大块的方石，上面青砖和磨砖对缝施工精良。沿街不仅开玻璃窗户，而且还直接开门。室内空间高大，采光良好，地面铺木地板，非常适宜居住。与传统民居相比，不仅房子层高增加，沿街窗户的尺寸也变大了。这类四合院体现了传统风格和近代施工技术的良好结合。1925年威海的木瓦作坊有义和、德胜、永平、东成和、和盛、吉顺兴、同昌、丰源德、云华盛等14家，发达的建筑营造业也为民居住宅的建设奠定了基础。

（三）建筑材料

接受了西方文化影响的威海近代民居建筑，屋架抛弃了笨重的梁架，改为轻质桁架屋架，采用四坡顶、铁皮瓦、木外廊、玻璃窗的形式。与济南的外商住宅建筑相比，威海的近代住宅建筑普遍采用砖石结构，墙体承重，加之为了应对本地潮湿寒冷的气候，因此建筑外墙多使用500毫米厚的石墙，并铺以中国传统民居保温材料黄泥和稻草。为了隔断由于砖石结构传递的室外潮气，墙壁除了使用黄泥和稻草之外，一些高级住

---

① 咸帅. 威海近代历史建筑再生式保护与更新 [D]. 青岛：青岛理工大学，2011.

宅还会使用厚达 1200 毫米的宽厚裙板作为保温方法，但是更多的建筑以木地板隔绝潮气以及使用壁炉为主。

（四）装饰艺术元素

威海海边视野开阔、景色优美，众多英式度假别墅和旅馆建筑沿海岸错落分布，虽然不少英国风格建筑也采用中国传统的细部装饰，但整体上这些别墅使威海海滨充满异域的风情。

"英租"时期的建筑雕饰十分简易，与其建筑风格的质朴厚重相得益彰。建筑雕饰既有中国传统图案，又有西方典型式样，是中西合璧的产物。建筑雕饰有石雕、砖雕和木雕，石雕和砖雕主要用于建筑外墙面，木雕室内外木构件都有采用。

建筑石雕用于女儿墙栏杆、柱、窗台、门窗圆券，主要是西式风格，偶见中式风格意象。例如，女儿墙石质栏杆采用西洋瓶式雕饰，如华人商行门廊上方石栏杆采用西洋瓶式雕饰；谷爱仁堂狮子石雕，门窗券拱有圆券和平券，例如，共济会所的外门门套、外窗窗套两侧壁柱采用简化的爱奥尼柱式构图，半圆形山花和三角形山花都是水刷鹅卵石做法，装饰手法十分稚拙；门洞上部两端石块叠涩形成中国传统窝角棱式样，似欧洲新艺术运动风格常见的门窗洞口的弧线处理；腰线方石出头亦有中国传统民居檐部砖椽的意蕴；石质窗台两端抹角斜面向下，是典型的西式做法。

建筑砖雕仅有檐墙拔檐和烟囱处使用，主要是中式风格。例如，墙檐采用菱角檐或砖椽；烟囱檐口处有砖椽，正脊翼角处仿中式屋脊砖雕出圭角盘子和勾头。

建筑木雕主要用于室内的楼梯、壁炉、柱、踢脚和裙板以及室外的柱、椽头、博缝板和门窗处，中西式风格皆有。如室内楼梯有西式花棂栏杆、四棱抹角栏杆和透雕花叶栏杆等，望柱和垂柱柱头形式有圆球形、火焰形和方形；壁炉装饰形式不一，有两侧壁柱，柱面雕饰古典柱式棱线，简化了的多立克式柱头下方有圆球形装饰；

室内木柱柱头雕花，纹样既有西方盾形雕饰，也有中国传统暗八仙图案。考究些的建筑室内有雕花的木裙板。例如英华务司官邸的裙板雕有两种二龙戏珠图案，一是有龙鳞的龙，中央是火珠；二是草龙，寿字当珠。还有宝葫芦、暗八仙图案。

室外木方柱四棱抹角，柱间弧形券局部线脚；椽头弧形线脚雕饰，似简化了的中式麻叶纹饰；博缝板中央的悬鱼用花棂柱替代。木门套和窗套采用多重直线脚，窗间框局部雕饰横向线脚，门窗木过梁和门窗框皆饰滚楞线脚，是胶东民居常见的处理手法。

而后期威海中国人建设的近代民居总体风格，带有中国屋脊特色的烟囱是这些建筑共有的特点。虽然很多民居建筑参考了西式建筑的风格，但依然使用了很多中国元素。如著名的四眼楼，二层砖石结构建筑，在其外廊柱头装饰上，却是中国的镂空祥云图案。类似使用中国传统元素作为装饰纹样的还有刘公岛上的许多住宅建筑，特别是室内裙板，装饰有兰花、荷花、祥云，仙人过海等纹样，以及楼梯护板上连续使用的祥云纹样。

四、代表性民居

（一）栖霞街民居

栖霞街位于原威海卫城墙与东海岸的开阔地带（现威海市区新威路与世昌大道交口，延安路南，东城路北），曾经是出东城门到海边的必经之处。如今威海卫城已不存，仅有百年栖霞街作为海上卫城与海权文化的缩影。

历史上的栖霞街区，最早脱胎于英租威海卫之前的桥西村，建成于约 18 世纪 40 年代，与威海卫城墙四角外面的东北村、东南村、西北村、西南村成为卫城墙根下为数不多的几个自然村落。[①]

英国占据威海后，由于威海卫气候优越，英国人逐渐转变了单纯将威海卫作为军事基地的初衷，开始进行城市开发与建设，重点开发威海卫城东到海边的狭长地带，划北部为行政区，中部

① 咸帅. 威海近代历史建筑再生式保护与更新 [D]. 青岛：青岛理工大学，2011.

为体育区，南部为商业与文化娱乐区（统称爱德华商埠区）。栖霞街所在的桥北村划归爱德华商埠，即商业娱乐区，并逐渐成为威海卫最为繁华之地，形成了一块平面规则的梯形组合式街区。

19世纪末，栖霞街区以桥北村部分民宅为基础，以爱德华商埠南端的新大路（现栖霞街区内部井冈山路）与布朗路（现新威路）为框架发展而来。当时英国人在城外实施现代城市规划，引入西方先进的城市规划理念，并先后建成了以布朗路和霍克哈特路（现新威路南端）为主贯穿卫城东海岸的碎石路，一些城中的大户便开始陆续在桥北村城根下买房置地，经营商业，形成了新大路西侧一排紧贴城墙的棚户房。到1930年之间，栖霞街与街北侧的迪化街、吉祥里、青云里同时形成英租界南区的文化娱乐中心。[①] 而在栖霞街区内部的栖霞街、清华里、绥远街、致祥里两侧，都建设了大量近代合院式的民居建筑。

以现存的戚家大院和井冈山路11号、13号院为例。戚家大院为胶东传统院落式（图7-4-1），坐东朝西，地上一层，屋顶为硬山双坡；建筑东西宽34.6米，南北长36.8米，建筑占地面积1106平方米（含院子），建筑总面积727.8平方米。建筑风格属传统中式建筑样，结构为砖木混合。

井冈山路11号、13号院包含两个院落，两个院落均由正房、配房和西厢组成。其中牙科诊所建筑结构随街道变化呈"L"形围合。建筑总面积261.82平方米。建筑风格属近代中西合璧建筑样式，建筑结构为砖木混合式（图7-4-2、图7-4-3）。

栖霞街历史街区的近代合院式民居住宅，形式多样，不拘泥于四合院的形制，而是根据道路走向呈不规则的形制，如"U"形、"L"形和阵列形。同时受西方建筑思想影响，在形式上如拱门、檐口、屋顶、门饰等建筑细节层面吸收了外来的样式，体现出中西融合的近代特征（图7-4-4）。

（二）东山小红楼

东山小红楼又称为克拉克私宅，为英商泰茂洋行老板欧内斯特·克拉克（Ernest Clark）的私人住宅。位于东山路北山坡，始建于1913年，

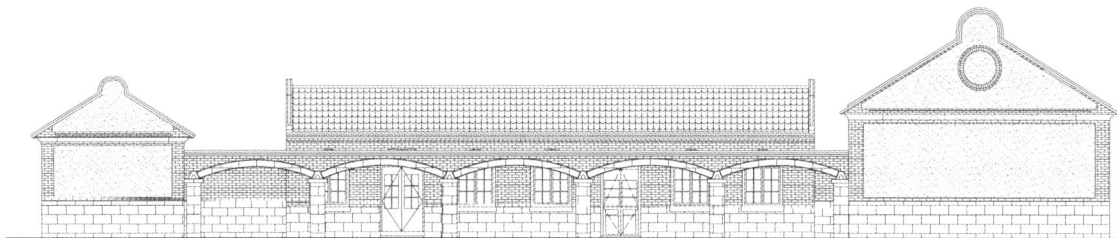

图7-4-1　戚家大院立面图
（图片来源：威海市城市开发投资有限公司 提供）

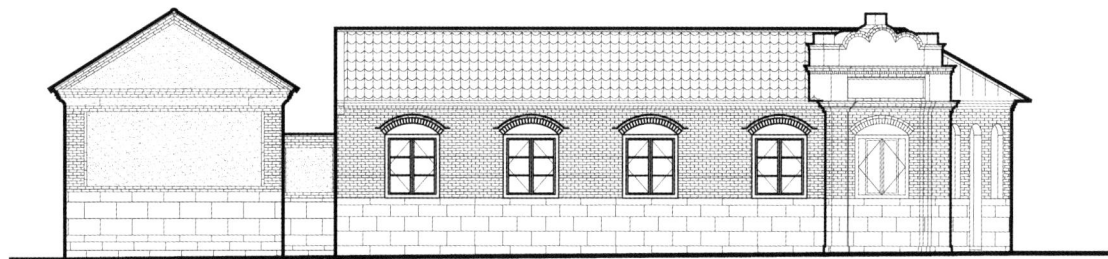

图7-4-2　井冈山路11号、13号院西立面图
（图片来源：威海市城市开发投资有限公司 提供）

① 咸帅. 威海近代历史建筑再生式保护与更新[D]. 青岛：青岛理工大学，2011.

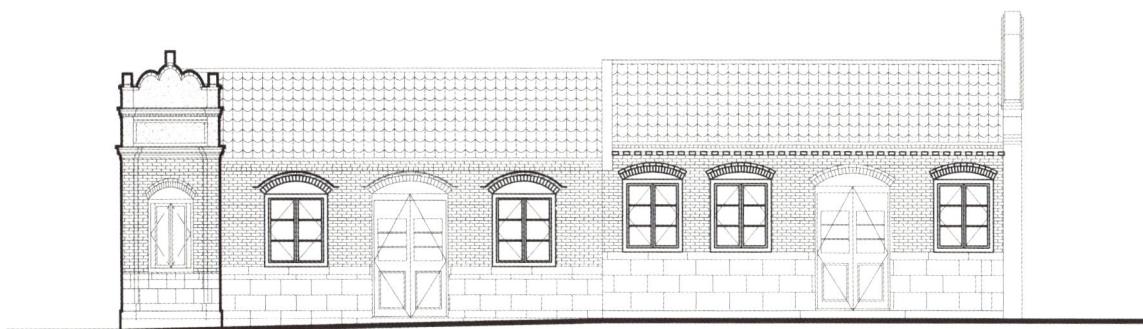

图 7-4-3 井冈山路 11 号、13 号院南立面图
（图片来源：威海市城市开发投资有限公司 提供）

四合院形 "U" 形

"L" 形 阵列形

图 7-4-4 栖霞街近代合院式民居空间形制
（图片来源：威海市城市开发投资有限公司 提供）

目前为省级文物保护单位（图 7-4-5）。

建筑占地 621 平方米，使用面积 281 平方米。坐北面南，面向大海，结构以石木为主，建筑平面呈不规则状，大屋顶上有面积宽敞的阁楼，前设敞廊，屋面铺机制洋瓦，具有浓郁的英国殖民建筑特色（图 7-4-6）。

小红楼整体保存较好，内部空间布局灵活，外立面简约又不乏细节，具有浓郁的英国殖民地建筑风格；建筑烟囱等处体现出浓郁的中国特色，外墙亦采用当地石材，整体建筑既具异国情调，又不失威海本土特色。地上二层（含阁楼）石砌墙体，木桁架，红瓦四坡屋顶上辟阁楼窗，阁楼为两个套间。南北面阔七间 31.5 米，高 14.5 米，建筑面积 281 平方米。建筑主体为石墙体承重结构，南侧散廊有木柱支撑。建筑门窗均为木制，台基为石材台基。室内铺 130 毫米宽木地板，装修有壁橱、壁炉。建筑内墙均有踢脚、墙裙、线脚。室内楼梯为木制单跑楼梯。

（三）四眼楼

四眼楼位于山东省威海市环海路 7-1 号，始建于 1898 年，建成于 1904 年，是目前威海保留比较完整的历史建筑之一，2006 年 12 月被列为山东省第三批省级文物保护单位（图 7-4-7）。

房主原为英国人依莱斯（Elias J. R.），建筑原为英租威海卫时期英国海军司令的别墅。建筑

图 7-4-5 东山小红楼
（图片来源：山东建筑大学建筑城规学院遗产保护所 提供）

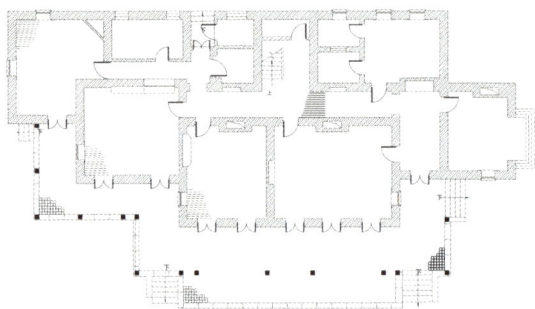

图 7-4-6　东山小红楼一层平面图
(图片来源：山东建筑大学建筑城规学院遗产保护所　提供)

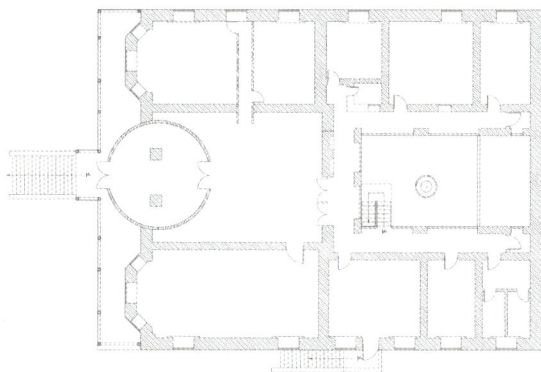

图 7-4-7　四眼楼
(图片来源：山东建筑大学建筑城规学院遗产保护所　提供)

占地 1342 平方米，坐北朝南，三层石木结构，平面呈长方形。南向正立面竖向分为三段，东西两部分向前突出，中间部分内凹。面阔 18.9 米，进深 30.6 米，高 17 米，建筑面积 662 平方米，建筑风格传承了英国文艺复兴时期风格。东西两侧突出的三层外墙墙面各开有两个石制圆孔窗，做工相当精致，故称四眼楼（图 7-4-8）。

外墙为长方形赭色块石砌筑、外墙平均厚度 80 厘米，最厚处达到 1 米，水泥砂浆磨缝。门窗过梁和入口踏步台基均用青色条石。正面有两层木质前廊，有石质台阶直通二层。廊柱一层为方形抹角石柱，二层为黑色木质方柱。外廊柱头处均散铁质黑色的中式花纹装饰，类似中国传统建筑中的雀替。第三层类似阁楼，两端培面耸立，四个圆空窗即在此处。建筑内部则是纯木结构（图 7-4-9、图 7-4-10）。

（四）米士斯采别墅

意大利商人别墅位于今威海市环海路海都酒店院内西南，建于 1920 年，为意大利商人米士斯采避暑别墅，目前为山东省省级文物保护单位（图 7-4-11）。

该建筑结合地形，西侧地势较高处为二层楼房，东侧结合地面坡度与台基高度差，在一层平房下加有局部地下室，其南侧与东侧均为敞开式柱廊。建筑西侧二层塔楼顶部有城堡式雉堞，结合二层四面拱形窗户，极具意大利中世纪建筑特色。建筑面积 302 平方米，共有房间 14 间，其中楼房部分建筑面积 253 平方米，地下室部分 48

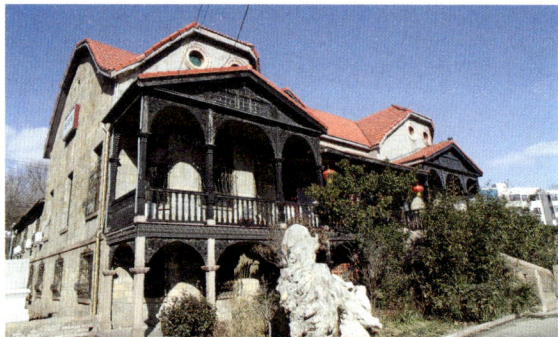

图 7-4-8　四眼楼平面图
(图片来源：山东建筑大学建筑城规学院遗产保护所　提供)

图 7-4-9　四眼楼正立面图
(图片来源：山东建筑大学建筑城规学院遗产保护所　提供)

图 7-4-10　四眼楼侧立面图
(图片来源：山东建筑大学建筑城规学院遗产保护所　提供)

平方米，占地共 1 亩（图 7-4-12）。主体为石墙体承重结构，仅东南侧室外露台上下部敞廊有石砌柱子支撑，建筑外墙体及内部承重墙体均为石材建造，外侧敞廊柱间有钢筋混凝土梁。建筑吊顶基本为木制龙骨挂木板条，外涂面层。内墙面除地下室外均有踢脚、墙裙。室内地面均为 130 毫米宽木板铺地，室内楼梯为木制单跑楼梯。

别墅整体保存较好，建筑风格既有地中海式风格的敞廊露台，又有意大利中世纪城邦式风格的雉堞、塔楼；建筑平面与地形结合，将地下室与台基巧妙结合；建筑屋面采用威海本地的波形瓦，北侧部分屋面为机制瓦屋面；外墙采用当地石材，整体建筑既具异国情调，又不失威海本土特色（图 7-4-13、图 7-4-14）。

第五节　潍坊近代民居

1869 年德国地质学家斐迪南·冯·李希特霍芬对山东的煤矿资源进行考察，他回国以后向德国政府建议，在山东的腹地修建铁路，开发坊子、淄博等煤田。1897 年 11 月德国政府以"曹州教案"为借口，出兵占领胶州湾。次年 3 月，清政府与德国政府签订了《胶澳租界条约》。

德国政府根据条约开始为修筑胶济铁路和开发铁路沿线的煤矿进行大规模的投资准备。1901 年 9 月，德国人在距坊子车站南 2 公里处建成坊子竖井。1903 年胶济铁路延伸，建设坊子车站，成为胶济铁路上仅次于济南青岛张店的重要车站。车站南侧依托车站形成了新的与铁路平行的东西向马路，马路之间形成南北向街道，政府街区呈棋盘状布局，街道规划整齐，沿街建筑以近代中式风格为主，内有院落。坊子也成为胶济铁路线上工商业繁华的工业重镇。

一、近代民居发展

坊子是山东近代城市中因为煤矿开采和铁路开通而形成的工业城镇。有别于山东其他开埠城市，是典型的工业城镇，没有像济南、青岛、烟台、威海那样形成以政治、商业和旅游为主的城

图 7-4-11　米士斯采别墅
（图片来源：山东建筑大学建筑城规学院遗产保护所　提供）

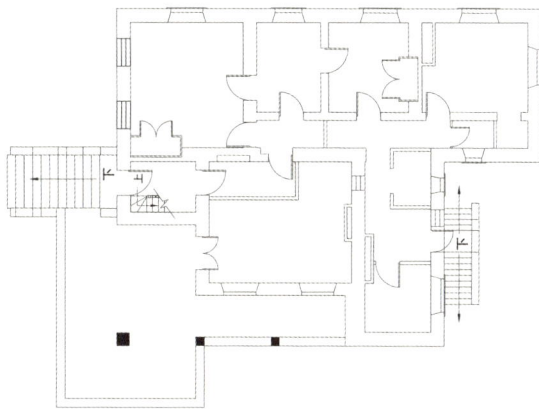

图 7-4-12　米士斯采别墅平面图
（图片来源：山东建筑大学建筑城规学院遗产保护所　提供）

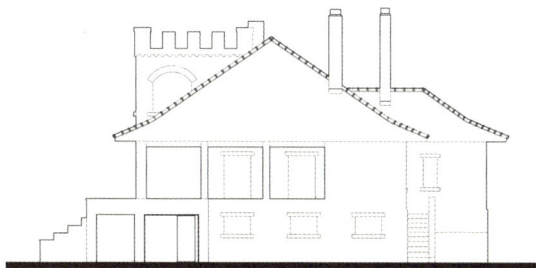

图 7-4-13　米士斯采别墅立面图
（图片来源：山东建筑大学建筑城规学院遗产保护所　提供）

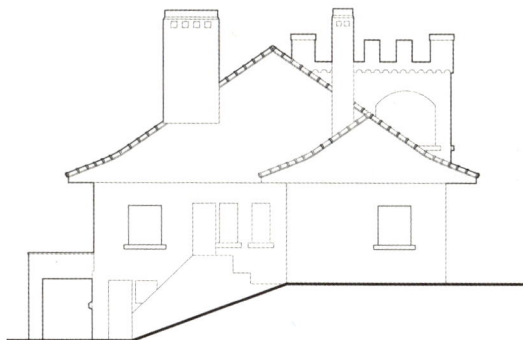

图 7-4-14　米士斯采别墅立面图
（图片来源：山东建筑大学建筑城规学院遗产保护所　提供）

市，而是由铁路、工厂、工人住宅构成城镇的主体，集中体现了近代工矿城镇的特征。

坊子近代建筑和民居的发展时间短，但规模集中，建筑风格统一。德、日殖民者在坊子除了修建了大批火车站、医院、学校等公共建筑外，也为当时的铁路和煤矿职员建造了一批公寓。这种公寓的形式根据职员的不同职位有所区别，反映了当时标准化住宅的特征，也集中体现了近代工矿城镇的特征。坊子煤矿职工住宅是山东近代工矿住宅的代表，是典型的依靠外力而形成的居住区。同时在文化路以东地区，有大量中国人生活聚集，也建设了许多民居，形成了受到西方影响的中国人民居住宅集中区[①]（图7-5-1）。

坊子虽然没有像青岛、威海那样在系统的现代城市规划指导下形成一个完整的近代城市，但它是山东第一个真正意义上的工业城镇，铁路、工厂、工人住宅构成城镇的主体，对山东近代城市布局及西方建筑技术的传播起到了很大的作用。

二、民居分布与类型

坊子民居主要分布在文化路以西的火车站、德国医院和坊子矿区，以及文化路以东的华人聚集区两个大区域。

坊子地区的近代民居主要分为两类，煤矿员工宿舍和中国人自建民居住宅。其中坊子煤矿员工宿舍又分为三类：高级职员的独立别墅住宅，房子高大坚固并有地下室，有独立的客厅、厨房、卧室，房间内部是木地板，门窗高大，采光良好（图7-5-2）；中级职员的宿舍都是联排式标准住宅，一排宿舍有多家居住，有独立的院落，但卫生间是一排宿舍公用，一律在宿舍的前面，普通职员一座房子住四家，中间有走廊相连，内部空间相对拥挤，采光通风稍差，室内是水泥地面，厨房在房间的外边。现在坊子车站的铁路宿舍19号就是当年铁路职员的宿舍。20世纪40年代前后，日本人在坊子建造了一批铁路公寓，也是联排式住宅，有独立的院落。

中国人自建民居住宅则主要在文化路以东地区，大多数是在传统合院式住宅的基础上，结合西方建筑风格式样和装饰，形成的近代合院式民居建筑，且多数有前店后宅的功能混合。

三、民居形制与特征

（一）形式与建造

文化路以西的外国人职工宿舍以独栋式住宅和联排式标准住宅为主，文化路以东的中国人自建民居住宅主要为近代楼房四合院式民居建筑，部分临街民居有前店后宅的功能混合情形。

坊子民居住宅的早期建筑结构为砖木结构，建造相对坚固，后期建筑不少为日式建筑风格，房屋建筑质量不佳。

图7-5-1　坊子煤矿职工住宅
（图片来源：姜波．山东传统民居类型全集[M]．北京：中国建筑工业出版社，2015：232.）

图7-5-2　煤矿高级职员别墅
（图片来源：姜波．山东传统民居类型全集[M]．北京：中国建筑工业出版社，2015：233.）

---

① 王华．坊子煤矿区建筑保护、改造与再利用研究[D]．青岛：青岛理工大学，2014.

（二）建筑风貌与装饰

坊子煤矿区的建筑与青岛同时期建筑风格一样，早期的建筑体现完全的德国殖民地风格，建筑主要为四坡顶，强调立面装饰，屋顶采用木屋架，上铺德式牛舌瓦，部分暴露木结构，外墙采用拉毛墙，由于当时的机制红砖紧缺，墙里面用中国传统的灰砖，建筑的基础墙角用石头，窗户周围和门楣用石材装饰。[①] 红色板瓦屋顶、砂浆拉毛墙面、椭圆的老虎窗和花岗石勒脚，这些元素充分体现出德国浪漫主义色彩以及新艺术运动建筑思潮的影响。不同时期建筑风格的变化一定程度上也揭示了德国 20 世纪初建筑风格的演变过程。

四、代表性民居

（一）德建军官住宅区

德建军官住宅区位于潍坊坊子区坊茨小镇，这里是国内最为集中的德、日式建筑群，现保存德、日建筑 166 处，其中德式建筑 103 处，日式建筑 63 处，总建筑面积约 45000 平方米。坊茨小镇的历史街巷空间尺度保存较好，德、日建筑风格鲜明，分布相对集中，数量较多且较为完整。

德国人在建火车站的同时，也建造军官住宅等配套的房屋建筑。这些居住建筑跟方盒子般整齐划一的中国传统房屋不同，它是属于西方古典主义流派、具有西洋风味的建筑（图 7-5-3）。这些德式建筑大都是由德国建筑师亲自设计，由技术人员指导坊子工匠完成的。装饰之华丽、细部之考究，体现了德式建筑的风采，与当地民居形成了鲜明的对比。坊子的德国建筑大量使用牛舌瓦，这种瓦大部分都是当年德商青岛捷成洋行位于大窑沟的窑厂烧制的。德建军住类建筑形式特征是独栋无内院，平面布置不整齐，体形自由。结构上常常底层用砖石，楼层用木构架，构件外露。屋顶大多采用跌檐式和双坡屋顶的组合形式。坡度陡而高，里面往往有阁楼，开圆形或六角形老虎窗。楼梯或楼层房间的局部悬挑在外，上面冠以尖顶。外墙水泥拉毛。壁柱、上楣、窗户四周、拱门、柱子等用马牙错的花岗石装饰或用砖砌形式来强调线条。

红色板瓦屋顶、砂浆拉毛墙面、椭圆的老虎窗和花岗石勒脚——这些形式和材料的使用充分体现出德国浪漫主义及新艺术运动建筑思潮的影响。

（二）一马路 52 号民居

位于山东省潍坊市坊子区一马路 52 号，建于 20 世纪 40 年代。建筑风格中西结合。建筑为二层小楼，木构架砌体结构。占地面积 69.8 平方米，建筑面积 139.6 平方米（图 7-5-4）。

图 7-5-3 德建军官住宅
（图片来源：李朝 摄）

图 7-5-4 一马路 52 号民居
（图片来源：李朝 摄）

① 刘楠. 坊子历史地段及其德日建筑研究 [D]. 青岛：青岛理工大学，2010.

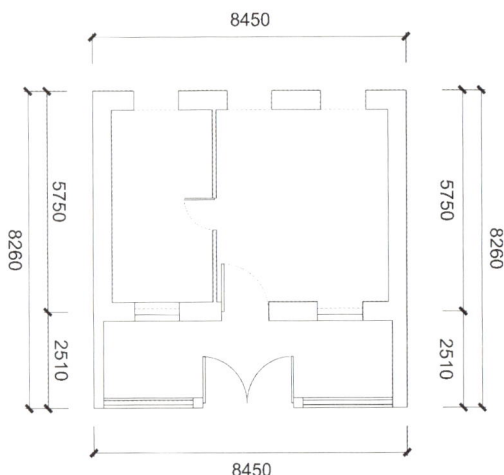

图 7-5-5　一马路 52 号平面图
（图片来源：山东省建设规划设计院有限公司　提供）

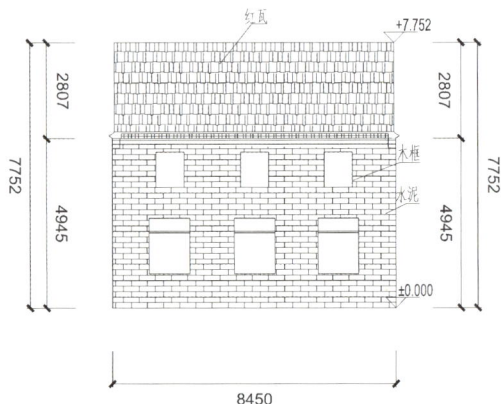

图 7-5-6　一马路 52 号立面图
（图片来源：山东省建设规划设计院有限公司　提供）

建筑平面方正，空间布局紧凑；砖红色坡屋顶；立面比例协调统一，墙体为灰色方砖，配有木制门窗。建筑主体保存完整，体现中华人民共和国成立前后中西结合的民居建筑特色，是中国传统文化与西方文化兼容并蓄与复合的重要见证（图 7-5-5、图 7-5-6）。

建筑目前处于闲置空置状态，建筑结构及平面布局均完整保留；建筑立面基本保留原貌，未曾有较大修缮。

（三）二马路 89 号刘氏老宅

二马路 89 号刘氏老宅，为文化路以东中国人居住宅区域内保存最为完好的住宅。始建于 20 世纪 30 年代，原为家族世代经营的药铺和住宅，为前店后宅的混合使用功能。北楼为主屋，二层楼房，面阔三开间，进深一开间。砖木结构，屋面铺红瓦，檐下有传统砖砌装饰。其室外楼梯的设置与坊子驻军司令部阳台的设计非常相似，立面比例、构成也与济南的张采丞故居有异曲同工之妙（图 7-5-7）。

（四）大英烟公司 1 号、2 号别墅

大英烟草公司厂区总面积近 22 万平方米，建筑群面积 6580.25 平方米。位于潍坊市奎文区廿里堡街道车站村西北廿里堡烤烟厂院内。该厂现存建筑 6 座，其中烟库 2 座、烟叶复烤车间 1 座、华人账房 1 座、别墅 2 座，均建于 1917 年，位于北厂厂区（图 7-5-8）。该建筑群为典型欧

图 7-5-7　二马路 89 号刘氏老宅
（图片来源：李朝 摄）

图 7-5-8　大英烟公司 1 号、2 号别墅
（图片来源：李朝 摄）

式工业建筑，比较完整地保留了 20 世纪早期西方列强在华烟草加工工业建筑体系。

大英烟公司 1 号、2 号别墅为典型西欧式建筑，体量、面积、形制相同。1 号别墅坐东向西，2 号别墅坐西向东，每座别墅均为东西长 19.6 米、南北宽 18 米、建筑面积 328.27 平方米。内设客厅、卧室、厨房、卫生间。木质门窗框架，内部均铺木地板，内置 5 个壁炉。主客厅有 1 个地下室入口，南北两侧各有耳房 1 座，主入口处为砖砌拱券廊檐，石质台阶、扶手。房屋门楣、窗楣拱券和建筑角柱、框架支柱均为红砖垒砌。花岗石勒角，外墙抹灰色沙灰墙皮。平面呈零式飞机形，当地俗称"飞机楼"。该建筑为英、美高层商务代办办公、居住使用，两处建筑地下均有通往廿里堡火车站之地下通道。

第八章　山东传统民居装饰艺术

　　山东传统民居装饰艺术根植于齐鲁大地的文化土壤，在体现民居特征、表达民居事象中起到不可或缺的作用。装饰艺术巧妙的构思、精湛的工艺、生动的形象和传神的意趣，赋予民居鲜活的灵蕴和令人遐思的妙趣，使得山东传统民居多姿多彩。

　　山东传统民居装饰手法多样，装饰题材和内容广泛。装饰主题以祈福纳吉、驱邪禳灾、伦理教化、抒情言志、颂赞标榜为主，内容有神话传说、民间故事、生活场景、戏曲人物、祥禽瑞兽、博古器物、吉祥文字、传统纹样等。

　　山东传统民居装饰特点鲜明，文化内涵丰厚，装饰依随民居载体，生动反映了山东地区的社会历史信息和时代审美意趣。

山东传统民居装饰艺术根植于齐鲁大地的文化土壤，在体现民居特征、表达民居事象中起到不可或缺的作用。装饰艺术巧妙的构思、精湛的工艺、生动的形象和传神的意趣，赋予民居鲜活的灵蕴和令人遐思的妙趣，使得山东传统民居多姿多彩。

山东传统民居装饰几乎分布于建筑及院落的各个部位，装饰手段和手法多样，有雕刻、砖塑、油漆、彩画、粉刷、裱糊、摆砌、排布、壁画、陈设以及应时装饰等。装饰题材和内容广泛，装饰主题以祈福纳吉、驱邪禳灾、伦理教化、抒情言志、颂赞标榜为主，内容有神话传说、民间故事、生活场景、戏曲人物、祥禽瑞兽、博古器物、吉祥文字、传统纹样等。山东传统民居装饰特点鲜明，文化内涵丰厚，装饰依随民居载体，生动反映了山东地区的社会历史信息和时代审美意趣。

第一节　装饰手段与手法

一、雕刻砖塑

建筑雕刻包含木雕、砖雕、石雕，俗称建筑三雕。建筑三雕技法多样，风格鲜明。

（一）木雕

木雕常见于梁、枋、倒挂楣子、花牙子、雀替、垂花、门簪、门窗扇裙板和绦环板、挂檐板、栏杆、撑栱等部位。雕刻技法分为混雕、线雕、透雕、浮雕、采地雕、嵌雕等。

梁身、梁头、瓜柱、额片、柁墩、角背都是梁架常见的雕饰部位。梁身一般浅雕扇形，梁头有麻叶云、海棠池子式样等。滕州王家祠堂梁架，从门楼、过厅到二进院正房，雕刻风格不一（图8-1-1）。龙口丁氏故宅屡素堂梁架，瓜柱雕饰莲叶莲蓬，柁墩雕云草，还有卷云额片和卷草雀替，整个梁架十分富丽（图8-1-2）。济南

a 门楼梁架

b 过厅梁架

c 二进院正房梁架

d 二进院正房前檐廊梁架与轩

图8-1-1　滕州王家祠堂梁架木雕
（图片来源：陶斌　摄）

图 8-1-2 龙口丁氏故宅屡素堂梁架木雕
（图片来源：陶斌 摄）

图 8-1-3 济南市章丘区圣井街道张家村进士故居正房梁架木雕
（图片来源：陶斌 摄）

市章丘区圣井街道张家村进士故居正房梁架，以卷草为雕刻母题，额片竖向狭长，形式别致（图8-1-3）。山东传统民居额片皆为混雕，局部用浮雕、透雕，式样活泼（图 8-1-4）。

抱头梁常与穿插枋一起雕饰，梁头、枋头是雕饰重点。惠民魏氏庄园穿插枋，枋头雕小狮子，精致细微（图 8-1-5）。穿插枋头雕龙首、卷草，见于济南市章丘区相公庄街道翟中策故居、无棣吴式芬故居和惠民魏氏庄园。济南市历城区唐王街道唐东村 167 号民居穿插枋，枋头两侧圆雕小鱼，妙趣盎然（图 8-1-6）。

檐枋雕刻常与雀替或倒挂楣子、花牙子同时进行。滕州王家祠堂檐枋和倒挂楣子，从门楼到过厅、二进院正房，雕刻手法既有层次差异，又相互呼应。门楼檐枋，为上下两层，上为三块花板，透雕卷草，间以宝相花雕饰，下为浅浮雕"云蝠"，雀替透雕卷草。过厅檐枋不加雕饰，仅花罩楣子透雕"连枝葡萄"。二进院正房，上层檐枋以荷叶墩做间框，雕"寿"字，下层檐枋不

加雕饰；花罩楣子透雕"玉蝠腾云"，气韵流畅，与门楼檐枋雕饰前后应和（图 8-1-7）。

孟府内宅门檐枋和倒挂楣子，以采地雕为主。檐枋分三块花板，间以荷叶墩；倒挂楣子也是三块花板，正中雕"小鲤鱼跳龙门"，两侧分别为"麒麟送子""鹤鹿同寿"；花牙子雕草龙；垂花混雕莲瓣、寿桃，寿桃上浅雕如意纹（图8-1-8）。龙口丁氏故宅门楼檐枋，分上下两层，仅在上层施雕；花罩楣子为拐子纹、"喜鹊松梅"等（图 8-1-9）。惠民魏氏庄园树德堂门楼和垂花门，以采地雕为主，层次多，雕刻手法高超。门楼檐枋分为五块花板，雕"暗八仙"；倒挂楣子为三块花板，雕"凤喜牡丹""狮子滚绣球"和"鸳鸯戏荷"；花牙子雕草龙。垂花门三块花板，雕"喜鹊登梅""松、鹤、蝠、竹、莲""梅鹿同春"；花牙子雕草凤；垂花雕花篮；垂柱外侧雀替雕"连枝葡萄"（图 8-1-10）。

浅浮雕的雀替较为敦厚，如孔府重光门、红萼轩（图 8-1-11）和孟府赐书楼的雀替（图

a 惠民魏氏庄园额片

b 济南市历城区唐王街道娄氏旧宅额片

c 淄川洪山镇蒲家庄民居额片

图 8-1-4 额片木雕
（图片来源：陶斌 摄）

a 烟台李氏故居抱头梁与穿插枋

b 龙口丁氏故宅抱头梁与穿插枋

c 惠民魏氏庄园抱头梁与穿插枋

图 8-1-5　抱头梁与穿插枋木雕
（图片来源：陶斌　摄）

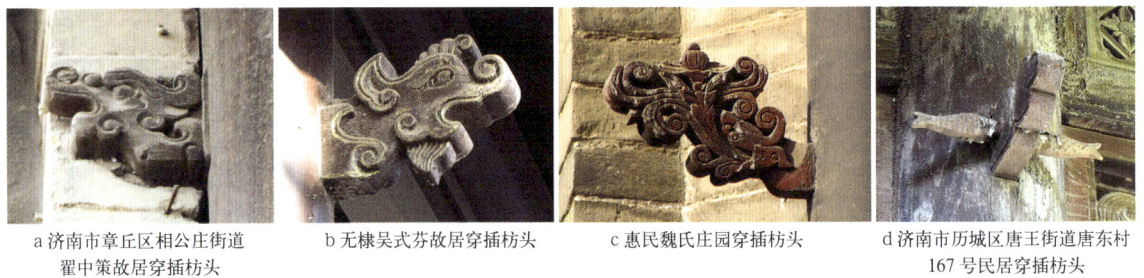

a 济南市章丘区相公庄街道　　b 无棣吴式芬故居穿插枋头　　c 惠民魏氏庄园穿插枋头　　d 济南市历城区唐王街道唐东村
　翟中策故居穿插枋头　　　　　　　　　　　　　　　　　　　　　　　　　　　　　167 号民居穿插枋头

图 8-1-6　穿插枋头木雕
（图片来源：陶斌　摄）

a 门楼檐枋、雀替

b 过厅花罩楣子

c 二进院正房檐枋、花罩楣子

图 8-1-7　滕州王家祠堂檐枋、雀替与花罩楣子木雕
（图片来源：陶斌　摄）

图 8-1-8　孟府内宅门门前檐木雕（下方为木雕"小鲤鱼跳龙门"）
（图片来源：陶斌　摄）

图 8-1-9　龙口丁氏故宅门楼檐枋、花罩楣子木雕
（图片来源：陶斌 摄）

图 8-1-10　惠民魏氏庄园树德堂门楼、垂花门木雕
（图片来源：陶斌 摄）

8-1-12）。透雕的雀替，相对清快，如龙口丁氏故宅、无棣吴式芬故居双虞壶斋、惠民魏氏庄园福寿堂的雀替等（图 8-1-13）。

　　垂花一般为混雕，雕有花篮、灯笼、覆莲、"二十四节气"等（图 8-1-14）。

　　门簪多雕花，也雕字。牟氏庄园西忠来门楼门簪，雕"琴棋书画"，下方雕菊花、荷花，莲叶支托。龙口丁氏故宅门簪，雕"四福（蝠）捧寿"。孔府、孟府内宅门簪，雕团花，分别为旋花和宝相花。荣成市俚岛镇小耩村民居门簪，雕"富贵康宁"四个篆体字。荣成市寻山街道竹村民居门簪，仅雕出海棠盒子的形状（图 8-1-15）。

　　门扇裙板和绦环板、窗扇绦环板，多采用线

雕、浅浮雕技法。例如，牟氏庄园的门扇裙板，雕有人物、花草、福字、寿字（图 8-1-16）。牟氏庄园窗扇绦环板雕梅、菊、牡丹、莲花（图 8-1-17）。

　　孔府前堂楼、后堂楼的挂檐板，浅雕如意头；其上寻杖栏杆，雕荷叶净瓶，绦环板雕如意纹（图 8-1-18）。

　　撑拱，常见于潍坊民居。例如，潍坊市潍城区松园子街古民居和潍坊十笏园的撑拱，雕成青竹式样，清新雅致（图 8-1-19）。

　　（二）脊饰与砖雕

　　脊饰分为模饰烧造与垒砌制作两类，其中模印制作多用于大式屋面正脊及吻兽；砖雕常见于

a 红蕚轩雀替

b 重光门雀替

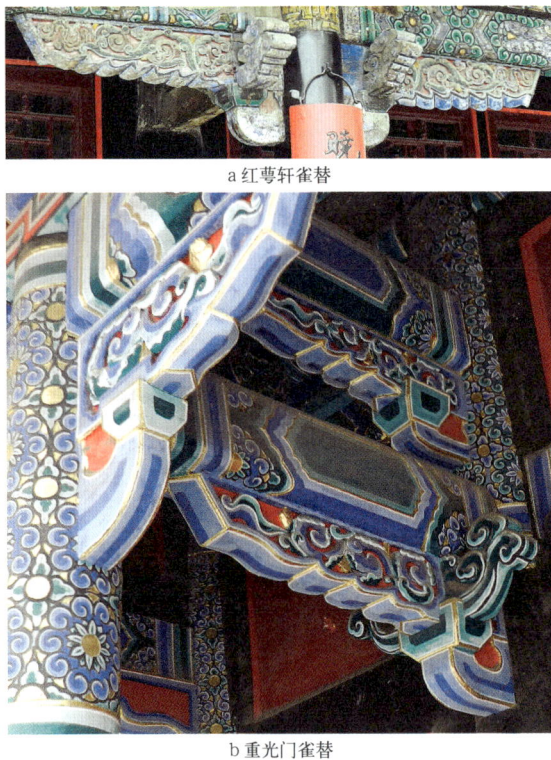

图 8-1-11 孔府雀替
（图片来源：陶斌 摄）

图 8-1-12 孟府雀替
（图片来源：陶斌 摄）

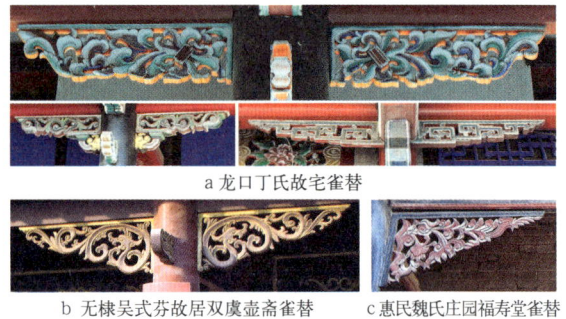

a 龙口丁氏故宅雀替

b 无棣吴式芬故居双虞壶斋雀替   c 惠民魏氏庄园福寿堂雀替

图 8-1-13 雀替木雕
（图片来源：陶斌 摄）

图 8-1-14 垂花木雕
（图片来源：陶斌 摄）

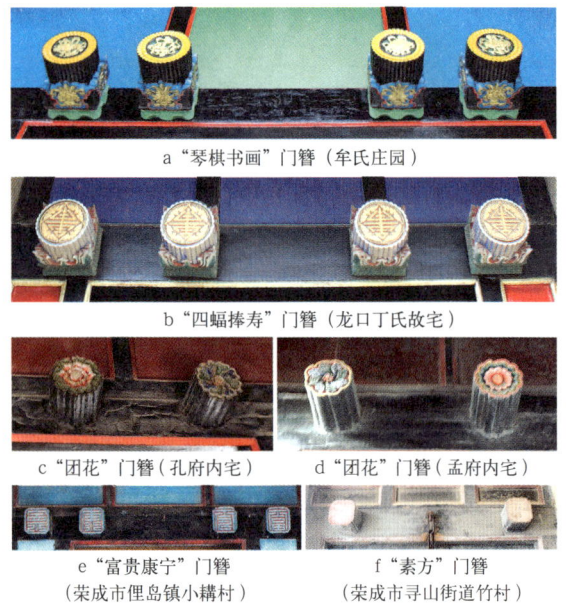

a "琴棋书画" 门簪（牟氏庄园）

b "四蝠捧寿" 门簪（龙口丁氏故宅）

c "团花" 门簪（孔府内宅）   d "团花" 门簪（孟府内宅）

e "富贵康宁" 门簪   f "素方" 门簪
（荣成市俚岛镇小耩村）   （荣成市寻山街道竹村）

图 8-1-15 门簪木雕
（图片来源：陶斌 摄）

盘头、山尖、博缝头、靴头、廊心墙、影壁、神龛等部位，雕刻技法分为平雕、浮雕、透雕。

1. 脊饰

大式屋面脊饰大都浮雕花草，分布于正脊和垂脊。济南市章丘区圣井街道张家村进士故居正房，正脊高浮雕连枝莲花，形态奔放流畅，每块脊砖莲花式样都不一样，有 19 种之多（图 8-1-20）。滕州王家祠堂二进院正房，正脊雕 "凤戏莲花"。济南历城区荷花路街道张氏祠堂正房垂脊、菏泽巨野县大谢集镇田小集村田氏家祠正房

图 8-1-16　牟氏庄园门扇裙板与绦环板木雕
（图片来源：陶斌　摄）

图 8-1-17　牟氏庄园窗扇绦环板木雕
（图片来源：陶斌　摄）

图 8-1-18　孔府后堂楼挂檐板和栏杆
（图片来源：陶斌　摄）

a 潍坊潍城区松园子街民居　　　　b 潍坊十笏园

图 8-1-19　撑拱
（图片来源：陶斌　摄）

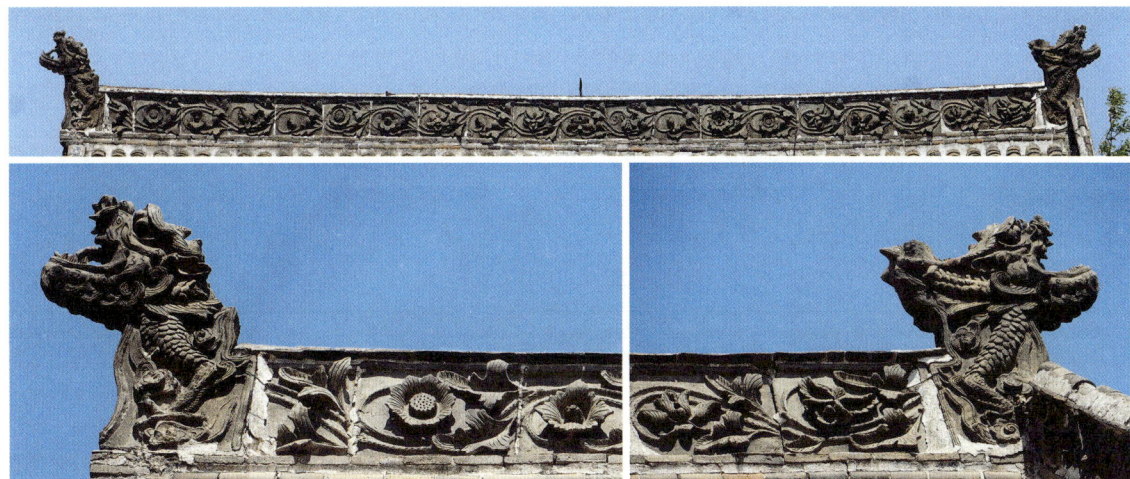

图 8-1-20　"连枝莲花"正脊砖雕与正脊兽（济南市章丘区圣井街道张家村进士故居正房）
（图片来源：陶斌　摄）

正脊，都雕连枝梅花，前者高浮雕，五瓣梅花，雕工细致；后者浅浮雕，六瓣梅花，技法简练（图 8-1-21）。

脊兽，皆为混雕，其形态、数目、位置等各地做法有所不同（图 8-1-22）。济南市章丘区

圣井街道张家村进士故居正脊兽，尽管局部残损，依然能看出样貌威猛，与宅主武进士的身份很匹配。曲阜、邹城、菏泽一带民居的正脊兽和垂兽，大多卷尾。龙口丁氏故宅的正脊兽，尾巴扬起，在尺度较长的正脊上，常分段置放（图

a 济南市历城区荷花路街道张氏祠堂正房垂脊

b 菏泽巨野县大谢集镇田小集村田氏家祠正房正脊

图 8-1-21 "连枝梅花"砖雕
（图片来源：胡雪飞 摄）

的脊兽，是土陶捏塑，不是倒模出来的，独具特色（见本节"砖塑"）。

2. 砖雕

惠民魏氏庄园门楼盘头砖雕，突出方形构图内的凸刻，有博古器物和拐子锦环绕的寿字；上、下条砖雕以蝙蝠或卷草、几何纹组成的花边（图 8-1-24）。济南市章丘区相公庄街道桑园村民居门楼盘头砖雕，仿像龛，分为上、中、下三部分。最上方雕成冠盖；中间构图分两层，上雕倒挂楣子，向前探出，为斜"卐"字纹，有垂柱和花牙子；下雕骑马武将尉迟恭和秦琼，前者拿鞭、后者拿锏，都立于"卐"字纹组成的"舞台"之上；圭角为如意纹。将门神雕在盘头上的做法，趣味十足（图 8-1-25）。济南市历城区唐王街道唐东村 167 号民居正房盘头砖雕，仿垂花门的垂柱垂花，向前探出，层次感强（图 8-1-26）。

盘头雕狮子很常见，有替代大门前独立石狮之意。例如，烟台李氏庄园、潍坊市寒亭区双庙村祠堂的门楼盘头。盘头雕字，单字、双字都有。例如，淄博市周村区王村镇北河东村民居盘头，分别雕"福""寿"单字，隶书字体。烟台李氏庄园盘头，雕"富""贵"，篆书字体。淄博

8-1-23）。菏泽地区民居，门楼、正房的正脊常设脊刹，常见的脊刹有瑞兽驮宝瓶、吉星楼、太公楼等。小兽数量和种类，相较山东其他地区民居，多而杂。正脊、垂脊兽后，都置放小兽，整个屋面，多达十几个，十分热闹。鄄城一带民居

a 孟府（图片来源：网络）　　b 无棣吴式芬故居　　c 惠民魏氏庄园

图 8-1-22 垂兽与小兽
（图片来源：陶斌 摄）

图 8-1-23 龙口丁氏故宅的正脊兽
（图片来源：陶斌 摄）

图 8-1-24 "狮子"盘头砖雕
(图片来源：陶斌 摄)

图 8-1-25 济南市章丘区相公庄街道桑园村民居盘头砖雕
(图片来源：陶斌 摄)

图 8-1-26 济南市历城区唐王街道唐东村 167 号民居盘头砖雕
(图片来源：陶斌 摄)

市周村区王村镇西铺村民居、孟府赐书楼、惠民魏氏庄园、淄博市周村区王村镇北河东村民居、潍坊十笏园的盘头，雕"寿"字，字体略有不同（图 8-1-27）。盘头雕双字的，两对组成四字词语。例如，惠民丁河圈村丁氏故居、惠民李庄镇大巩家家庙的盘头，字体用楷书（图 8-1-28）。盘头雕人物，见于烟台李氏庄园，海棠盒子内雕人物，为构图中心；两侧对称的狭长矩形内，雕人物、动物和器物（图 8-1-29）。盘头下方常以"包袱皮"收束，见于淄博市周村区王村镇民居、滨州惠民一带民居（图 8-1-30）。

博缝砖雕大多在博缝头，博缝砖也有雕花的。例如，菏泽市巨野县大谢集镇田小集村的田氏家祠（图 8-1-31）。惠民魏氏庄园的博缝头砖雕，手法一致，都是平雕上下花叶夹裹的圆形盒子，盒子内浮雕鸟鱼花草、"卍"字、太极图等（图 8-1-32）。烟台李氏庄园的靴头也施砖雕，与博缝头砖雕互依互衬（图 8-1-33）。

山花和透风砖雕，给山墙平添了秀色。例如，淄博市临淄区齐都镇王氏庄园和济南市历城区唐王街道娄氏旧宅的山花，都雕菊花。前者高浮雕，下方小花瓶作托座；后者以圆形盒子作框，菊花形态更写意（图 8-1-34）。惠民魏氏庄园透风，雕蝙蝠和寿字，精致细微（图 8-1-35）。

廊心墙砖雕，常分布在中心、四岔、线枋子处。例如，济南市章丘区相公庄街道桑园村民居廊心墙，中心花为长方形图案，中央是"寿"的变形字，两侧是以柿蒂花为花芯的几何形花，花瓣

图 8-1-27 "寿"字
盘头砖雕
(图片来源：陶斌 摄)

图 8-1-28 四字词
语盘头砖雕
(图片来源：周宫
庆 摄)

a "备致、嘉祥"盘头砖雕 (惠民丁河圈村丁氏故居)　　　　b "祖德、宗功"盘头砖雕 (惠民李庄镇大巩家家庙)

图 8-1-29 烟台李
氏庄园人物盘头砖雕
(图片来源：网络)

图 8-1-30 带 "包
袱皮" 的盘头砖雕
(图片来源：陶斌 摄)

图 8-1-31 "莲花""梅
花"博缝砖雕 (菏泽市
巨野县大谢集镇田小集
村田氏家祠)
(图片来源：胡雪
飞 摄)

图 8-1-32　惠民魏氏庄园博缝头砖雕
（图片来源：陶斌　摄）

图 8-1-33　烟台李氏庄园博缝头与靴头头砖雕
（图片来源：陶斌　摄）

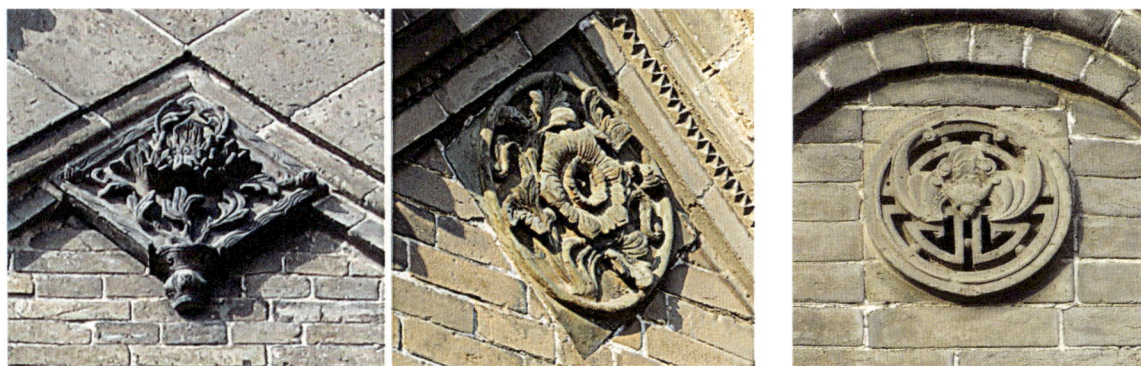

图 8-1-34　山花砖雕
（图片来源：陶斌　摄）

图 8-1-35　"福寿"透风砖雕（惠民魏氏庄园）
（图片来源：陶斌　摄）

是六边形龟背纹；上方岔花为梅花，下方岔花为莲花（图 8-1-36）。魏氏庄园廊心墙，连珠纹在两层线枋子之间，方砖心为龟背锦（图 8-1-37）。

影壁披檐、方砖心、四岔、下碱、线枋子处是砖雕的常见部位。淄博市周村区王村镇西铺村民居的座山影壁，仿垂花门木挂落，檐枋分上下两层，上层明间雕"二龙捧寿"，次间"卍"字纹；下层明间雕莲花，次间分别为葡萄和蝴蝶、寿桃（图 8-1-38）。济南市章丘区张家村进士故居影壁，脊砖雕"连枝菊花和莲花"，中心花雕"凤戏菊花"，四角岔花是菊花。两侧盘头雕字一对，分别为"福禄""祯祥"（图 8-1-39）。龙口丁氏

图 8-1-36　廊心墙砖雕（济南市章丘区相公庄街道桑园村民居）
（图片来源：陶斌　摄）

图 8-1-37　"连珠纹"廊心墙砖雕（惠民魏氏庄园二进院正房）
（图片来源：陶斌　摄）

图 8-1-38　影壁砖雕（淄博市周村区王村镇北河东村民居）
（图片来源：陶斌 摄）

图 8-1-39　济南市章丘区圣井街道张家村进士故居影壁砖雕
（图片来源：陶斌 摄）

图 8-1-40　惠民魏氏庄园影壁砖雕
（图片来源：陶斌 摄）

故宅的影壁下碱，砖雕"喜鹊登梅"，繁花锦簇，十分华美。惠民魏氏庄园的座山影壁，连珠纹在两层线枋子之间，与其廊心墙处理手法，如出一辙（图 8-1-40）。

烟台龙口丁氏故宅砖雕神龛，位于屡素堂书房前院的南墙上。神龛仿民居式样，屋脊、瓦垄、檐椽、槅扇、栏板等惟妙惟肖，门额凸刻"大哉天地"，基座雕以卷草（图 8-1-41）。

（三）石雕

石雕主要分布于门额、上马石、拴马石、门鼓石、门枕石、腰枕石、挑檐石、石过梁、梁枕石、廊心墙、滚墩石、柱础、影壁石下碱等部位，雕刻技法有平雕、浮雕、透雕、圆雕。独立

的圆雕有石狮子、日晷和嘉量等。

门额，多平雕和浅浮雕，题字一般阴刻。例如，惠民丁河圈村丁氏故居门额，中央浅雕扇面，之内阴刻"集义"二字，楷书字体；两侧雕花瓶、香炉（图 8-1-42）。

孔府大门前上马石，雕有兽面、如意云纹和梅花。魏氏庄园树德堂门楼前上马石，仅在踏面雕旋花（图 8-1-43）。

济南市历下区上新街一处拴马石，雕成"如意"，平易质朴。淄博市周村区王村镇东铺村民居一处拴马石，仅为功用雕凿出凹洞。烟台李氏庄园拴马石，浅雕两只蝙蝠，上下相对，口中衔环，两环相套（图 8-1-44）。

图 8-1-41　龙口丁氏故宅神龛砖雕
（图片来源：陶斌　摄）

图 8-1-42　门额石雕（惠民丁河圈村丁氏故居）
（图片来源：周宫庆　摄）

　　a 孔府　　　　　　　b 魏氏庄园树德堂

图 8-1-43　上马石
（图片来源：陶斌　摄）

门鼓石分圆形、方形两种。牟氏庄园的门鼓石雕工细致，相当精美。荷叶莲瓣将门鼓石分为上下两部分。上方圆鼓南面，从东到西分别为"姜太公钓鱼"和"刘海戏金蟾"；圆鼓东、西两面为"仙人骑驴捧寿桃和童子、飞蝠"和"麒麟送童子和松树、荷花"；下方南面有高浮雕趴狮一对；东、西两面分别为"一鹭清莲"和"猫蝶（耄耋）花开"（图 8-1-45）。烟台李氏庄园的门鼓石，莲瓣分上、下两层，相较上述牟氏庄园门鼓石舒展飘逸的莲瓣，更厚重敦实；下层莲瓣雕如意头，起到视觉导向下方石狮子的作用（图 8-1-46）。济南市历下区陈冕状元府和惠民丁河圈村丁氏故居的门枕石，都是方形，雕竹节和"包袱皮"。前者"包袱皮"以圆形铜钱束结，下方线雕海棠盒子；后者线角较少，更简朴（图 8-1-47）。孔府的门鼓石，手法洗练，仅雕出形态轮廓和少许线脚，较为古朴（图 8-1-48）。

　　惠民魏氏庄园树德堂门楼，门枕石为平雕，

a 济南市中区上新街、淄博市周村区王村镇东铺村

b 淄博市周村区王村镇东铺村

图 8-1-44　拴马石
（图片来源：陶斌　摄）

图 8-1-45　牟氏庄园门鼓石
（图片来源：陶斌　摄）

图 8-1-46　烟台李氏庄园门鼓石
（图片来源：陶斌　摄）

图 8-1-47　方形门枕石
（图片来源：陶斌　摄）

阳刻图案，南面为"辟邪"和"麒麟"，西、东面为"水仙"和"喜鹊登梅"（图 8-1-49）；魏氏庄园福寿堂的正房，门枕石高浮雕"双狮如意"，雕刻部位独特，工艺技法纯熟。烟台李氏庄园垂花门，门枕石浅浮雕，竹节为边框，之内凸雕猴、羊、猫、蝶、马。相较上述魏氏庄园门枕石，凹凸较大，体积感和光影感较强。

济南市历城区荷花路街道坝子村民居腰枕

图 8-1-48　孔府抱鼓石
（图片来源：陶斌　摄）

图 8-1-49　魏氏庄园树德堂门枕石雕刻
（图片来源：陶斌　摄）

图 8-1-50　腰枕石（济南市历城区荷花路街道坝子村民居）
（图片来源：陶斌　摄）

图 8-1-51　腰枕石（济南市高新东区小龙堂村民居）
（图片来源：陶斌　摄）

石，靠近抱框处是施艺重点（图 8-1-50）。济南市高新东区小龙堂村民居腰枕石，在海棠盒子里平雕，阳刻花、竹（图 8-1-51）。

淄博民居的挑檐石，出挑端部常雕成卷轴，书卷气十足。卷轴侧面，小中见巧，雕饰花卉、盘线、太极图，细微之处见匠心（图 8-1-52）。

石过梁，以线雕和平雕最多见。牟氏庄园一石过梁，平雕三个海棠池子，中间池内雕卷草，两侧雕"石榴""寿桃"；上方砖披檐，盘头分别雕刻"梅、鹿""松、鹤"，脊端雕"鲤鱼"；砖雕、石雕皆施彩色（图 8-1-53）。门窗木过梁下方

垫置枕石，看面常用线雕，是淄川民居的常见做法。例如，淄川龙泉镇渭一村民居的梁枕石，分别线雕"小狮子"和"暗八仙"（图 8-1-54）。

烟台李氏庄园门楼廊心墙，由一整块石板雕成，气势大、雕工巧。东、西两面构图相同，细节不同。东面中心雕梅花扇、云纹和"松鹿灵芝"，腰枕石雕卷草、祥云、竹节、如意；西面雕水仙扇、云纹和"竹下白鹤"，腰枕石雕卷草、祥云、竹节、"平（瓶）升三级（戟）"。外圈雕有由莲花、菊花和卷草组成的花环带（图 8-1-55）。

孔府重光门和孟府仪门的滚墩石，作为稳定构

a 淄博市周村区王村镇西铺村民居　　　　b 淄川龙泉镇渭一村民居　　　　c 淄博市周村区王村镇西铺村民居

图 8-1-52　挑檐石
（图片来源：陶斌　摄）

图 8-1-53　牟氏庄园石过梁和砖披檐
（图片来源：陶斌　摄）

图 8-1-54　淄川龙泉镇渭一村民居梁枕石雕
（图片来源：陶斌　摄）

图 8-1-55　烟台李氏庄园门楼廊心墙石雕
（图片来源：陶斌　摄）

a 孔府重光门　　　　　b 孟府仪门

图 8-1-56　滚墩石
（图片来源：陶斌 摄）

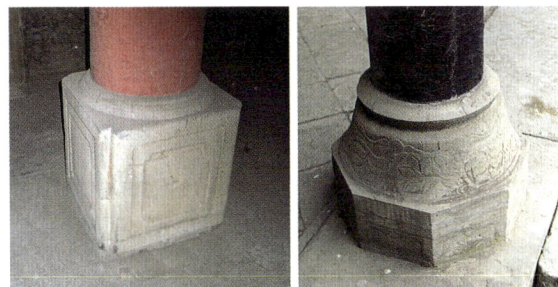

a 滕州王家祠堂

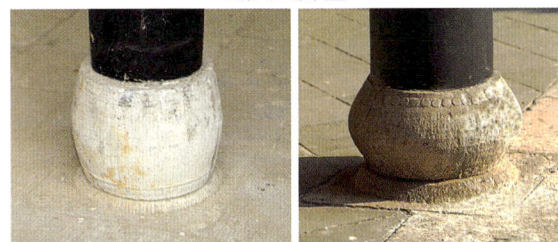

b 魏氏庄园

c 烟台李氏庄园

图 8-1-57　柱础
（图片来源：陶斌 摄）

件，采用线雕和浅浮雕，十分素朴（图 8-1-56）。石柱础，鼓镜式的居多，也有方形柱础（图 8-1-57）。

济南市章丘区圣井街道张家村进士故居影壁，石下碱仿须弥座，束腰雕有 12 幅图案，2 幅一组，共 6 组；7 个组间柱雕成竹节，幅间框平雕花卉；上、下枭雕如意纹；上、下枋雕成 9 个海棠池子，之内平雕草龙（图 8-1-58）。

孔府大门前的石狮子，位于基座之上，形态威猛（图 8-1-59）。孔府、孟府的日晷、嘉量，局部施雕，古朴素净（图 8-1-60）。

（四）砖塑

鄄城砖塑，是菏泽地区特有的传统建筑装饰，它不同于天津的砖雕，也不同于广东的灰塑，而是自成一派，保持了传统的民间捏塑和土陶工艺特色，2008 年列入第二批国家级非遗名录。鄄城砖塑以鄄城谢家为代表，制作工序有选土、澄泥、阴泥、熟泥、打泥板、裁板、合板、捏塑、雕刻、晾干、装窑、烧制十几道。在制作方法上，捏塑和雕刻并用，层次分明，线条清晰流畅，造型生动传神。谢家砖塑制品屋脊兽，百余年来装饰了近邻远乡的民居屋顶。谢家戏曲砖塑和花鸟砖塑，作为赏玩性陈设，也备受当地民众喜爱。

鄄城民居屋脊装饰，将农家生活中的家畜家禽都被搬上了屋顶，有马、牛、鸽、狗、羊、鱼、鸡等。这些装饰件安放的位置不拘一格，常"排排站"，正脊、垂脊上"一"字排开五六个，很

图 8-1-58　济南市章丘区圣井街道张家村进士故居影壁下碱石雕
（图片来源：陶斌 摄）

图 8-1-59　孔府大门前石狮
（图片来源：陶斌　摄）

a 孔府嘉量　　　　　b 孟府日晷　　　　　c 孟府嘉量

图 8-1-60　日晷和嘉量
（图片来源：a 陶斌　摄，b、c 网络）

图 8-1-61　鄄城吴老家村吴氏宗祠门楼屋脊砖塑
（图片来源：王昱舜　摄）

鱼、狗、鸡相对而立。正面和背面脊砖图案不同，正面为"二龙戏珠"，龙身旋扭滚动，气势凶猛，呼之欲出；龙鳞不按寻常做法，处理成连珠纹，更增强了滚龙动势；背面为"凤戏牡丹"，中央为"平（瓶）升三级（戟）"（图 8-1-62）。吴氏宗祠门楼和正房的盘头（图 8-1-63），砖塑图案分别是"凤"和"莲花"。上方几片叶瓣探出，似披檐；下方粗粗的曲线条，似基座；加上左右两侧带纹样的竖框，形成框中画。这种构图处理既随性写意，又天真拙朴。吴氏宗祠正房山花，同样采用框中画的捏塑手法，将层层展开的莲花置于其中（图 8-1-64）。

是热闹。鄄城吴老家村吴氏宗祠门楼，正脊中央缺失了脊刹，两侧对称置放马、鸽子，吻兽尾巴扬起；垂兽尾巴卷成环状，兽前 3 个小兽，分别为仙人骑鸡、狗、鱼，兽后是马（图 8-1-61）。吴氏宗祠正房，脊刹为狮驮宝瓶，两侧骏马、

图 8-1-62　鄄城吴老家村吴氏宗祠正房"滚龙脊"砖塑
（图片来源：王昱舜　摄）

图 8-1-63　鄄城吴老家村吴氏宗祠盘头砖塑
（图片来源：陶斌　摄）

图 8-1-64　鄄城吴老家村吴氏宗祠山花砖塑
（图片来源：陶斌　摄）

（五）瓦当

瓦当是瓦件装饰的重点部位。装饰纹样构图依附于瓦当形状，对称的居多，也有不对称的。装饰纹样几乎都是浅浮雕，有兽面、鸟面、凤、花草、文字、几何纹等。惠民魏氏庄园和无棣吴式芬故居，有带扇形瓦唇的瓦当，置于勾头瓦上方，形态既庄重又俏丽。不同瓦当中的兽面，表情各异。魏氏庄园有瓦当的兽面，耳朵跃出，萌态可掬。烟台李氏庄园的瓦当，"宝葫芦"里雕有"盘长"，精巧有趣。

（六）泰山石敢当

清代学者王士禛所著《古夫于亭杂录·太山石敢当》中有"齐鲁之俗，多于村落巷口立石，刻'太山石敢当'五字，云能暮夜至人家医病。北人谓医士为大夫，因又名之曰'石大夫'"。泰山石敢当，是国务院首批公布的非物质文化遗产，是山东民间石信仰中最为典型的表现。

泰山石敢当，是立于桥、道要冲或砌于房屋墙壁上的石碑。最常见的是文字石敢当（图8-1-65），也有文字与图像结合的石敢当（图8-1-66）。文字以"泰山石敢当"居多，也有"石敢当""镇宅泰山石敢当""泰山镇宅石敢当""镇宅大吉泰山石敢当""镇宅之宝泰山石敢当""太山石""太山石敢当""姜太公在此""镇宅太公在此""山海镇"等，字体竖向排布，常用楷书、隶书等易辨识的正体字。雕刻图像一般是狮、虎等兽头以及石敢当人物。

泰山石敢当的材质一般为石材，也有砖、木。石质的泰山石敢当有自然形态和加工规整的两种，前者一般置卧地上，后者砌于墙壁的居

图 8-1-65　泰山石敢当
（图片来源：陶斌　摄）

图 8-1-66　济南市莱芜区杨庄镇泰山石敢当
（图片来源：叶涛《泰山石敢当》）

多，也有立于地面的。砖刻泰山石敢当一般砌于墙壁，木刻的则钉挂在墙面上。淄博市周村区王村镇西铺村一民居，在大门过梁上方砌立砖，刻字"泰山石敢当"和"镇宅聚财"，"泰山石敢当"为隶书，字体最大，漆红色以突出强调。

二、油漆彩画

油漆彩画是山东传统民居木构件装饰的重要手段，部分地区民居的砖、石雕刻也漆色。

山东传统民居以黑色为主色调，一般用于柱、檐枋、门窗、过梁和家具等。栗壳色也有，见于惠民魏氏庄园、无棣吴式芬故居、嘉祥岳家祠堂等。桐油常施于内部梁架和檩、椽、望板，露原木本色。余塞板、走马板、倒挂楣子、花牙子、垂花等处是施彩的常见部位（图8-1-67）。

孟府仪门（图8-1-68），以黑色和蓝绿色为主色调，从上至下用色为：椽头饰绿色；斗栱漆蓝、外棱黑白叠晕；平板枋漆青；额枋旋子彩画以蓝为主，枋心行龙贴金，配青、绿、黑、白；雀替蓝绿、外棱黑白叠晕；垂柱黑色饰红棱，垂花红花绿叶。大门黑色，抱框饰红棱，门神以绿色为主，蓝、红、粉、黄、黑、白点缀。嘉祥岳家祠堂正房前檐（图8-1-69），以栗壳色为主，椽头、心屉饰蓝色，倒挂楣子黄、蓝相间，花牙子和槅扇浮雕饰黄色。潍坊十笏园内色彩（图8-1-70），有绿为主，棱饰红的亭、廊等园林建筑，也有黑为主，蓝、白、红点缀的居室，与灰瓦、白墙、灰墙等相映相衬，闲雅别致。从牟氏庄园、龙口丁氏故宅、潍坊十笏园、荣成市俚岛镇小構村民居的大门（图8-1-71），可以看出，除黑色外，海蓝色是鲁东民居喜用的色调。

匾额设色，匾框金色、红色、栗色居多，有蓝底金字、红底金字、栗底金字、白底黑字等。楹联设色，有栗联金字、黑联金字、栗联蓝字等。

民居中的彩画仅见于孔府、孟府这类官衙内宅合一的贵族府第，是官式彩画和地域风格合一的彩画（图8-1-72）。例如，孔府大门檐下彩画是金龙枋心金线大点金旋子彩画。从二门到大堂、二堂、穿堂和三堂，彩画的主要形式为雅五墨旋子彩画，其中穿堂和二堂采用了形式较为活泼的云秋木彩画。从内宅门、前上房到前堂楼、后堂楼，主要是雅五墨旋子彩画和苏式彩画交替使用[1]。孔府内宅的油漆色彩，相较前堂，更朴实。

a 潍坊十笏园

b 龙口丁氏故宅

c 嘉祥岳家祠堂、鄄城吴氏宗祠

图8-1-67 倒挂楣子油漆色彩
（图片来源：陶斌 摄）

---

① 赵涛. 试论曲阜孔庙建筑形制与彩画等级的关系 [J]. 文物世界，2013（1）：33-37.

图 8-1-68　孟府仪门油漆彩画
（图片来源：陶斌 摄）

图 8-1-69　嘉祥岳家祠堂正房前檐油漆色彩
（图片来源：陶斌 摄）

a 牟氏庄园、龙口丁氏故宅

b 潍坊十笏园、荣成俚岛镇小耩村

图 8-1-71　鲁东民居门楼色彩
（图片来源：陶斌 摄）

图 8-1-70　潍坊十笏园色彩
（图片来源：陶斌 摄）

山东部分地区民居有用色漆饰砖雕、石雕的做法。例如，济南高新东区小龙堂村民居，门枕石雕用黑漆饰。淄川龙泉镇渭一村民居大门，木过梁枕石雕海棠池子，里面的折枝花饰黑漆（图

8-1-73）。淄川蒲家庄民居两处大门，盘头砖雕漆红和绿色（图 8-1-74）。蒲松龄故居门楼，盘头砖雕用红、绿、蓝、黑、白漆饰，木构件饰绿、黑色，红色饰棱线脚（图 8-1-75）。栖霞牟氏庄园门上方披檐，砖雕、石雕漆白色为主色，辅以浅蓝、红、绿、棕色。

可以看出，除彩画设色有一定规制约束外，油漆设色大致有两种。一为本色，即施色部件自身的客观实际色彩，如红花绿叶、白云土木、白鹤灰鹊等，二为想象色，即依据喜好赋予施色部件的主观浪漫色彩，如金龙彩凤、红绿"暗八仙"、金蝠玉蝠等。

三、粉刷裱糊

粉刷用于山东传统民居墙面装饰，裱糊用于顶棚装饰。

除清水墙和石墙外，粉刷作为护面层，使壁面平整光洁，既美观，也改善采光。山东传统民居的室内外墙面，除泥墙抹光，几乎全刷白色。

图 8-1-72　孔府油漆彩画
（图片来源：陶斌　摄）

图 8-1-73　淄川龙泉镇渭一村民居梁枕石雕色彩
（图片来源：陶斌　摄）

裱糊顶棚，山东民间俗称扎仰棚或扎虚棚，能挡屋顶落灰和鼠虫，亮堂美观，隔热防寒。扎虚棚，一般用苇秆或高粱秸秆扎成方格形的龙骨，然后将编好的苇席或高粱秸秆编的黄红花席，覆在龙骨上，后来纸张多起来，多糊报纸或花纸。糊虚棚多在春秋季节，因为这时候糨糊不容易酸馊发霉失效。糊虚棚大约要经过煮浆、燎直、划线、扎架、吊杆、糊纸、对花、镶边、贴花等多道工序。高档点的虚棚，全贴花纸，在中央和四角贴虚棚花，由民间艺人用大型色纸剪成。

龙口丁氏故宅的两处虚棚，花纸为粉红花配小绿叶图案，上面贴三根中间粗、两侧细的黑色

图 8-1-74　淄川蒲家庄民居盘头砖雕色彩
（图片来源：陶斌　摄）

图 8-1-75　蒲松龄故居门楼盘头砖雕色彩
（图片来源：陶斌　摄）

线条作框，随着屋顶弯折共分划出三部分方框，框内贴黑色剪纸花。中心花都是"五福捧寿"，四角岔花一个为"如意"，另一个为"蝴蝶"。为招远民居虚棚两例和一例荣成民居虚棚，前者花纸上贴黑色剪纸花，中心花分别为"五福捧寿""六鱼捧喜"。后者花纸上贴彩色剪纸花，中心花为"如意捧石榴"。虚棚下沿四壁裱糊了顶裙，高20厘米左右。招远民居的顶裙，处理较简单，延续了顶棚的花色。荣成民居的顶裙，贴黑色剪纸画，以波形纹收边。

四、摆砌排布

山东传统民居常常巧借瓦件、砖件和石件的摆砌以及木棂条的精心排布，进行屋脊、屋面、墙面、地面、门窗、隔断等的美化美饰。

（一）瓦件摆砌

山东传统民居的屋脊常用筒瓦或板瓦叠砌来装饰，这种屋脊称为花瓦脊。常见的花瓦脊式样有套沙锅套、银锭、鱼鳞式等。正脊为花瓦脊时，垂脊有时应和正脊也作花瓦脊，多在叠瓦层数上减少一层。屋脊处的压瓦条，瓦片卧置，露出薄薄的边侧，是花瓦图案的边框，也是装饰线

脚。花瓦脊玲珑空透，为民居建筑增添了活泼灵动的气韵。

惠民魏氏庄园垂花门，花瓦脊为套沙锅套式样，当沟处探出小瓦，独具特色（图8-1-76）。孟府内院墙，月亮门上方花瓦为鱼鳞式，正中央摆砌出铜钱图案，两侧墙帽上方为三叶草式样（图8-1-77）。

清水脊两侧蝎子尾以及垂脊两翼的昂角起翘，都是靠排布方式形成曲线曲面，做出轻灵欲展、跃跃欲飞的式样（图8-1-78）。

边垄梢垄、屋面材质的摆铺，都是装饰屋面的手段。除筒瓦屋面外，合瓦屋面、仰瓦灰梗屋面和干槎瓦屋面，视屋面尺度大小，有的用一垄筒瓦作梢垄，有的用两垄、三垄，甚至五垄筒瓦作边垄梢垄，框住以板瓦为主的整个屋面，作用类似垂脊，起到构图上收束的作用（图8-1-79）。淄川民居的草屋顶，用脊瓦压住，靠近檐口处用仰瓦，边梢用盖瓦，梢垄筒瓦，边垄板瓦，很具装饰性（图8-1-80）。潍坊市寒亭区民主街寒亭二村于家大院，双段屋面的形式，是潍坊地方特色（图8-1-81）。

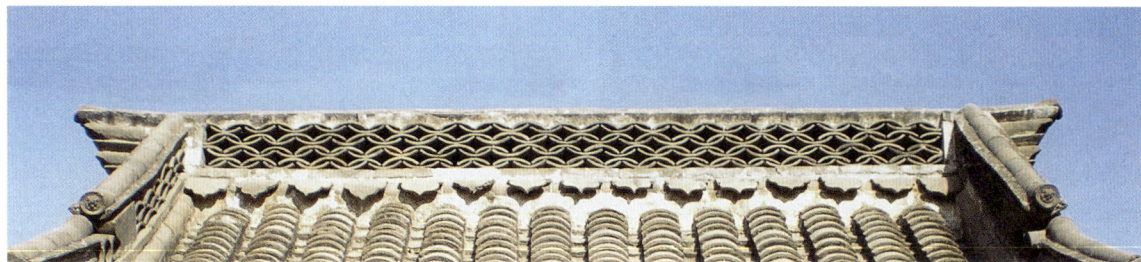

图8-1-76 惠民魏氏庄园垂花门花瓦脊与当沟装饰
（图片来源：陶斌 摄）

图8-1-77 孟府花瓦墙帽
（图片来源：陶斌 摄）

a 济南市历下区陈冕状元府

b 荣成市俚岛镇小耩村民居

图 8-1-78 花瓦脊
（图片来源：陶斌 摄）

a 惠民魏氏庄园

b 淄博民居

图 8-1-79 瓦垄排布
（图片来源：陶斌 摄）

图 8-1-80 淄川蒲松龄故居屋面
（图片来源：陶斌 摄）

图 8-1-81 潍坊市寒亭区民主街寒亭二村于家大院屋面
（图片来源：陶斌 摄）

（二）砖件摆砌

砖檐是靠摆砌砖件进行装饰的重点部位，有一层檐、两层檐，常见的是多层檐，其中有菱角檐、鸡嗉檐、抽屉檐、冰盘檐、折子檐、灯笼檐、仿木椽檐等。这些砖檐除枭砖、混砖和折子砖需要砍磨外，全是通过砖件的摆砌形成叠涩层次和式样变化，极具装饰感（图 8-1-82）。

廊心墙、下碱墙和影壁心，一般采用落膛处理突出装饰性，同时结合摆砌变化和雕刻手段，加强装饰效果。惠民魏氏庄园门楼和二进院正房的廊心墙，二者都摆砌成龟背锦。前者由四块六边形和一块正方形组成龟背纹，后者由三块菱形组成六边形龟背纹（图 8-1-83）。济南市章丘区相公庄街道桑园村民居和淄博市龙泉镇渭一村民居的廊心墙，其高度相较一般廊心墙高很多，因而用线枋子分成上、中、下三部分。前者上方"人"字纹，下方方砖斜墁；后者上方龟背纹，下方拐子锦；中间隔以陡砌条砖（图 8-1-84）。淄博市周村区东铺村民居砖影壁，仿木檐椽和挂落，方砖心为"人"字纹，下碱落膛处理，竹节样的间柱将下碱分为五部分。

民居"八"字门洞背面，两侧墙身靠 45°和 135°交替摆砌砖件来砌筑，减省材料的同时，亦具装饰性。

花墙就是通过花砖的摆砌，形成美观通透的效果。花砖常见的有"十"字式、菱花式等（图 8-1-85）。

砖件摆砌方式很多，无论卧砌、立砌、陡砌，还是顺砌、丁砌，都是通过摆砌首先实现结构的牢固，同时兼顾了美观。

（三）石件摆砌

山东传统民居常通过摆砌石件来装饰屋面、

图 8-1-82　砖檐
（图片来源：陶斌 摄）

图 8-1-83　惠民魏氏庄园门楼廊心墙
（图片来源：陶斌 摄）

a 济南市章丘区相公庄街道桑园村　　　　b 淄博市龙泉镇渭一村

图 8-1-84　廊心墙
（图片来源：陶斌 摄）

墙面和地面。

　　胶东地区的虎皮石很有特色，由于采集到的石料尺寸、规格、色泽不一，经简单加工后砌成的墙面个性化强，色彩质感丰富。牟氏庄园的虎皮石墙面拼砌出龟、鱼、花瓶、葫芦、宝扇、团

花、寿桃等图案，妙趣盎然（图 8-1-86）。泰安小辛庄民居，用大大小小的河卵石砌墙（图 8-1-87）。邹城上九山村民居，石墙下部用加工较规整的料石砌筑，越向上石头越小，加工程度从细到粗，从有到无；村路的铺砌随应处理，没

图 8-1-85 潍坊十笏园花墙
（图片来源：陶斌 摄）

图 8-1-86 牟氏庄园虎皮石墙图案
（图片来源：陶斌 摄）

图 8-1-87 泰安小辛庄民居河卵石墙
（图片来源：网络）

图 8-1-88 邹城上九山村民居石墙石路
（图片来源：网络）

有牙子石，自然经济（图 8-1-88）。

牟氏庄园西忠来院落铺地用各色花岗石摆砌成长方形石毯，三枚铜钱居中央，蝙蝠于四角，极具个性。牟氏庄园和青州井塘村的石甬路，前者用大小相近的不规则石块铺成冰纹地，牙子石为条石，上、下、外缘三边加工得整齐细致，内缘随应处理，接合自然；后者石块大小差别大，牙子石细窄，四边简单处理、基本齐整（图 8-1-89）。潍坊十笏园河卵石地面，利用多种石色摆成团花图案，适合园林雅境（图 8-1-90）。

传统民居更道、街巷的铺地多用石材。济南地区的青石板地面、胶东民居的石地面等都较有地方特色（图 8-1-91）。

（四）组合摆砌

山东传统民居常常将砖、石、瓦件等组合摆

a 牟氏庄园

b 青州井塘村

图 8-1-89　石甬路
（图片来源：陶斌　摄）

图 8-1-90　潍坊十笏园河卵石地面
（图片来源：陶斌　摄）

砌来实现装饰效果。

鲁中南地区民居常用石板作草屋面的披水，也作瓦屋面垂脊外侧的披水。例如，邹城上九山村民居，仰瓦屋面，盖瓦作边梢，卧砖作垂脊，石板作披水。正房屋面尺度大，边梢用三垄盖瓦，厢房尺度小，边梢用两垄盖瓦。

胶东庄园民居屋脊常分段处理，中间一对正脊兽强调门楼，两侧正脊兽与之相对，中间放置太公楼，形成"二龙戏珠"的构图。潍坊十笏园内民居正脊，在脊刹位置45°斜放雕花方砖，相较一般脊刹，更加平易（图 8-1-92）。

砖墙上的丁石原本是起拉结加固墙体的作用，在匠人们精心排布下，青砖墙面做底，丁石点缀其中，使得墙面质感有变化，肌理有韵律（图 8-1-93）。烟台李氏庄园的院墙，墙帽是花瓦叠成的鱼鳞和套沙锅套式样，砖檐下是虎皮石，下碱是三层青砖和加工规整的料石（图 8-1-94）。惠民魏氏庄园的院墙，砖墙里有一部分花瓦墙，使得墙高尺度减弱，透风透亮的同时，很具装饰性（图 8-1-95）。淄博地区陶瓷业缘影响下的民居，常在墙面砌入陶瓷制品，例如，淄川龙泉镇渭一村一民居，墙面里嵌进去陶罐，极具个性（图 8-1-96）。

厅堂地面装饰中常用阶条石、槛垫石、拜石（如意石）和地砖的组合摆砌，来实现装饰效果。山东传统民居的檐廊地面常用阶条石、槛垫石兜圈，中间是方砖地，形成外石内砖的质感效果。拜石一般为方形，常置于明间槛垫石里侧，与周边砖地形成对比，强调了入口。惠民魏氏庄园二进院厅堂前檐廊，地面中央置方形整块拜石，增

a 济南传统街巷　　　b 牟氏庄园更道　　　　　　　c 龙口丁氏故宅更道

图 8-1-91　街巷和更道石地面
（图片来源：陶斌　摄）

图 8-1-92 潍坊十笏园花脊与脊刹
（图片来源：陶斌 摄）

图 8-1-93 滕州王家祠堂山墙
（图片来源：陶斌 摄）

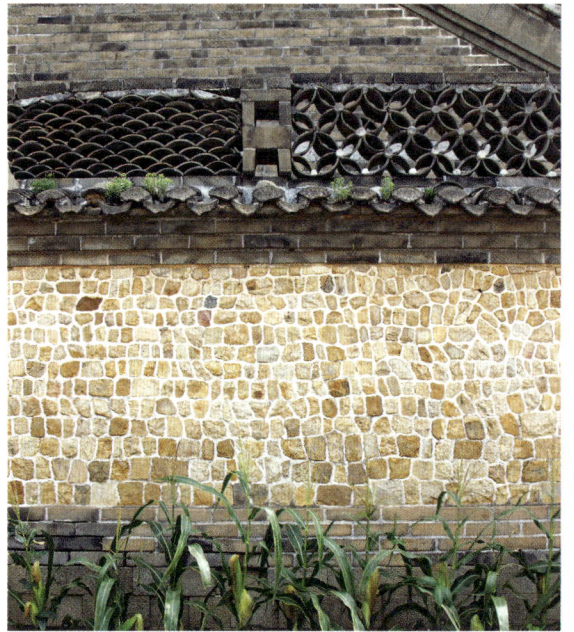

图 8-1-94 烟台李氏庄园院墙
（图片来源：陶斌 摄）

图 8-1-95 惠民魏氏庄园花墙
（图片来源：陶斌 摄）

图 8-1-96 淄川龙泉镇渭一村民居墙面
（图片来源：陶斌 摄）

强了来客起脚跨进门槛时的心理感受，突出了厅堂的气派感（图8-1-97）。

大门、仪门、垂花门的地面装饰中，常用分心石间隔两侧地砖，强调中路（图8-1-98）。孟府中的院落甬路，外缘条石，其内条砖十字缝墁地，其余方砖十字缝海墁（图8-1-99）。

影壁是组合摆砌的典型体现，加上砖石雕刻，更是锦上添花。龙口丁氏故宅和烟台李氏庄园的影壁（图8-1-100、图8-1-101），除披檐外，二者方砖心两侧都有砖柱，柱头雕花，鼓镜

式石柱础。前者下碱为繁花砖雕，圭角是长条石雕；后者为石雕线枋子、竹节间框及六边形料石组成的龟背锦，尤其冰盘檐两端探出的如意头，趣味十足。

（五）棂条排布

山东传统民居常通过木棂条排布的变化组合，形成各种图案，用于门隔扇、窗、碧纱橱、花罩、倒挂楣子、花牙子、坐凳楣子、栏杆、博古架等的装饰。这些图案有工字卧蚕灯笼锦、工字卧蚕步步锦、套方、正搭正交方眼（井字锦）、

图8-1-97 惠民魏氏庄园二进院厅堂过门石
（图片来源：陶斌 摄）

图8-1-99 孟府院落铺地
（图片来源：网络）

a 淄川蒲松龄故居

b 惠民魏氏庄园

图8-1-98 门楼铺地
（图片来源：陶斌 摄）

图8-1-100 龙口丁氏故宅影壁
（图片来源：陶斌 摄）

图 8-1-101　烟台李氏庄园影壁及其细部
（图片来源：陶斌 摄）

正搭斜交方眼、"卍"字锦、步步锦、海棠锦、
龟背锦、灯笼锦、盘长、冰裂纹、寿字锦、一码
三箭、直棂等（图 8-1-102～图 8-1-105）。聊
城、惠民、菏泽地区部分民居，有门窗洞上方留
宽缝的地方做法（图 8-1-106）。

图 8-1-102　步步锦
（图片来源：陶斌 摄）

五、壁画陈设

（一）壁画

山东传统民居中的壁画，以孔府内宅影壁北
面的"戒贪图"最为知名（图 8-1-107）。壁画
中心是传说中的贪婪之兽，正对着太阳张开血盆
大口，妄图将太阳吞入腹中，占为己有。画面四
周为彩云和被其占有的"暗八仙"宝物。据说贪
得无厌、欲壑难填的贪，最后落了个葬身大海
的可悲下场。壁画以土朱色为底，青绿、白色为
主，间以土黄、暗青、大红、黑色。整幅画面构
图严整，主次分明。其他民居鲜有壁画，仅极少
数祠堂家庙有之。烟台市牟平区养马岛张氏宗祠
壁画，分布于东、西山墙和外廊东、西墙上，目
前正在修复中。

（二）陈设

山东传统民居室内陈设，有挂在墙上的堂幅、
对联、条幅、挂屏，还有立在地上的碧纱幮、花
罩、屏风、家具，搁在条几上的镜屏、瓷瓶等。
匾额、楹联用于室内，也用于室外。室外的陈设，
一般民居常有石磨、石桌（图 8-1-108），孔府石
陈设，有石狮、太湖石、石盆等（图 8-1-109）。

正搭斜交方眼

龟背锦、海棠锦

图 8-1-103　正搭斜交方眼、龟背锦和海棠锦
（图片来源：陶斌 摄）

日晷、嘉量为孔府、孟府特有（图 8-1-60）。

孔府的匾额、楹联等是山东传统民居此类装饰的最高范式。"圣府""圣人之门""恩赐重光"等门额（图 8-1-110）以及室内"节并松筠""诗书礼乐""六代含饴"等匾额，多为明清两朝皇帝所题，是画龙点睛的装饰焦点。孔府楹联比比皆是，意蕴高洁，显示了儒学神韵千百年来的延续。庄园府第内的匾额楹联，以龙口丁氏故宅最

海棠锦

灯笼锦

"卍"字锦、拐子锦、灯笼锦

寿字锦

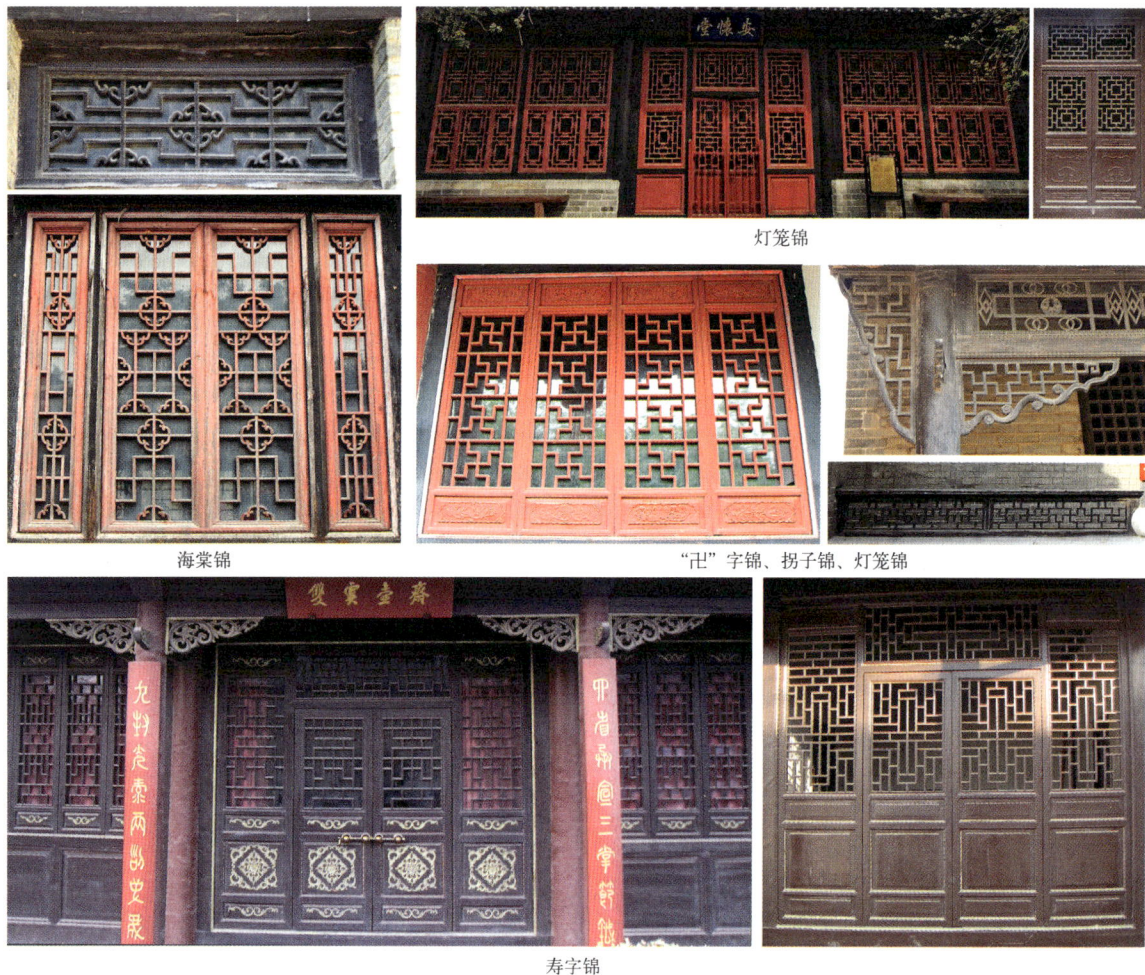

图 8-1-104　海棠锦、灯笼锦、"卍"字锦、拐子锦、寿字锦
（图片来源：陶斌　摄）

冰裂纹

井字锦

十字锦

工字锦、龟背锦

套方

图 8-1-105　冰裂纹、井字锦、套方等
（图片来源：陶斌　摄）

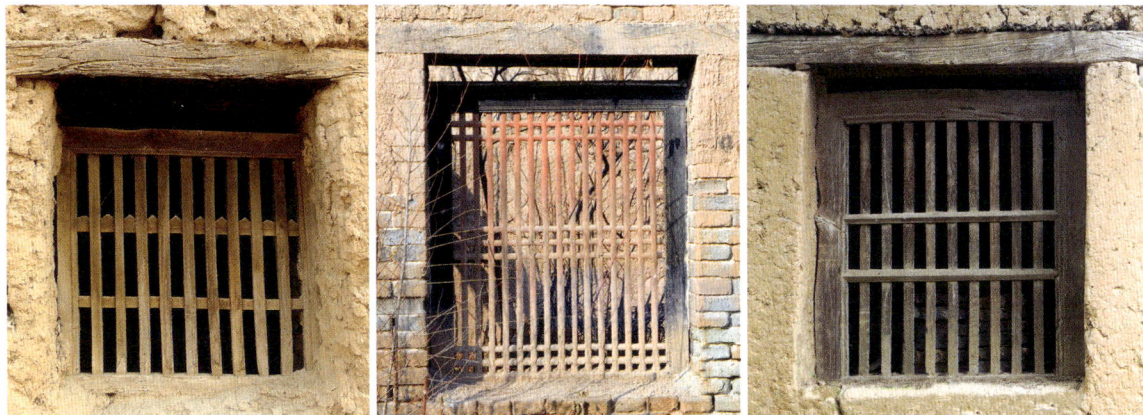

图 8-1-106　一码三箭窗
（图片来源：陶斌 摄）

图 8-1-107　孔府壁画 "戒贪图"
（图片来源：陶斌 摄）

图 8-1-108　青州井塘村民居石磨
（图片来源：网络）

为丰富，这些楹联多为达官显贵和文人雅士所书，显示了丁氏家族的社会地位和人脉资源。

厅堂是迎客送友的重要场所，其装饰历来备受重视。厅堂后壁正中上悬横匾，下挂堂幅，配以对联，两旁置条幅；下方为长条几案，条几前是一张四仙或八仙方桌，左右两边配太师椅。这种陈设是山东传统民居的普遍做法。府第厅堂由于内部空间宽敞，常在明间后檐金柱间置板壁，陈设布置同上。例如，孔府前堂楼明间陈设（图 8-1-111）："松筠永春"巨匾高悬，下方堂幅，两侧对联 "天下文章莫大乎是，一时贤者皆从之游"，再外侧为一对条幅，条几上置瓷瓶；南墙挂画幅，西侧板壁挂字幅；以堂幅为中，对称放置两侧的几椅；铜炉为冬季取暖用，置于中央。魏氏庄园二进院厅堂陈设（图 8-1-112）：

图 8-1-109　孔府石陈设
（图片来源：网络）

"乐善好施"横匾是清光绪年间县令沈世铨为表扬宅主魏肇庆救灾善行，特为其题写，下方为梅、兰、竹、菊四联挂屏；四方桌、条几居中，两侧扶手椅，条几上对称摆设两对瓷瓶。

碧纱橱（图 8-1-113）、花罩（图 8-1-114）

图8-1-110　孔府门额与楹联
（图片来源：网络）

图8-1-111　孔府前堂楼厅堂陈设
（图片来源：网络）

图8-1-112　惠民魏氏庄园二进院厅堂陈设
（图片来源：陶斌　摄）

a 孔府　　　　　b 孟府（图片来源：网络）　　　　　c 吴式芬故居

图8-1-113　碧纱橱
（图片来源：陶斌　摄）

和屏风，用来隔断空间和视线。龙口丁氏故宅屡素堂，室内一屏风嵌雕人物、动植物图案，精妙奇巧（图8-1-115）。

挂屏是常见的内墙面装饰，四联挂屏居多（图8-1-116）。插屏，置于条几上，有大理石插屏、彩瓷插屏、木雕插屏等（图8-1-117）。

山东人讲究门饰，除门神、春联、福字外（见本节"应时装饰"），门钹作为门挂设不可或缺。门钹由铁或铜制成，有圆形、菱形、八角形、长方形、六边形等式样（图8-1-118）。

a 孔府

b 牟氏庄园

图 8-1-114 花罩
（图片来源：网络）

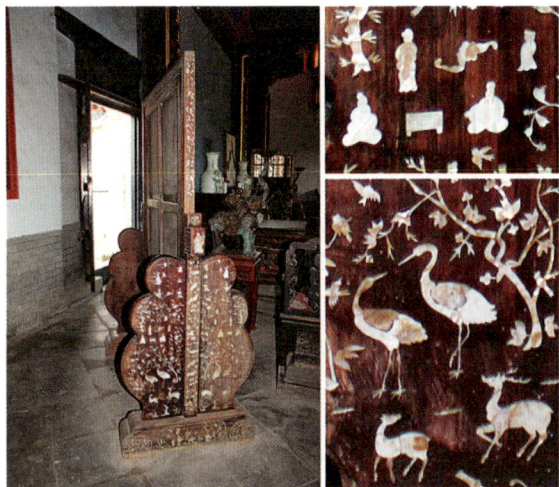

图 8-1-115 龙口丁氏故宅屡素堂内屏风
（图片来源：陶斌 摄）

六、应时装饰

山东传统民居的季节性装饰主要有岁时节令装饰、婚庆装饰、寿庆装饰等。

山东人过年，是从腊月二十三小年开始，鲁南地区有的地方是从腊月二十四开始。小年是辞灶日，所以这天在家中祭灶，设摆供案祭祀灶神，贴灶神画。山东人过年贴门神、春联、福字，一般都是年三十上午进行。门神有武门神和文门神，一般武门神贴在大门、外门，文门神贴在内门。日照莒县过年时，有在门楣上贴过门笺的习俗。莒县过门笺是当地剪纸艺术的代表作，形状像缩小的门帘，是国家级非遗项目，还被列入联合国教科文组织公布的人类口头和非物质文化遗产代表作名录。

清明插柳、端午插艾，也是节令装饰，同贴春联、门神一样，这类习俗一直延续至今。

婚庆装饰，大红喜字必不可少，贴在门、窗、洞房墙和床、柜等家具上。还有扎虚棚、贴喜联、剪窗花、贴炕花、铺喜床、挂百子图等新房装饰。寿庆装饰，常挂寿中堂、寿联、寿幛、寿星图。例如，孔府前上房内高悬"宏开慈宇"大匾，是孔氏族人送给七十六代衍圣公夫人陶氏的寿礼，中堂"寿"字为清朝慈禧太后亲撰，寿

a 龙口丁氏故宅（图片来源：陶斌 摄）

b 潍坊十笏园（图片来源：网络）

c 牟氏庄园（图片来源：网络）

图 8-1-116 挂屏

图8-1-117　龙口丁氏故宅插屏、花瓶陈设
（图片来源：陶斌　摄）

图8-1-118　门铍
（图片来源：陶斌　摄）

堂内的座椅为庆寿也装扮一新。牟氏庄园的寿幛，"寿"字笔画由绣花组成，十分华美。这些装饰专为庆婚或庆寿而设，烘托了喜庆气氛（图8-1-119）。

喜庆日子里剪纸、年画不可或缺，山东民间剪纸和年画享誉全国。烟台剪纸、高密剪纸、滨州民间剪纸以及杨家埠木版年画、高密扑灰年画、东昌府木版年画、张秋木版年画都是国家级非遗。这些多姿多彩的民间艺术洋溢着生活热情和理想，为山东传统民居增添了亮丽光彩。

神主匣是祭祖时的陈设，山东流传至今的数量不多。图8-1-120为龙口丁氏故宅内木制神主匣三例，皆仿民居，卷棚顶、倒挂楣子、落地罩等一应俱全，其中一个有门额、楹联、槅扇和镇宅狮子，反映了视死如生的传统观念。

a 婚庆装饰——孔府（图片来源：网络）　　b 婚庆装饰——牟氏庄园（图片来源：网络）

c 寿庆装饰——孔府（图片来源：网络）　　d 寿庆装饰——牟氏庄园（图片来源：网络）

图 8-1-119　婚庆装饰和寿庆装饰

图 8-1-120　龙口丁氏故宅神主匣
（图片来源：陶斌 摄）

第二节　装饰题材与内容

山东传统民居装饰以祈福纳吉、驱邪禳灾、伦理教化、抒情言志、赞颂标榜为主题，装饰题材和内容十分广泛。装饰常用的人物有门神、福禄寿三星、仙人、童子、戏曲人物等；动物有龙、麒麟、狮子、虎、鹿、马、牛、驴、猫、猴、鱼、蝙蝠、鸽、贪等；禽类有凤、仙鹤、鸡、喜鹊、白鹭、鸳鸯等；植物有松、竹、梅、兰、菊、莲、水仙、海棠、石榴、葡萄、卷草等；器物有琴、棋、书、画、八仙法器（暗八仙）、佛八宝等；传统纹样有盘长、"卍"字、方胜、卧蚕、海棠锦、龟背锦、灯笼锦、拐子锦、工字锦、井字锦、套方锦、方格锦、冰裂纹、回纹、云纹等；吉祥文字有"福""寿""喜"等单字，也有双字或多字，不胜枚举。这些题材通过巧妙构思和排布，组成一幅幅图画和图案，或用谐音来象征和隐喻，或以字画来传情和达意，展现出生动传神、意蕴广阔的山东民居文化长卷，反映了多姿多彩的审美情趣和美学意象。

一、祈福纳吉

祈福纳吉为主题的装饰，主要以福、寿、禄、财、喜来体现。

除了直接用福字表达外，云蝠、"四福（蝠）捧寿""五福（蝠）捧寿""双钱（铜钱）拴福（蝠）""福寿双全"（图8-2-1）"多子（石榴）多福（蝠）""麒麟送子""仙人麒麟"等寓意福；寿字或变形的寿字、寿星、寿桃、"松竹白鹤""松鹤延年"（图8-2-2）"耄（猫）耋（蝴蝶）之年"等寓意寿；"吉（鸡）庆（磬）有余（鱼）"（图8-2-3）"连（莲花）年有余（鱼）""财（铜钱）事（狮）兴隆"等寓意财；"鹿（禄）衔灵

芝""马上封（蜂）侯（猴）""一禄（白鹭）清廉（莲花）""一禄（鹿）平（瓶）安""平（瓶）升三级（戟）""双鹿（禄）献福"等寓意禄（图8-2-4）；"喜鹊登眉（梅花）""鸳鸯戏荷""凤喜牡丹"或"牡丹引凤"等寓意喜。还有灵芝、如意纹、"百（百合花）事（狮或柿）如意（灵芝）""富贵（牡丹）平（花瓶）安""平平（花瓶）安安（鹌鹑）"等寓意如意平安。

传统纹样寓意福寿绵长、万事吉祥、富贵满堂、步步高升、幸福美满等。吉祥文字言简意赅，常起到画龙点睛的作用。

二、驱邪禳灾

驱邪禳灾为主题的装饰，有狮子、屋脊兽、暗八仙、太极图、门神、灶神、门镜、泰山石敢当等。

大门两侧的圆雕石狮只有孔府、孟府等官衙

双钱拴福

福寿双全

喜鹊登梅

鸳鸯戏荷

图8-2-1 "福、寿、喜、财" 木雕（惠民魏氏庄园）
（图片来源：陶斌 摄）

图8-2-2 "松鹤延年、鹤鹿同春" 砖雕
（滕州王家祠堂）
（图片来源：陶斌 摄）

图8-2-3 "吉庆有余" 和 "暗八仙" 木雕（滕州王家祠堂）
（图片来源：陶斌 摄）

图 8-2-4 "双鹿献福"木雕（淄川洪山镇蒲家庄民居）
（图片来源：陶斌 摄）

和内宅合一的府第才有资格放置。一般民居用门鼓石、门楼盘头雕刻的小狮子，来镇守宅院。

屋脊兽用来镇水避火、镇宅压邪。山东传统民居的脊兽各有地方特色。菏泽郓城民居，正脊上、垂兽后都置小兽，小兽几乎满布正脊、垂脊，使得屋顶看起来很活跃。

暗八仙，以法器暗指仙人，这八样法器是葫芦、法扇、鱼鼓、宝剑、莲花、花篮、横笛和玉板。这类装饰有靠神仙法术斩妖除魔（宝剑）、

救济众生（葫芦）、起死回生（宝扇）的寓意，也有滋生万物（横笛）、冰清玉洁（莲花）、心静神明（玉板）、顺天应人（鱼鼓）的寓意（图8-2-5）。

太极图，一般用于博缝头或挑檐石侧面，也是镇宅之意（图8-2-6）。

门神、灶神，除了驱鬼辟邪，也有迎祥纳福的作用。人们认为铜镜能驱妖祛邪（图8-2-7）。

泰山石敢当是山东民居中挡煞镇邪、医病避灾的常用手段。影壁、正对门的板壁或屏风，加强私密性的同时，也起到挡风阻煞的作用。

三、伦理教化

伦理教化为主题的装饰，主要通过壁画、雕刻、匾额、对联等的内容来体现。

孔府内宅照壁北面的彩色壁画"戒贪图"，

"暗八仙"砖雕（淄川蒲家庄民居）

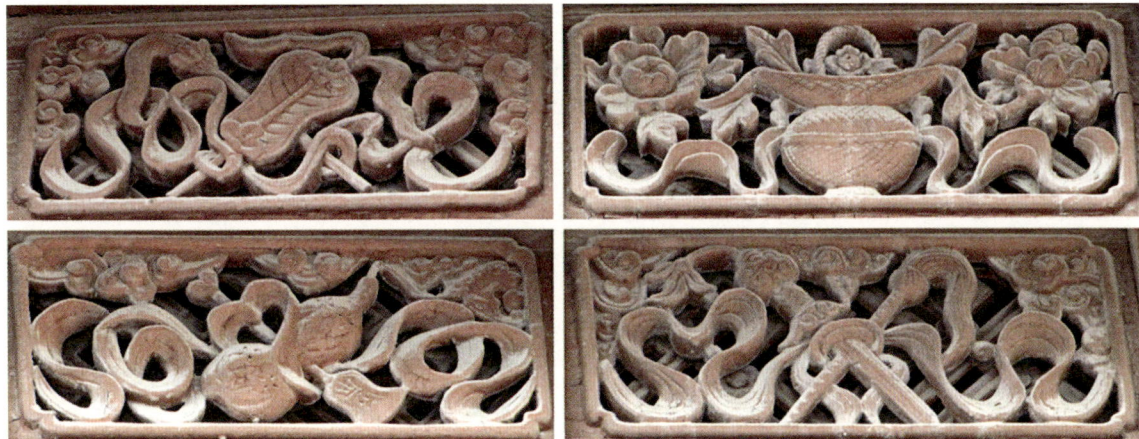

图 8-2-5 "暗八仙"雕刻
（图片来源：陶斌 摄）

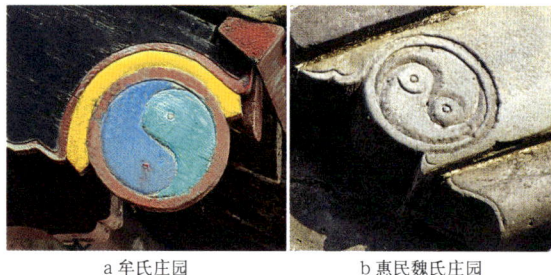

图8-2-6 博缝头太极图
（图片来源：陶斌 摄）

a 牟氏庄园   b 惠民魏氏庄园

图8-2-7 门镜（淄博市周村区王村镇北河东村）
（图片来源：陶斌 摄）

绘于宅门出口。衍圣公以此独特的方式，警示自己和家人并告戒子孙，为官应当清正廉洁，不要贪赃枉法。

孟府内宅门前檐木雕"鲤鱼跳龙门"，寓意逆流进取、奋发向上的精神，勉励后人改变命运要靠自己的勤奋执着。

匾额、对联的教化功能在传统民居装饰中备受重视，将家训、家规巧妙融于字里句间，常见常闻，潜移默化。

堂号刻于匾额，标示了家族的价值观。孔府的一贯堂[1]、忠恕堂[2]、安怀堂[3]，孟府世恩堂[4]，惠

民魏氏庄园的树德堂[5]、徙义堂[6]，滨州杜受田故居的绍德堂、荣德堂、忠孝堂，牟氏庄园的东忠来、西忠来、宝善堂[7]和日新[8]，惠民丁氏故居的集义堂[9]，龙口丁氏故宅的屡素堂[10]、崇俭堂、保素堂等堂号，昭示了崇德尚义、讲求仁、忠、恕、孝、善、安、信、素、俭的家族道德观念。

孟府门额"礼门义路"[11]，垂训修身立业之道。孟府"七篇贻矩"金匾是清雍正皇帝手书，告诫孟家后代要以孟子《七篇》作为处事为人的规矩。魏氏庄园二进院厅堂匾额"乐善好施"，由表彰宅主的救灾善举而来，也是垂训后人应遵从的行为准则。

孔府对联"道德为师，仁义为友；礼乐是悦，读书是敦""彝训承先，闻诗闻礼；名宗衍庆，宜室宜家""交友择人处事循礼，居家思俭守职宜勤"；孟府对联"锦世泽莫如为善，振家声还是读书"；龙口丁氏故宅对联"勤俭持家，能遵祖父诒训便为世业；诗书宜兴，莫使子孙废读即是福基""古今来多少世家，无非积德；天地间第一人品，还是读书""入瑶林琼树中皆宝，有谦德仁心者为祥""惜食惜衣，非为惜财当惜福；求名求利，但须求己莫求人"；牟氏庄园门联"耕读世业，勤俭家风"和对联"霜露兴思远，箕裘继世长"；潍坊十笏园门联"诗书继世，忠厚传家"，等等，这些内容都明示了治家处世之道，对子孙后代起到教育指引作用。

龙口丁氏故宅内一神主，门额"慎终追远"与楹联"祖德宗功启后昆，水源木本承先泽"，体现了尊宗敬祖、恭谢祖泽。

---

① 据《论语·里仁》："子曰：'参乎！吾道一以贯之。'"
② 据《论语·里仁》："曾子曰：'夫子之道，忠恕而已矣。'"
③ 据《论语·公冶长》："子曰：'老者安之，朋友信之，少者怀之。'"
④ 《庄子·天下》："以仁为恩，以义为理，以礼为行，以乐为和，薰然慈仁，然后君子"。
⑤ 据《韩非子·外储说左下》："子曰：'善为吏者树德，不能为吏者树怨。'"
⑥ 据《论语·颜渊》："子曰：'主忠信，徙义，崇德也。'"
⑦ 据《论语·述而》："三人行，必有我师焉；择其善者而从之。"或《孟子·公孙丑上》："取诸人以为善，是与人为善者也。故君子莫大乎与人为善。"
⑧ 据《周易·系辞传》："富有之谓大业，日新之谓盛德"。
⑨ 《孟子·公孙丑上》云："是集义所生者，非义袭而取之也"。按朱熹的解释，"集义"就是"积善"。
⑩ 据《易传·象传上·履》："素履之往，独行愿也。"
⑪ 《孟子·万章下》："夫义，路也；礼，门也。惟君子能由是路，出入是门也"。

四、抒情言志

抒情言志为主题的装饰，以表现传统"士"文化精神为主。博古器物，表达尚古雅好；琴棋书画（图8-2-8），体现风雅才艺；松、竹、梅、兰、菊、莲，象征君子品格。匾额、对联常常是文人情怀的映射。

孟府"见山堂"、青州偶园"佳山堂""卧云亭""松风阁""友石亭"，潍坊十笏园"静如山房""碧云斋""春雨楼""芙蓉居""落霞亭""漪岚亭""四照亭"以及四照亭题额"浣霞""涛音"（图8-2-9），孔府"红萼轩"，龙口丁氏故宅"漱芳园"等匾额分别以大自然中的山、云、风、雨、霞、漪、雾、光、涛、松、石、花、草命名，是文士寄情山水的体现。

无棣吴式芬故居"双虞壶斋"，以吴式芬鉴古、藏古的宝物——双虞壶①为室名，反映了斋主作为金石学家的研究志趣。吴式芬还将其著作、日记、随笔以"双虞壶斋"冠名，如《双虞壶斋藏器目》《海丰吴氏双虞壶斋印存》《双虞壶斋日记八种》等，足见其对双虞壶的珍好。十笏园"砚香楼"，以文房四宝之首——砚命名，体现了文人好砚的雅趣。

龙口丁氏故宅楹联"门对朝阳万里霞光来院宇，窗迎曙色一团紫气映图书""鱼游墨沼频风暖，燕入书林杏雨浓""阳春已归鸟语乐，溪水不动鱼行迟"，十笏园四照亭题联"望云惭高鸟，临水愧游鱼""清风明月本无价，近水远山皆有情"等内容，是借自然景致抒闲情；孔府对联"镂玉裁冰著句，高山流水知音""歌咏于是，风雨不出；主翁常定，客感自清"等内容，是借日常生活抒友情。龙口丁氏故宅楹联"精神到处文章老，学问深时意气平""日有所思经史如诏，

图8-2-8　"琴棋书画"盘头砖雕（烟台李氏庄园）
（图片来源：网络）

图8-2-9　潍坊十笏园四照亭题额与楹联
（图片来源：陶斌 摄）

---

① 双虞壶，指西周晚期虞国铸造的一对同铭的青铜壶，内刻金文。

久于其道金石为开""为学日益为道日损，大勇
若怯大智若愚""到眼诗书皆雪亮，束身名教自
风流"等是咏物言志。

五、颂赞标榜

颂赞标榜为主题的装饰，主要通过匾额和对
联来体现。孔府作为圣人府第，相较一般民居，
获得的赞颂殊荣无与伦比；作为儒学圣地，亦着
力标榜其思想主张。

孔府"圣府""圣人之门""恩赐重光"等门
额，彰显了孔子家族独一无二的尊荣。"节并松
筠""诗书礼乐""松筠永春"等匾额，赞颂孔子
的高洁品格和深厚学养（图8-2-10）。

孔府大门楹联"与国咸休安富尊荣公府第，
同天并老文章道德圣人家"，赞颂孔府富贵尊荣
与国同运、道德文章同天并老。三堂内对联"宝
月卿云瞻厥度，奇文妙墨炳其华"，赞颂孔府内
奇珍异宝之丰盛与诗文书画之奇妙。前上房内对
联"东溟量深西华测峻，秋月俪洁春风酿和"，
赞颂孔子学问之深厚似山高海深，有如明月春风
光照、温暖了人间。重光门楹联"爵列三公荣衮
绂，身通六艺绍其裘"，颂扬高官厚禄和贵族才
艺代代传承。这些匾额、对联多为明清两朝皇帝
和高官、名士题写，彰显了孔氏家族身份地位的
荣耀。

图8-2-10 孔府匾额（图片来源：陶斌 摄）

第三节 装饰特点和文化内涵

山东传统民居装饰艺术深受齐鲁文化和山东
民俗文化的浸染和熏陶，具有以孝为先、以礼为
范，以和为美、以德为贵，三教合流、和合共
生，礼俗互动、雅俗互融四个方面的特点和文化
内涵。

一、以孝为先，以礼为范

儒家文化是齐鲁文化的核心，其以孝为先、
以礼为范的思想观念充分体现在山东传统民居装
饰中。

以孝为先，即重视堂号、祠堂家庙和祭祖。
堂号是宗法社会家族门户的标志，以区分族属、
支派，表明家族的源流世系。堂号刻于匾额，高
悬门楣之上，字体醒目，色彩庄重，点明空间场
所的身份和归属。岁时节令祭祖、婚庆拜祖和寿
庆的应时应景装饰，体现尊宗敬祖。祠堂家庙，
为寻根明脉、敦宗睦族而设，相较一般民宅，装
饰更加隆重。例如，孔庙相较孔府、孟庙相较孟
府，装饰等级更高。装饰以孝为先，是维护先祖、
族长和家长地位，巩固宗法制度的重要手段。

以礼为范，即讲究规制等级，主次分明，尊
卑有序。多路宅院装饰中，以中路为尊。一个院
落中，门楼和正房是装饰重点，倒座、厢房和耳
房装饰为辅。一栋建筑中，明间是装饰重点，次
间、稍间和耳房为辅；前檐相较后檐，前者为
主，后者为次，以前为尊。室内陈设，以厅堂为
装饰重点。

厅堂陈设，谨守礼制，以中为尊，主宾有
别，长幼有序。匾额、堂幅居中，对联、条幅、
挂屏等对称悬挂。四仙桌或八仙桌居中，太师椅
对称两侧，以右主、左宾或左上右下为序，皆以
"序"来入座。前方摆放对称的几和椅，是晚辈之
座，也是主客以外的来客座位，按长幼次序分坐。

孔府是贵族府第，相较其他山东传统民居，
装饰等级最高。孔府号称"天下第一家"，其装
饰是以礼为范的典型体现。孔府前衙相较后宅，
装饰更隆重。大门由两只石狮镇守，显明衙门的

属性；内宅门前门鼓石一对，则低调内敛。前衙装饰庄严肃穆，后宅装饰温馨素朴，都以中路为尊。彩画是身份等级的体现，仅能用于孔府、孟府这类贵族府第，庶民庐舍不能僭越。孔府大门檐下金龙枋心金线大点金旋子彩画，是整个孔府等级最高的彩画。从二门到大堂、二堂、三堂和内宅，其彩画等级均低于大门彩画。

孔府过年贴门神、春联的讲究，将儒家礼法体现得淋漓尽致。门神、春联皆有等级之分。相较一般门神，孔府门神面积较大，而且是加官进爵的，大都为当朝一品官衔，这在中国独一无二。武门神，贴在大门、二门等前衙的通行门、内宅正门。特别是孔府大门上的武门神，早年间不用浆糊贴，而用框子裱起来直接挂。文门神贴在前衙的厢房和室内门、后门，以及内宅较重要的门上，而"福"字则贴在内宅小建筑的门上。孔府专用的明代门神印版和清乾隆二十四年（1759 年）、乾隆二十五年（1760 年）的春联底本中，不仅详细记录了孔府各门柱上的春联内容，还注明了春联的纸色、长度、宽度，以及门神种类等。春联要求用词典雅，对偶得当，还讲究纸墨精良，字体工整。春联纸色分为砾笺、丹红、松笺，其中砾笺级别最高，贴在重要建筑上。丹红、松笺依次递降，贴在次要建筑上。比如，大堂檐柱用砾笺纸，长三节，春联为"北阙颂光华玉律金仪旋转万年新日月，东山迎瑞霭龙章凤绶炜煌九命旧冠裳"；前上房东间门柱用丹红纸，长七尺，宽四寸，春联为"榆翟荣辉花绕潘舆陈圣善，珩璜逸响歌盈韦幔颂劬劳"；东一间"珩璜哕锵和淑气，凤仪麟趾集新年"的春联则用松笺纸[1]。孔府装饰充分体现了公私分明、内外有别、尊卑有分。

二、以和为美，以德为贵

齐鲁文化中以和为贵，以德为善，以善为美的儒家思想观念，在山东传统民居装饰中体现为以和为美，以德为贵。

以和为美，即中和之美，不偏不倚，无过不及。装饰量力而行，装饰的时间、场所、部位、手段、内容、色彩等恰如其分。装饰讲究均衡，疏密有致，合宜有度。山东传统民居装饰既不同于我国南方如江浙、闽粤、徽州等地区的繁缛与细密，也不同于北方京畿地区的雍容华贵。山东民居传统装饰端庄大方，温柔敦厚，又不失绮丽和精细。例如，建筑雕刻中，依部位不同，采用不同的雕饰手法。结构构造的持力部位，如梁枋、柱础、门枕石、腰枕石、盘头等处，不用深浮雕和透雕，仅用线雕或浅浮雕；有透气、通风和采光要求的部位，如倒挂楣子、花牙子、透风，用透雕。门窗槅扇，槅心部分花棂，利于通风；绦环板、裙板仅做浅雕，遮风挡尘、阻视线。这些装饰处理兼顾实用和美观，虚实合宜，执两用中，致中和。

以德为贵，即通过装饰弘扬道德教化，传播修身正己、治家处世之道。雕刻、壁画、堂号、匾额、堂幅、对联等内容，处处彰显着对仁义礼智信、温良恭俭让和忠孝廉耻勇的宣扬（见第二节"伦理教化"）。

三、三教合流，多元共融

山东传统民居装饰体现了齐鲁文化儒、道、佛三教合流，儒家文化是齐鲁文化的显流和主干，其影响力见上所述。道家、佛家文化与儒家文化和合共生，发挥着各自的影响力。同时，齐鲁文化的开放包容，将齐鲁大地以外的多种地域文化兼收并蓄，逐渐汇合为多元共融的有机整体。

（一）道家文化

道家文化是齐鲁文化的隐流，与儒家文化互动互补。道家文化中自然、辩证的思想观念以及方术道器等在山东传统民居装饰中皆有体现。

道法自然，即以自然朴素为美，不过分雕饰、不夸张色彩，不矫揉造作。装饰讲究自然、本真、淳朴、简淡，是为"朴素而天下莫能与之争美"[2]。

---

[1] 孔德平. 春归圣泽长绵远——山东曲阜春联习俗调查. 美术观察 [J], 2011 (3): 5-8.
[2] 语出《庄子·天道》："静而圣，动而王，无为也而尊，朴素而天下莫能与之争美。"

道家文化的辩证思想，体现在装饰上，即有无、阴阳、虚实等相生相衬，对立统一。有无——不是所有场所、部位都有装饰，注重留白艺术。阴阳——装饰图案凹凸相存，阴雕、阳雕相生；装饰色彩黑白相衬，冷暖相依。虚实——装饰构图，疏密有致；装饰寓意，显隐相随。装饰尺度的大小、长短，装饰形态的方圆、曲直，装饰位置的前后、高低，无不体现了道家文化对事物的辩证认知。

道家方术，是传统民居辟邪驱煞的重要手段，如影壁、泰山石敢当、正对门的板壁或屏风、门镜、太极图等。暗八仙是神仙法器，用于民居装饰，有驱灾解厄之意，也寄托着祛病化煞、得道成仙的祈望。

道家文化影响下的传统文士，常有澄怀观道、淡泊恬适的情怀。这些情感通过匾额、楹联等装饰字画的内容得到表达和抒发。例如，龙口丁氏故宅匾额"履素堂"，堂号源自《易传·象传上·履》："素履之往，独行愿也"，表明堂主质朴无华、清白自守的处世态度；楹联"昼长梁燕从容语，风定瓶花自在香"，抒发静定归真、洒脱自在之情。

（二）佛家文化

佛家文化是齐鲁文化的有机组成部分，在山东传统民居装饰中有着广泛影响。

山东传统民居中常见到佛龛，甚至府第中专设佛堂。魏氏庄园二进院厅堂西侧耳房，尺度较一般民居耳房小很多，是家设的佛堂。内墙凹龛中供入佛像就作佛龛用，还有雕饰精美的木佛龛（图8-3-1）。这些都体现了佛教在传统民居中的影响力。

民居装饰纹样中很多源自佛教，如"卍"字纹、盘长纹、卷草纹、宝相花、火焰纹、宝珠纹等。法轮、法螺、宝伞、白盖、莲花、宝瓶（罐）、双鱼和吉祥结（盘长），代表八种佛教器物，俗称佛八宝，也称八吉祥或八宝纹，是金银玉瓷等陈设物的常用装饰纹样。

（三）外来文化

由于山东历史上尤其明清以来移民、交通、商贸等因素，带来了其他地域的文化和风俗，山西、河北、河南、四川、云南、江苏、东北、陕西、安徽、福建、蒙古等地带来的文化和风俗，在山东传统民居装饰上都留下了各自的烙印。

例如，常见于南方民居的撑拱，在潍坊民居中以青竹式样出现；常见于南方民居的轩，有见于滕州王家祠堂、巨野县田小集村田氏家祠（图8-3-2）中；豫南民居门洞上方留洞的习俗，见于泰安民居中；潍坊十笏园中绿、红色油饰受北京传统民居色彩影响；烟台牟平北头村都氏宗祠，供奉始祖为蒙古族，喜以白、黄、蓝色为装饰色彩。这些外来地域文化在齐鲁大地上汇合交融，最终融汇于开放包容、动态演进的齐鲁文化中，共同绘就了山东传统民居的璀璨画卷。

a 龙口丁氏故宅　　　　　　b 牟氏庄园

图8-3-1　佛龛
（图片来源：陶斌 摄）

图8-3-2　巨野县田小集村田氏家祠"轩"
（图片来源：胡雪飞 摄）

四、礼俗互动，雅俗共生

儒、道、佛的思想观念和教义仪轨，同山东民俗文化相交互渗，既以礼驭俗，借礼行俗，也以俗入礼，化礼为俗。山东传统民居装饰因俗循礼，礼俗互动，雅俗共生。

山东各地民风民俗不同，传统民居装饰既有浓郁的地方特色，又有审美趣味的个性化表达，装饰样貌多姿多彩。就建筑雕刻而言，鲁西北地区砖雕更丰富；鲁中南和胶东地区的石雕更精美。鲁南的嘉祥石雕、胶东的掖县滑石雕刻都是国家级非物质文化遗产。山东木雕异彩纷呈，既有鲁西南的曲阜楷木雕刻和曹县木雕，二者都是国家级非物质文化遗产，也有阳谷木雕、淄博蔡氏木雕、肥城桃木雕刻，各具其美。就砖塑而言，菏泽鄄城砖塑，独具特色。就油漆彩画而言，有贵族府第的华美彩画，也有祠堂家庙的彩色点缀。整体而言，胶东民居爱饰海蓝，用色更奔放，内陆民居，黑色、栗色更多见，用色更内敛。就摆砌、排布技艺而言，鲁中地区的淄博陶瓷墙、济南章丘和淄博地区的渣灰砖墙（图8-3-3）、泰安小辛庄河卵石墙以及胶东地区的虎皮石墙，还有各地的石板路和河卵石路，都是

图8-3-3　淄博市周村区王村镇西铺村民居渣灰砖墙
（图片来源：陶斌 摄）

地方特色。

雅俗共生，体现为文人雅士与民间工匠、艺人的作品共济一堂，相得益彰。笔墨纸砚、博古器物和琴棋书画是文人风雅，梅兰竹菊象征君子品格，这类装饰是传统"士"文化的表达。木匠、石匠、铁匠、泥瓦匠、窑匠、裱糊匠的各类乡土技艺，雕刻、泥塑、面塑、剪纸、编织等各种民间艺术，是民俗文化的体现。雅俗共呈，各行其技，各展其艺。孔府、孟府，以皇帝、明相、翰林的杰作为装饰，隆重高洁；庄园府第，以名贤佳作为装饰，清新雅致，与普通民居装饰的乡土气息形成鲜明对比。

雅俗共生，还体现在整体装饰色彩的素朴与细部色彩的绚丽，交织相衬，共生共荣。民居以黑色、白色、灰色、栗色为主的背景色，端庄含蓄，平实淡雅。青、绿、赤、黄、蓝等色点缀其中，生机勃发，绚丽浓郁。黑门之上的金匾、黑柱上的楹联、黑门上的红联与彩神、本色椽望与青绿彩画、灰脊兽与彩泥塑、黑白字画与红绿年画、花顶棚与黑剪纸、青瓷与土陶，处处洋溢着生活的本真，质朴中见雅致，内敛中见妙趣。

山东传统民居装饰彰显了齐鲁文化的博大精深，儒、道、佛文化和民俗文化互动互补、相生相融，形成了以孝为先、以礼为范，以和为美、以德为贵，三教合流、多元共生，礼俗互动、雅俗共融的装饰特点。山东传统民居装饰艺术整体而言，既不同于我国南方地区如江浙、闽粤、徽州等地的繁缛与细密，也不同于北方京畿地区雕饰的雍容华贵。山东传统民居装饰艺术主次有序，尊卑有别，端庄大方，节制合宜，温柔敦厚，朴素自然，又不失绮丽和精细，具有浓郁的山东特色。

第九章 山东传统聚落与民居保护研究

在实地调研、系统研究的基础上，厘清了山东传统民居聚类单元与区系划分，系统研究了山东各区系民间营造技艺，以典型传统聚落与民居保护前后效果对比的方式，典型呈现了山东传统聚落与民居保护工作中所建立的如下经验：

（1）传统聚落与民居历史演进真实性和动态完整性为基础的价值评估体系；

（2）突出了以传统资源保护与产业活化、新型业态适宜植入的地域经济复兴的核心作用；

（3）制订了以延承地域传统营造技艺与特色文化生态保护为核心的技术标准；

（4）初步构建了传统村镇社区数字化样态数据库；

（5）有序开展了传统乡土人居环境的主体行为特征、地域发展潜力等相关评价工作，有效支持了传统地域聚落与民居的可持续发展。

山东省省委、省政府高度重视传统聚落保护工作，2013 年山东在全国率先提出实施"乡村记忆"工程这一山东地域传统聚落及其民居保护与传承的大型工程，并于 2014 年开始实施。首批确定了 24 个工程试点单位，其后于 2015 年 5 月已正式公布了第一批"乡村记忆"工程单位 300 个。

山东省"乡村记忆"工程实施六年来，山东传统聚落保护研究与相关实践不断深入，目前已建立山东地域传统聚落亚文化区系划分，形成了以亚文化区系为单元，整体探讨各类型传统聚落与民居保护与发展利用；以镇域为落实单位，联动落实相关保护与活化举措；以每一处传统聚落为实施项目，结合其既有资源，实施保护工程的保护体系。总体而言，山东传统聚落与民居保护实践具有如下几个方面的特点。

首先，加强了山东传统聚落资源的梳理、研究和分析评估，切实掌握山东省传统聚落的资源与实际现状；结合传统村落及其民居所具有的静态、动态、活态的显著特点起，创造性建立了传统村落历史演进真实性和动态完整性为基础的价值评估体系。

其次，加强了山东传统聚落保护利用的总体规划，构建了以区域特色资源类型为保护发展利用的基本框架，先后由乡土文化遗产保护国家文物局重点科研基地（山东建筑大学）完成了以山东现存传统村落为对象的《山东省乡村记忆工程总体规划》，以特色类型资源为研究对象的《山东省海草房传统村落保护利用总体规划》《鲁中山区山地聚落保护利用总体规划》等大型实践项目。

再次，在资源认知的基础上突出了以传统资源保护与产业活化、新型业态适宜植入的地域经济复兴的核心作用，制订了以延承地域传统营造技艺与特色文化生态为核心的技术标准。

第一节　山东地域传统聚落与民居保护空间与格局划分

由于山东省不同地域环境的地理区隔与自然环境条件的地理差异，在不同的地域历史、社会文化、风土人情等人文因素的作用下，齐鲁先民顺应地形地貌、结合气候条件、因地制宜、就地取材，运用朴素的建造技术，在聚落形态、民居院落布局、结构构造和细部装饰等方面形成了特色鲜明的区域类别与典型特征。以自然环境、人文环境分区为基础，主要考虑地理环境、地形地貌、生产劳作方式、地域文化历史演进等具体划分因素，结合山东传统聚落与民居风格特色，综合民居的建筑技艺、建筑构造、建筑材料等的特点，形成山东地域传统聚落与民居总体空间与格局分区。

一、山东地域传统聚落与民居分布分区

（一）黄河滩区土坯房传统聚落主要分布区

主要包括德州、聊城、滨州、东营等区域，保护以鲁西北平原典型民居为特色的传统村落，充分挖掘与保护运河文化、商贸文化、庙会文化等优秀历史文化。

（二）鲁中山区石头房传统聚落主要分布区

主要包括泰安、莱芜、淄博、济南以及潍坊安丘市、青州市等区域，重点打造章丘文化特色传统村落集群、淄博自然风景特色传统村落集群和安丘自然风景特色传统村落集群。

（三）博山窑场民居传统聚落主要分布区

以淄博市博山区为主要区域，深入挖掘与传承陶瓷业缘文化，保护古陶窑遗址、匣钵墙等反映陶瓷文化的历史遗迹，延续陶瓷特色商贸文化。

（四）鲁南山区石头房传统聚落主要分布区

主要包括临沂、枣庄、日照以及济宁曲阜市、邹城市、泗水县等区域，保护石头房、石头寨等以石为材的传统建筑和历史遗迹，充分挖掘优秀历史文化，凸显其红色文化与红色精神。

（五）鲁西南土坯房传统聚落主要分布区

主要菏泽巨野县、泰安东平县、济宁嘉祥县和梁山县等区域，保护以土坯房为主，砖石建筑、石头房并存的传统民居多样性；保护传承鲁西南传统手工艺、梁山文化、孝道文化、商贸文化等传统文化。

（六）麦草土坯房传统聚落主要分布区

主要包括即墨区、平度市、昌邑市等区域，保护以传统麦草土坯房和以明清砖石建筑为特色的传统村落；传承传统手工艺，充分挖掘和保护优秀历史文化。

（七）胶东丘陵地区石头房传统聚落主要分布区

以烟台为核心，重点打造招远市胶东传统村落集群，保护良好的自然生态环境，充分挖掘和保护传统技艺、商贸文化、庄园文化。

（八）滨海石头房传统聚落主要分布区

主要包括青岛、烟台的滨海地区，保护以石头房为主，砖木建筑、海草房并存的传统民居多样性；传承渔文化、卫所文化、胶东神仙文化与道教文化等传统文化；注重海洋生态环境的保护，展示滨海优美风光。

（九）胶东海草房传统聚落主要分布区

以荣成市为核心，科学保护、合理利用海草房；注重保护文登和乳山海草房的差异性，展示不同区域海草房特色；充分挖掘和保护好海洋生态文化、渔文化、家族文化、卫所文化等当地传统文化。

二、山东省传统聚落与民居"九区"分布下各分区资源

综合来看，各分区内重点聚落及其相关资源如表 9-1-1 所示。

山东省各分区内重点聚落及其相关资源　　　　　　　　　　　　　表9-1-1

序号	分区	行政区划	传统文化村镇	传统民居	博物馆（传习所）
1	黄河滩区土坯房主要分布区	滨州市	古城镇，城里村	魏集村魏氏庄园、丁河圈村丁氏故居	惠风民俗博物馆、沾化县民俗馆、阳信县鼓书院
		东营市	东王村	田门村田氏祠堂、东张庄村传统民居、寨村泉顺院	东营区吕剧传习所
		德州市	魏庄村、四女寺村、闫家村	相衙镇村 27 号民居、刘营伍村民居、闫集村 25 号民居、北一村孟氏民居	梁子黑陶博物馆
		聊城市	迷魂阵村、七级运河古街区、路西村	郑于村传统民居、青苔铺村传统民居、张秋陈氏民居、张秋山陕会馆、南街民居、仰山书院	东昌府民间艺术博物馆
		寿光市	朱头镇村	—	—
		淄博市桓台县	城南村、城东村		
		济南市济阳县	—	举人王村卢氏旧居	—
2	鲁中山区石头房主要分布区	泰安市	大津口乡，鱼山村、南栾村、上泉村、山西街村	李家泉村传统民居	李家泉村知青博物馆、泰山挑山工博物馆、泰山石敢当博物馆、驴油火烧民俗文化博物馆

续表

序号	分区	行政区划	传统文化村镇	传统民居	博物馆（传习所）
2	鲁中山区石头房主要分布区	莱芜市	南文字村、五色崖村、逯家岭村、卧铺村、青石关村、黄花店村、城子县村	李文珂故居、石家泉村民宅、下北港村段氏建筑群	山歌榨油博物馆、华山民俗博物馆、天缘民俗文化博物馆、房干村村史展览馆、山东亓氏酱香源民俗博物馆
		济南市	博平村、梭庄村、三德范村、三涧溪村、朱家峪村、黄巢村、方峪村	娄家庄村娄家祠堂、天晴峪村传统民居、小娄峪村古建筑群	山东民俗文化博物馆、山东省非物质文化遗产传习厅和精品陈列厅、山东建筑大学"乡村记忆"研究展示基地、旧军乡村博物馆、相公庄民俗博物馆、鼓子秧歌传习所、中国阿胶博物馆
		淄博市	太河镇，梦泉村、上端士村、纱帽村、西岛坪村、西股村、柏树村、土泉村、罗圈村、双井村、石安峪村、杨家庄村、蒲家庄村、土峪村、万家村、李家疃村、韩家窝村、黎金山村	泂村古楼、康家坞村传统民居、张李村传统民居、大七村石氏庄园、毕自严故居	周村大街博物馆群、五音戏传承保护中心
		潍坊市	鼋泉村、西沟村、下涝坡村、黄石板坡村、庵上村、薛家庄村、上院村、赵家峪村、井塘村、昭德古街、响水崖村	田老村明楼、范企奭大院	—
3	博山窑场民居主要分布区	淄博市博山区	八陡镇、福山村、双凤村、河南东村、古窑村、岳西村、下虎村	东石村传统民居	—
4	鲁南山区石头房主要分布区	济宁市	上九山村、高李村、庙东村、越峰村、凫村、葫芦套村、夫子洞村、梅鹿村、王家庄	鲁舒村传统民居、五里庙村苏家大院、乔家村传统民居、西岩店村乔氏庄园	微山湖民俗博物馆、大庄村博物馆
		临沂市	岱崮镇，王庄村、关顶村、西墙峪村、桃棵子村、竹泉村、常山庄村、李家石屋村、九间棚村、邵庄村、大良村、丁家庄村、庄氏庄园（七村、八村、九村）、朱村、鬼谷子村	杭头村传统民居、河西村传统民居、压油沟村传统民居、石泉湖村传统民居、源兴涌商号、王家后峪村民居	朱村博物馆、东山民俗博物馆、沂蒙山农耕博物馆、罗庄宝泉民俗博物馆、柳琴戏传习所

续表

序号	分区	行政区划	传统文化村镇	传统民居	博物馆（传习所）
4	鲁南山区石头房主要分布区	枣庄市	徐庄镇，北台村、东辛庄村、粮峪村、东滕城村、葫芦套村、兴隆庄村、邢山顶村、高山顶村、中陈郝村	大坞村张氏祠堂、抱犊崮古建筑、牛山村孙氏宗祠	齐村砂陶大作坊传习所
		日照市	柏庄村、天城寨村、李崮寨村、上卜落崮	大夏家岭村四合院、王献唐故居、山东军区军事工作会议旧址	东港区日照记忆馆、刘勰故里民俗生态博物馆、大北林村剪纸博物馆
		诸城市	—	徐会沣故居	—
		青岛市	西寺村	西崔家滩村传统民居	—
		济南市平阴县	东峪南崖村、东蛮子村贤子峪村	兴隆镇村民居、前转湾村廉家大院	—
5	鲁西南土坯房主要分布区	泰安市东平县	常庄村、中套村、前口头村、东腊山村、梁林村	常庄村民居、前山西屯大队部	—
		济宁市	沈庄村、张家垓村、岳楼村、双凤村、刘集村、西小吴村	拳北村传统民居、张坊村张氏家祠	杨柳店民俗文化展馆、梁山非物质文化遗产博物馆
		菏泽市	付庙村、前王庄村、穆李村	章西村田氏家祠、后董楼村董氏民居、邵继楼村传统民居、孙老家祠堂	菏泽市乡村记忆博物馆、郓城传递红色文化博物馆、郓城传统民居博物馆、曹州面塑艺术馆、中国鲁锦博物馆
6	麦草土坯房主要分布区	潍坊市	齐西村、杨家埠村、东王松村	姜泊村民居	高密市土地文化博物馆、鸢都红木嵌银漆器博物馆、绿博园民间收藏博物馆、杨家埠民间艺术大观园
		青岛市	西三都河村、李家周疃村、大欧戈庄	东潘家埠村传统民居、张舍盆李家村传统民居	胶州市九兴博物馆、平度市勇华民俗馆、青岛非物质文化遗产博览园莱西市胶东民俗文化博物馆
		青岛市	—	—	
7	胶东丘陵地区石头房主要分布区	烟台市	梁家夼村、后石庙村、奶子场村、徐家村、北栾家河村、川里林家村、丛家村、界沟姜家村、口后王家村、上院村、石棚村、高家庄子村、大涝洼村、徐家疃村、孟格庄村、东曲城村、河东王家、山后冯家村、北朱村、肖家庄村、西鲁家夼村、霞河头村、南桥村、后寨村、马陵家村	马陵冢村李氏庄园	张格庄民俗博物馆、青龙夼村知青博物馆

序号	分区	行政区划	传统文化村镇	传统民居	博物馆（传习所）
8	滨海石头房主要分布区	青岛市	青山渔村、凤凰古村、雄崖所村	—	—
		烟台市	湾头村、城后万家村、王贾村、朱旺村、朱流村、西河阳村、里口山村、大口东山村	海庙于家村海草屋、北头村都氏宗祠	烟台市剪纸传习所
9	胶东海草房主要分布区	威海市	俚岛镇、留村、东墩村、渠隔村、东楮岛村、烟墩角村、项家寨村、大庄许家村、东烟墩社区、小西村、巍巍村、鸡鸣岛村	—	大庄许家乡村记忆馆、西火塘寨乡村记忆馆、威海市鲁绣博物馆
		文登市	万家村	—	—
		乳山市	南司马庄村	—	—
		海阳市	—	霞河头庄园	—

第二节　山东传统民居营造技艺研究

　　囿于经济成本等多方面因素的限制，因地制宜、直接取用当地天然材料一直是山东各地传统聚落营建的主导方式。在广大经济欠发达乡村地区，这无疑可有效降低建造成本，同时也形成了省内不同地区乡土建筑迥乎不同的地域性特色和风格差异。山东三面环海，地形复杂、地貌类型多样，域内乡土建筑所采用的自然材料极为丰富，从生土、石料、木材到各类陆地、水生植物茎秆（如秸秆、茅草、芦苇、海带草等）乃至海洋贝类资源，都在其选择范畴。而无论对各种天然材料，还是砖、瓦、陶制品等人工材料的具体使用方式和做法，齐鲁乡民均创造出了丰富多样的与当地条件相适宜的地域性建筑构造与建造工艺传统。

一、山东传统民居营造技艺影响要因

　　山东省内土壤资源的分布主要受大地貌和中地貌界线影响，总体上属棕壤、褐土为主的地带性土壤，主要以棕壤、棕壤与褐土、潮土与盐碱土等基本类型自东向西依次分布。[①]棕壤也称棕色森林土，集中分布在气候湿润的胶东、沭东丘陵区；在半湿润的鲁中南山地丘陵区，棕壤与褐土交错分布——其中棕壤广泛分布于鲁中山区酸性花岗岩、变质岩风化物及洪积物上，褐土则发育在石灰岩、钙质砂页岩及其风化物上，主要分布于由沉积岩组成的鲁中山地丘陵区和黄土堆积区；而半干旱的鲁西北黄河冲积平原，地势平坦、土层深厚，是石灰性潮土和盐碱土集中分布的区域。这里石材资源匮乏，取之不尽的黄土遂成为人们建造住屋的基本材料。同时，黄河改道使得这一地区多沙土、盐碱地。由于碱性黏土不适合制砖，当地建房所需砖瓦均要到较远之处购买。故一般农家建屋，砖石十分少见，除建筑基础外，从墙体到屋面维护结构，几乎都由生土建造。该区域乡土聚落与民居也因此形成了独特的防盐碱、防水患灾害的处理措施。山东地域上述自然地理环境条件特点，直接决定了地方物质材料资源的供给，从而很大程度上决定了省内不同区域乡土聚落的面貌和建筑用材特点。

　　以鲁中山区济南朱家峪村的传统民居为例，

---

① 本段与山东土壤资源有关的描述主要参引自：王有邦. 山东地理 [M]. 济南：山东省地图出版社，2000：7-9.

其对建筑材料的使用即与上述地理环境影响下的地域特性紧密相关。朱家峪村中乡土建筑的外墙取材非常广泛，包括乱茬石、黏土砖、煤灰砖、土坯等。按照墙体构造工艺，一般可分为三类：第一类做工比较考究，使用加工精湛的条石作为外墙基座，基座上砌筑清水砖墙，上覆黏土小瓦双坡屋面；第二类以山石块或乱山石砌筑高外墙基座，基座上砌煤灰砖墙——煤灰砖为朱家峪本地特产，由烧成灰烬的煤灰掺和少量石灰制成，其色彩灰黄，尺寸与土坯砖相同，强度高于土坯而逊于青砖，是一种物廉价美的乡土建筑材料；第三类用乱山石做外墙基础，基础上砌外抹石灰的土坯墙，屋顶为山草或麦秆，此种建筑造价最为低廉。而尤有特色之处，为村中民居建筑使用土坯砖、煤灰砖和"丁石"混搭砌筑的一种典型墙体构造形式——即把煤灰砖用于外墙外侧砌体，而外墙内侧仍用土坯，出于墙体结构整体性要求，通常夹砌条石将外层煤灰砖和内层土坯拉结，因条石与墙体成"丁"字形，故称"丁石"。丁石在外山墙上露出一端，与泉州民居外墙"出砖入石"混合砌法效果相类，形成朱家峪一带独特的乡土建筑风貌（图9-2-1），在山东其他地域罕见。

当然，传统聚落鲜明的地域特色是基于多方面因素影响而形成的。如陈同滨先生指出，乡土聚落与乡土建筑遗产的类型特色在于其"文化多样性"，这一特性是由自然地理环境的多样性和社会形态关系的多样性所共同导致的。①因此，在各地不同的生产、生活方式与地方文化习俗影响之下，即使建筑取材的类别差异很小，如

图9-2-1　朱家峪"明经进士"朱逢寅故居丁石外山墙
（图片来源：焦鸣谦 摄）

同样使用木材、石料、生土、砖瓦、秸草等材料筑屋，在实际应用中仍然会呈现出明显的风格差异。借用阿尔多·罗西（Aldo Rossi）对建筑与城市类型概念的阐释，我们几乎可以肯定：在不同文化背景之下，即使建筑的功能使用要求基本一致，因为不同地方人们文化价值与审美取向的差异，也必然会出现种种营造形式风格上的差异。因为每一种人类聚居形态及其建筑的"类型"形式，都是具体地理环境与自然气候条件、场地选址地形地貌、建筑材料资源和人类社会生活与文化模式等多种条件彼此联动作用，才最终体现为具体的聚落形态和建筑形式。②

以胶东半岛沿海地区最具特色的建筑人文景观海草房民居为例。建造海草房的海草是胶东沿海渔民自古习用的一种天然建筑材料，其学名大叶藻，为多年生草本植物，一般生长于温带海域近海浅湾3~6米深度，广泛分布于我国胶州湾至渤海沿岸，以及朝鲜半岛、日本、欧洲和美洲海域。③海草晒干后为紫褐色，由于含有大量胶

① 2019年10月26日，陈同滨先生在济南中欧乡土遗产论坛上首次提出"乡土建筑遗产区系研究"的命题，并在主旨报告中归纳了乡土建筑遗产的三个基本特征（时代性、地域性、社会性）、两个关系要素（人人关系与人地关系）和一个基本特色；指出乡土建筑遗产的类型特色，即在于其"文化多样性"，而保护文化多样性也正是今天全球文化遗产保护运动的目标旨要。参见陈同滨. 乡土建筑遗产的区系研究初探[J]. 住区，2020（1，2）：8.
② 罗西认为，远溯至新石器村落这类人基于功能需求改造世界的先例，"人造家园"和人类的历史一样悠久。正是在这种意义上，从居住建筑、神庙到更复杂的建筑，有了最初的形式和类型。"类型"根据人的功能需要和对美的追求而发展；一种特定"类型"与特定的形式和生活方式相互关联，而其具体形态在不同社会中各不相同。参见［意］阿尔多·罗西. 城市建筑学[M]. 黄士钧，译. 刘先觉，校. 北京：中国建筑工业出版社，2006：37-43. 第一章第三节"类型学的问题".
③ 关于胶东海草房的详细介绍，参见本书第二章，以及张巍. 齐鲁地区建筑文化[M]. 长春：吉林科学出版社，2016：34-39；李万鹏，姜波. 齐鲁民居[M]. 济南：山东文艺出版社，2004：110-116.

图 9-2-2　胶东海草房传统村落街巷空间
（图片来源：闫济、焦鸣谦 摄）

图 9-2-3　荣成市俚岛镇烟墩角村海草房民居院落
（图片来源：闫济 摄）

质盐分，晒干后的海草防潮防蛀、不易燃烧，且保温性能良好，因此被当地人们用作屋顶覆材。这些由专门的匠人以"苫海草"法完成的屋面又陡又高，造型厚重，形若马鞍，极富地域特色（图 9-2-2、图 9-2-3）。

无独有偶，在北欧丹麦的卡特加特海湾中最大的岛屿莱斯岛上，自中世纪时代起，岛上居民也有用海草苫顶盖房的传统。其中最古老的海草屋建于 1790 年，迄今已有 200 多年的历史，在 1989 年被当地政府列为保护建筑。[①] 胶东半岛和莱斯岛两地这两类海草顶乡土民居，虽然都使用了相同的建筑屋面材料，但气质迥异，无论是其建筑整体布局（聚居、散居），还是两地匠人对屋顶形式的塑造，乃至海草顶的细节工艺做法，都有着一目了然的风格差异。

正如张钦楠先生指出，居住建筑作为人类社会最早出现的建筑类型，可以说是构成人类聚居形态（城市或村庄）的"母体"。在各种建筑类型中，居住建筑最敏感地反映了社会生活及文化模式的变化。从中外各种乡土聚落和民居形式中，我们都可以发现，它们确乎在很大程度上取决于社会生活及文化模式，由此我们可以通过分析阅读其时代、民族乃至区域特征，认识其形式背后的文化，由此揭示人类聚落与建筑的文化意义。[②] 就山东区域的乡土建筑而言，除极其注重实用性之外，其自西往东亦呈现出一总体趋势，即各地乡土建筑的形制格局由西向东越来越趋向自由。有相关研究者认为，这种建筑营造形制和风格的变化，基本可以视为是一个从受内陆农耕文化影响到受海洋渔商文化影响逐步演化的过程。[③]

二、山东传统民居保护与传统营造技艺研究

1999 年 10 月，国际古迹遗址理事会（ICOMOS）在墨西哥召开第十二届大会通过《乡土建筑遗产宪章》，标志着乡土文化遗产保护与研究在全世界范围受到遗产保护业界的关注。该宪章次年经陈志华先生译介引入[④]，也促使国内研究者从文化遗产保护视角重新审视乡土聚落遗产。《乡土建筑遗产宪章》认为"乡土性"可由以下六项内容确认：①某一社区共有的一种建造方式；②风格、形式和外观一致；③使用基于传统确立的建筑形制；④非正式流传下来用于设计和施工的传统专业技术；⑤一种对功能、社会和环境限制的有效回应；⑥一种对传统建造体系和工艺的有效应用。[⑤] 可以看出，上述全部六项内容都和传统建筑的营造技艺直接关联。如该宪章所阐述，"与乡土性有关的传统建筑体系和工艺技术对乡土性的表达

① 参观 Seaweed Roofs on Læsø，https://www.visitnordjylland.com/north-jutland/destinations/seaweed-roofs-laeso，自丹麦北日德兰行政大区（Region Nordjylland）旅游局官方网站；以及相关主题纪录片"Seaweed Roofs on Læsø，Denmark"，https://www.youtube.com/watch?v=7sfVq9eWMTI.

② 张钦楠. 建筑设计方法学 [M]. 西安：陕西科学技术出版社，1995:70-135，120. 第 4 章"文物"的设计——揭示意义.

③ 张巍. 齐鲁地区建筑文化 [M]. 长春：吉林科学出版社，2016:98.

④ 陈志华，赵巍. 由《关于乡土建筑遗产的宪章》引起的话 [J]. 时代建筑，2000(3):20-24.

⑤ https://www.icomos.org/charters/vernacular_e.pdf，ICOMOS Charter on the Built Vernacular Heritage，1999.

至为重要，也是维修和修复乡土建筑的关键。这些技术应被保存、记录，并通过教育培训传授给下一代工匠和建造者。"①因此，作为非物质文化的遗产的传统营造技艺，和乡土建筑的物质空间实为传统聚落遗产内容构成的一体两面。

三、山东传统民居保护中营造技艺研究需求

在古代中国几千年漫长的历史时期中，传统建筑营造技艺始终在师徒相授、口口相传中不断发展而延续未断。而自近代以来的急剧社会变革，以及现代工程技术革新带来的建筑营造方式的根本变化，使得传统建筑技艺开始迅速退出历史舞台，今天仅在部分古建筑专业施工单位和偏远乡村尚有少量留存。②在山东区域也是如此，尤其是随着我国改革开放以来近30多年的急剧现代化与城镇化进程，遍布省内各地乡间的传统聚落在不断衰败过程中正逐步被现代建筑替代；那些在长期实践中积累了丰富传统建筑施工经验的各行匠师也因后继无人日渐凋零；无论是传统乡土聚落抑或相关民间建筑营造技艺，均面临着迅速消亡的处境。因此，对于省内各地区种类繁多，地域特色突出的传统乡土建筑营造技艺，无论是抢救性保存记录，抑或系统化整理研究，都已成为一个亟待完成的迫切任务。

正如陈同滨先生指出，对乡土建筑遗产的保护研究有必要突破以往历史建筑的类型模式，将研究扩展到具有一定地理和社会共性的范畴中开展进行。而纵观20世纪80年代末至今我国乡土文化遗产保护研究的整体发展历程，背后所牵系的也正是上述学术范式的转变，即"从起步阶段以建筑史学视角，通过田野调查、建筑测绘等方法初步建立民居体系的被动观察型学术范式，逐步转向以文化遗产保护视野，通过多学科合作，形成以乡土建筑遗产保护、利用与活化为主的主

动介入型学术范式。"③

乡土聚落保护是复杂的系统工程，具有动态变化和与人密切关联的特点。乡土聚落与建筑作为传统社会和营建体系形成的产物，蕴藏着地方乡民对地理气候条件适应的智慧。随着时代变迁，面对这种建造体系的劣化消失，如何做好传统建筑营造技艺的保护与传承工作，如何结合利用现代科技成果对乡土建筑遗产进行保护和修缮，如何在当代社区规划与建筑设计中汲取传统经验智慧，如何妥善平衡乡土遗产保护与地方社会经济发展的关系，从地方可持续发展的角度考虑文化遗产的保护与利用，④这些都是今天每一位文化遗产保护工作者面临的重要课题。

第三节　山东传统聚落与民居保护案例

山东省委、省政府高度重视山东传统聚落与民居保护与活化利用工作，2014年率先在全省实施了传统聚落与保护利用大型工程——山东省乡村记忆工程，形成了集中连片划归省级文物保护单位的传统聚落与民居试点单位共有23处。综合而言，山东传统聚落与民居保护，由传统聚落与民居资源认知中静态、动态、活态的显著特点起，创造性建立了传统聚落与民居历史演进真实性和动态完整性为基础的价值评估体系，突出了以传统资源保护与产业活化、新型业态适宜植入的地域经济复兴的核心作用，制订了以延承地域传统营造技艺与特色文化生态为核心的技术标准，初步构建了传统村镇社区数字化样态数据库。有序开展了传统乡土人居环境的主体行为特征、地域发展潜力等相关评价工作，有效支持了传统地域性单元的可持续发展。

① https://www.icomos.org/charters/vernacular_e.pdf, ICOMOS.Charter on the Built Vernacular Heritage, 1999.
② 李新建. 苏北传统建筑技艺 [M]. 南京：东南大学出版社，2014：1.
③ 李晶晶. 我国乡土建筑研究的现状及趋势——基于CNKI论文数据库的计量可视化分析 [J]. 住区，2020 (1, 2)：104—108，106.
④ http://www.whitr-ap.org/index.php?classid=1529&newsid=2998&t=show，国际古迹遗址理事会乡土建筑和土质建筑遗产科学委员会 (ICOMOS-CIAV &ISCEAH) 2019年联合年度会议暨"面向地方发展的乡土和土质建筑保护"国际学术研讨会公告主题.

一、烟台招远高家庄子村

高家庄子位于山东省招远市西北部，辛庄镇镇政府驻地西侧。高家庄子西侧碧水潆洄、绿树成荫、田野平畴，与庙宇、钟楼、古柏、村落民居相掩映，具有优美独特的山水田园风貌；古村落圩墙边界明显、村中街巷纵横交错、严整的布局中流露出完整而突出的传统村落街巷风貌，具有典型的城池型传统宗族村落空间格局，称得上是山东地区最具有传统特征、保存最完整的古村落之一（图9-3-1）。

（一）选址特点

高家庄子所处区位南高北低，两侧平缓的丘陵地形，有一条小溪自村庄西侧由南向北注入渤海，碧水弯曲呈九道湾，由于形似青龙环绕，称为九龙沟，东侧按东门"屏山"之名推断旧时应为丘陵地段以象白虎，南侧与饽饽顶丘陵横向环报以应朱雀，北侧临海有玄武之意，具有较为明显的风水理念选址特征。

（二）村落形态

1. 平面形态

高家庄子清中叶以前以始建于明万历年间的关帝庙为中心，形成东西、南北大街的十字大街

传统村庄格局。随着清嘉庆十四年（1809年）徐氏家庙、同治元年（1862年）圩墙的相继修建，高家庄子逐渐形成了以南北大街及其旁侧的关帝庙、徐氏家庙为核心的方形城池、鱼骨状街巷格局。近代由于人口的增多，圩墙内的用地难以满足居住的需求，加之圩墙的作用日益减弱，民国时期开始部分建筑突破圩墙的限制，村落向东侧和南侧发展（图9-3-2）。

高家庄子圩墙内东西向大街5条、南北小街巷10余条，整体组成了"进宝"二字图案；东西向大街、胡同和南北胡同之间多呈"丁"字形相交，村内还有4条内向性的甬道小巷，两端多建有门楼，有较强的防御特征（图9-3-3）。

2. 水系脉络

村子西边的九龙沟发源于村子南方，流向渤海，既是古圩墙西侧护城河，也是北方村落中少见的风水水系，水口处建有镇龙庵、三官庙及土地庙等庙宇。

3. 交通系统

村落初期是以"十"字形路网为村落的基本骨架，南北向街道宽度3米，东西向街道约4米。南北大街关公庙一段较为狭窄，宽度约为2.5米，

图9-3-1　2021年8月高家庄子村现状航拍
（图片来源：胡雪飞　摄）

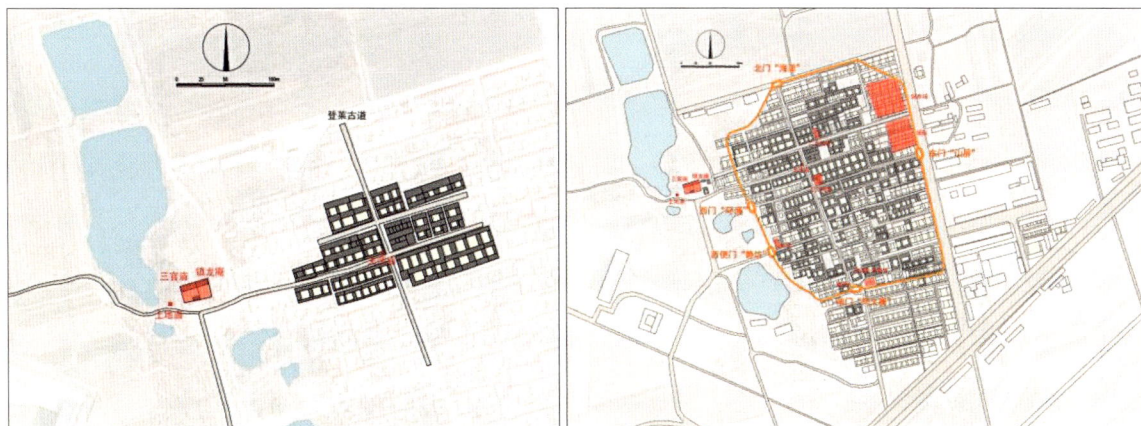

图 9-3-2　高家庄子村落历史演进变化研究
（图片来源：引自《高家庄子传统村落保护与利用规划》）

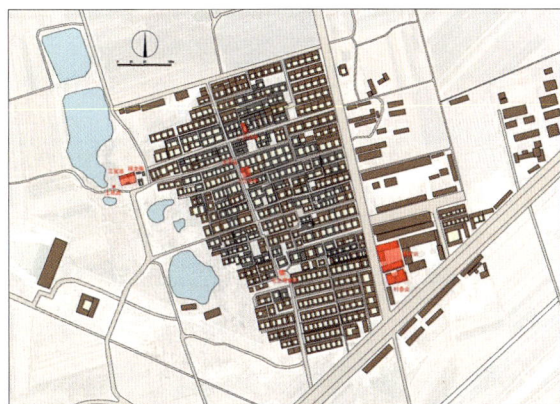

图 9-3-3　高家庄子现状村庄格局（截止至 2021 年）
（图片来源：引自《高家庄子传统村落保护与利用规划》）

窄巷宽度 1~2 米不等。中期南大街继续向南延伸，以该大街为主干，横向延伸出多条东西向街道，形成了以南北大街为主干的鱼骨型路网结构，有五横一纵之称。东西街道 4~6 米不等，南北街道依然保持在原来的 3 米。近期在原有鱼骨形路网的基础上继续向南延伸，南北向街道数量增多，村子东侧还修建了水产大道，该道路宽度约为 14 米，整体形成了"井"字形路网。水产大道修建代替了南北大街的部分功能，特别是车行路线，多选择经水产大道进入该村各条东西向大街。

（三）民居建筑

1. 门楼

门楼分为单独设置和结合厢房设置两种形式，单独设置一般将门楼开在院落的东侧或西侧，与院墙相结合；门楼与厢房结合设置时会占用厢房一个开间，门楼的进深和厢房的进深相等，有两种特殊的样式：一种是在门楼与厢房的脊之间，用瓦片做了各式带有寓意的纹样；另一种是门楼的屋顶从厢房凸出，做成卷棚式，与南厢屋顶的直线形形成了鲜明的对比，达到多变的效果。门楼上挂牌匾上书"节孝""彤管扬辉"等词语，装饰以门簪，主要以荷花、牡丹等花卉纹饰为主，大门两侧通常具有上马石和门枕石，根据家庭情况的不同雕刻的复杂程度也会有区别，有的住户门楼两侧设置门龛，作为节日上香之所（图 9-3-4~图 9-3-7）。

2. 照壁

照壁多采用"门内与厢房结合设置""门外对面设置"两种形式。门楼内侧多设置照壁，照壁上写"福""寿"等吉祥字符，较为复杂的饰以砖雕，同样也是具有趋吉避凶意义的砖雕画。门对面为空地或道路的也会在门外对面设置照壁。

3. 正房

正房内部布局以三义广故居为例，三开间，正间为会客厅和灶房，分为两个灶，分别通入东间和西间的大炕。而徐其珣故居三开间，两侧有耳房，正间是主人休息饮茶的场所，耳房为厨房，各有一个锅灶分别通入东间和西间的大炕。

单体建筑一般为密檩三角梁架，屋面为单层仰瓦，以适应沿海地区多雨雪的气候，可以使雨雪的积水很快顺流而下，既方便实用又古朴整

图 9-3-4 采用当地传统营建技艺做法修缮完成的高家庄子街巷大门效果
（图片来源：闫济 摄）

图 9-3-5 延承地域栖居习俗的高家庄子街门与院落大门修缮
（图片来源：闫济 摄）

图 9-3-6 延续街巷尺度及景观特点的高家庄子北街中段
（图片来源：闫济 摄）

图 9-3-7 延续景观与民俗特色的高家庄子沿街立面修缮
（图片来源：闫济 摄）

图 9-3-8 高家庄子传统民居正房与厢房修缮后效果
（图片来源：闫济 摄）

图 9-3-9 延续多材并举的传统民居墙体风貌特色修缮
（图片来源：闫济 摄）

齐。檐口挑檐多为青石板，比墙体凸出一截，多出的部分呈往下的尖角状，其圆柱体上雕刻了精美的图案，少数砖砌叠涩（图 9-3-8）。

4. 墙体

建筑正立面腰线以下为白石或青石块砌面，腰线以上为青砖（图 9-3-9）。

二、海草房典型聚落——烟墩角村

烟墩角村位于山东威海荣成市俚岛镇，东临黄海，西临东崮村。在明朝时期，山顶上修了一座烟墩，烟墩角村由此而得名。烟墩角村是荣成65个活民俗博物馆中的一个，村落中目前保存着明代时期遗留下来的海草房，是具有代表性的临海渔村。烟墩角村不仅保存着典型的海洋文化特征并且也具有自身的独特性，也因其独有的天鹅自然生态保护区而闻名遐迩。

（一）选址特点

烟墩角村选址于山海之间，村落东南两侧濒临大海，北部地区分布有大量的丘陵。整体地势由西到东，逐渐降低。东南角的崮山伸入海中，挡住了黄海，与内陆相接，在村落正南围合形成了一个"布袋"形的小海湾，村落坐落于海湾的北部和西部，造就了山环海抱的景观格局。同时，民居阻挡了冬季的西北寒风，在海湾内形成了适宜的微气候条件，水清浪柔，鱼虾资源丰富，为大天鹅提供了最为理想的越冬栖息地（图9-3-10）。

（二）村落形态

1．平面形态

烟墩角村传统民居，以家庙为中心围合而建，村落原有道路大体上成鱼骨状分布，有一条主要道路连接村镇公路，其余均为小街。主路曲折沿山而上，越走越高，小路则在一个高度的水平面上横向穿插，位于村落中间家庙前的广场成为整个道路系统的起点。由于村落为自然形成、自然发展的聚落，所以小街两侧的房屋并非整齐划一，致使街道空间忽宽忽窄。大部分院落与小路间都有一段高差，需要拾级而上，高高低低，形成错落有致的街道景观。随着村落生活建筑区域的扩大，道路的中心点迁移到传统民居和现代民居之间的区域，同时为满足机动车辆行驶的需要，道路的宽度拓宽、笔直，成网状分布。道路不仅连接居民区，而且连接码头、加工厂等各个生产单位（图9-3-11）。

2．竖向空间

烟墩角村聚落地区是山地地形，耕地珍贵，大部分村民选择在不宜耕作的山地上安置住所；烟墩角村靠山建造，道路具有较大的坡度，转弯道路比较多，为预防雨污水冲击造成泥石流的产生，大多都用块状石头垫平道路。因为山区地形存有一定的高差，宅地标准无法获得统一，本地居民构建房屋时便依山势，顺河坡，从前往后，

图 9-3-10　2021 年 9 月烟墩角村航拍照片
（图片来源：胡雪飞　摄）

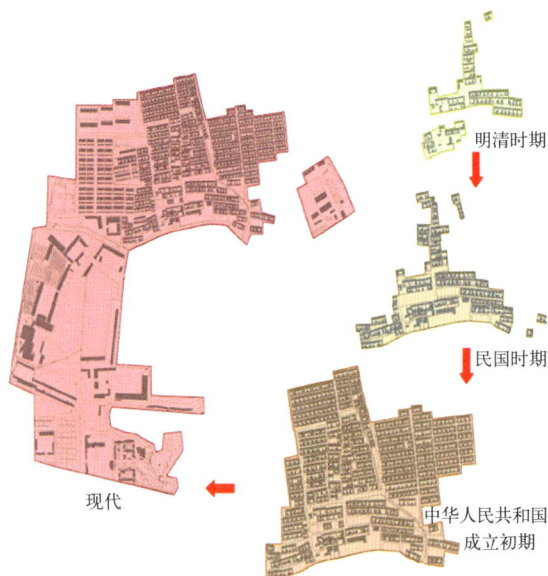

图 9-3-11　烟墩角村聚落历史演进变化研究
（图片来源：张云 绘）

逐渐升高，屋顶山墙则高低错落，院落门窗半隐半现，这样能最大限度地保证每家每户的采光和通风（图 9-3-12）。

3. 交通系统

烟墩角村大体呈长方形。村庄内部有一条东西向和四条南北向的主要街道。沿四条南北主要街道分布基本与主要街道平行的东西向小巷。村庄东部西部建筑布局沿道路基本整齐排列，村庄中部建筑年代久远，分部较为散乱。村庄中心位置明确，位于村庄东西主要街道和南北主要街道的交汇位置。村庄中部为传统建筑区域，传统街巷尺度适宜，空间组织有序，以沙土路面为主。两侧为成规模的新建民居，街巷格局整齐划一，前后距离基本相等，路面为水泥路。

（三）民居院落

烟墩角村传统院落是住宅围墙以内的空间，承载着一家一户的居住生活。山东将院落称为"院子""宅院"或"天井"。传统的民居院落结构多半是封闭式的四合院格局，由北屋正房、南屋南倒厅和东西厢房合围而成。部分院落不建南屋，简化作三合院，俗称"簸箕掌式"。围院的墙称为院墙，大多用石块砌成，因石块大小不一，形态各异，石块与石块接缝摆放，用石灰勾缝，每一面院墙都显得十分古朴。院墙外一般设有专用石块磨制成的"拴马石"，以备拴驴拴马之用。院墙上口，有盖青瓦的，也有用石灰抹成半圆形的，俗称"和尚头"。整个宅院的进出口是大门，大门一般漆为黑色，取森严避邪之意。大门的门扇上都有门环，多铁制，圆形。一般人家则装有扣鼻，用以锁门之用。与大门配套的是照壁，又称"影壁"，设在大门之内的迎门处，有的单独建筑，有的镶在厢房的山墙上。一般都为"内影壁"。平面一般都比较简单，有小二合院、小四合院、大四合院和一正一厢院等，甚至还有两进的院落。出于防御海风侵袭的需要，加之海岸线可供选择的居住用土地较少，海草房民居村落便以"团"为主，海草房之间山墙与山墙相接，草屋顶与草屋顶相连，毗邻两家东西山墙共用，沿街看去，一排排海草房连绵不断，有起有伏，有曲有直，形成统一而又多变的村落景观（图 9-3-13）。

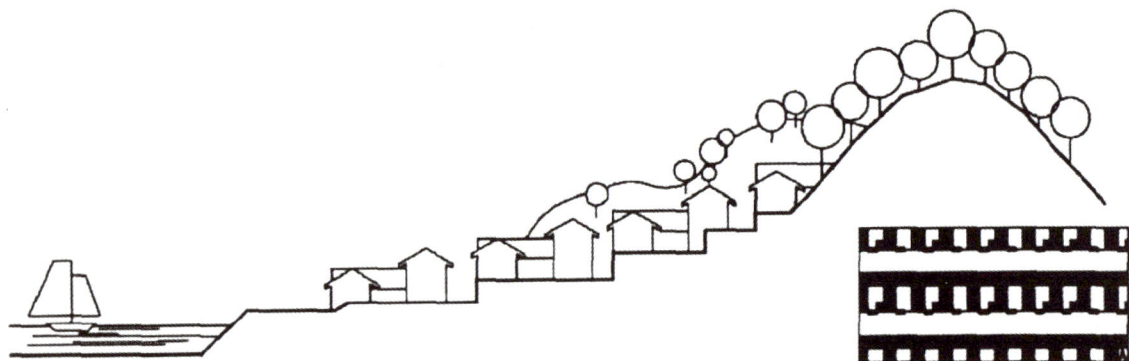

图 9-3-12　烟墩角村传统民居基本布局特点研究
（图片来源：张云 绘）

图 9-3-13　延续地域景观特征的烟墩角聚落街景
（图片来源：闫济 摄）

三、章丘朱家裕村

朱家峪村位于山东章丘市东南 10 公里处，是典型的、系统完整的鲁中山区丘陵传统聚落。

（一）历史沿革

朱家峪原名城角峪，村内出土的陶器残片和斑鹿角化石证明在距今约 3800 年前的夏朝，这里已形成聚落，后改名"富山峪"，明代初年朱姓居民迁徙至此，故易名为"朱家峪"延续至今。自明代以来的 600 余年间，居住在此的朱家峪人依照山势地形建成了这个独具特色的山村，兴建了民宅、祠堂、庙宇、学校；修筑了桥、道、井、泉。清朝末年为防盗贼而在村口构建起了寨墙，逐渐形成了今天的规模与面貌。伴随社会发展，朱家峪村周围其他村落均产生了巨大变化。而朱家峪村受山形限制，该村民在村北另建立新村。这样就使古村的风貌得以保存，非常完整地保留了原来的聚落形态与格局，原有的古桥、古道、古祠、古庙、古宅、古校、古泉、古哨等古建筑也得以保全与延承，这使得该村享有齐鲁第一村的美誉（图 9-3-14）。

（二）聚落布局形态

1. 聚落选址

朱家峪村东、南、西三面环山，选址于山地与平原交接的过渡地带，东依东岭，南靠文峰山，西端止于笔架山脚，北向开口进入山北的平原地带。其基址的选择十分接近中国古代人居聚落理想的风水格局，藏风聚气、耕地充裕、交通便利。聚落因地势而发展成南北长、东西窄的狭长聚落形态。

朱家峪村选址深受传统风水思想影响，东、西、南三面环山，谷地平敞，入村村口位于狭长的北侧，极具防御性。文峰山山峰与北侧双峰山山凹连线，形成贯穿老村的主轴线。此轴线与青龙山、白虎山山峰连线交点，为原中哨门遗址处，由此向南为明、清的聚落聚集区。村前有池塘或河流婉转经过，为生产生活提供用水。在这种枕山、环水、面屏的环境条件下建造聚落，使人能有一个冬暖夏凉、朝向良好、避风防洪、利于防御、环境优美的居住环境。既满足了古聚落选址的风水要求，也体现了古聚落选址的朴素生

明朝以前

明洪武初年

明嘉靖年间

清朝中期

民国时期

20 世纪 60 年代

图例

■ 建筑　　■ 院落　　━ 水系

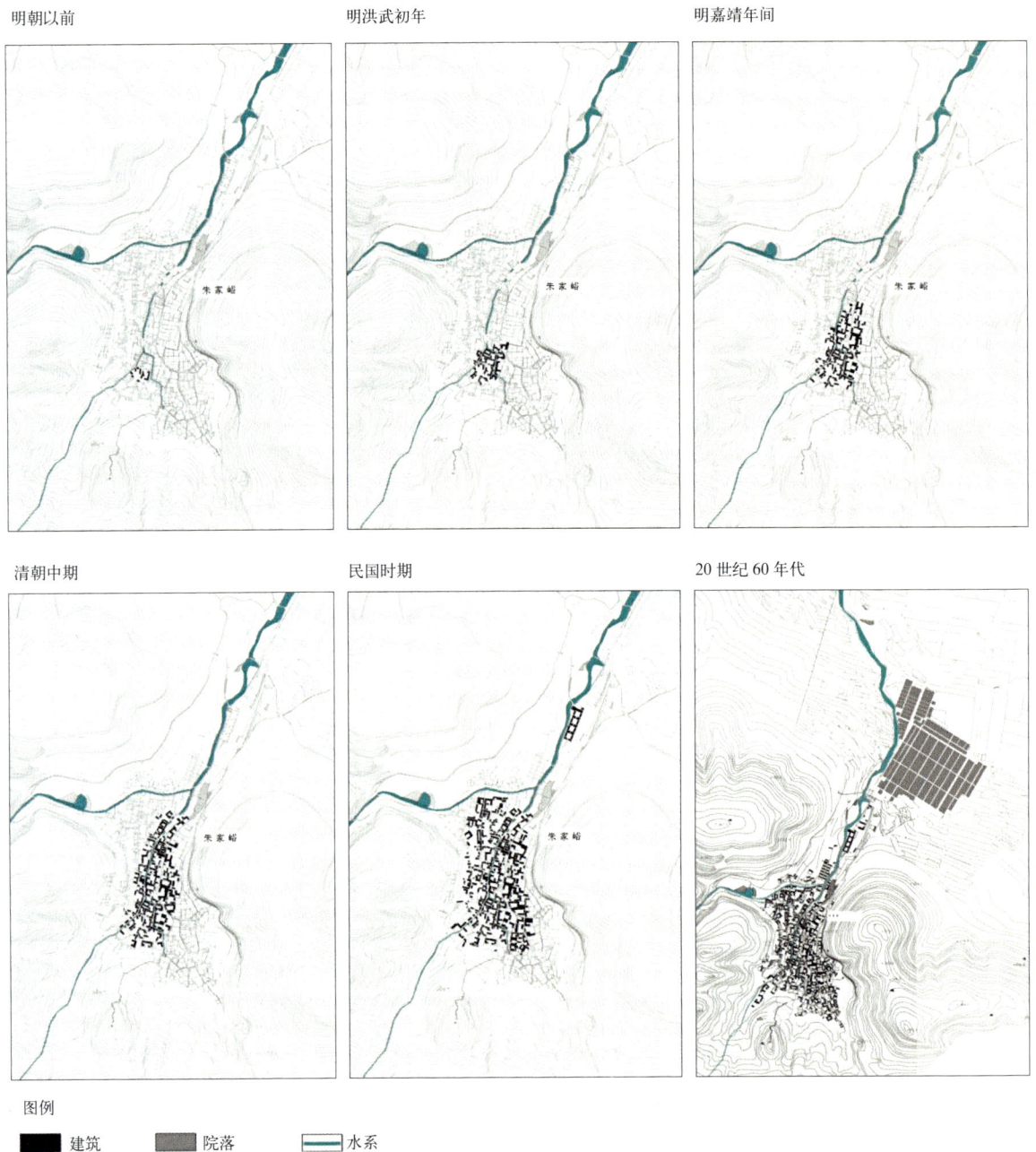

图 9-3-14　朱家峪村的历史演进变化研究
(图片来源：引自《朱家峪历史文化名村保护利用规划（2015—2030）》)

态观的选址理念。

朱家峪是典型的北方山地古聚落，它的选址讲究因借自然，使聚落的布局形态与自然山水相契合，自然山水成为聚落的重要组成部分。

2. 空间布局

（1）功能布局

朱家峪古村为梯形居落，总面积约 3 平方公里。古村北自寨墙牙门南至文峰山脚长约 2125 米，东西山麓间最宽处约 775 米，占地约 28 公顷。聚落最北端以礼门及城墙限定聚落范围，南北向道路控制聚落空间的延伸方向，街巷沟渠构建聚落内部空间的框架，形成自然山水环绕的布局形态。聚落内部的公共空间和居住空间的区域，以不同的建筑风格加以区分。内部布局注重主从关系，中央为主要建筑群，建筑群沿巷道和轴线关系纵向延伸，形成线性布局。

图 9-3-15　朱家峪村朱氏家祠修缮后效果
（图片来源：闫济 摄）

图 9-3-16　修缮完成后的山阴小学局部
（图片来源：闫济 摄）

聚落三面环山，坐南朝北，整体形态与山体紧密依存，村庄平面被山体所限制，由山体围合而成。聚落布局并非按照平原城市方格网布局，而是与地势密切结合，依山势形成阶梯形聚落，上下盘道，民宅高低错落，空间环境变化丰富，景观风貌特色明晰。

古村利用重要公共建筑（如文昌阁、朱氏家祠、古戏台等）形成若干控制节点，点缀以古桥、古泉、古井、古树等，用道路、冲沟串起，组织成极为有机的聚落格局网络（图 9-3-15、图 9-3-16）。

村中建筑随山形自然分布，上下盘道，高低参差，错落有致，体现出鲜明的山地聚落特点。村中冲沟纵贯南北，既作为排泄山洪的孔道，也是居民生活废水的排放处，同时，流水的存在不但丰富了聚落的景观体系，还能调节村子里的微气候。村中散布着许多公共井泉，这是居民用水的主要来源。

（2）道路空间形态

朱家峪依山而建，地势高低起伏，在交通方面既要方便百姓日常交通的快捷性，还要能够满足车辆通行，以及生活物资的运送。胡山山顶海拔 693.8 米，为章丘第一高峰。胡山山顶与中哨门形成的轴线确定了主街部分走向，在此轴线两侧，文峰山与白虎山呈对称分布。村内的道路系统沿冲沟布置，曲折盘回，村口处铺设南北向的石板干道串起整个村子，成为村子的南北中轴线。

干道至村中岔分为四条主路，其间以曲径小巷道相连抵达每家每户，道路连通上下交通的石阶纵横交错。朱家峪的道路系统分为两级：主要车行道路和人行步道系统。车行道为村庄的主要通车道路，以入村的双轨古道为主脉，沿着聚落的线布局南北延伸。沿等高线布置的车行路为辅助，二者之间巧妙利用高差或以爬山街、之字路连接，或以原始的立交桥相互跨越，共同形成网络状的交通体系，构建了整个村庄的道路骨架体系；另一级交通就是山地村庄便捷的步行交通便道。这些道路更多的作用是交通的快捷、邻里交流的方便，所以其最大的特点就是灵活：有的是利用小桥跨越壕沟，有的利用建筑之间的错落曲径通幽，有的凭借错台高低呼应，错落有致，串联了宅院、祠堂、农田，随民居高低，随山势蜿蜒，组成了连接各户院落，大小道路四通八达的道路网，充分体现出人工与自然的完美组合，巧夺天工。

朱家峪古聚落中的古道、小巷不拘一格，长短不一，内部道路的排布要通而不畅，标识性不强，这些特征都满足传统聚落的防御性要求。朱家峪古道受当时、当地生产力及生产方式的限制，只修建了贯穿南北的"单轨"和"双轨"两种道路，一条由朱氏家祠斜上东南，一条由关帝庙斜上西。古道全由青石板铺成，主要是生产路，单轨古道中心以青石相连，双轨古道是双向石道，为了防滑中间辅以砂面岩。双轨古道始建于明代，清朝时进行重修。巷道空间通常都小于

3米，街道尺度决定了户与户之间的近邻关系，增强了邻里交往的可达性。村中道路随坡度自然弯曲变化，既满足了因山而建、因地制宜的环境特征，同时又构成了生动多变的聚落道路空间。

四、聊城市阳谷县七级镇七一村

七级镇，在山东阳谷县东北运河之东，路出聊城县，有古渡。相传唐田真兄弟哭活紫荆于此。唐时此地称毛镇。后来运河开通，穿镇境而过，是运河渡口码头，因修有石阶七级改为今名。元初在此建闸，设官管理，并有兵营驻守，明清相沿。当时阳谷、东阿、莘县均于此设官仓转漕，货运繁忙，来往舟船颇多。南方士子进京赶考、官吏进京述职走运河都要经过此地，名士文人常在此路过停留并有吟咏，清代康熙、乾隆皇帝南巡也曾幸此。清末漕运停轩，河道废止，该镇工商业发展受到影响，中华人民共和国成立后逐步得到恢复和发展。党的十一届三中全会以后，再次进入新的发展时期，1984年设七级镇至今。

七一村西侧毗邻运河，东侧紧靠省道S258，堪为风水宝地。村内区域交通条件较好，基础设施较多，为七级镇镇政府的所在地。村落格局可以形容为：顺应运河脉络，古街凭借运河带状发展；村内民居围绕村内水体集聚一体，向外围拓展；整个村落借助省道优势，整体呈现沿路长条状形态。村落选址与格局满足生产、生活、适应当地气候地理、方便交通以及加强防御自卫等性能（图9-3-17、图9-3-18）。

选址特点：七一村交通便捷，靠省道临水系，堪为风水宝地。

聚落形状：南北狭长，东西偏窄的长条状。

街巷：以七级古街为核心，贯通穿插南北的街巷空间格局。

重要公共建筑及公共空间：公共建筑主要分布于村落古街区域，公共空间零散分布于村落内部及外部边缘。

村落整体风貌保存情况：整体风貌存在一定的破坏，保存较好的片区主要位于七级古街。

（一）街巷尺度

街巷根据尺度、用途、使用频率等可分为主街、支路、巷道三级。一级道路为主干道，宽度在5～9米范围内。二级道路为支路，宽度在3.5～5米范围内。三级道路为巷道，宽度在1.5～3米。

（二）院落及建筑

该地最具地域特色的建筑样式是"土培房"，与传统的土坯房有所区别，材料上都是用土，在做法上有所不同，土坯房是把土做成一个个的土坯，而"土培房"是把土和秸秆掺和在一起，反复多次在地上摔打，使得土和秸秆均匀结合，然后一层一层的"培"起一座座的墙体，这就是土坯房与"土培房"的区别所在。这是于当地的自然环境相适应、相协调的结果，是当地的历史信息、地理信息、生存方式、审美标准、民俗风情等的物化载体，对现存为数不多的"土培房"予以保护势在必行。在建设现代化城市的进程中，对传统建筑涵盖的信息加以合理利用，还可以创

图9-3-17　延续街巷物质空间特色的七一村近代大街修缮
（图片来源：胡雪飞 摄）

图9-3-18　七一村近代大街整饬修缮后效果
（图片来源：闫济 摄）

图 9-3-19　以特色价值要素保护为修缮重点的沿街传统铺面
（图片来源：闫济 摄）

图 9-3-20　囤顶梁架修复
（图片来源：闫济 摄）

造出新的、涵盖更加丰富信息的媒介样式。专家对"土培房"的调研，走向对"土培房"命运的关注。开始从仅仅将文字与镜头定格于"土培房"的审美意趣，延伸到对"土培房"历史成因的辨析，对"土培房"建筑样式、建房习俗的记录，对以"土培房"为核心的农业生产方式、生活方式、民间俗信、节令习俗、人生礼仪等文化的全面梳理（图 9-3-19、图 9-3-20）。

五、临沂沂南县常山庄村

沂南县常山庄村位于沂蒙山区中部，四周山脉最高峰是位于西南方向的蒙山，海拔约 1156 米，被誉为"岱宗之亚"，素称"亚岱"。常山庄村地貌特征主要为低山区和丘陵，东、西、南三面环山，为典型鲁西南近山古村落。

（一）选址特点

村落背山面水、利于军事防御，并充分形成了背山面水、左右围护的格局。常山庄村古村落与自然环境相容，东、北、南三面环山，村落内流经一条河流，整体形成了背山面水的格局。这种格局能出能进，使村子既保持自己的传统，又能接受外界影响不致闭塞落后。三面环山，形成自然的保护屏障，有一夫当关，万夫莫开之势。据当地村民讲，鸦片战争以后，由于盗匪四起，封闭山沟里的村民安全和财富受到了威胁。村民在村子东面修建了一道防御性墙，在围墙上修建了礼门平时礼门紧锁，村民进出时才打开，城墙上留有用于瞭望、射击用的洞口，顶部建有城

楼，平常登高眺望，战时坐镇指挥，是非常重要的高空防御设施。

常山庄村选址很好地融合了堪舆学上对"势"的追求的理念。北面靠山，南有连绵群山为屏障；左右有"青龙""白虎"山脉环抱围护；前有弯曲的河流，体现"聚"的意境；平原之外还有远山近丘的对景呼应。村落周围的山水构成了村民赖以生存的资源：山地可以提供木材，缓坡地和谷地可以用作耕地，而且北面的山岭可以抵挡寒风；南面的河流提供水源，方便排泄山洪，这样的选址也体现出当地居民对生活环境的重视。

（二）村落形态

1. 平面形态

常山庄村古村落踞于东西走向的两山之间，因此发展成为东西长、南北窄的狭长梯形聚落。独具特色的地理环境使得聚落沿等高线弯曲变化呈内凹的形式，总体布局紧密，依山就势，错落有致。建筑群沿巷道和轴线关系纵向延伸，形成线性布局。建筑整体朝向南偏东居多且随地形层层抬高。形成此朝向的原因：一是满足充足的日照采光需要；二是常山庄村地处山区，建筑只能根据等高线依山就势布置，房屋无法保证正南正北朝向。三是从常山庄村整体空间格局来看，东南向的朝向形式恰好体现了选址对传统堪舆学说中"势"的追求（图 9-3-21）。

常山庄村建设带有很强的自发性，村落平

图9-3-21　2021年9月常山庄村聚航拍
（图片来源：胡雪飞　摄）

面形态呈现出偶然性和不规则性。由于建筑的内向形制早已确定，人们主要考虑自家院落的完整性。有的建筑为了尽量争取较大的宅基地，南北方向院落之间几乎无间隙，东西方向院落之间的巷道空间弯曲狭窄。同时功能关系使村落平面具有一定的结构和秩序感，因此没有造成杂乱无章的局面。建筑既要保持一定的私密性又要与外界保持连通，各个单座建筑本身是独立的但却不是孤立的个体，弯曲狭长的街巷与不规则的节点空间将它们相互之间联系起来，串联成一个有机的整体，共同发挥着建筑群体的功能作用。

2. 竖向空间

常山庄村聚落地区是山地地形，耕地珍贵，大部分村民选择在不宜耕作的山地上安置住所；另有部分民居建筑分布在山谷平地上，数量有限。因此，形成了独特的村落整体竖向空间：①建筑呈现沿山势跌落的整体形态；②建筑的主要排列走向基本与山地等高线相互平行，且大部分位于山坡阳面，不仅避风向阳，而且利风水；③建筑多在山麓较低而不是最低的位置，方便对外交通，也利于防洪；④村庄聚落小气候宜人，

季相景观变化和山体、河流以及植被的错落分布更加丰富了聚落的空间层次。

常山庄村聚落民居建筑对山地的利用不拘一格，有很强的适应性。民居建筑对地形的利用可大致分为平坡地排列、缓坡地筑台和陡坡地筑台三大类，与之对应产生三种不同的建筑和外部空间的竖向关系。

紧密排列式：建筑位于平坡地或山谷地带，因为用地紧张，建筑排列比较紧凑密集，相比其他地形地带排列较为规整（图9-3-22）。

分散筑台式：处于缓坡地带的建筑大多数采用分层筑台方式，纵向空间利用随意，可开敞可紧凑（图9-3-23）。

紧凑筑台式：陡坡地地区受地形限制比较大，为使空间能够合理被利用，同时减少找平的开挖量，建筑纵向空间布置得非常紧凑，建筑之间的间距比较狭窄，院落的入口往往比院落标高低。

3. 水系脉络

常山庄村重视村落的水口选择和经营。水口区是入村的象征，各村之间的重大议事和纠纷亦是在水口区域商讨解决，有敌意的其他村落进入

图 9-3-22 采用地域材料与工艺修缮的平地紧密排列式院落
（图片来源：闫济 摄）

图 9-3-23 延续缓坡分散筑台式街巷道修缮后效果
（图片来源：闫济 摄）

水口区被看作入侵，所以水口外划边界、建城墙，并设防卫功能的建筑。常山庄村在水口处建风水桥，作为"关锁"，登桥则寓意前程似锦。山地环境是常山庄村古村落的规模、空间的发展受到限制的重要因素之一，但是村内自东向西流向的河流给村落注入了活力。一是它承担了排泄山洪的作用，二是起到排放居民生活生产废水孔道作用。村民根据山势走向开挖明沟，跨明沟的石桥上筑有涵洞，方便排水。为了更好地排泄山水，在必要的地方道路下方还筑有沟渠和涵洞。这些做法与现代市政工程不谋而合，构成了一套比较完备的山地村落排水系统。

4. 交通系统

常山庄村古村落古朴自然，整个村落顺应山势、高低错落，形成了较为完整的道路交通体系，街巷除了具有通往宅院等目的地的交通作用外，还起到划分聚落的空间结构、提供生活活动场所、形成景观视觉通廊等功用。街道路包括街和巷两种形式，道路宽度因地制宜，总体窄而不宽、弯而不直、短而不长，与常山庄村自然、乡土、生态、亲和的属性符合。

常山庄村位于地形比较复杂的山岭重丘地带，路网在形成过程中结合当地地形，随地形弯曲起伏，充分利用地形地势布设街巷和安排村庄布局。这样的街巷可以节省造价，同时获得优美的自然村庄景观，是当地村民智慧的结晶。干路分两条，沿等高线布置，呈"丫"形布局；支路垂直于登高线布置，并不是笔直向上的，而是分为几段，略有错开，用来缓解地势。村落的道路承担的交通量较小，只要能方便到达每家每户即可，因此只有局部交织相连成"网"，多数采取尽端式道路。

常山庄村的街道宽度基本在 3~4 米，街道宽度与建筑外墙的高度比在 1.1~1.15 之间。界定街道的界面是院门高度或是建筑后墙。巷道是一种封闭、深远、狭长的带状空间，它在形态上比街道更窄，两院落之间巷道宽度不足 2 米，窄的仅有 0.8 米，石质台阶，步步升高。巷道的宽度与建筑外墙的高度之比多在 1.2~1.25 之间。界定巷道的界面一般是建筑不开窗的山墙，因为又是拾级而上，形成极为狭窄、深远的带状空间效果，成为常山庄村的特色之一。从常山庄村庄东门进入街道再步入巷道，最后进入各户宅院，形成一个完整的空间序列。在这个序列中，空间的性质伴随着道路形态的变化逐渐发生改变，从开敞的自然空间进入人工界定的越来越窄的街巷空间，空间的公共性逐渐减弱，私密性逐渐加强。这种街道的空间形态与容量特征能够作为居住环境由闹入静的过渡，保证居住区尽可能免受外界因素的打扰。

常山庄村的路面材料源于自然，具有典型的乡土性和生态性。路面材料多使用土、石，与天然地貌特征相适应，选材时注重经济实用，有时直接从地势高的地方取石铺垫地势较低的地方，形成较为规整的路面。

（三）民居院落

常山庄村古村落民居建筑以"间"作为基本构成单位，以"院"作为房屋的群体构成单位。合院朝向坐西北朝东南，满足日照采光要求，因为山地合院受地理条件的制约，用地紧张，住宅多根据等高线依山就势布置，因此院落并不是方方正正，正南正北。即便是院落用地狭小，其布局仍然受中国传统等级观念的影响，有明显的主次、高低之分。单进三合院和两进式三合院布置正房、厢房和耳房，院落保留着基本的轴线关系，但受地形影响，无法完全对称。正房等级最高，厢房次之，耳房最低。部分正房规模因用地受到限制，没有办法保证三间，当地居民将其灵活变通为两间，厢房则由两间减少为一间。

1．单进合院

单进合院平面布局较为简易，只有一座平面呈"一"字形的房屋，无正房和厢房之分。院落整体朝向南偏东。房屋布局不讲究对称，一般在院中靠北偏东或偏西位置。南面院墙上留有院门洞，但不设门，无影壁墙。为避免从外部直视院内，增强居住的私密性，常设有东西两侧开门

洞的院落做过道，如图9-3-24所示，此过道为公用，不归私有。平面近正方形，长宽比约为1∶1。房屋山墙面与院墙围合成空间被称为"露地"，作绿化空间。院落地面由素土夯实，用石块铺就甬道或者不设甬道。房屋多为三开间或二开间，三开间房屋正中开间作为堂屋，前部设门，两侧二开间多作为卧室或者厨房和杂物间使用；二开间房屋卧室兼作堂屋，靠近屋门的开间筑灶作厨房。

规模较大者，亦有在单进院落上添置厢房的做法：进而形成单进二合院、三合院（图9-3-25）。

2．两进合院

常山庄古村落前后两进合院三面建房，包括厅房和两厢房，前院无倒座。合院东南朝向，平面呈长方形，长宽比约为1.5∶1。院落整体格局特点是：①采用了前院待客、后院栖居的多进庭院式布局，空间封闭，但层次分明，安全性高。②多采用中轴对称的建筑格局，但由于受山地高差大，居住用地有限等条件限制，亦有非绝对对称的院落格局。这种布局格式，整体上下有序，长幼有伦（图9-3-26）。

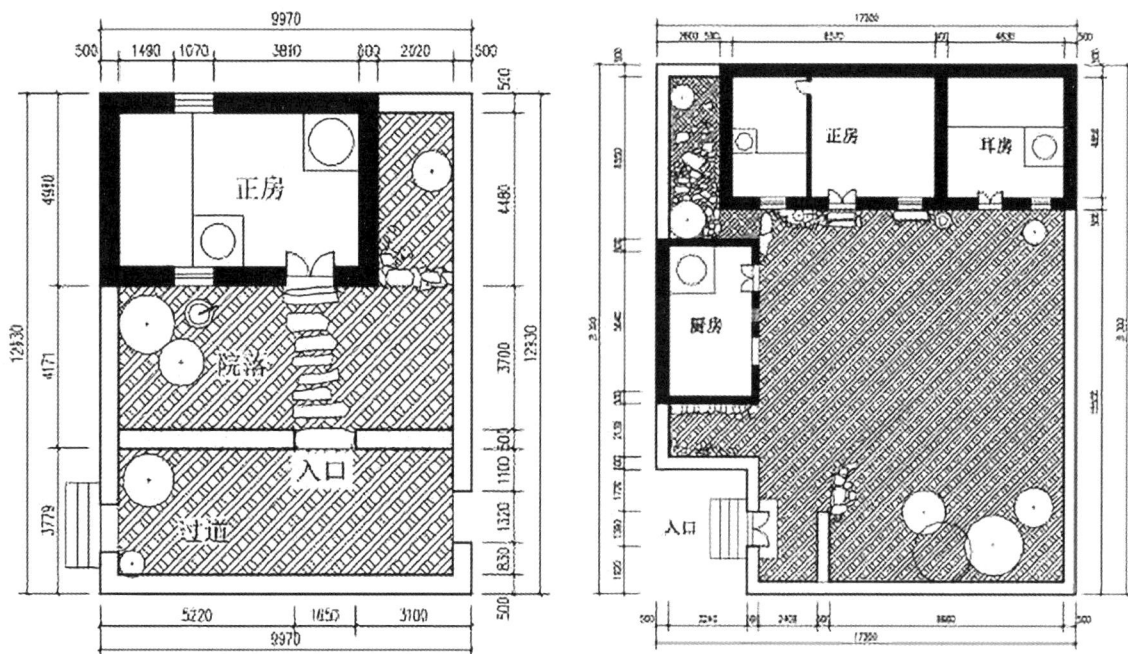

图9-3-24　常山庄古村落单进合院测绘与修缮设计
（图片来源：刘婉婷 绘）

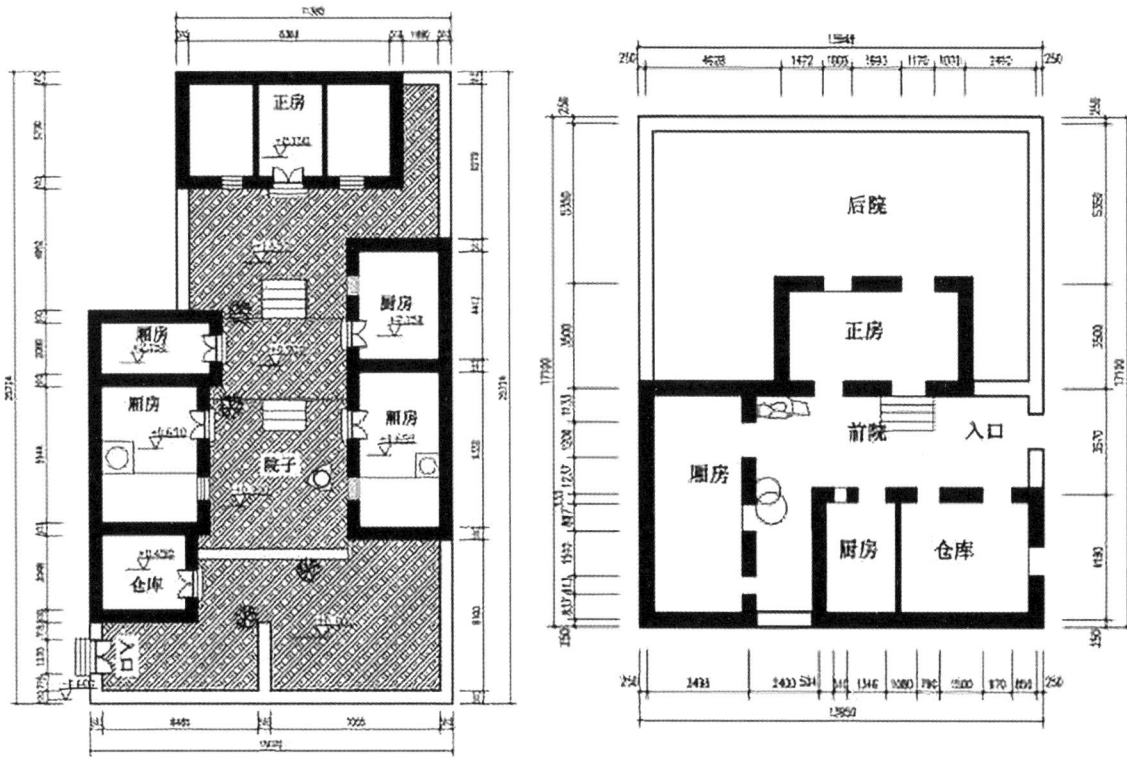

图 9-3-25　常山庄古村落单进三合院测绘与修缮设计
(图片来源：刘婉婷　绘)

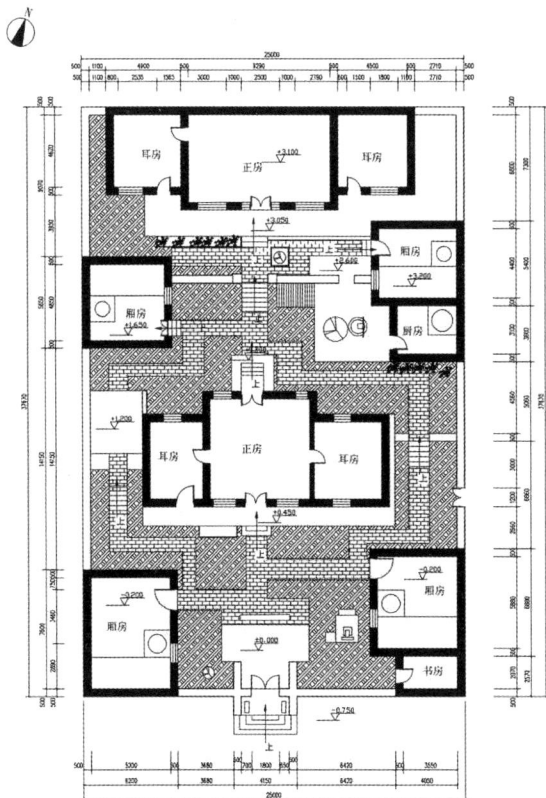

图 9-3-26　常山庄古村落两进合院测绘与修缮设计
(图片来源：刘婉婷　绘)

参考文献

[1] 乡土文化遗产保护国家文物局重点科研基地．山东省乡村记忆工程总体规划（2016–2025）[Z]．2015．

[2] 张祖陆．山东地理[M]．北京：北京师范大学出版社，2014．

[3] 山东省地方史志编纂委员会．山东省志·自然地理志[M]．济南：山东人民出版社，1996．

[4] 王友邦．山东地理[M]．济南：山东省地图出版社，2000．

[5] 王志民．山东省历史文化遗址调查与保护研究报告[M]．济南：齐鲁书社，2008．

[6] 范立君，谭玉秀．近代"闯关东"移民外在特征探析[J]．北方文物，2010（01）：100–105．

[7] 吴希庸．近代东北移民史略[J]．东北集刊，1941（02）：52．

[8] 赵一诺．文化线路视角下京杭运河沿岸古镇保护发展探究[D]．北京：中央美术学院，2017．

[9] 赵斌．北方地区泉水聚落形态研究[D]．天津：天津大学，2017．

[10] 关赵森．山东沿海卫所建筑传统营造技艺研究[D]．济南：山东建筑大学，2017．

[11] 张金标．胶东丁字湾地区传统聚落空间分布特征及影响因素研究[D]．青岛：青岛理工大学，2020．

[12] 赵鹏飞．山东运河传统建筑综合研究[D]．天津：天津大学，2013．

[13] 孙运久．山东民居[M]．济南：山东文化音像出版社，1999．

[14] 刘强．胶济铁路沿线传统民居空间构成研究[D]．北京：清华大学，2015．

[15] 陶斌，高宜生，邓庆坦．山东清代城堡式民居——魏氏庄园建筑特色探析[J]．华中建筑，2012，30（03）：150–154．

[16] 刘凤鸣．胶东文化概要[M]．北京：中国文史出版社，2006．

[17] 赵艳红．地域文化视角下的胶东海草房研学基地环境设计研究[D]．济南：山东建筑大学，2020．

[18] 李嘎．明代山东海疆卫所城市的选址与历史结局——兼论该类城市在山东半岛城市发展史上的地位[J]．清华大学学报（哲学社会科学版），2020，35（04）：146–158+215．

[19] 孔德静．印迹与希冀：明清山东海防建筑遗存研究[D]．青岛：青岛理工大学，2012．

[20] 郑鲁飞．胶东地区海防卫所型传统村落形态与保护研究[D]．青岛：青岛理工大学，2020．

[21] 王龙．胶东地区传统村落空间形态研究[D]．广州：华南理工大学，2015．

[22] 孙倩倩．山东沿海卫所研究[D]．济南：山东建筑大学，2013．

[23] 张金奎．明代卫所军户研究[M]．北京：线装书局，2007．

[24] 尹泽凯．明代海防聚落体系研究[D]．天津：天津大学，2016．

[25] 尹泽凯，张玉坤，谭立峰．中国古代城市规划"模数制"探析——以明代海防卫所聚落为例[J]．城市规划学刊，2014（04）：111–117．

[26] 李桓. 关于烟台市所城里的保护性规划的基础研究 [J]. 建筑学报，2016（S1）：71—76.

[27] 刘彩云. 胶东地区海草房营造技艺的发掘与保护研究 [D]. 北京：北京服装学院，2017.

[28] 廉国富. 泉文脉在街巷空间中的景观营造研究 [D]. 济南：山东建筑大学，2020.

[29] 陈华新，卢珊，覃晓雯. 博山古窑村民居建筑的研究与保护开发 [J]. 中华民居（下旬刊），2014（09）：185—186.

[30] 尹航，赵鸣. 鲁中山地村落石砌民居形态与结构特征研究 [J]. 古建园林技术，2019（04）：45—50.

[31] 姚庆丰，唐守朕，董睿. 鲁中山区传统"罗汉塔"民居调研——以下柳沟村为例 [J]. 华中建筑，2018，36（07）：123—127.

[32] 郝远进. 花都记忆 [M]. 济南：黄河出版社，2015.

[33] 王倩，逯海勇，程世超，于东明. 基于空间句法的传统村落空间结构研究——以山东省山西街村为例 [J]. 小城镇建设，2020，38（06）：83—91.

[34] 邹逸麟. 黄河下游河道变迁及其影响概述 [J]. 复旦学报（社会科学版），1980（S1）：12—24.

[35] 葛剑雄，曹树基，吴松弟. 简明中国移民史 [M]. 福州：福建人民出版社，1993.

[36] 李景生. 鲁西北村镇地名的历史文化管窥 [J]. 德州学院学报（哲学社会科学版），2004（01）：65—67+77.

[37] 刘德增. 山东移民史 [M]. 济南：山东人民出版社，2011.

[38] 李海霞，陈迟. 山东古建筑地图 [M]. 北京：清华大学出版社，2018.

[39] 封欣. 魏氏庄园研究 [M]. 济南：山东省地图出版社，2003.

[40]（清）徐宗幹修，（清）许瀚纂. 道光《济宁直隶州续志》卷九《名胜·园亭》（据清道光二十一年刻，清咸丰九年刻本影印）// 本社编选. 中国地方志集成　山东府县志辑77[M]. 南京：凤凰出版社，2004.

[41] 董正. 山东枣庄地区乡村传统民居探析 [D]. 济南：山东大学，2016.

[42] 山东省菏泽地区地方志编纂委员会. 菏泽地区志 [M]. 济南：齐鲁书社，1998.

[43] 刘婉婷. 鲁西南地区传统建筑营造技艺研究 [D]. 济南：山东建筑大学，2020.

[44]（清）张廷玉.《明史》（卷四十一，志第十四）[M]. 北京：中华书局，1974.

[45]（明）于慎行.《兖州府志》（卷一）[M]. 山东：齐鲁书社，1985.

[46] 闫寒. 民国时期山东匪患成因及危害研究 [D]. 徐州：江苏师范大学，2017.

[47] 张东. 中原地区传统村落空间形态研究 [D]. 广州：华南理工大学，2015.

[48] 吴庆洲. 中国古代城市规划设计哲理研究——以龟形城市格局为例 [J]. 中国名城，2010

（08）：37–46.

[49] 费孝通. 乡土中国 [M]. 上海：三联书店，1985.

[50] 段雨岐. 大鲍岛区域里院式住宅原貌推演研究 [D]. 青岛：青岛理工大学，2021.

[51] 刘庆. 青岛地区物质文化遗产保护与利用研究 [D]. 济南：山东大学，2010.

[52] 陈雳. 德租时期青岛建筑研究 [D]. 天津：天津大学，2007.

[53] 童乔慧，张洁茹. 青岛平民文化的博物馆——里院建筑研究 [J]. 华中建筑，2011，29（08）：41–45.

[54] 高蕾. 我国地方高校早期建筑教育口述史研究 [D]. 天津：河北工业大学，2018.

[55] 万晶. 鲁商文化对胶东传统民居的影响 [D]. 烟台：烟台大学，2019.

[56] 梁栋楠，张巍. 异质文化影响下的近代牟平本土民居特征存续研究——以张绪升宅及张颜山旧宅为例 [C]// 中国民族建筑研究会第二十一届学术年会论文特辑，2018：272–278.

[57] 咸帅. 威海近代历史建筑再生式保护与更新 [D]. 青岛：青岛理工大学，2011.

[58] 王华. 坊子煤矿区建筑保护、改造与再利用研究 [D]. 青岛：青岛理工大学，2014.

[59] 刘楠. 坊子历史地段及其德日建筑研究 [D]. 青岛：青岛理工大学，2010.

[60] 赵涛. 试论曲阜孔庙建筑形制与彩画等级的关系 [J]. 文物世界，2013（01）：33–37.

[61] 孔德平. 春归圣泽长绵远——山东曲阜春联习俗调查 [J]. 美术观察，2011（03）：5–8.

[62] 陈同滨. 乡土建筑遗产的区系研究初探 [J]. 住区，2020（Z1）：8.

[63] [意] 阿尔多·罗西著，黄士钧译，刘先觉校. 城市建筑学 [M]. 北京：中国建筑工业出版社，2006.

[64] 张巍. 齐鲁地区建筑文化 [M]. 长春：吉林科学出版社，2016.

[65] 李万鹏，姜波. 齐鲁民居 [M]. 济南：山东文艺出版社，2004.

[66] 张钦楠. 建筑设计方法学 [M]. 西安：陕西科学技术出版社，1995.

[67] 陈志华，赵巍. 由《关于乡土建筑遗产的宪章》引起的话 [J]. 时代建筑，2000（03）：20–24.

[68] 李新建. 苏北传统建筑技艺 [M]. 南京：东南大学出版社，2014.

[69] 李晶晶. 我国乡土建筑研究的现状及趋势——基于 CNKI 论文数据库的计量可视化分析 [J]. 住区，2020（Z1）：104–108.

后 记

　　山东保留有为数众多的传统民居建筑，依托齐鲁大地深厚的历史文化资源、多维的自然环境资源和差异化的社会经济性因素，呈现出丰富多样的传统民居类型及特征。调查和研究山东传统民居，审视其地区自然环境、人文条件、历史发展的差异性，需要站在区域人文与自然地理的维度，以文化区系划分、自然地理区划的视角，审视各区划中传统民居建筑的特征及其环境对应性；需要站在历史维度，关注中国传统文化演进和近代外来文化殖入，在近代民居发展的历史要素和风格特征的显性表达；需要站在技术维度，分析传统民居利用材料资源，在结构、构造、装饰技艺上的呈现；需要站在保护与利用的维度，探讨传统民居的活态保护和当代利用的路径，形成对山东传统聚落、民居营建智慧的提炼，和对民居建筑保护具体方法的总结。

　　启动山东传统民居深入系统的基础研究，形成以彰显传统民居资源特色价值和科学传承地域优秀人文精神的系统成果，服务地方城乡社会发展要求，是以山东建筑大学为代表的相关高校及科研机构的本位自觉与职责担当，也是本书编著的基本动因与写作宗旨。

　　在一年半的研究历程中，研究团队结合乡土文化遗产保护国家文物局重点科研基地既有研究积累，首先补充传统民居基础调查，厘清山东传统民居类型特征和资源分布；其次，由彰显传统民居建筑艺术特色和地域人文精神为主旨，多学科协同，深入研究山东传统民居齐鲁意匠与价值内涵，进而详实勾勒传统民居的齐鲁特色；最后研究山东省已经实施完成的传统民居保护利用优秀案例，总结经验，汲取教训，形成产业示范与行业引导。

　　研究团队诸位老师在疫情防控的严峻形势下，不辞辛劳，寻根问源。在明确山东区域人文与自然地理区划的基础上，调查地域自然和人文生态要素构成，研究不同区域传统民居的空间布局、结构技艺、装饰细部特征；明确各地方人文信仰、审美意向特色；发掘和继承先民顺应环境要素、因借地域资源等朴素的生态观和营建智慧，进而构建山东传统民居资源利用的模式、方法，以为当今地方人居环境建设提供借鉴和示范。在此，我们对研究团队专业的执着精神致以敬意。

　　特别说明的是，本书的编撰得到了烟建集团有限公司董事长唐波同志为首的工作专班及特设经费的有力支持；山东建筑大学原副校长刘甦教授、山东省住房和城乡建设厅村镇处、山东省文化与旅游厅文物保护与考古处、革命文物处也在全过程中给予了重要的指导、帮助，在此表示由衷感谢！

　　由于本书涉及整个山东省域传统民居，资源浩繁，更兼编撰时间短促，其间考虑不周及学问见识等诸多局限，恭请专家学者及广大读者不吝赐教，以匡谬误。

仝晖

2022 年 8 月 18 日